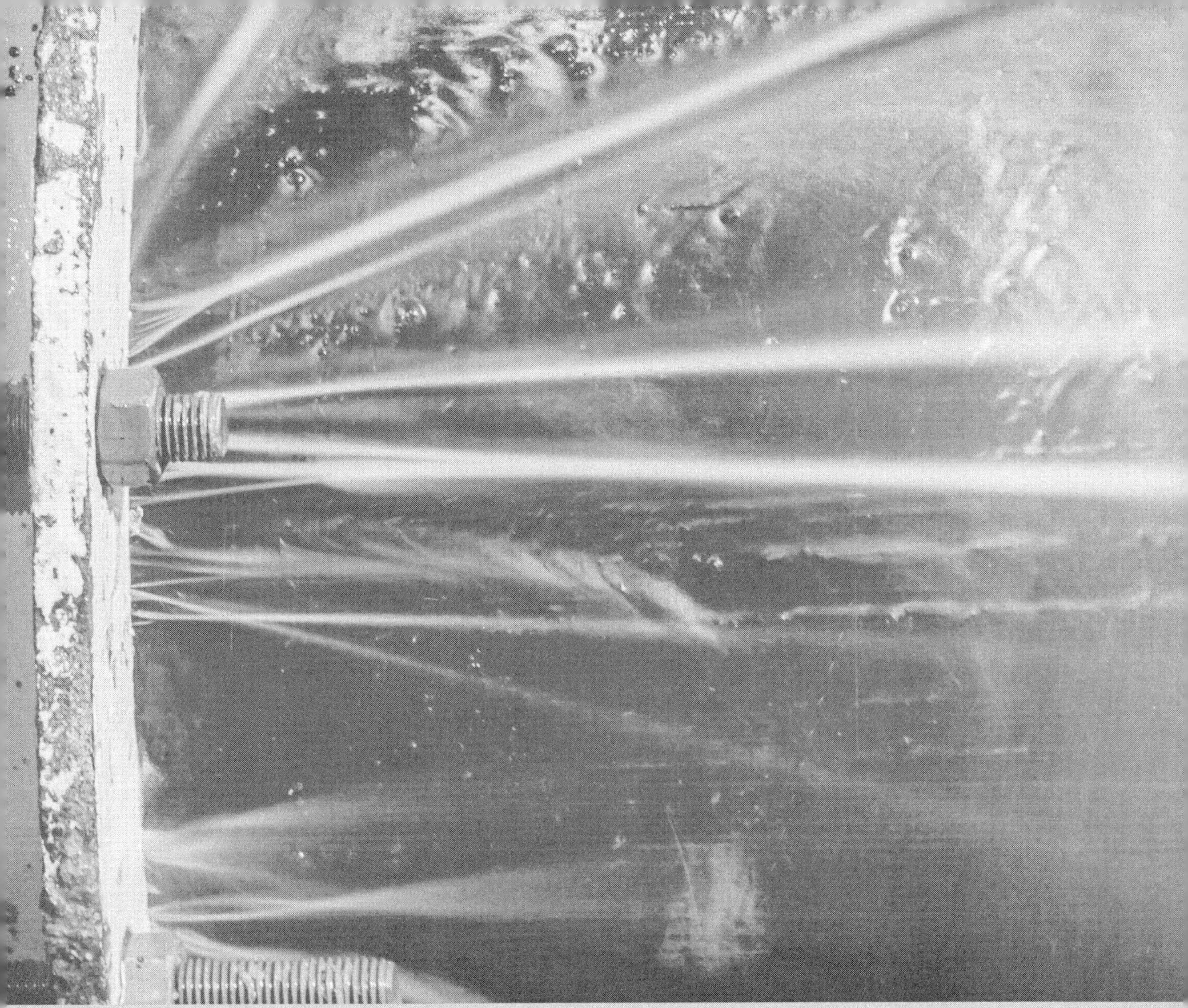

관망 부정류 일반

K water 박한영 지음

공감북스

머리말

저자가 현장에서 근무하면서 1997년 관로에서 발생하였던 부정류의 일종인 수격현상을 처음 접하고 이 수격현상을 해석하고 제어하기 위해 부정류 관련 자료를 찾아보았지만 국문도서가 전무하여 원서를 접하였던 것이 부정류와 첫 인연을 맺게 된 계기가 되었다.

부정류해석 관련 지식을 습득하기 위해 2003년 미국으로 파견되어 1년 동안 많은 연구를 수행하여 축적한 지식을 집필하여 "그림으로 푸는 수충격해석(2004년)", "전산기로 푸는 수충격해석 입문(2005년)", "전산기로 푸는 수충격해석 완성(2005년)", "엑셀로 푸는 관망 부정류 해석·설계(2018년)" 기술도서를 발간하여 국내 관로 부정류해석관련 선구자의 역할을 하였다고 자부한다.

그럼에도 불구하고 수충격해석관련 지식을 독자에게 더욱 쉽게 전달하여 현장에서 필요한 혜안을 갖추고, 전산기를 이용한 수충격해석을 초월하여 해석결과에 따라 관로를 보호할 수 있는 다양한 방안 그리고 수충격완화설비의 설계와 관련된 지식을 제공할 수 없을까? 라는 지적 갈증이 남아있던 차에 드디어 본서를 발간하게 되었다.

본서는 부정류관련 선구자 중 한 분인 영국 Thorley 교수가 집필한 내용에 기초하여 기존의 복잡하고 세밀한 특성법을 사용하지 않고 단순한 Joukowsky 식 하나만을 사용하여 관망에서 발생하는 부정류해석의 개관은 물론 밸브 조작시 발생하는 수충격현상의 해석, 주어진 관로조건에서 에어챔버용량결정, 체크밸브의 동적거동에 따른 수충격현상, 많은 사고사례 등 현장에서 필요한 많은 정보를 제공한다.

모쪼록 수충격 또는 부정류에 관심은 있지만 깊은 지식이 없는 독자도 쉽게 지식을 취득할 수 있는 계기가 되길 바라며, 끝으로 본서가 나올 수 있도록 물심양면으로 도움을 주신 삼진정밀 정태희회장님과 플로우텍 양재구사장님께 지면을 빌어 감사드립니다.

2020년 8월

저자 박한영

차 례

1장 부정류 소개

1.1 소개 ··· 1

1.1.1 수용할 수 없는 조건 ··· 2
1.1.2 부정류 원인 ··· 2

1.2 관로와 터널 내 부정류 ··· 3

1.2.1 기초 개념 ··· 3
1.2.2 단순관로 내 압력파 거동 ··· 4
1.2.3 단순 예제 ··· 7
1.2.4 압력파 반사 및 관로주기 ··· 9
1.2.5 급속 이벤트(Rapid Event) ··· 11
1.2.6 마찰 영향 ··· 11
1.2.7 최대수두와 최소수두 포락선 ··· 12
1.2.8 수주분리 및 증기공동 형성 ··· 12
1.2.9 공기 및 가스 포획 ··· 13
1.2.10 유체-구조물 상호작용 ··· 14
1.2.11 증기 관로 내 수격 ··· 15
1.2.12 질량진동 및 강성주거동 ··· 15
1.2.13 공명(Resonance)과 자동진동(Auto-oscillation) ··· 17
1.2.14 요약 ··· 19

2장 부정류 제어

2.1 실용적인 부정류제어 방법 ··· 21

2.2 직접보호전략 ··· 22

2.2.1 강한 배관 ··· 22
2.2.2 노선변경 ··· 23
2.2.3 밸브 동작 변경 ··· 23
2.2.4 체크밸브 슬램 방지 ··· 24
2.2.5 펌프와 전동기의 관성모멘트 증대 ··· 27
2.2.6 공명 위험 최소화 ··· 27

2.3 간접보호전략(Diversionary Tactics) ··· 29
2.3.1 에어챔버와 에어쿠션서지챔버 ··· 30
2.3.2 축압기(Accumulators) ··· 33
2.3.3 서지 샤프트(Surge Shaft) ··· 33
2.3.4 일방향 서지탱크(공급탱크) ··· 35
2.3.5 진공파괴밸브와 공기배출밸브 ··· 36
2.3.6 압력완화밸브(Pressure relief valve) 및 파열디스크(Busting Disc) ··· 39
2.3.7 바이패스배관 ··· 40
2.3.8 시스템 관로 내 수격 방지 ··· 42
2.4 보호전략의 선정 ··· 42
2.5 요약 ··· 45

3장 부정류 위험 관리와 평가

3.1 위험 관리와 평가 소개 ··· 48
3.2 부정류 위험평가절차 ··· 52

4장 부정류 데모 예제

4.1 상승 주관로 예제 1 ··· 56
4.2 상승 주관로 예제 2 ··· 69
4.3 펌프 가압 주관로 ··· 75
4.4 중력공급 주관로 ··· 78
4.5 근해 석유 터미널 관로 ··· 81
4.6 램(ram) 펌프가 공급하는 공정시스템 ··· 86
4.7 높은 압력공급시스템 ··· 90
4.8 루프 관망 ··· 97
4.9 애시 슬러리(Ash Slurry) 관로 ··· 101
4.10 해저 재충전시스템(Recharge System) ··· 104
4.11 냉각수 시스템 ··· 108
4.12 인산 에스테르 관로(Phosphate Ester Pipeline) ··· 111
4.13 요약 ··· 113

5장 부정류 사건·사고

5.1 경량 앵커블록 사례 ······ 116
5.2 진동하는 급수장치(Feed Range) ······ 117
5.3 물은 어디로 갔을까? ······ 118
5.4 미생물의 축제 ······ 118
5.5 녹색버튼의 위험 ······ 119
5.6 미소 변화–큰 문제 ······ 123
5.7 반사파(압력파 갇힘 현상) ······ 123
5.8 흔들리는 체크밸브 ······ 125
5.9 부분부하운전의 악몽 ······ 126
5.10 요약 ······ 127
6.1 소개 ······ 129

6장 부정류 전산모델링

6.2 특성법 개요 ······ 130
6.3 이상화와 가정(Idealizations and Assumptions) ······ 135
6.4 전산해석을 위한 준비 ······ 137
6.4.1 시스템 자료 ······ 138
6.4.2 유체 자료 ······ 138
6.4.3 배관과 터널 ······ 138
6.4.4 접합부 ······ 139
6.4.5 펌프 ······ 139
6.4.6 밸브 ······ 139
6.4.7 배수지, 흡수정, 탱크 ······ 140
6.4.8 에어챔버, 축압기, 서지 샤프트 ······ 140
6.4.9 공급탱크(Feed Tank) ······ 141
6.4.10 바이패스 관로 ······ 141
6.4.11 부정류 이벤트 자료 ······ 141
6.4.12 목적과 목표 ······ 141
6.4.13 완료시 예상 ······ 142
6.4.14 이상화와 가정 ······ 142
6.4.15 확인 및 시험 ······ 144

7장 부정류 현재와 미래

7.1 부정류 모델링 능력의 요약 ······ 150
7.2 지식공학과 부정류 ······ 152
7.3 유체의 거동과 반응 ······ 156
7.4 구성요소와 장치의 동적 거동 ······ 158
7.5 유체-구조물 상호작용 FSI(Fluid-Structure Interaction) ······ 159
7.6 요약 ······ 160

8장 부정류 이론

8.1 부정류 통과에 따른 압력변화 ······ 161
8.2 파속식 ······ 165
8.3 파속 계산식 ······ 165
8.3.1 원형 단면 배관 ······ 172
8.3.2 터널 ······ 175
8.3.3 플라스틱, uPVC, GRP(Glass-Reinforced Plastic) 배관 ······ 176
8.3.4 비원형 덕트 ······ 177
8.3.5 물이 아닌 액체 ······ 177
8.3.6 다상 및 다요소 유체 ······ 177
8.3.7 소성변형 튜브 ······ 179
8.3.8 플렉시블 호스 ······ 181
8.3.9 파속 추정을 위한 자료 ······ 181
8.4 압력파 반사와 전파 ······ 184
8.4.1 직렬관로 접합부 ······ 184
8.4.2 티 접합부 ······ 186
8.4.3 관 사수부(Dead-End) ······ 187
8.5 압력파 소멸과 갇힘(Locked) 현상 ······ 189
8.6 반사파 완화효과 ······ 190
8.7 라인 패킹과 파정면 약화 ······ 191
8.8 강성주이론 ······ 196
8.8.1 수주분리 미발생시 ······ 198
8.8.2 수주분리 발생시 ······ 201

9장 에어챔버용량결정

9.1 상승 주관로 ······ 211

9.1.1 교축되지 않은 에어챔버 ······ 212

9.1.2 교축된(바이패스) 에어챔버 ······ 228

9.1.3 에어챔버용량 결정 절차 ······ 231

9.2 심정펌프 기동 ······ 235

9.2.1 선도사용 절차 ······ 242

9.2.2 증명 예제 ······ 243

10장 펌프관련 부정류

10.1 펌프장 정전시 수리적 과도현상 ······ 250

10.1.1 체크밸브가 설치된 경우 ······ 250

10.1.2 체크밸브가 설치되지 않은 경우 ······ 251

10.2 펌프특성곡선 ······ 253

10.3 펌프완전특성곡선 ······ 257

10.4 펌프 및 전동기의 관성모멘텀 ······ 273

10.4.1 펌프 관성 ······ 273

10.4.2 전동기 관성 ······ 277

10.5 펌프경계처리와 역류발생시간 ······ 278

10.5.1 펌프경계처리 ······ 278

10.5.2 역류발생시간 ······ 282

11장 밸브관련 부정류

11.1 유량제어밸브 특성 ······ 285

11.1.1 손실계수 ······ 285

11.1.2 유량계수 ······ 306

11.2 유량제어밸브폐쇄시 압력상승 ······ 311

11.2.1 선도를 이용한 부정류 해석 ······ 311

11.2.2 특성법을 이용한 부정류 해석 ······ 319

11.3 공기배출밸브와 진공파괴밸브 ······ 325
11.3.1 관로 통기(ventilation) ······ 326
11.3.2 서지제어를 위한 공기밸브 ······ 328
11.3.3 공기밸브의 선정과 위치 ······ 332
11.3.4 연료 및 석유화학 관로에서 공기밸브 ······ 336
11.3.5 하수와 산업 폐수(effluents)에서 공기밸브 ······ 336
11.3.6 심정펌프에서 공기밸브 ······ 337
11.3.7 공기밸브 규격결정 ······ 338
11.3.8 유지관리 ······ 341
11.4 압력완화밸브와 안전밸브 ······ 341
11.4.1 규격결정시 고려사항 ······ 344
11.4.2 파열디스크 ······ 347
11.5 체크밸브의 동적성능 ······ 348

찾아보기 / 357

1장 부정류 소개

1.1 소개

관로시스템설계는 기초설계, 타당성평가, 기능설계, 최적화 및 위험평가 등의 여러 단계를 거친다. 기능설계단계에서의 주요 특징은 의도한 시스템의 주된 기능에 기초한다. 최적화 및 위험평가는 시스템의 운영, 건설의 위험과 경제성과 관련되며 이 두 단계는 최종 결론에 도달하기 전에 다시 기능설계로 전달된다.

신중한 기술자는 기능설계단계 동안에도 시스템 내 수용할 수 없는 운영조건이 발생할 수 있는 상황에 대해 숙고한다. 수용할 수 없는 조건 중 특히, "부정류"는 위험평가의 주된 부분이며 위험평가는 설계과정의 최종단계 또는 최종단계 중 하나이다. 시스템의 물리적 설계에 대한 임의 변화는 부정류 해석을 무효화시킬 수 있기 때문에 부정류 위험평가는 건설시작 이전 설계과정에서 최종단계가 된다.

1.1.1 수용할 수 없는 조건

정상적인 운영 동안에도 시스템의 수요량 변화에 따라 관로 내 유량과 압력이 변화하지만 설계자와 플랜트 운영자는 이와 같이 변화하는 이벤트를 어느 정도 제어할 수 있다. 설계자는 정전 또는 자기공명(self-exacted resonance)과 같은 이벤트 중 계획 및 예상되지 않았지만 수용할 수 없는 이들의 발생 가능성과 수용할 수 있는 위험에 대해 평가하여야 하며 이 같은 이벤트의 예는 다음과 같다.

(a) 과도하게 높은 압력 : 이는 연결부, 밀봉부, 앵커와 같은 요소의 손상 또는 영구변형 및 관로의 파열로 연계되어 관로 외부로의 누수로 인한 낭비 및 환경오염과 화재위험이 있다.

(b) 과도하게 낮은 압력 : 이는 배관의 붕괴를 초래할 수 있다. 연결부, 밀봉부에서 압력이 대기압 이하가 되면 관로 내부로 공기가 유입될 수 있고, 일부 유체는 관로 내부로 공기가 유입되면 화재위험이 있다.

(c) 역류 유동 : 펌프 밀봉부와 전동기 브러시 기어가 손상되며, 저장탱크와 배수지가 배수되어 비게 된다.

(d) 관로 이동 및 진동 : 지지물의 과도한 응력 및 피로는 관로 파괴로 이이지며 장비 및 구조물 인근 기계적 손상이 발생할 수 있다.

(e) 너무 낮은 유속 : 주로 슬러지 수송관로에서 문제가 되며 동반된 고체가 침전하여 관로가 막힐 수 있다.

수용할 수 없는 조건은 관로 내 불안정하고 급속한 유량의 변화로 인해 발생할 수 있는 위험이다.

1.1.2 부정류 원인

비정상유동 또는 부정류는 시스템 운영자에 의해 시작될 수도 있지만, 외부 이벤트, 잘못 선정된 요소 또는 불량한 유지관리의 결과로 발생할 수 있다.

가장 공통적인 위험은 제어되지 않은 펌프트립으로서 빈번하게 정전시 발생한다. 이 경우 급속한 압력저하로 형성된 공동이 붕괴되면(배관 자체는 붕괴되지 않은 것으로 가정하면) 매우 급속하게 큰 압력으로 상승하는 심각한 문제가 발생한다.

또한 펌프트립 및 펌프교체운전과 관련하여 체크밸브 슬램현상이 발생한다. 통상적으로 이 현상은 특히, 수두가 높은 두 대 이상의 펌프가 병렬운전 도중 펌프 1대가 트립될 때 또는 에어챔버로 시스템을 보호할 때 발생한다. 후자의 경우 에어챔버는 병렬로 운전되는 다른 펌프의 에너지와 유사하게 높은 에너지원을 갖는다.

펌프 토출밸브의 급속한 폐쇄는 펌프트립과 유사하다. 이는 길이가 수 백미터인 짧은 관로에서는 문제가 심각하지 않지만 긴 관로에서는 심각하게 고려할 필요가 있다. 이 경우 시스템 설계자가 최소 밸브폐쇄시간을 명시하여 약간은 문제를 완화시킬 수 있다.

시스템 내 밸브 및 다른 곳에서의 유사한 유량제어장치는 압력과 유량의 동요를 유발할 수 있다. 이와 같은 제어장치의 공통적인 예는 유조선에서의 로딩밸브, 보일러 플랜트에서 밸브의 비상정지, 수력발전소에서 안내깃(guide vane), 저장탱크 내 플로트-제어밸브이다.

가장 심각한 펌프기동 문제는 체크밸브가 지상 고도에 설치된 경우이다. 수중에 설치된 관정펌프와 시추공펌프는 기동과 동시에 무시할 수 있는 저항에 대항하여 급속하게 정격회전속도에 도달하고 펌프 특성곡선의 큰 유량점에서 운영되기 쉽다. 수직 배관에 들이 닥치는 물은 갑자기 체크밸브와 직면하고, 급속한 유속 감속으로 인해 매우 큰 압력상승이 발생할 수 있다.

관로 지지물은 협상할 문제이다. 열팽창과 수축효과를 고려하여 지지물의 충분한 자유이동을 고려할 필요가 있지만 부정류 압력파의 통과로 곡관과 접합부에서 불평형력으로 인한 관로의 이동을 제한시키기 위해 충분한 구속력을 고려하여야 한다.

또한 공명발생 가능성도 고려하여야 한다. 공명현상은 시스템 요소인 용적형펌프, 자동 제어밸브 또는 불량하게 매치된 병렬운전하는 원심펌프의 주기적인 거동에 의해 발생한다. 공명으로 인한 일부 시스템의 실패는 극단적으로 급속하고 극적일 수 있는 반면 수주 또는 수 개월 동안 피로가 누적되어 발생할 수 있다.

상기에서 기술한 잠재적인 재앙을 방지하기 위한 적합한 전략수립시 양호한 판단을 위한 기초를 제공하기 위해 유량이 개시되거나 중단될 때 실제로 발생하는 이벤트를 고찰하면 도움이 된다.

1.2 관로와 터널 내 부정류

1.2.1 기초 개념

통상적으로 관로와 터널 내 유체유동을 비압축성과 일차원으로 고려하면 완벽하게 충분하다. 그러나 비정상유동을 처리할 때 액체의 비압축성은 유효하지 않고 급속한 부정류는 극단적으로 잘못된 결과를 초래할 수 있다.

가장 유념하여야 할 중요한 결론은 시스템 내 유량변화는 시간상 동시에 발생하지는 않고 약간의 간격을 두고 발생한다는 것이다. 이 시간 간격은 시스템 내 유량변화가 시작된 지점과 관심 있는 지점 사이 거리 그리고 부정류 압력파의 전파속도(이하 파속)에 종속된다.

파속은 유체 및 유체가 포함된 배관 또는 터널의 물리적 특성에 의해 지배된다. 관심사의 대부분은 유체 내 음속의 크기로서 물에서 음속은 약 1440m/s이고, 강관 내 포함된 물을 통과하는 부정류 압력파의 파속은 통상적으로 1000～1400m/s가 된다.

1.2.2 단순관로 내 압력파 거동

관로시스템 내 유속이 급속히 변화하는 사례를 해석하려면 반드시 배관과 유체의 탄성을 고려하여야 하며 통상적으로 이러한 수력적 부정류를 수격이라 한다. 이러한 수격해석은 강성주해석보다 더욱 복잡하다. 다음 절에서 이러한 수격현상을 광범위하게 연구하기 전에 단순 관로에서 발생하는 수격현상의 물리적 개념을 살펴보며 이는 유속이 급변할 경우 관로 내에서 발생하는 이벤트를 고찰하여 수격현상을 이해하는데 중요한 기본 개념을 제공한다.

그림 1.1과 같이 단순한 관로와 밸브가 저수지에 연결되어 있는 상황에서 단순화된 일련의 절차에 따라 압력파가 시간에 따라 어떻게 전개되는지 관찰할 수 있다. 정상유동시 관로 내 유속을 V라고 가정한다. 마찰이 없다면 관로 내 전 구간에 걸쳐 피에조미터의 수두는 H이다. 만일 어떤 방법으로든 밸브개도가 변화하게 되면 밸브의 상류측과 하류측 관로에서 수격현상이 발생하지만 여기에서는 관로 상류부에만 집중한다.

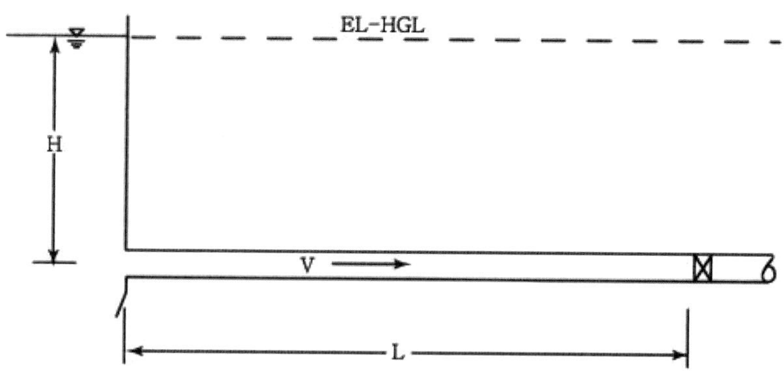

그림 1.1 마찰이 없을 때 관로 내 정상유동

정상유동상태에서 밸브개도를 조작하면 유속이 변화하고, 유속이 변화하는 곳에서는 압력파(pressure wave)가 발생하며 이 압력파는 유속변화가 발생한 지점을 중심으로 상류측과 하류측으로 음속에 가까운 속도인 파속 c로 전파된다. 밸브가 급속하게 완전 폐쇄된다고 가정하면 밸브에서 물은 급속히 힘을 받아 유속은 $V=0$이 되며 밸브에서의 수두는 자이코프스키식에 따라 $\Delta H = c\Delta V/g$로 급작스럽게 증가한다. 이 수두증가 ΔH는 유동하는 물의 모멘텀을 충분히 감소시켜 유속을 0으로 만든다. 이와 같이 밸브에서 증가된 수두는 관로를 약간 확장시키는 동시에 유체의 밀도를 증가시킨다. 배관의 팽창량은 배관의 직경, 두께, 배관재질, 액체의 압축성에 따라 결정되지만 통상적으로 1.5% 보다 적으며 그림 1.2에서의 관로변형은 과장된 것이다.

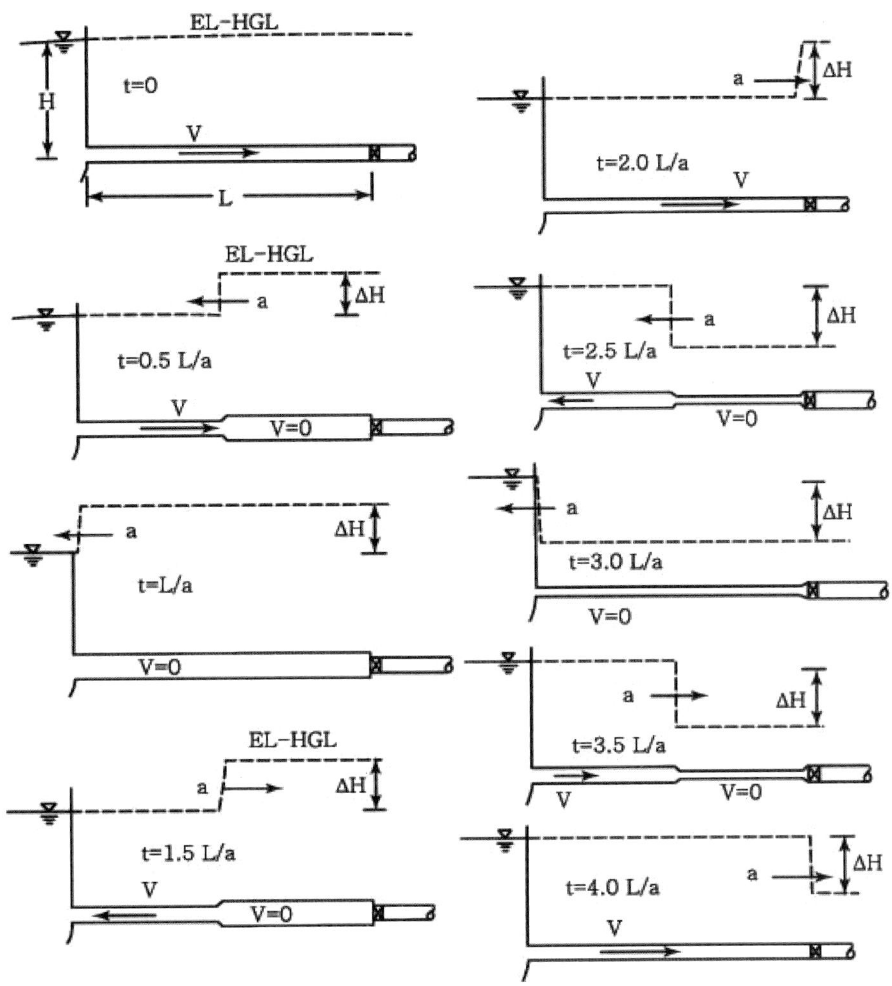

그림 1.2 시간에 따른 관로 내 압력파의 거동

압력수두의 상승은 전면이 예리한 압력파를 파속 c로 상류측으로 전파시키며 c의 크기는 관로와 액체 특성의 함수이다. 밸브가 폐쇄되고 L/a초 후 압력파의 전면은 저수지에 도달하며 이 순간 관로 전체에 걸쳐 유속은 0, 압력수두는 $H+\Delta H$가 되어 관로는 확장되고 액체는 압축된다. 또한 저수지에 도달한 압력파는 저수지에서 반사되어 방향이 반전된다.

L/c초에서 저수지에서의 압력수두는 항상 H이지만 저수지와 연결된 관로 내 압력수두는 $H+\Delta H$가 되어 부분적으로 불평형이 되어 물은 압력이 높은 곳에서 낮은 곳으로 즉, 관로로부터 저수지 방향으로 유동이 시작된다. 마찰이 없으면 저수지 방향으로 향하는 유속의 크기는 수두 증가 ΔH에 의해 유발되는 정상유동상태의 유속과 같다. 증가된 압력수두에 의해 팽창된 관로에 압축 저장된 액체는 이러한 유동을 대한 에너지의 근원이 된다. 상기 절차는 시간과 함께 계속하여 전개된다. 시작점으로부터 시간이 $2L/c$초 경과하면 관로 전체에 걸쳐 압력은 원래의 수치로 회복되며 유속 방향은 원래 방향과 반대가 된다. 이 순간 압축 저장된 액체가 모두 배출되고 압력파는 폐쇄된 밸브에서 반사되면서 압력수두는 원래 정상유동상태에서의 수두보다 ΔH 만큼 감소되고 이 저하된 압력과 폐쇄된 밸브는 압력파 뒤에 있는 유속을 0으로 만든다. 이러한 압력파 뒤의 관로 단면은 수축되며 액체는 팽창한다.

압력파는 시간 $3L/c$초에 저수지에 도달하여 반사되며 모든 관로에서 유속은 0이 된다. 그러나 저수지 근방 관로 내 압력수두 $H-\Delta H$는 저수지 수두 H와 불평형 상태가 되어 물은 유속 V로 저수지로부터 관로 방향으로 유입되며 이 압력파 뒤의 관로 내 수두는 저수지 수위와 평형이 된다.

압력파는 시간 $4L/c$초에 밸브에 도달한다. 이 순간 모든 변수는 밸브 폐쇄 전의 정상유동상태로 복귀한다. 이 시간 간격 $4L/c$(이하 "부정류주기")는 수력적 부정류의 완전한 한 주기가 되며 마찰이 존재하지 않으면 이러한 과정은 감소되지 않고 무한 반복된다. 그러나 현실적으로 관로에는 항상 마찰과 미소손실이 존재하고 저수지가 아닌 배수지에서는 압력파는 일부만이 반사되기 때문에 이러한 수격현상은 발생된 후 일정 시간이 경과하면 정상유동상태로 복귀한다. 시간에 따른 상기 수격현상의 진행과정과 그림 1.2로부터 다음 결론에 도달할 수 있다.

- 압력파와 유속이 마주보는 방향으로 진행할 때의 압력파를 상승 압력파 또는 업서지(up-surge)라 하며 이는 관로 내 압력을 상승시킨다.
- 압력파가 유속을 따라가는 방향으로 진행할 때의 압력파를 하강 압력파 또는 다운서지(down-surge)라 하며 이는 관로 내 압력을 감소시킨다.
- 압력파와 유속이 서로 반대 방향으로 진행하거나 또는 유속이 압력파를 따라가는 방향으로 진행하면 관로 내 유동은 정상유동상태로 복원된다.
- 업서지로 인해 상승된 압력이 밸브에 작용하는 시간은 $t=0L/c \sim 2L/c$, 다운서지로 인해 감소된 압력이 작용하는 시간은 $t=2L/c \sim 4L/c$이다.

1.2.3 단순 예제

길이가 수 km인 관로에 설치된 펌프트립의 예를 들어보자. 거의 순간적으로 펌프가 정지하고 더 이상 토출유량이 없다고 가정한다. 하류측 액체는 아직도 전방을 향한 모멘텀을 갖고 운동을 지속하려한다. 그러나 이 공간을 채우기 위한 액체가 더 이상 공급되지 않고 펌프 직하류에서의 액체는 정지되기 때문에 액체가 펌프 토출측으로부터 멀어지면서 그 지점에서 압력은 떨어진다.

배관 내 액체 요소를 튜브 내 쌓여진 디스크로 상상한다. 이 액체 디스크는 탄성력이 매우 작지만 서로 부착된다. 펌프 하류측 액체는 이를 당기려는 경향이 있지만 펌프를 떠날 수 없기 때문에 정지된다. 첫 번째 디스크는 두 번째 디스크에 매달려 있어 정지된다. 두 번째 디스크는 세 번째 디스크를 정지시키고, 이와 같은 현상이 반복된다. 이 모든 것은 유한한 시간에서 작은 시간 동안 발생한다. 전방으로 향하는 운동이 감소되면서 압력이 변화하고 이 경우 액체가 초기에 유동을 방해하는 물체로부터 멀리 이동하기 때문에 압력이 변화한다.

펌프트립에 의해 영향을 받는 유체와 영향을 받지 않는 유체 사이 그리고 이들에 걸쳐 압력이 변화하면서 이동하는 접점을 부정류 압력파라고 한다. "부정류"가 암시하는 것과 같이 부정류 압력파는 액체 내 음속의 크기와 유사한 속도로 이동한다.

그림 1.3과 같이 단순한 상승 주관로는 이와 같은 상황을 보여준다. 직경 300mm 길이 15km의 덕타일주철관은 하류측 저수지에 연결되며, 펌프 한대가 정수두 128m인 관로로 물을 공급한다. 유량은 35L/s이고 마찰수두는 11.6m이다. 신속하게 반응하는 체크밸브가 펌프 토출측에 설치된다.

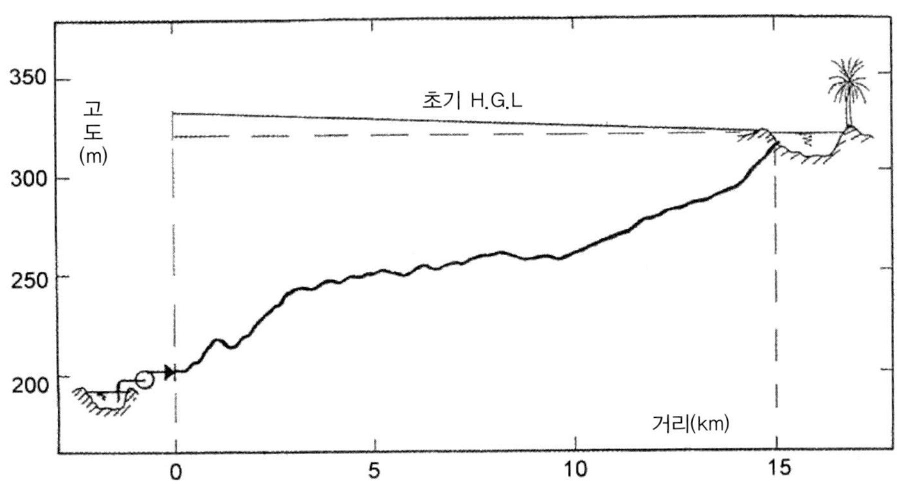

그림 1.3 단순 상승 주관로

그림 1.4는 펌프 토출측에서 통상적으로 "압력-시간 이력"으로 알려진 선도를 보여준다. 이 선도는 펌프가 0.5초 후에 트립되며 이는 프로그램이 제대로 동작하지는 여부를 확인하기 위한 전략 중 하나이다. 펌프트립 후 압력은 즉각적으로 급속하게 저하되어 최소에 도달한 후 지속적으로 더욱 완만하게 저하하는 것을 보여준다. 여기에서 두 결과가 명백하게 나타난다. 초기 상태에서 급속한 압력변화 후 다소 완만한 압력저하가 뒤 따르는 다음 자이코프스키식으로 펌프 토출측에서 초기 유량이 0로 감소하면서 발생하는 초기압력저하를 구할 수 있다.

$$\triangle H = c\frac{\triangle V}{g} \tag{1.1}$$

여기서 $\triangle V$: 유속변화

c : 파속

g : 중력가속도

파속을 1000m/s로 가정하면 유속변화 $\triangle V = 1m/s$ 마다 수두변화는 약 100m 정도가 된다.

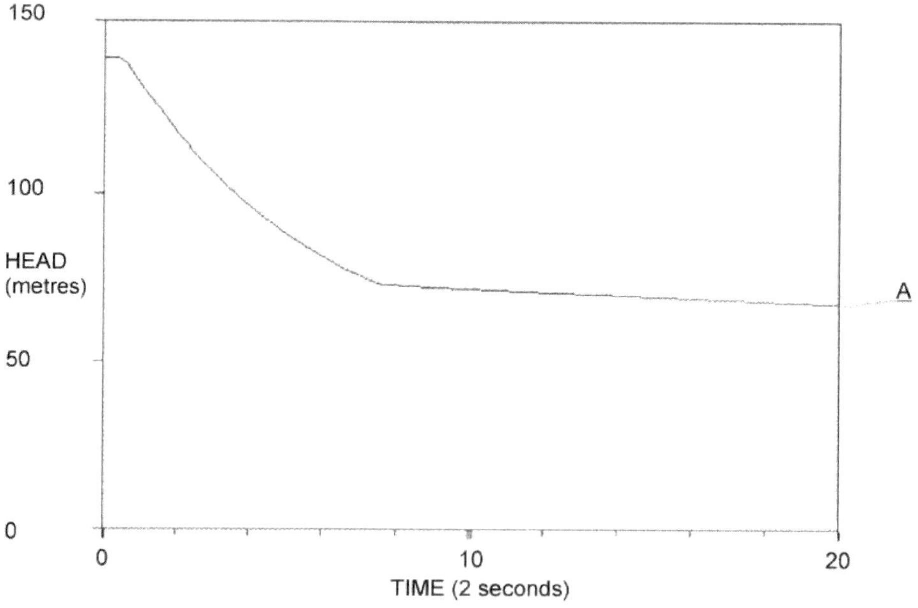

그림 1.4 펌프트립 20초 동안 토출밸브에서 압력–시간 이력

두 번째 결과인 지속적인 완만한 압력저하는 점차적으로 감소하는 마찰수두에 기인한다. 이는 관로가 짧은 경우에는 중요하지 않지만 긴 오일 수송 관로에서는 라인패킹 현상으로 인해 상기 자이코프스키식(Joukowsky)의 수두변화를 상당히 초과하는 압력수두의 변화를 초래할 수 있기 때문에 간과하여서는 안 된다(8.7절 참조).

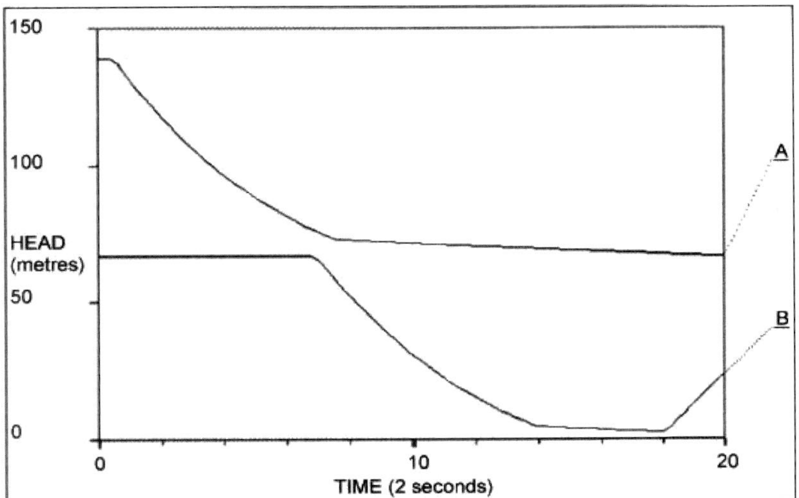

A-펌프 토출측
B-8km 하류

그림 1.5 펌프 토출밸브와 하류 8㎞에서 압력-시간 이력

그림 1.5는 그림 1.4와 유사하지만 펌프로부터 하류측으로 8km 지점에서 압력수두를 보여준다. 펌프에서는 초기에 압력이 변화하지만 하류 지점에서는 초기에는 압력변화가 없다는 사실에 유의하여야 한다. 만일 부정류의 파속이 1250m/s이면 이 지점에서는 8000/1250=6.4초 후에 펌프에서의 변화가 나타난다.

정상유동 시간 0.5s를 고려하면 6.9s 시점에 8km 지점에서 압력이 저하하기 시작한다. 변화율은 다른 시간에 발생할 뿐이지 펌프에서 변화율과 동일하다. 재차 초기 마찰구배의 영향이 명백하게 나타난다.

1.2.4 압력파 반사 및 관로주기

압력파는 최종 말단부인 저수지에 도달할 때까지 하류측으로 계속 진행된다. 만일 압력파가 단계 정면 파(step fronted wave)이고, 마찰 효과가 없다면 관로 내 모든 액체는 저수지에 도달하는 순간 정지상태가 되지만 배관 내 압력은 유동이 없는 정수두보다 낮게 된다. 이와 같은 상태는 지속될 수 없으므로 물은 저수지로부터 배관으로 유입되면서 압력이 상승하고 시스템은 안정된 평형조건으로 복원된다. 이 "반사파(reflected pressure wave)"는 저수지로부터 펌프를 향해 이동하며 8km 지점에 먼저 도달하므로 이 영향이 먼저 인지된다. 약 18s에서 압력상승이 시작된다.

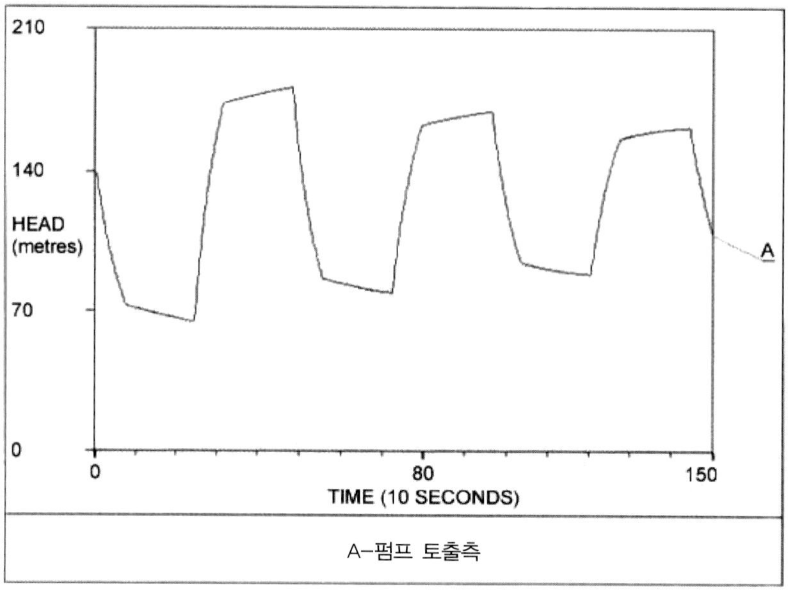

그림 1.6 펌프 토출측 체크밸브에서 확장된 압력-시간 이력

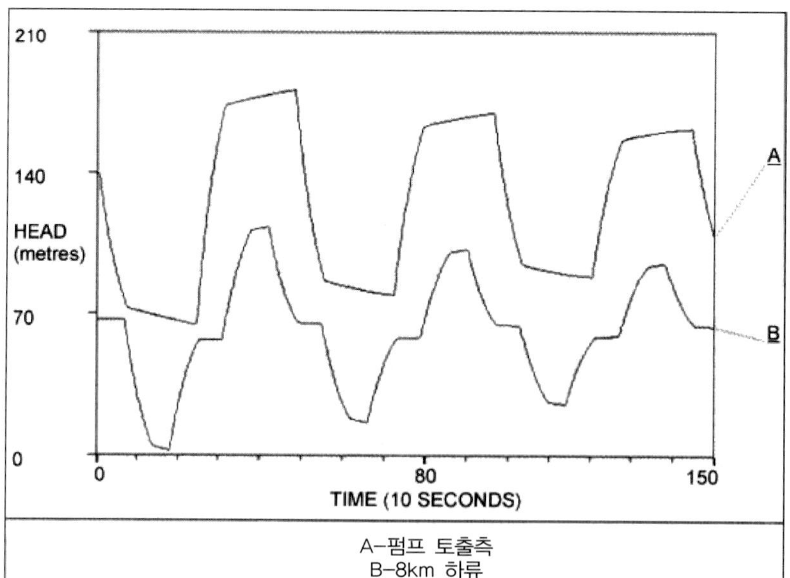

그림 1.7 그림 1.5의 시간 확장된 압력-시간 이력

상기 과정은 체크밸브가 폐쇄된 펌프에도 계속된다. 즉, 체크밸브에서 생성된 새로운 반사파는 재차 하류측 저수지를 향해 이동한다. 매번 압력파가 관로의 상류측 또는 하류측 말단부에 도달할 때마다 반사된다. 긴 시간 동안의 그림 1.6과 1.7은 이를 예증한다. 또한 이 그림은 비정상유동과 부정류 조건에서 관로 내 압력과 유량은 시간과 위치에 종속된다는 점을 보여준다.

압력파가 관로를 한번 왕복하기 위해 소요되는 시간을 관로주기(Pipeline Period) 또는 주기 시간(Periodic Time) T라 한다. 이는 관로 길이를 파속으로 나눈 것을 2배한 것으로 본 예제에서는 $T = 2L/a = 2 \times 15{,}000/1250 = 24s$가 된다.

1.2.5 급속 이벤트(Rapid Event)

상기 예제에서 펌프는 거의 순간적으로 정지된다고 가정하였다. 압력-시간 이력은 유동이 약 7s에 걸쳐 정지되면서 압력이 급속하게 떨어지는 것을 보여준다. 압력은 펌프트립이 시작된 후 한 관로주기 즉, $T = 24s$까지 마찰 영향으로 인해 약간 변화하지만 낮은 수치를 유지한 후 갑자기 증가하기 시작한다. 하류측 저수지에서 반사된 압력파가 펌프로 되돌아오면서 이러한 현상이 발생한다.

만일 관로가 더 길면 반사된 파는 펌프로 되돌아오기에 더 긴 시간이 소요되는 반면 관로가 짧으면 왕복시간 즉, 관로주기는 더욱 짧아진다. 만일 길이가 4km로 매우 짧으면 되돌아오는 압력파는 유동이 정지되기 전에 펌프에 도달한다.

이러한 사실의 중요성은 부정류를 유발하는 이벤트는 반사된 압력파가 현장에 도달하기 전에 완료되지 않으면 즉, 이벤트가 관로주기보다 길게 완료되면 시스템에 부과된 압력변화가 수정되어 자이코프스키수두변화가 완전하게 전개되지 않는다는 것이다. 반대로 펌프트립, 밸브폐쇄 등과 같은 이벤트가 관로주기 이내에 완료되면 급속한 이벤트(Rapid Event)라 한다.

1.2.6 마찰 영향

부정류가 발생하는 많은 시스템에서 압력동요의 대부분은 자이코프스키수두이다. 그러나 마찰은 압력동요의 과정을 수정하고, 관로가 매우 긴 경우 특히, 오일 및 슬러지 관로에서 압력동요의 크기를 상당한 증가시킬 수 있지만 궁극적으로 마찰은 압력동요를 감쇄시킨다.

1.2.7 최대수두와 최소수두 포락선

통상적으로 설계자의 주된 관심은 시스템 내 최대압력과 최소압력이다. 이를 가장 유용하게 표현하는 방법은 관로종단도에 걸쳐 최대수두와 최소수두 포락선을 직접 작도하는 것이다. 그림 1.8은 이와 같은 방법을 보여준다. 이 그림은 시스템 내 임계설계(critical design) 지점을 표현하는 신속하고 용이한 방법을 제공하고, 잠재적 서지제어전략을 검토할 때 유용하다.

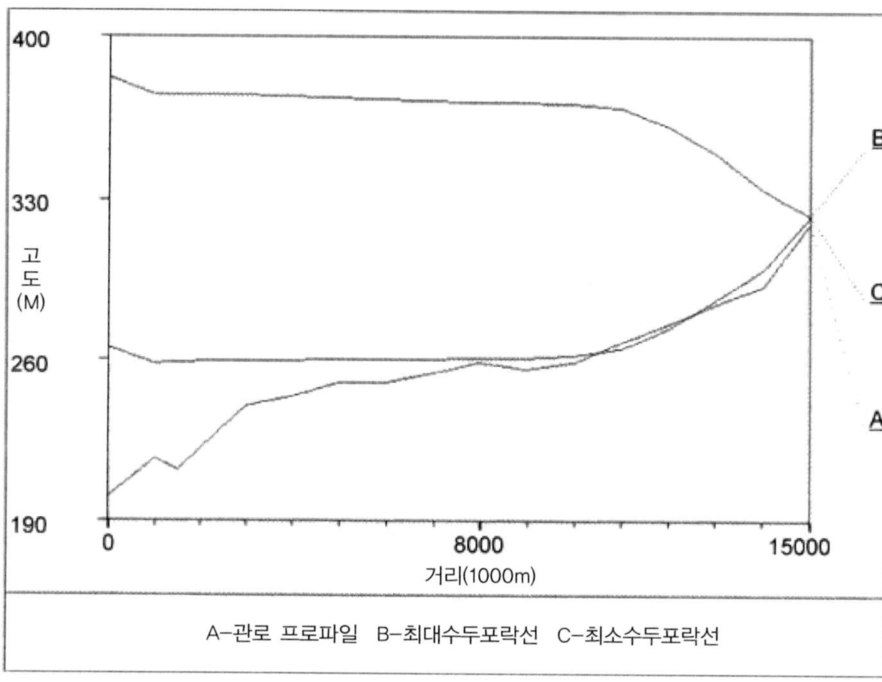

그림 1.8 효과적인 부정류 압력 요약을 보여주는 최대 및 최소수두포락선

1.2.8 수주분리 및 증기공동 형성

상기에서 사용한 단순 예제에서 관로에 걸쳐 압력은 상승 및 감소하지만 액체 수주는 그 상태를 유지한다. 그림 1.3의 대안적인 설계 관로인 그림 1.9의 관로는 처음 5km는 동일한 노선을 따르고 나머지 10km는 더 높은 것으로 가정한다.

펌프트립 후 펌프에서 압력수두는 감소되고 다운서지는 앞에서와 동일한 방법으로 관로에 따라 전달된다. 그러나 높은 관로노선의 약 절반 지점에서의 압력은 대기압 이하뿐만 아니라 포화증기압에 도달한다. 이때 수주는 사실상 비등되면서 분리되고, 하류측 수주는 더욱 완만하게 감속되면서 이동을 지속한다. 이 수주는 궁극적으로 정지되고 중력과 하류측 저수지에서의 정수두에 의해 이동 방향이 역전되어 상류측 수주와 재결합된다. 이 순간 재결합부에서 압력은 급작스럽게 증가하여 새로운 압력파가 생성되어 상류측과 하류측으로 전파된다.

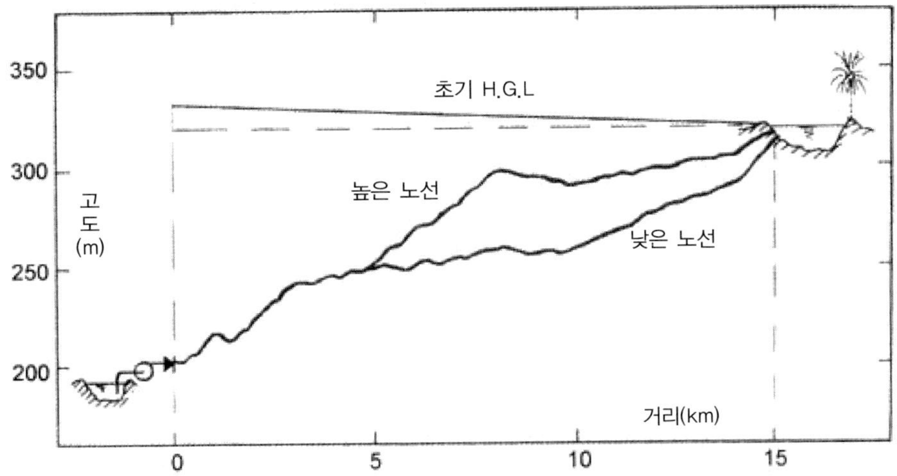

그림 1.9 다른 노선을 따르는 관로

펌프에서 압력궤적은 초기에는 동일하지만 두 번째 사례에서는 펌프로부터 약 7km 떨어진 곳에서의 증기공동으로 인해 반사파가 펌프에 상당히 일찍 도착한다. 8km에서의 압력궤적은 약 10m 게이지압력선에 의해 증기공동이 형성되는 것을 명백하게 보여준다. 펌프트립 직후 매우 짧은 시간을 제외하고 즉, 공동이 형성되기 전 압력궤적과는 명백하게 매우 다르다.

이러한 사실의 예증을 돕는 부정류의 또 다른 측면은 시스템 내 압력변화는 위치와 시간에 종속되는 것뿐만 아니라 실제로 두 시스템은 동일하지 않다는 것이다. 한 요소 예를 들어, 배관 재질 또는 규격 또는 본 예제에서와 같이 지형을 변화시키면 액체 부정류 반응이 상당히 다르게 나타날 수 있다. 또한 이는 특정 관로시스템에 가장 적합한 서지제어전략은 다른 관로시스템에는 부적합할 수 있다는 것을 의미한다.

1.2.9 공기 및 가스 포획

유체 내 용존가스 그리고 자유공기와 자유가스가 존재하면 액체 부정류 조건에서 시스템 거동은 확연히 다른 결과를 보여줄 수 있다. 용존 공기와 가스는 압력이 저하될 때 용액으로부터 방출되지만 이들이 다시 용액에 용해되는 비율은 매우 작아 무시할 수 있다.

이 자유 공기와 가스 존재시 시스템 반응은 이들이 어떻게 분포되었는지에 종속된다. 정적이거나 또는 완만하게 이동하는 유동에서는 공기는 포켓으로 집결하는 경향이 있다. 만일 이들이 크면 에어쿠션(air cushion)과 같이 거동할 수 있으며 부정류 압력파의 반사 지점이 될 수 있다. 액체 전체에 걸쳐 균등하게 분포되면 매우 적은 기포량에서도 파속이 감소되어 순수 액체에서의 수치의 1/4 이하로 감소된다.

통상적으로 물 그리고 다른 액체 시스템 내 공기 및 유사한 가스의 존재는 매우 바람직하지 않은 것으로 간주된다. 음용수 오염 또는 가연성 기포의 폭발과 같은 위험 문제를 제외하더라도 가스 포켓을 뒤따라 이동하는 액체 슬러그가 갑자기 밸브, 배관 곡관 및 유동 장애물과 충돌하면 극단적으로 높은 충격하중(shock loads)이 발생할 수 있다. 예를 들어 건식 라이저(dry riser) 소방 스프린클러 시스템에서 스프레이 노즐은 공급배관에 적정하게 연결되어야 하며 그렇지 않으면 공기가 최종 배기되면서 물의 충격에 의해 발생하는 힘은 노즐을 날려버릴 수 있다.

1.2.10 유체 - 구조물 상호작용

대부분 부정류 해석과 조사는 유체 내 급속한 변화 이벤트에 집중되지만 부정류는 배관 및 지지물과 상호작용한다. 응력파(stress wave)는 유체를 통한 것과 동일한 방법으로 배관 벽을 통해 전파된다.

많은 관로시스템에서 유체-구조물 상호작용 FSI(fluid-structure interaction)와 관련된 두 개의 중대한 커플링 미케니즘이 존재한다. 포아송 커플링과 접합부 커플링이다.

배관 내 압력상승은 배관 직경을 약간 증가시키고 포아송 효과는 이에 상응하는 축방향 변형을 야기한다. 압력파가 배관 하류측으로 전파될 때 이와 관련된 변형파(strain waves)도 배관 벽을 따라 전파된다. 이 “전조파(precursor waves)”는 매우 높은 속도로 이동하며 부정류 보다 앞서 “교란되지 않은 유동(undisturbed flow)”로서 반응한다. 관로 이동은 물론 유체 압력 내 약간의 동요를 야기한다.

접합부 커플링은 곡관부, 단면적 변화부, 말단부에서 발생한다. 동압력은 배관에서 길이방향부하를 유발하여 배관을 상당히 이동시킬 수 있으며, 이로 인해 유체 내 압력이 변화한다.

부정류유동조건에서 FSI의 순수한 영향으로 인해 배관시스템에서 발생하는 압력변화는 자이코프스키수두를 초과할 수 있다. 그러나 마찰의 영향으로 인해 에너지는 유체 시스템 외부로 전달되며 또한 FSI는 부정류 압력파의 분산 및 완화에 공헌한다.

기술자가 설계하는 관로 지지물에 대한 암시 중 하나는 지지물은 반드시 배관을 물리적으로 구속하여야 한다는 것이다. 이는 단순하게 새들로 배관을 정지된 상태를 유지하는 것이 아니다. FSI는 쉽게 배관을 이탈, 뒤틀림 및 파괴시킬 수 있다.

1.2.11 증기 관로 내 수격

특별한 수격현상은 높은 온도의 증기 관로에서도 발생한다. 통상적으로 두 시나리오가 발생한다. 하나는 상대적으로 차가운 물 또는 응축된 물이 온도가 상승된 배관 벽 또는 요소와 접촉하면 물은 순간적으로 거의 증발하여 과열증기로 변환된다. 이와 관련된 급속하고 큰 팽창은 물 슬러그(slug)를 시스템 전체에 걸쳐 높은 속도로 전파시키는 경향이 있다.

반대로 만일 증기가 시스템의 차가운 부분과 접촉하면 증기는 응축되고 진공을 형성한다. 만일 밸브를 개방하여 고온 구역의 증기를 배출 공간으로 유입시켜 진공을 완화시키면 응축수 슬러그가 시스템을 통해 높은 속도로 다시 추진될 수 있다.

이 두 시나리오에서 높은 속도로 이동하는 물 슬러그가 곡관 및 피팅부와 충돌하면서 배관의 격렬한 움직임 야기할 수 있으며 이로 인해 소음이 발생하고 상당히 위험한 상황이 발생할 수 있다.

1.2.12 질량진동 및 강성주거동

특정 부정류상황에서는 탄성효과를 무시하는 것이 가능할 수 있다. 이 상황에서는 밸브폐쇄 또는 펌프정지시간이 관로주기와 비교하여 매우 길어 관련된 액체 질량은 전체 길이에 걸쳐 한 몸체로서 거동하는 것으로 가정할 수 있다.

예를 들어 직경이 일정한 배관 내 유속과 유속의 변화는 모든 지점에서 동일한 것으로 가정할 수 있으며 이 거동을 빈번하게 “질량진동” 이라 부른다. 서지 샤프트가 설치되고 완만한 또는 이단 밸브폐쇄를 채택하는 일부 작은 규모의 수력발전소가 대표적인 예이다. 저자가 알고 있는 또 다른 예는 전체 배관 최대 길이가 약 100m인 워터 발라스트 해상크레인(water-ballasted floating crane)이다.

강성주 거동의 이해를 돕기 위해 전술한 그림 1.9의 높은 노선을 따르는 단순 관로에서 펌프장으로부터 8km 위치 정점부 배관에 직경이 큰 수직 샤프트가 연결된다고 가정한다. 이는 동요하는 수주가 서지 샤프트로 유입될 때 수주를 포획하기 위해 샤프트 높이는 수력구배선(H.G.L)의 고도보다 높아야하기 때문에 재정적으로 불가능하지만 기술적으로는 가능하다. 물은 이 샤프트와 배관 사이에서 자유롭게 유동할 수 있는 것으로 가정하고 재차 펌프트립 후 시스템 내에서 무슨 일이 발생할지 고려한다.

부정류 압력파는 펌프로부터 시작되고 하류측으로 전파된다. 증기공동이 이미 형성된 높은 정점에서 부분압력은 서지 샤프트 내 물의 고도에 의해 유지되고, 펌프로부터 도달한 압력파는 수두가 일정한 저수지와 매우 유사하게 반사되고, 반사된 파는 펌프로 다시 향한다. 압력-시간 이력은 초기에는 그림 1.7과 유사하지만 펌프장과 서지 샤프트 사이 배관과 관련되며 관로주기는 24s 대신 12.8s가 된다.

서지 샤프트의 하류측에서 물은 아직도 저수지를 향해 유동한다. 더 이상 물이 펌프장으로부터 유입되지 않기 때문에 관로 내 압력이 감소하기 시작하면서 서지 샤프트로부터 유동이 개시된다. 서지 샤프트로부터 유입된 유동은 전방 유동을 유지하려는 경향이 있다. 이 관로 부분에서 유속은 서지 샤프트 내 수위가 저하되면서 감소되지만 비율은 상당히 낮다.

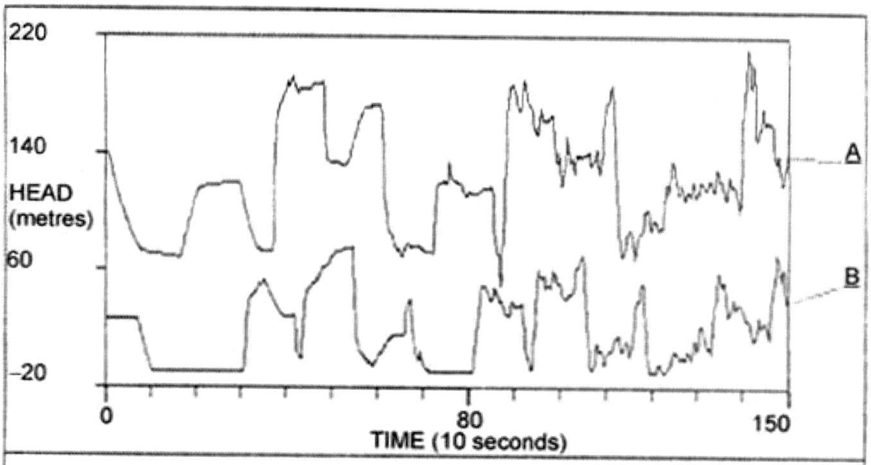

A–펌프 토출측
B–8km 하류

그림 1.10 하류측 저수지까지 높은 관로노선에 따른 압력-시간 이력

기본적으로 서지 샤프트와 저수지 사이 관로 내 전체 수주는 큰 U 튜브에 있는 것과 같이 단순 고조파 운동에 따라 진동하는 경향이 있다. 만일 배관과 서지 샤프트 직경이 동일하면 완벽한 질량진동주기의 기간은 약 120s 가 되며 샤프트의 직경이 클수록 상당히 길어진다.

이러한 묘사는 다소 과도하게 단순화되었다. 약간의 탄성효과는 질량진동에 포개지지만 범위는 관심 있는 특정 시스템에 상당히 크게 종속된다. 질량진동 또는 강성주 거동의 가정에 대한 이점은 수학적 표기법 그리고 후속적인 수치해석이 쉽다는 것이다. 그러나 해석가는 이 방법은 항상 적합한 것은 아니고 시스템 전체에 걸쳐 반사되고 전파된 부정류 압력파의 영향을 충분히 고려하여야 한다는 사실을 인지하는 것이 중요하다.

1.2.13 공명(Resonance)과 자동진동(Auto-oscillation)

대부분 부정류 문제는 정상유동시 펌프 기동/정지, 유량을 조정하기 위한 밸브 조작과 같이 한 유동조건에서 다른 유동조건으로 변화시키는 "단일 이벤트"와 관련된다. 일부 상황에서는 시스템 내 주기적인 압력변화에 상응하여 유동교란이 반복적으로 발생한다. 진동하는 거동은 주기적 강제기능(forcing function)으로 작용하는 용적형펌프와 같은 구성요소에 의해 또는 압력변화와 관련된 액체 내 자기여기진동(self-excited oscillation)을 유발하는 특정 시스템에 의해 발생한다.

비정상유동의 또 다른 측면으로서 단순 관로시스템 관점에서 기본개념을 더욱 쉽게 표현할 수 있다. 관로의 상류측 말단부는 저수지에 연결되고 하류측 말단부에는 제어밸브가 설치된 균일한 관로를 고려하자. 만일 밸브를 급속하게 폐쇄하면 부정류 압력파가 앞, 뒤로 전파되지만 마찰 및 다른 손실에 의해 서서히 소멸된다.

유사하게 만일 밸브를 급속하게 개방하면 부정류 압력파가 재차 형성되지만 압력은 감소되면서 서서히 소멸된다. 그러나 만일 밸브를 관로 내 수주의 자연주파수와 유사한 주기로 연속적으로 폐쇄하고 개방하면 작은 압력의 증가와 감소가 서로 추가되면서 큰 압력변화가 발생할 수 있다.

그림 1.11은 단순 관로 내 1 고조파와 3 고조파에 대한 압력수두 포락선을 보여준다. 1 고조파에 대한 임계주기는 $4L/c$이고, 여기서 L은 관로 길이, c는 파속이다. 1 고조파에 대한 임계주기는 관로주기의 2배 또는 부정류주기와 동일하게 되는 것에 유의하여야 한다.

최대압력변화는 밸브 및 특정 위치에서 발생한다. 다른 정점의 정확한 위치는 압력동요가 여자되고 반작용하는 시스템의 고조파 주기에 종속된다.

이러한 현상은 단순 시스템으로 제한되지만 분지관망, 루프 관망은 물론 직렬 관로시스템에서도 발생할 수 있다. 기본적인 그리고 높은 임계주파수는 쉽게 분류되지 않지만 만일 적합한 여자 형태가 존재하면 시스템은 공명 가능성을 갖게 된다.

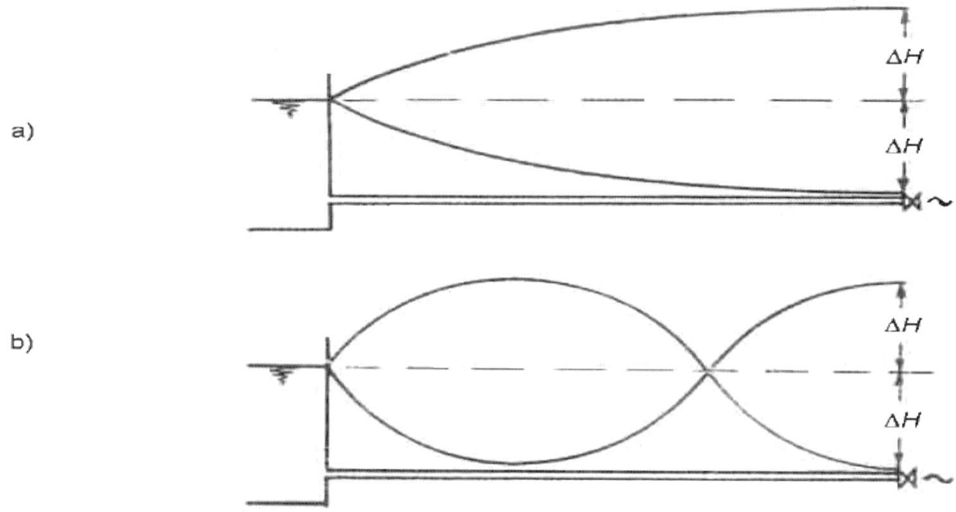

그림 1.11 단순 관로 내 1, 3-고조파에 대한 최대, 최소압력수두 포락선

한 시스템이 용적형펌프로 구동되면 펌프의 왕복속도 및 실린더 숫자로 시스템에 부과된 진동주기를 나타낼 수 있다. 만일 이들이 시스템의 임계주기와 일치하면 공명이 발생할 수 있다. 그림 1.12는 3-실린더 램펌프로부터 유출되는 매우 작은 맥동이 얼마나 급속하게 확대되는지를 보여준다. 이 예제에서 펌프는 직경 150mm, 길이 800m 관로에 평균 16L/s 유량을 공급한다.

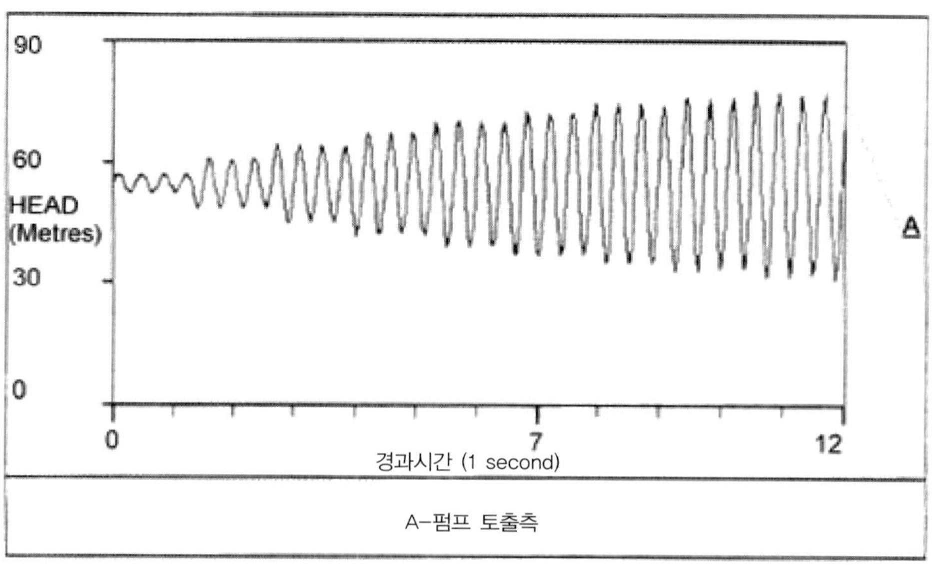

그림 1.12 공정 플랜트 내 3-실린더 램펌프에 의한 압력 맥동의 급속한 상승

시스템 내 요소가 에너지 축적이 가능한 방법으로 상호작용하면 자기여자진동이 발생할 수 있다. 한 예는 자동유량제어밸브의 헌팅이다. 정상적인 경우 밸브의 상류측 압력이 상승하면 유량이 증가한다. 만일 부정류의 영향으로 반대 현상이 발생하면(예를 들어 압력이 감소할 때 밸브를 통과하는 유량이 증가하고 압력이 상승할 때 유량이 감소) 압력변동이 증가할 수 있다.

역사적으로 가장 쉬운 수력적 공명의 예는 수력발전소와 관련된다. 원인은 결합이 있는 구성요소, 공동현상이 발생된 유동 진동, 임펠러 날개와 이를 통과하는 안내깃 사이 상호작용, 누수되는 밸브 밀봉부 및 수차 가버너의 헌팅에 기인한다.

최근 예는 광산 장비, 항공 및 선박 제어시스템 그리고 디젤연료시스템에서 발견되는 용적형펌프로 가동되는 유압시스템에서 발생하였다. 항공 및 우주 로켓에서의 연료 시스템 그리고 오일 및 석유화학 펌프 관로에서도 공명현상이 발생하였다. 공명현상은 부정류 거동의 주된 위험은 아니지만 발생할 수 있는 가능성은 인지하여야 한다. 이에 대한 대처방안은 본서 범위가 아니지만 앞에서 기술한 예증 예제를 추후 더욱 심층적으로 그리고 상세하게 기술하며 석탄화력 발전소의 보일러 급수시스템에서 공명으로 인한 사고 원인 및 해결방안에 대해 기술한다.

1.2.14 요약

본 장으로부터 다음 결론을 증명할 수 있다.

- 임의 관로시스템 내 정상유동에 대한 변화는 압력수두변화를 초래한다.
- 시스템 내 너무 급속한 변화는 수용할 수 없는 조건(예를 들어 과도하게 높거나 낮은 압력 등)을 생성할 수 있다.
- 시스템 내 모든 곳에서 동시에 변화가 발생하지 않으며 통상적으로 높은 속도로 시스템을 통해 전파된다.
- 압력파는 펌프, 밸브, 저수지 등과 같은 경계에서 상호작용한다.
- 이러한 상호작용으로 인해 압력파가 반사하고, 이 반사는 사수부 및 폐쇄된 밸브와 같이 폐쇄된 경계에서 압력변화를 증가시키는 반면 접합부와 개방된 말단부에서는 압력변화를 감소시킬 수 있다.

이와 같은 압력변화는 수용할 수 없어 제어할 필요가 있으므로 제어방법을 고려하여야 한다. 지난 수년에 걸쳐 다양하고 실용적인 제어방법이 개발되었고, 다음 장에서 이 방법을 기술한다. 제5장에서 많은 부정류 사건사고사례에서 제어방법의 적용 그리고 규격 결정 절차 및 운영특성을 기술한다.

2장 부정류 제어

부정류로 인한 시설파괴 및 수용할 수 없는 조건 발생의 주요 원인은 압력변화의 크기, 압력변화가 발생하는 속도, 시스템 요소와 관로 또는 빈번하게 일부 관로가 압력변화에 노출되는 시간의 길이이다.

단일 부정류 압력파에 따른 압력변화의 크기는 전술한 자이코프스키식으로 주어진다. 실제로 이 식은 통상적으로 단순한 관로시스템 그리고 증기공동의 급속한 붕괴가 발생할 때만 직접 적용이 가능하다. 그러나 이 식은 위험을 평가하고 시스템 자료와 같은 많은 매개변수 또는 밸브 및 에어챔버와 같은 요소의 성능특성을 제시하기 위한 유용한 매개변수를 제공한다.

2.1 실용적인 부정류제어 방법

각 관로시스템은 모두 다르기 때문에 부정류 문제에 범용적으로 적용할 수 있는 단순한 해결책은 없다는 사실을 인지하는 것이 중요하다. 반드시 각기 다른 프로젝트, 관로 및 주어진 관로에 대한 운영 시나리오를 개별적으로 평가하고, 장점을 바탕으로 처리하여 부정류제어장치 또는 운영전략을 선택하여야 한다.

루프로 형성된 관망에서 압력변화는 저수지, 접합부, 펌프, 밸브 및 다른 요소로부터 반사되고 전달된 압력파의 다중 상호작용의 결과로 나타난다. 이러한 파 반사의 조합은 빈번하게 유익하므로 이러한 장점을 활용하여야 한다.

설계자는 과도한 압력 및 유량 변화 그리고 다른 수용할 수 없는 조건을 완화시키기 위해 여러 기술적인 전략을 사용할 수 있다. 최종 선정은 통상적으로 비용 그리고 때로는 미적 또는 환경적 고려가 포함되지만 본서에서는 오직 기술적인 전략만 기술한다. 기술적인 전략은 크게 직접보호전략과 간접보호전략으로 분류된다. 전자는 영향을 미치는 특정 요소들에 대한 변화를 포함하는 반면 후자는 시스템 내외로 에너지 전달을 포함한다.

2.2 직접보호전략

이 전략에서는 시스템 강도의 증가 그리고 밸브 또는 펌프운영과 같은 유량변화의 원인의 거동에 영향을 미치는 전략을 포함한다.

2.2.1 강한 배관

대안이 없고 오직 배관 또는 터널의 일부 그리고 밸브와 같이 관련된 요소의 압력등급을 높여야 하는 경우가 있다.

이 전략의 주된 대상은 만일 유출되면 큰 사고, 심각한 부상 및 사망에 이르는 유체를 수송하는 관로이다. 이 관로는 부식성 물질 및 독성 화학물질 그리고 시스템으로부터 유출되면 기화하는 고온의 액체(예를 들어 보일러 고온 급수 및 원자력 발전소)를 포함한다.

수력발전소는 또 다른 대상이다. 전형적으로 발전소의 직 상류부의 높은 압력영역의 관로와 터널은 수차 유입 밸브 및 안내깃이 급속히 폐쇄될 때 발생하는 부정류 압력수두에 견디도록 설계된다. 전체 부하차단시에는 수차와 발전기의 과속방지가 필요하다.

2.2.2 노선변경

앞에서 사용한 단순 예에서 관로노선이 변경되면 펌프트립시 시스템 반응이 다르다는 사실을 증명하였다. 만일 시스템 설계자가 노선에 대해 약간의 선택의 자유를 가지면 부정류와 관련된 일부 위험을 제거할 수는 없어도 감소시키는 것이 가능하다. 예를 들어 단순 상승 주관로에서 낮은 노선에 따르는 관로는 증기공동형성에 노출될 가능성이 적다. 이는 그림 1.8과 같이 관로노선 대부분의 길이가 최소압력수두 프로파일보다 낮게 위치하고 오직 후반부에서만 일치하기 때문이다. 이러한 관로 프로파일을 "convex downwards"로 정의한다.

장애물을 우회하거나 또는 관통하여 노선변경을 할 수 있다. 저자가 알고 있는 한 시스템에서 하나의 산을 관통하는 것이 산을 따라 관로를 포설하는 것 보다 경제적으로 그리고 기술적으로 유익한 것으로 증명되었다.

배관의 압력등급을 높이거나 노선변경이 유일한 해결책일 때 이는 부정류 문제를 극복하기 위한 비싼 방법이 되는 경향이 있다. 따라서 대부분 부정류 제어/억제를 위한 기본적인 원리는 유량변화발생비율을 감소시키는 것이다. 이는 반사된 압력파가 교란의 근원으로 되돌아오는 시간을 주어 더 이상의 변화를 제어하거나 억제하는 것이다.

2.2.3 밸브 동작 변경

만일 접합부 또는 다른 말단부까지 길이가 L인 관로 내 밸브폐쇄시간 T_C가 관로주기 $T=(2L/a)$보다 작으면, 관로에서 전체 자이코프스키수두변화 또는 수주분리가 발생한다. 그러나 T_C를 T보다 충분히 길게 하면 관로 내 압력동요의 크기가 감소된다. 실제로 모든 밸브는 큰 비선형의 특징을 갖기 때문에 밸브폐쇄시간을 관로주기의 수배로 증가시켜야 한다(11.1.2절 밸브유효유량계수 및 예제 11.3 참조). 일부 중력공급 관로에서는 이러한 이유로 밸브폐쇄시간은 한 시간 이상이 소요된다.

많은 상황에서 여러 이유로 서지억제에 적합한 밸브폐쇄시간을 수용할 수 없는 어려움이 있다. 급속한 폐쇄는 수주분리를 발생시키고, 늦은 폐쇄는 탱크를 월류시키거나 또는 화학 반응기 공정과정을 충분히 신속하게 정지시킬 수 없다. 따라서 밸브폐쇄시간 조정기법은 빈번하게 매우 짧은 관로시스템으로 제한된다.

일부 사례에서는 2단 밸브폐쇄를 적용할 수 있다. 이는 처음 개도 75~85%에서는 밸브 스핀들을 매우 신속하게 이동시키고, 나머지 개도에서는 상당히 완만하게 이동시킨다. 유사하게 개방시 밸브의 초기 이동은 매우 완만하여야 하고 한번 유동이 형성되면 나머지 개도를 신속하게 개방할 수 있다.

고압시스템 그리고 직경 150mm 이상의 관로에서는 바이패스 밸브를 설치할 수 있다. 이는 통상적으로 전체 공정을 물리적으로 더욱 용이하게 하기 위해 주 밸브를 개방하기 전에 주 밸브 양쪽 관로의 압력평형을 가능하게 한다. 따라서 주 밸브가 완전 폐쇄되기 전에 바이패스를 개방하여 부정류 압력을 제어하는 목적으로 바이패스밸브를 이용할 수 있다. 그림 2.1은 전형적인 고차원 비선형 밸브의 2단 폐쇄시 유량변화를 보여준다.

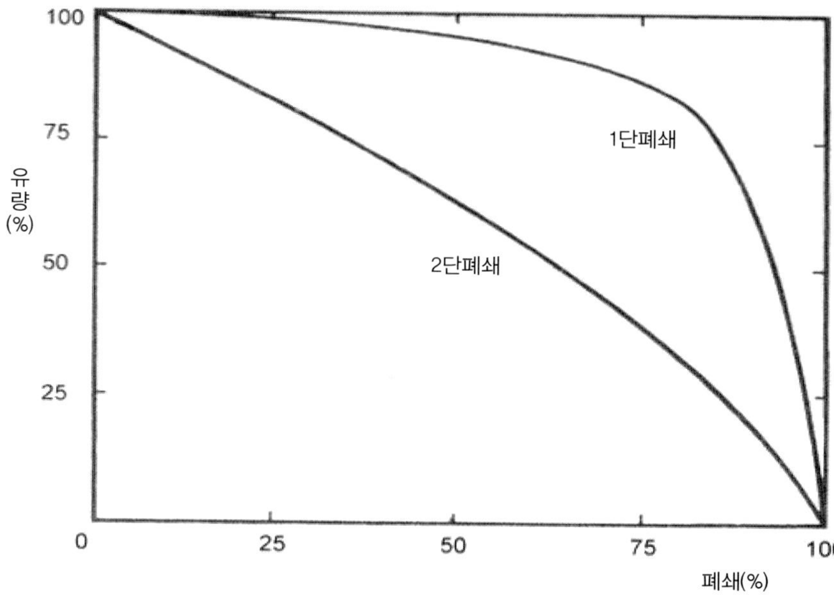

그림 2.1 1단 및 2단(1단 약 80%까지 급속) 폐쇄시 유량-스핀들 이동 비율

최적 밸브폐쇄시간을 만족스럽게 결정하기 위한 유일한 방법은 밸브 손실수두계수와 개도의 관계를 전산코드자료로 사용하는 것이다. 이와 같이 생성된 선도는 최초 추정을 가능케 하며 이것이 경쟁력 있는 선택사항인지를 결정할 수 있다. 다양한 밸브형식에 대한 선정은 제11장에서 기술한다.

2.2.4 체크밸브 슬램 방지

때로는 부정류유동조건에서 체크밸브의 반응에 대한 깊은 생각 없이 체크밸브를 선정한다. 체크밸브 슬램현상은 때로는 인지되었지만 지난 세기말 까지 이 현상에 대한 실제 원인은 충분히 이해되지 않았다. 그 후 가동부가 시트로 "슬래밍"하는 것을 방지하기 위해 평형추, 댐퍼, 스프링을 장착한 다양한 밸브설계가 개발되었다.

실제로 체크밸브는 시스템의 중요한 요소이지만 이에 어울리지 않게 체크밸브를 선정할 때 슬램현상이 발생한다. 가장 위험한 시나리오는 트립된 펌프의 하류측에 높은 에너지원이 지속적으로 존재하는 것으로 이에 대한 두 예는 다음과 같다.

- 2대 이상의 펌프가 병렬운전 도중 한 펌프의 트립
- 에어챔버가 보호하는 상승 주관로 내 높은 수두의 펌프 트립

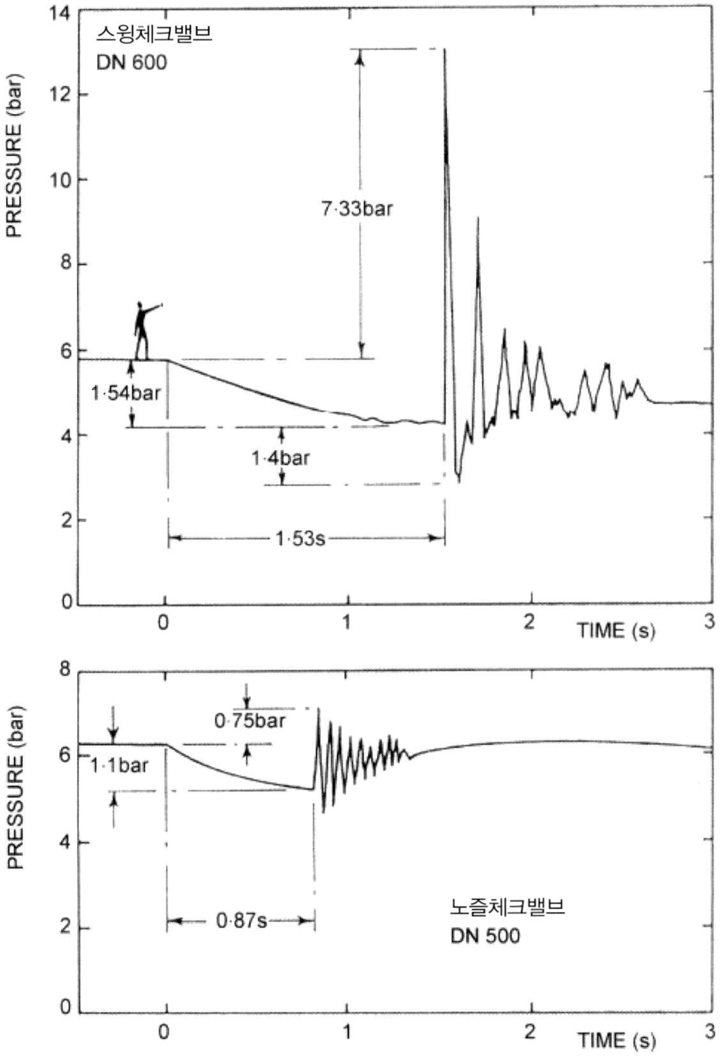

그림 2.2 부적절한 체크밸브 교체시 펌프트립 후 개선효과

그림 2.2는 부적절한 체크밸브 교체 이전과 이후 결과를 보여준다. 자료는 유럽 내 실제 발전소로부터 취득하였고 보일러 급수관로에서 3대 펌프의 병렬운전 도중 한 펌프가 트립되었을 때 체크밸브슬램을 경험하였다. 당초 체크밸브는 전통적인 스윙체크밸브

였다. 이 밸브를 노즐형식 체크밸브로 교체하여 슬래밍현상이 제거되었으며 그림 2.2는 어떻게 이러한 결과를 얻을 수 있는지 단서를 제공한다.

주된 단서는 펌프트립 후 두 밸브의 폐쇄동작의 상당한 시간차로서 스윙체크밸브는 두 배의 시간이 소요된다. 이상적인 체크밸브는 밸브를 통과하는 유량이 0이 되거나 이에 가까운 시점에 폐쇄되며 이를 위해 밸브는 다음 세 특성을 가져야 한다.

- 가동부 질량이 작아야 한다.
- 폐쇄 위치에 도달하기 위한 이동거리가 길지 않아야 한다.
- 폐쇄동작은 스프링의 도움을 받아야 한다.

통상적으로 단순한 스윙체크밸브(clapper valve)는 매우 불량하게 반응하고, 강한 스프링이 부착된 스플리트 디스크(split disc) 밸브는 약간 양호한 반면 노즐-형식 밸브는 우수하게 반응한다. 그림 2.3은 이 밸브들을 비교하며 다양한 밸브형식에 대한 상세한 내용과 동적성능특성은 제11장에서 기술한다.

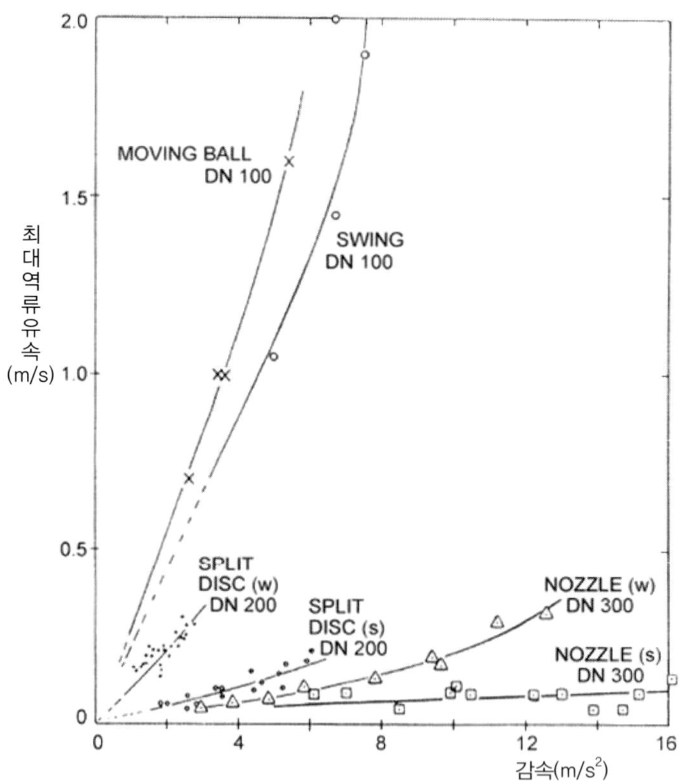

그림 2.3 여러 체크밸브형식의 대표적인 동적성능특성

낮은 수두, 단일 펌프 운영, 작은 규모의 급수시스템 등과 같은 곳에서는 많은 경우 단순 스윙체크밸브를 수용할 수 있을지라도 무조건 이 밸브형식을 채택하는 것은 현명하지 못하다. 노즐체크밸브는 일부 시스템 특히, 상당히 고가인 시스템에서는 기본적이지만 모든 시스템에 명시될 필요는 없다. 스플리트 디스크밸브는 비용과 성능 측면에서 타협안이 될 수 있다. 최근 설계시 압력완화기능을 갖는 APS(Anti Pressure Surge) 스플릿 디스크 밸브는 또 다른 해결책을 제공할 수 있다.

플랜트 설계자는 여러 체크밸브형식을 선택할 수 있지만 밸브제작사는 펌프제조사와 같이 만족스런 선정과 정당화가 가능하도록 동적성능특성도를 제공하여야 한다.

2.2.5 펌프와 전동기의 관성모멘트 증대

이 직접적인 보호전략은 펌프트립에 적용할 수 있으며 상대적으로 짧은 관로시스템으로 제한된다. 만일 펌프가 순간적으로 정지하면 압력은 자이코프스키식에 따라 저하하거나 또는 포화증기압에 도달할 수 있다. 전자의 경우 마찰효과도 또한 압력저하를 증대시킬 수 있다. 만일 정지시간이 관로주기를 충분히 초과하면 관로 내 압력은 이 제한압력에 도달하지 않는다. 펌프가 결정되면 정지시간은 주로 배압과 회전체의 관성에 의해 지배된다. 배압은 고정되기 때문에 다음과 같은 의문이 발생한다. 펌프와 전동기의 관성을 증가시킬 수 있을까?

플라이휠 추가는 이러한 목적을 달성하지만 더 큰 기동전류와 더욱 세련된 스위치기어가 요구되기 때문에 펌프가동비용이 증가한다. Stephenson이 제안한 단순한 방법은 증가된 펌프 관성 I가 다음과 같을 경우 부정류결과를 감소시킬 수 있으며 여기서 N은 분당 회전속도 rpm, ρ는 액체 질량 kg/m^3, A는 배관 단면적 m^2, L은 관로 길이 m, H_0는 펌프에 의한 수두상승 m, I는 관성모멘트로서 $kg \cdot m^2$이다.

$$\frac{IN^2}{\rho ALH_0^2} \geq 0.01(r/min)^2 \tag{2.1}$$

2.2.6 공명 위험 최소화

공명은 유동이 진동을 갖거나 또는 맥동 요소가 있는 시스템과 관련된다. 만일 용적형 펌프와 같은 주기적인 작동요소가 시스템에 부과되면 이들을 제어하기 위한 기본적인 미테니즘은 다음 사항을 보장하여야 한다.

- 작동주기는 시스템의 임계주기와 일치하지 않아야 한다.
- 맥동크기는 가능한 낮게 유지되어야 한다.

왕복 실린더의 숫자 또는 속도를 변경하여 펌프의 강제주기를 수정할 수 있으며 후자를 증가시키면 맥동의 크기를 감소시킬 뿐만 아니라 고속의 다중 실린더 사반펌프(swash plate pump)는 상당히 안정된 출력을 제공할 수 있다.

유연한 호스를 사용하는 소규모 시스템은 부정류 압력파를 크게 완화시켜 이점을 얻을 수 있다. 대규모 시스템에서는 작은 축압기(accumulator)가 펌프 토출관로에 설치될 수 있다. 축압기는 작은 챔버로서 관로 정상부에 설치되고 유연한 백(bag) 또는 멤브레인을 포함한다. 백 또는 멤브레인 상부 공간은 불활성 압축가스로 채워지고 이 가스는 압력동요를 완화시키는 쿠션으로 작동한다.

보일러 급수 및 공정 플랜트에서 유량제어기능으로 사용되는 밸브는 다른 유사한 요소와 상호작용하거나 또는 가동부가 마모되면서 미케니즘이 느슨해진 결과로서 헌팅하는 위험이 발생한다. 정기적인 검사와 유지관리를 통해 후자를 방지하고, 제어시스템을 조심스럽게 설계하여 전자를 방지하여야 한다.

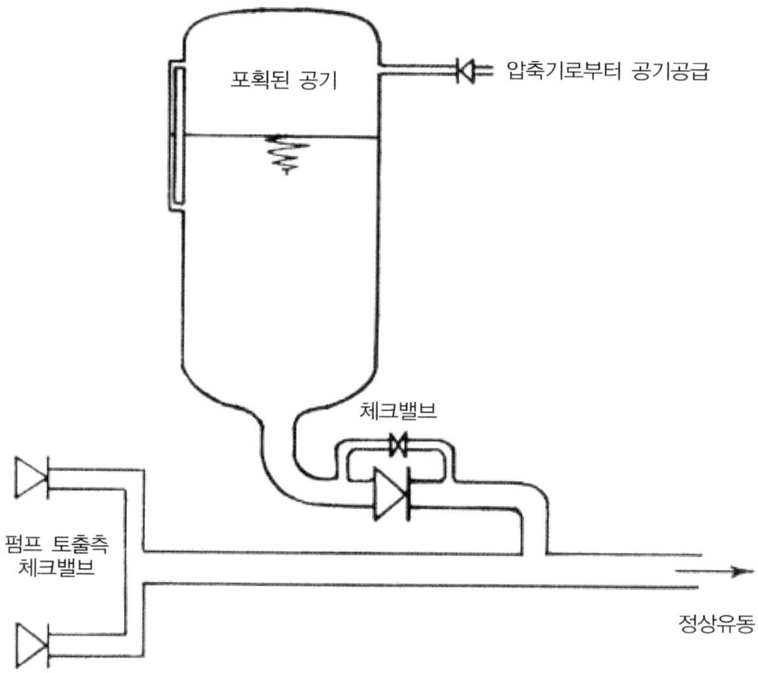

그림 2.4 펌프트립시 관로 보호를 위한 전형적인 에어챔버 배열

배출탱크에 설치된 플로팅 밸브는 탱크 또는 배수지 내 파(wave)에 따라 플로트 밥(float bob)이 상승 또는 하강하면서 문제가 발생할 수 있다. 만일 문제가 발생하거나 또는 예상되면 여러 단순한 전략을 고려할 수 있다. 만일 액체가 탱크 내 수중으로 유출될 수 없으면 플로트 주변에 안내판 또는 배플을 설치하여 파가 플로트에 도달하기 전에 파를 편향시킨다. 대안으로 지지물의 길이를 조정하거나 추가적인 질량을 매달아 질량 관성모멘트(그리고 이에 따른 주파수 반응)를 변경시킬 수 있다.

지상 위로 직선 관로가 긴 경우 횡진동의 자연 주파수와 일치하지 않도록 지지대를 불규칙한 간격으로 설치하여야 한다. 그렇게 하지 않으면 정상파(standing wave)가 설정될 수 있으며 보기에는 훌륭하지만 관로가 파열될 수 있다.

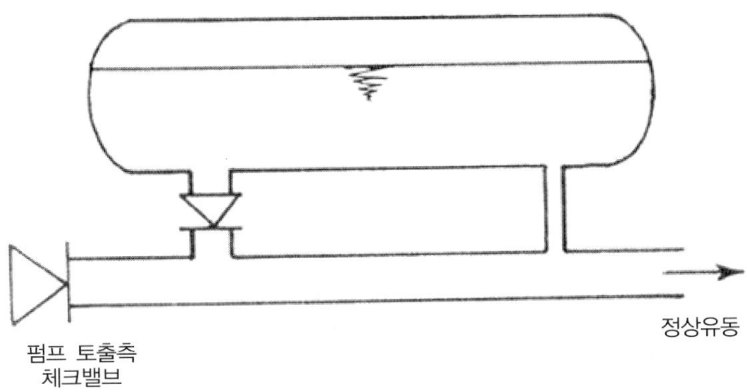

그림 2.5 수평으로 설치된 대형 챔버

2.3 간접보호전략(Diversionary Tactics)

간접보호전략은 단연코 가장 공통적인 전략이며 잉여 에너지를 외부로 유출하거나 또는 필요한 에너지를 유입하는 개념에 기초한다. 이는 전체시스템에서 유체 감속변화비율을 감소시키기 위해 에어챔버, 서지탱크, 때로는 일방향 서지탱크라 불리는 공급탱크, 압력완화밸브, 진공파괴밸브와 공기배출밸브, 바이패스 등 다양한 장치와 방법을 사용하여 핵심 지점 또는 지점들에서 유체를 유출하거나 유입한다.

가장 효과적이기 위해 펌프 토출측 또는 폐쇄되는 밸브 등과 같이 부정류 이벤트가 시작되는 지점 또는 인근에 이러한 장치를 설치한다. 진공파괴밸브/공기배출밸브 및 공급탱크는 이와 같은 규칙에서 제외된다.

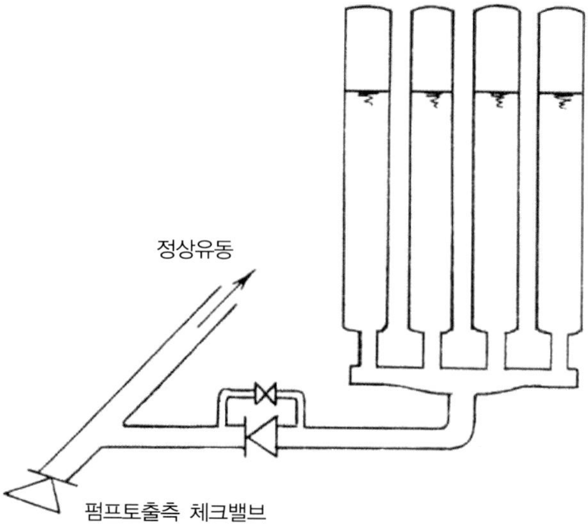

그림 2.6 병렬로 설치된 복수 에어챔버
※ 계획이 수년에 걸쳐 개발될 때 추가 설치가 용이하다.

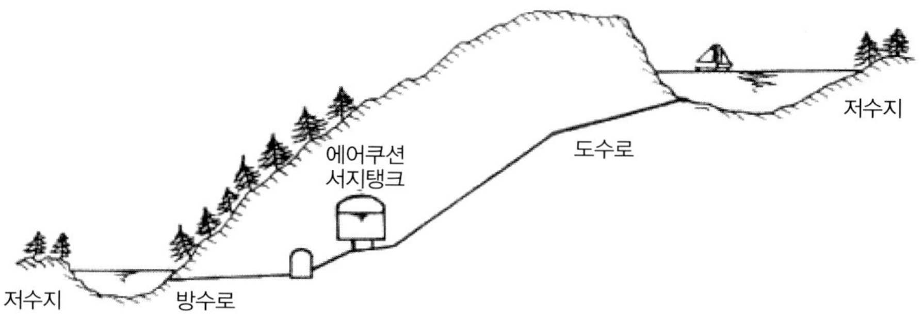

그림 2.7 급속한 유량변화로부터 발전소를 보호하기 위해 산 내부에 굴착된 에어쿠션서지탱크

2.3.1 에어챔버와 에어쿠션서지챔버

에어챔버는 물산업에서 특히, 펌프 완전정지시 부정류와 수격의 억제를 위해 사용되는 가장 공통적인 장비 중 하나이다.

에어챔버는 펌프동력손실 후 에너지원으로서 관로 내 정방향 유체 운동을 유지하는 경향이 있다. 관로 내 압력이 감소하면 물이 관로 내부로 유출되면서 챔버 내 공기가 팽창하고 관로 내 유동은 제어된 방법으로 감속된다. 이 감속비율은 에어챔버가 없을 때 보다 상당히 완만하게 된다. 실제로 급속한 부정류 이벤트를 제어된 질량진동으로 변환하려는 시도가 이루어진다(그림 8.25 참조).

펌프트립으로부터 시스템을 보호하기 위해 에어챔버를 사용할 경우 가장 바람직한 위치는 펌프 직하류측 관로 그리고 펌프와 가까운 곳이 된다. 적정한 체크밸브를 펌프 토출측 플랜지와 에어챔버 사이에 설치하여 펌프로의 역류를 방지하여야 한다. 체크밸브 슬램 위험을 최소화하기 위해서 체크밸브가 신속하게 반응하는 것이 중요하다.

챔버 내 필요한 초기공기체적은 관로 길이, 단면적, 초기 유속, 관로 프로파일 등과 같은 여러 요소에 의해 결정된다. 예를 들어 전술한 사례에서와 같이 동일한 보호 수단을 제공하기 위해서는 높은 노선을 따르는 관로는 낮은 노선을 따르는 관로보다 더욱 큰 초기공기체적과 챔버체적이 필요하다.

전체에어챔버체적 자체는 압력감소에 따른 공기팽창시 챔버가 완전히 비지 않는 것을 보장하기 위한 여유를 더한 범위에서 결정된다. 설계선도를 사용하여 정상유동시 필요한 초기공기체적, 그리고 펌프트립 후 공기의 팽창 체적을 사전 추정할 수 있다.

챔버로의 물의 유입 및 유출 비율은 교축으로 제어된다. 통상적으로 유출은 구속되지 않고, 빈번하게 주관로 내부로 매끄러운 원형 유출구가 연결된다. 배관 규격은 유출동안 손실을 최소화하기 위해 주관로와 동일한 정도가 되어야 한다.

압력동요를 감쇄시키고 역전된 수주가 정지될 때 형성되는 최대압력을 제어하기 위해 챔버 유입부에 약간의 교축이 바람직하다. 선도사용과 시행착오법으로 챔버유입부의 최적 손실계수를 얻을 수 있지만 최종적으로는 전산해석으로 결정하여야 한다.

실제로 챔버는 주관로와의 연결배관 내 논리턴체크밸브 및 이 밸브 주변에 바이패스를 설치하여 차등손실을 얻을 수 있다. 바이패스 관로의 직경은 상당히 작아야 하고 시스템 시운전시 미세조정을 위해 하나의 교축밸브를 포함할 수 있다. 향후 부주의한 또는 승인되지 않은 조정을 방지하기 위해 반드시 교축밸브를 고정(lock) 시켜야 한다. 바이패스 관로의 대안으로 두 개의 개별 연결배관을 사용할 수 있으며 이는 에어챔버가 이 배관 측면에 설치될 때 선호된다.

연결배관 측면에서 특히, 개별적으로 유입 및 유출 연결배관을 갖는 대형 쳄버는 적은 기초가 필요한 것은 물론 환경 측면에서 매력적이다. 매우 큰 공기체적이 필요할 때는 2~3 개의 중간 크기의 챔버를 나란히 설치하여 매니폴트(mainfold)에 연결하는 것이 저렴하고 더욱 실용적이다.

만일 펌프장에 편리한 언덕이 있으면 언덕 내에 평행하게 부설되고 매립된 여러 개의 긴 압력배관으로 저렴하게 에어챔버를 구성하는 것이 가능할 수 있다. 에어챔버의 상단은 비어있고 하단은 서로 연결되어 매니폴드를 형성하여 펌프장에서의 유출관로로 연결된다.

때로는 에어쿠션서지챔버 ACSC(Air Cushion Surge Chamber)로 알려진 가장 큰 에어챔버는 수력발전소에서 발견된다. 이 챔버의 전체체적은 110,000m^3이고, 대부분 범위는 5000～15,000m^3 정도이다. 이에 상응하는 초기공기체적은 가장 큰 챔버에서는 75,000m^3, 더욱 대표적인 사례에서는 압력 20～40bar에서 3,250～10,000m^3 이다.

이러한 형식의 에어챔버는 실제로 암석에 굴착된 동굴이다. 이러한 규모의 사용은 상대적으로 최근이지만 특히 노르웨이에서 성공적으로 사용되고 있다. 주된 어려움 중 하나는 동굴 벽과 지붕을 통한 누기로 인한 공기 손실의 문제이다. 적합한 현장위치는 지하층은 단단한 암석으로 균열과 지반이동의 위험이 적은 장소이다. 동굴 굴착 및 암석 표면의 밀봉 비용은 비상부하차단 후 높은 압력을 견딜 수 있도록 설계하여야 하는 펜스톡 및 터널을 절감하여 차감된다.

전통적인 에어챔버사용에 대한 제약은 공기압축기 및 내부 수위의 감시 그리고 압축기제어와 관련된 장치는 동력원이 필요하다는 것이다. 이로 인해 에어챔버사용이 펌프장과 발전소 인근으로 제한되는 경향이 있다. 또한 에어챔버는 공기와의 직접적인 접촉이 문제가 되지 않는 물과 같은 유체를 수송하는 시스템으로 제한된다. 더욱 전통적인 제약은 에어챔버가 배수되어 공기가 시스템으로 유입되지 않아야 한다는 것이다. 그러나 현재는 에어챔버의 혁신적인 설계로 적용분야가 상당히 광범위하게 확대되었다.

한 설계변화는 블래더가 특정 공기(가연성 액체를 수송하는 시스템의 경우 불활성 가스가 될 수 있음) 체적으로 사전 충전되는 블래더탱크(bladder tank)이다. 수년 동안 이 설계는 작은 축압기와 함께 사용되었지만 새로운 재질과 제조기법으로 내부 블래더 크기와 상관없이 사용 가능하게 되었으며 이제 이들을 하수 및 폐수 시스템에서도 사용할 수 있다.

정수두가 낮은 0 또는 약간 (-) 인 시스템에서 에어챔버사용을 가능하게 하는 또 다른 설계변화는 챔버 상단에 진공파괴밸브 또는 공기유입밸브를 설치하는 것이다. 이 방법은 라군으로 애시슬러리(ash slurry)를 수송하는 관로에 매우 성공적으로 적용되었다. 이 방법의 개념은 시스템 기동시 챔버 내 압축된 공기는 펌프 정지시 에너지원으로서 동작하는 것이다. 이런 일이 발생할 때 시스템 내 수주는 진공 공동의 영향 없이 완만하게 느려진다. 자연적으로 수주분리는 있지만 수주를 역방향으로 추진하는 정수두가 없어 높은 역류와 압력상승은 없다. 이러한 방법을 사용하는 챔버를 때로는 하이브리드탱크라 부른다.

낮은 수두 시스템에 사용시 챔버 내부로 공기가 유입될 수 있을 때 하이브리드탱크의 공기유입밸브 아래 디핑튜브(dipping tube)를 포함시켜 이를 개선할 수 있다. 이 튜브는 공기밸브가 폐쇄될 때 재충수 동안의 시간을 제어하여 정상적인 작동을 위해 챔버에 저장된 공기의 양을 제어하는 데 도움을 준다. 운영기간이 지속적으로 확장된 경우에는 하이브리드탱크에 공기 압축기를 설치하여 내부 공기체적을 유지할 필요가 있다.

2.3.2 축압기(Accumulators)

축압기는 해양, 석유화학, 공정산업 응용 분야와 같은 비교적 작은 규모의 수송에 사용되는 유압시스템에서 부정류 압력을 적절하게 억제할 수 있다.

설계시 축압기는 전술한 블래더탱크를 작게 축소한 버전이고, 통상적으로 질소 또는 다른 불활성 가스를 사용한다. 유연한 블래더는 액체가 가스를 흡착하는 것을 방지하고 휴대용 가스실린더로 간헐적으로 보충하면 된다.

상대적으로 작은 체적 120L 또는 60L의 축압기는 통상적으로 즉석에서 구매 가능하고 쉽게 제거 및 교체가 가능하다.

관로시스템 내 선호되는 축압기 설치 위치는 부정류 압력파를 개시하는 장치의 근처가 된다. 용적형펌프에 대한 맥동 감쇄기로서 축압기는 통상적으로 토출 플랜지 인근에 설치된다. 만일 흡입관로가 길면 흡입 플랜지에도 포함시킬 필요가 있다. 신속하게 작동하는 솔리노이드 밸브는 높은 부정류 압력의 근원이 될 수 있으므로 이 근방에도 축압기를 설치하는 것이 적합할 수 있다.

2.3.3 서지 샤프트(Surge Shaft)

압력이 낮은 곳 또는 수력구배선이 관로 프로파일에 가까울 때 상부가 개방된 에어챔버인 서지 샤프트가 적합할 수 있다. 서지 샤프트의 전통적인 적용분야는 저수지로부터의 낮은 압력의 관로 또는 터널, 이후 높은 압력 펜스톡이 설치되는 수력발전소이다. 서지 샤프트는 그림 2.8과 같이 두 관로의 접합부에 위치하며 주된 기능은 압력이 낮은 터널을 보호하는 것이다.

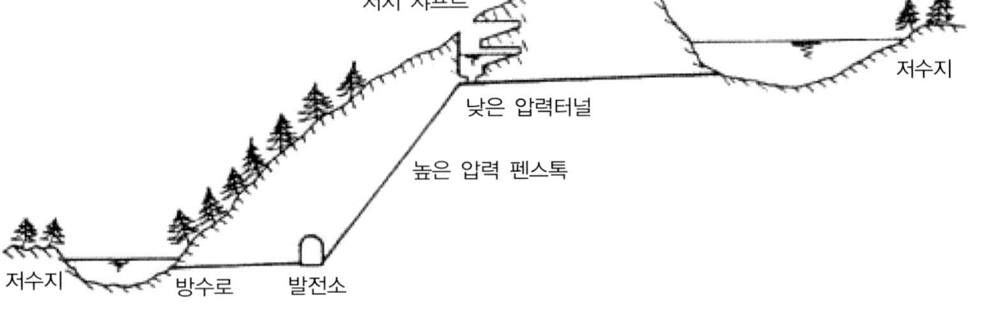

그림 2.8 관로 또는 터널이 수력구배선 인근일 때 압력이 낮은 시스템 일부를 보호하는 서지 샤프트

수력발전소에서 서지 샤프트 설계는 그 자체로 전문적인 주제로 발전하였다. 여러 도서에서 수력적 부정류를 제어하기 위한 서지 샤프트를 기술하기 때문에 본서에서는 서지 샤프트 설계의 주된 특징을 제공하는 것을 제외하고 상세하게 다루지는 않는다. 그 이유는 물공급 체계에서 때로는 단순한 형태로 사용되기 때문이다.

지금까지 사용된 다양한 설계 중 일부는 그림 2.9와 같다. 특히 건설단계부터 접근 터널로 사용하기 위해 스파이럴 내 굴착된 갤러리에서 많은 변화가 있었다. 서지 샤프트 설계와 관련하여 단순한 형상으로부터의 탈피는 샤프트와 상류측 저수지 사이 수주의 진동을 적정한 시간 안에 감쇄하여 전력부하를 다시 생산하여 안정성의 문제를 극복할 필요성 그리고 초기 단순한 서지 샤프트의 사용시 기계가 부하를 담당하는 동안 서지 샤프트와 수차 가버너 사이 상호작용으로 인해 발생하는 공명 두 문제를 처리하기 위해 시도의 결과이다.

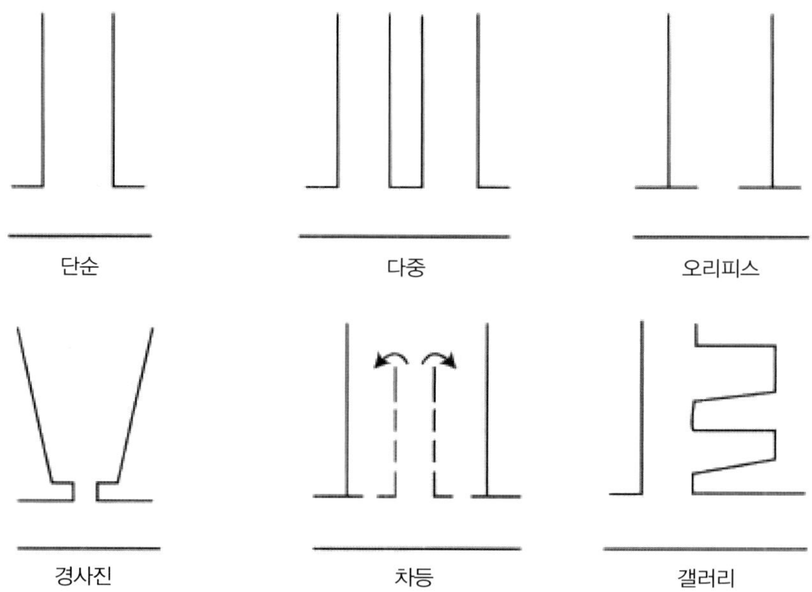

그림 2.9 서지 샤프트의 변종 설계

그림 2.10과 같이 저수지와 정수장 사이 낮은 수두의 중력 공급 관로에서는 유량 조절밸브가 폐쇄될 때 관로를 보호하기 위해 상대적으로 단순한 서지 샤프트를 사용할 수 있다.

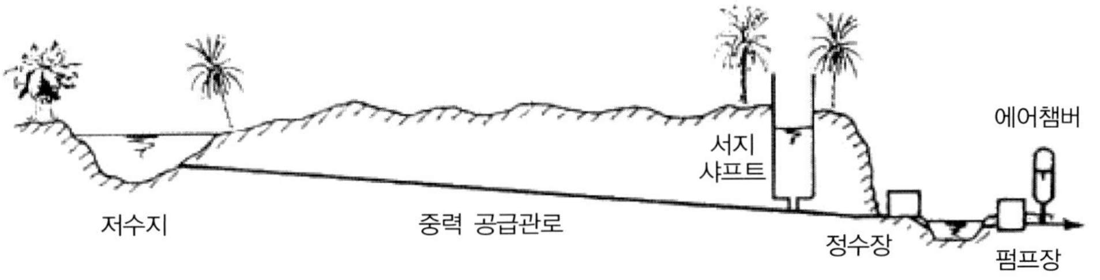

그림 2.10 정수장으로 중력 공급되는 관로에서 서지 샤프트
※ 펌프장의 취수원은 중간 저수지이고, 에어챔버가 유출관로를 보호한다.

2.3.4 일방향 서지탱크(공급탱크)

펌프트립 후 상승 주관로의 일부가 대기압 이하로 떨어지는 것이 주된 위험일 때 일방향 탱크로 알려진 공급탱크는 유용하고 경제적인 서지억제전략이 될 수 있다. 공급탱크의 연결배관은 주관로 직경과 거의 동일하며, 그림 2.11 및 2.12와 같이 연결배관에는 논리턴체크밸브가 설치된다. 공급탱크 수위는 작은 바이패스배관과 플로트 밸브에 의해 유지된다.

공급탱크는 국부적인 수력구배선이 탱크 내 수위 이하로 떨어질 때 작동한다. 부정류에서는 이러한 조건이 발생하기 쉬운 장소는 상향구배가 상당히 감소하는 곳과 관로 프로파일의 정점부 인근이다.

매우 길고 굴곡이 있는 관로에서는 하나 이상의 공급탱크를 설치하는 것이 좋을 수 있다. 그림 2.11과 같이 관로 중 하류측 말단부의 상당한 부분이 상대적으로 높고 수력구배선과 가까운 시스템에 공급탱크를 채택하면 펌프 토출측 에어챔버의 규격과 비용을 크게 감소시킬 수 있다.

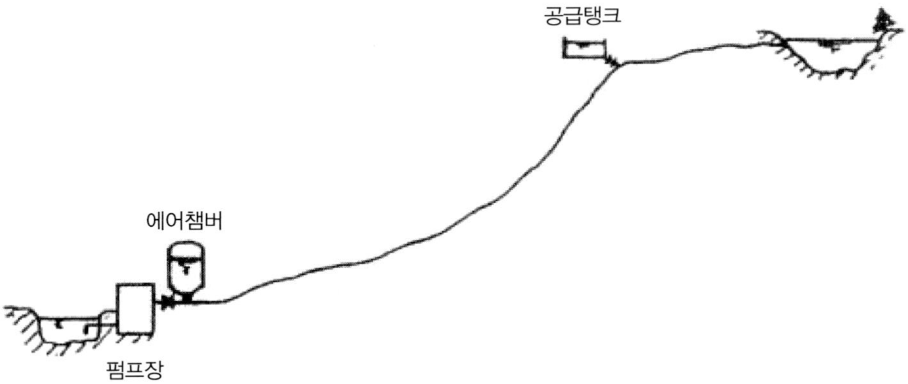

그림 2.11 일방향 서지탱크의 전형적인 위치

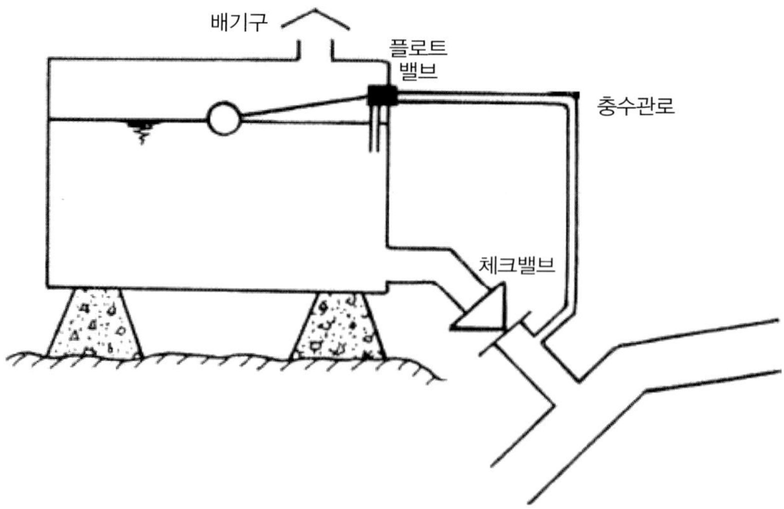

그림 2.12 그림 2.11 일방향 서지탱크의 확대

공급탱크가 관로에 물을 유출한 이후 펌프를 재기동하기 전에 탱크충수를 위해 충분한 시간을 허락하여야 한다. 또한 공급탱크는 시스템 내 대기압 이하 압력에 대해서만 직접적으로 보호한다. 예를 들어 공급탱크는 증기공동형성 후 공동 파괴시 높은 압력을 간접적으로 방지하는 것을 제외하고 압력상승에 대해서는 보호하지 않는다.

2.3.5 진공파괴밸브와 공기배출밸브

진공파괴밸브는 특정 상황에서 관로 내 압력이 대기압 이하로 형성되는 것을 방지하기 위해 사용할 수 있는 또 다른 장치다. 진공파괴밸브 사용 목적은 관로 내부로 공기를 유입시켜 쿠션을 형성하는 것이다. 이 밸브는 특정 시간 주기에 걸쳐 압력동요를 감쇄시키는 데 도움을 주고, 이후 공기는 매우 완만하게 배출되는 것이 중요하다. 또한 이 밸브 사용시 공기 포켓은 이동하는 것이 아니라 특정 위치에 남아 있는 것이 중요하다.

일방향 탱크에서와 같이 이 장치는 부정류로 인해 관로 압력이 저하하여 국부 수력구배선이 관로와 동일한 고도로 감소될 때 작동한다.

가장 넓은 의미로 공기밸브 용어를 사용하여 이 밸브의 설치를 고려할 때 2개의 주된 목적인 통기(ventilation)와 부정류제어를 구별하는 것이 중요하며 이에 대해서는 11장에서 상세히 기술한다.

이 밸브를 서지제어용도로 사용할 때는 관로 내 정점 그리고 상향구배가 감소하는 지점에 설치하여야 한다. 또한 충수 동안 그리고 정상적인 운영 동안 용액으로부터 방출되는 공기를 배출하기 위해 통상적으로 이 장소에 공기배출밸브가 설치되므로 다양한 밸브의 조합을 적절하게 사용할 수 있다.

대부분 공기밸브운영은 하나 이상의 플로트에 의해 제어된다. 문헌에서 특정 설계의 밸브에서 플로트가 고착되고 큰 유입 오리피스를 통해 부분적으로 배기되는 증거가 존재한다. 이러한 현상은 플로트가 유입 오리피스 내부로 직접 시트되고, 시스템 내 형성된 높은 배압으로 인해 수주가 높은 속도로 공기밸브 내부로 추진되는 곳에서 발생하며 매우 위험하다.

일부 시스템에서는 수주로부터 얻은 높은 운동에너지가 압력 변형에너지(strain energy)로 변환됨에 따라 증기공동에서 극히 높은 압력(그리고 온도)이 발생하는 것으로 알려져 있다. 이 압력은 자이코프스키수두를 상당히 초과하고 배관과 요소를 파괴시킬 수 있다.

진공완화를 위한 공기유입은 낮은 압력 시스템(예를 들어 국부 수력구배선이 통상적으로 5m 이하이고 초기 유속이 중간 정도)으로 제한할 것으로 권장된다.

다음으로 유의할 사항은 음용수 시스템에서 공기밸브 사용시 외부물질이 관로 내부로 유입 및 물의 오염으로 인해 이들의 사용을 꺼린다는 것이다(차폐된 피트 내 공기밸브를 설치하여 이러한 문제를 해결할 수 있지만).

진공파괴밸브를 발전소 냉각수 관로 응축기의 하류측 그리고 애시(ash) 슬러리 처리 관로의 에어챔버의 상부에 설치하여 성공적으로 사용할 수 있다. 첫 번째 예는 시스템 정수두가 상당히 작은 곳이며, 두 번째 예는 비록 펌프는 아직 상당한 압력으로 공급할 수 있지만 오직 마찰에 대항하여 일을 하는 곳이다. 응축기의 하류측에서 또는 슬러리 펌프 토출측 인근에서 공기가 자유롭게 유입되면 수주 하류측은 완만하게 감속되고 무시할 수 있는 역류와 함께 정지된다.

심정펌프 기동시 수직배관(riser)을 보호하기 위한 유용한 전략은 공기배출밸브와 압력조정밸브를 조합하는 것이다. 정지 조건에서 수직배관은 비게 되거나 또는 부분적으로 진공이 되기 때문에 펌프는 급속하게 정격회전속도로 도달하고 특성곡선의 말단부인 0 수두 또는 최대유량에서 운전되는 경향이 있다.

체크밸브를 폐쇄된 상태로 유지하는 압력보다 작은 압력에서 공기를 배기하고 초기 개방된 압력조정밸브를 완만하게 폐쇄하면 제어된 방법으로 주 토출 관로 내 유동을 형성할 수 있다.

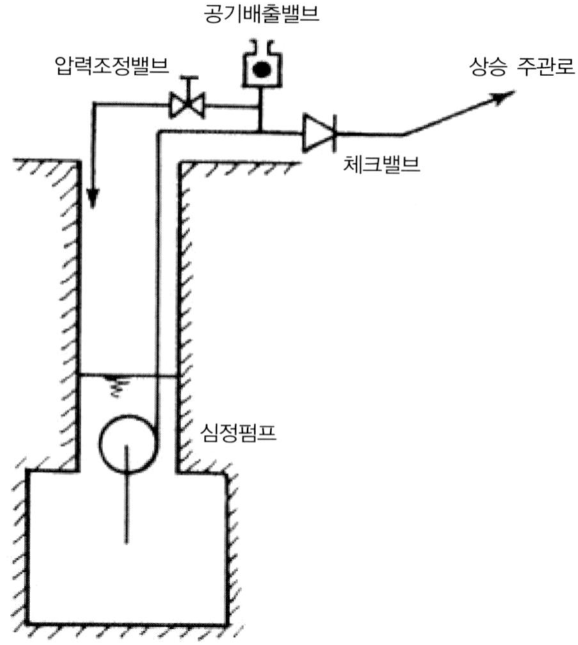

그림 2.13 심정펌프 기동시 높은 압력을 제어하기 위한 공기배출밸브와 압력조정밸브의 조합

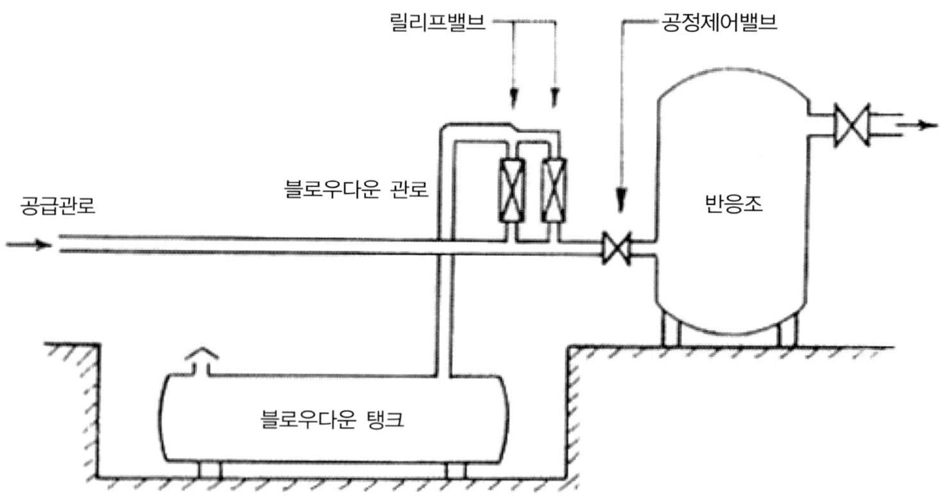

그림 2.14 반응용기를 보호하는 압력완화시스템

2.3.6 압력완화밸브(Pressure relief valve) 및 파열디스크(Busting Disc)

한 관로 내부 유동이 제어 밸브 또는 말단부에서 또는 근원으로부터 약간 떨어진 곳에 설치된 유사한 장치에 의해 방해되면 밸브의 상류측에서 처음 발생하는 부정류 영향은 압력상승이다. 대표적인 상황은 유조선 로딩밸브 및 공정플랜트에서 제어밸브의 급속한 폐쇄이다.

대부분 이 관로는 상당히 길어 밸브폐쇄시간을 관로주기의 수배가 되도록 연장하는 것은 불가능하므로 억제전략은 반드시 시스템으로부터 잉여 에너지를 배출하는 원리에 기초하여야 한다. 이 목적을 달성하기 위한 선택사항은 완화밸브의 개방 또는 파열디스크의 파열로 관로 압력을 허용한계로 유지하는 것이다.

여러 압력완화밸브와 보조장비를 사용할 수 있다. 이들은 단순 스프링-충전 안전밸브로부터 부정류 압력파가 실제로 밸브에 도달하기 전에 원격센서에 의해 개방되는 매우 세련된 서지예상밸브에 이른다. 이와 같은 시스템은 오일산업에서 사용된다. 이 형식의 밸브 내 가동 요소는 구멍이 뚫린 튜브를 둘러싼 플렉시블 슬리브이고, 이는 가스 스프링으로 압축된 질소에 의해 제자리를 유지한다.

유지관리와 운영을 고려하여 최소 두 개의 압력완화밸브를 사용하는 것이 좋다. 이 밸브는 압력상승에 신속하게 반응하는 것이 가능하고 차압에서 개방되도록 설정된다. 폐쇄 압력은 반드시 개방 압력보다 낮게 설정되어야 한다.

압력완화밸브를 통과한 액체는 적정한 저장시설 또는 블로우다운 탱크(blowdown tank)에 수집되어야 한다. 나중에 액체를 시스템으로 직접 회수하거나 또는 재처리 여부는 유체 및 다른 요소에 의해 결정된다.

압력완화시스템은 압력상승을 허용한계로 제한할 수 있어야 한다. 이는 때로는 관로 전체 유량을 취하는 것을 의미할 수 있지만 더욱 일반적으로 이동하는 수주를 감속시키는 데 도움이 되도록 정상적인 유량의 일부를 전환시키고 배압을 증가 시킬 필요가 있다.

압력완화밸브규격 결정시 압력완화밸브로부터 배관 및 저장탱크까지 예상되는 마찰손실을 고려하여야 한다. 유사하게 저장탱크의 용량은 시스템 정지시 유량을 충분히 수용할 수 있어야 한다.

압력완화밸브는 발전소 및 공정 플랜트에서와 같이 수온이 높은 곳에서는 많이 사용되지만 급수시스템과 같이 수온이 낮은 곳에서는 많이 사용되지 않는다. 만일 펌프트립 시 부정류로 인해 초기에 압력이 저하하면 압력완화시스템은 유익하지 않다. 그러나 반응기를 신속하게 정지시키기 위해 비상정지 ESD(Emergency Shut Down) 밸브를 폐쇄시키면 과도한 압력이 발생할 수 있다. 대기 중으로 유출되면 증기로 튀어 나올 수 있는 고온의 물을 저장탱크로 유도하여 나중에 회수하는 것이 바람직할 수 있다.

다른 예는 호스 말단부에 있는 노즐 밸브가 신속하게 폐쇄될 때 높은 압력상승으로부터 보호할 필요가 있는 소화전 시스템이다.

압력완화밸브사용의 또 다른 예는 수차 안내깃의 폐쇄 후 수력발전소 펜스톡에서 압력상승을 제한하기 위해 성공적으로 사용한 경우이다[Griffiths (1972)].

파열디스크는 큰 유량을 매우 신속하게 유출하는 이점을 갖는 또 다른 압력완화형식이다. 통상적으로 유출량은 재차 저장탱크로 유도, 일부 시스템에서 저장탱크는 불활성가스로 사전 충진되고, 탱크가 물로 채워지면서 유동에 대한 저항을 증가시키기 위해 가압된다. 적정한 챔버규격선정, 사전 충진압력선정, 유출관로 내 오리피스 플레이트를 사용하여 주 시스템으로부터 완화유량을 정확하게 제어할 수 있으며 이는 유조선의 해안 선적 및 하역에서와 같이 공간이 제한되는 곳에 매우 유용하다.

서지제어시 이 장치의 주된 단점은 시스템을 재가동하기 전에 반드시 저장탱크를 비워야 하고 파열디스크를 교체하여야 한다는 것이다. 이와 관련된 단점은 사람이 시스템 내 제품에 노출되는 것이 바람직하지 않아 디스크 교체가 위험하다는 것이다. 또한 비록 제품과 호환될 수 있는 것으로 증명되면 비금속 디스크를 사용하여 이를 극복할 수 있지만 금속 디스크는 피로를 경험한다.

압력완화밸브와 파열디스크가 사용되는 많은 시스템은 통상적으로 관련 규범, 규정 및 표준을 준수하여야 하며 설계단계에서 반드시 자문을 받아야 한다[예를 들어 AICE (1998), Parry (1991) 및 Inst. Pet. (2001)].

2.3.7 바이패스배관

펌프트립 후 에어챔버를 사용하여 낮은 압력으로부터 관로를 보호하는 것이 고가인 것으로 증명될 경우 펌프 주변 바이패스배관은 저렴하고 만족스런 대안이 될 수 있다.

전형적인 바이패크배관 설치위치는 펌프가 낮은 정수두에 대항하여 토출하는 상승주관로이다. 그림 2.15와 같이 펌프트립 후 유출압력이 흡입수두 이하로 떨어지면 펌프 주변 바이패스배관을 통해 물이 유입되어 압력감소제한이 가능한 상황을 보여준다. 그러나 성공적으로 작동하기 위해서는 바이패스배관에서의 마찰손실은 무시할 수 있는 정도가 되어야 한다.

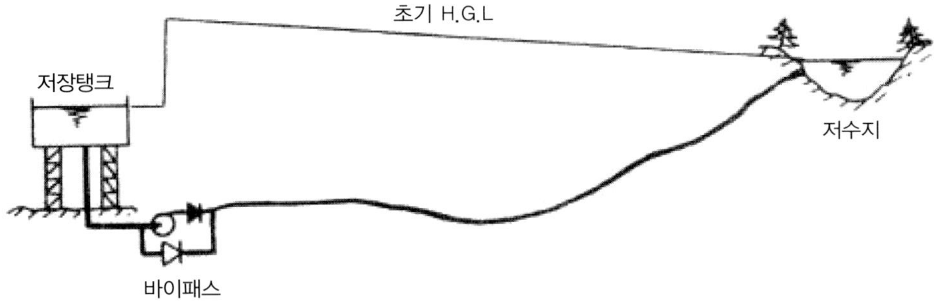

그림 2.15 낮은 수두로 펌핑되는 펌프 주변 바이패스배관(흡입 수두 +)

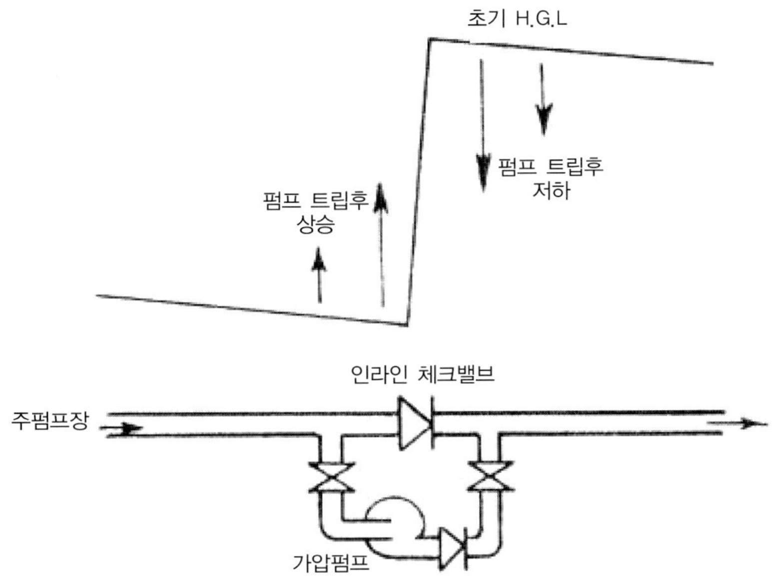

그림 2.16 가압펌프에서 전형적인 바이패스 배열
※ 펌프트립 후 수력구배선 변화에 주목하라.

바이패스배관의 전형적인 두 번째 적용은 인-라인 펌프이다(그림 2.16 참조). 바이패스배관은 주관로와 동일한 규격이고 유동의 재순환을 방지하기 위해 논-리턴 체크밸브가 포함되는 사실에 유의하여야 한다. 만일 펌프가 트립되면 펌프는 정상적인 유동에 방해가 된다. 토출측에서는 (-) 압력변화가 형성되는 반면 흡입측에서는 (+) 압력이 형성된다.

압력변화가 형성되는 정확한 방법은 흡입관로와 토출관로의 길이에 의해 결정되지만 많은 경우 압력변화는 상당할 수 있다. 바이패스배관은 펌프 흡입측 압력이 토출측 압력을 초과하는 경우 액체를 토출측으로 공급하여 하류측 압력저하를 완화시킬 수 있으며 압력저하를 최소화하는 데 도움이 된다.

2.3.8 시스템 관로 내 수격 방지

1.2절에서 시스템 관로 내 수격현상을 기술하였다. 근본적인 원인은 물과 과열증기가 동일한 장소에 함께 발생하고, 이들의 상호작용으로 물 슬러그가 시스템을 통해 높은 속도로 추진하는 것과 관련되며 이는 재앙적인 결과를 초래할 수 있다.

증기플랜트가 짧은 기간 동안 일시적인 정지 후 시운전에 들어갈 때 문제가 가장 심각하고, 만일 응축수를 충분히 배수하지 않으면 냉각기간에도 문제가 발생할 수 있다.

관로가 뜨거운 증기와 함께 차가운 물로 채워지면서 필연적으로 응축수가 형성된다. 따라서 최상의 방지 전략은 관로를 서서히 채우고, 워터트랩(water traps)과 배수구를 제공하고, 관로는 스팀 유동 방향으로 약간 하향 구배가 되며, 물이 수집될 수 있는 데드레그(dead-leg, 배관의 분지 부분 등에서 내용물이 정체되는 구간) 또는 낮은 지점이 존재하지 않도록 보장하는 것이다.

관로 충수는 빈번하게 주 증기관로 주변의 바이패스밸브를 통해 수행되고, 이는 부분적으로 플랜트가 부하가 걸리면서 주 밸브의 개방을 쉽게 하기 위해 양 측면의 압력평형을 돕는다.

통상적으로 증기와 응축수가 블로다운탱크를 통해 유동하는 상태에서 증기유동을 생성하여 시스템을 적절히 가열하는 것이 중요하다. 비록 시스템이 부하를 부담할지라도 배관이 충분히 가열되어 더 이상 응축수가 생성되지 않을 때까지 반드시 배수 시스템을 개방하여야 한다.

정지기간 동안 시스템 관로 내 워터트랩은 적정한 지점으로 배수시키기 위해 반드시 개방되어야 한다. 플랜트 정지 기간 동안에는 시스템은 완전 배수되어 시스템 내부에 응축수가 남아 있어서는 안 된다.

2.4 보호전략의 선정

최상의 보호전략은 유량의 급격한 변화를 방지하는 것이다. 불행하게도 이는 대부분 관로시스템에서 항상 가능한 것이 아니면 시스템의 주된 기능설계를 수정하여 수용할 수 없는 조건이 발생하지 않도록 하여야 한다.

통상적으로 두 시스템은 완벽하게 동일하지 않으므로 선호되는 보호전략은 다르지만 잠재적 문제의 평가와 완화방법에 대한 접근은 항상 동일한 일반 패턴을 따라야 한다.

첫 번째 단계는 시스템 내 정상유동시 의심이 되는 변화요인의 목록을 작성한다. 시스템이 노출될 수 있는 계획되지 않은 이벤트와 함께 예상되는 기동, 정지, 변화와 같은 모든 운영조건을 포함시키고, 이들의 우선순위를 매기고 임계설계사례(critical design case)를 확인한다.

이벤트가 시작될 수 있는 위치를 유의하고 완화장치를 도입하지 않고 직접적인 조치(예를 들어 밸브 작동 비율, 관로노선변경, 또는 배관 강도 증가 등)가 문제를 극복하기에 적합한 것이지 또는 최소한 감소시킬 수 있는지 확인한다.

그림 2.17은 특정 상황에 적합한 선택사항의 목록을 어떻게 편집할 수 있는지를 보여준다. 기본적인 철학은 부정류 압력파의 근원 그리고 초기 변화의 상승 또는 하강 여부를 찾는 것이다. 만일 이 초기 변화의 비율과 크기를 감소시킬 수 있으면 추후 반사되어 되돌아오는 압력파는 압력동요를 감소시킬 수 있다.

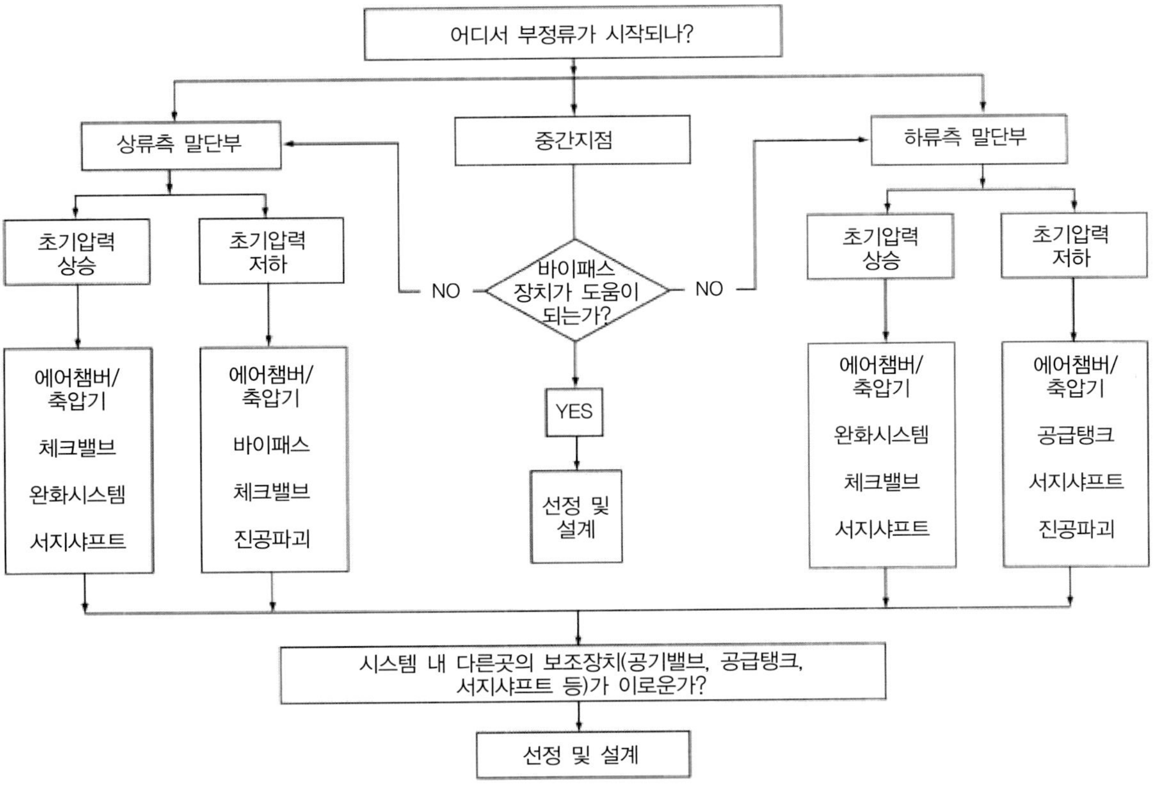

그림 2.17 관로, 터널 내 부정류제어를 위한 구성요소 선정 지침

그림 2.17에 거론된 예비 선택사항 중 일부를 수용할 수 없으면(예를 들어 오일 또는 석유화학물질로 공기유입) 기술에 근거하여 즉각 이 선택사항을 제거할 수 있으며 선택은 부정류 근원에 주 제어장치를 설치하는 것으로 좁혀지는 경향이 있다.

여러 상황에서 시스템 내 중요 지점에서의 문제를 완화하거나, 주된 장치의 규격과 비용을 줄이기 위해 보조제어장치를 사용할 수 있다.

다양한 제어장치의 사용 가능성이 있는 위치의 두 예는 그림 2.18 및 2.19와 같다. 첫 번째 예는 수자원 분야에 더욱 적합하고 두 번째는 오일, 석유화학 및 공정산업에서 선택된다. "저장용기(Receiving vessel)"는 화학 반응기 용기로부터 해안 터미널에서 유조선에 이르기 까지 많은 것들을 나타낼 수 있다.

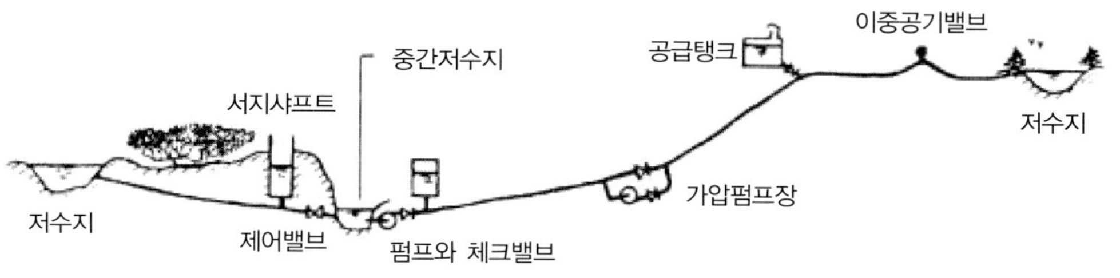

그림 2.18 수자원 프로젝트와 관련된 전형적인 부정류 보호장치 위치

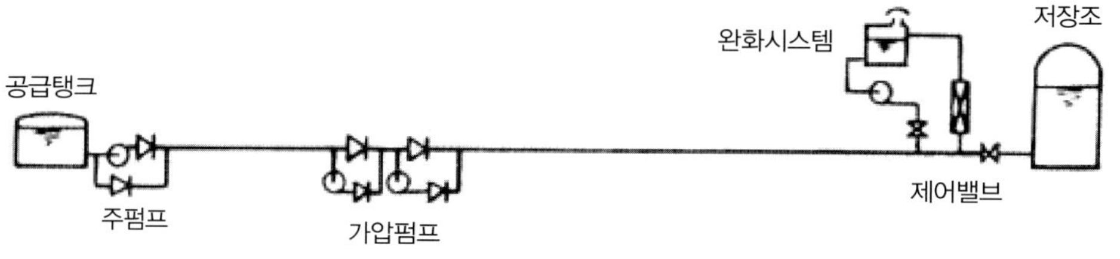

그림 2.19 오일, 석유화학관련 관로에서 전형적인 부정류 보호장치 위치

일부 상황 특히, 석유화학 플랜트에서 인터록 시스템은 보호전략에 포함될 수 있다. 예를 들어 그림 2.19의 하류측 말단부에 설치된 제어밸브가 급속하게 폐쇄되면 라디오 또는 원격신호가 상류측 말단부에 송신되어 펌프가 트립된다. 정확한 용도에 따라 서지제어전략과 시스템 운영지침의 최종 선정에 영향을 미치는 규범과 규정이 존재할 수 있다.

기술적인 적합성과 유용한 선택사항의 상대적인 비용 이외에도 다른 요소도 최종 선정에 영향을 미칠 수 있다. 이는 신뢰성, 공간과 동력 요구조건, 유지관리 및 필요한 감독, 숙련된 인력의 가용성, 계획된 시스템의 향상과 강화의 크기를 포함한다. 대형 에어챔버의 존재와 같은 환경적인 요소도 결정에 영향을 미치는 것으로 알려져 있다.

선호된 전략을 결정한 후 요소의 초기 설계 및 규격을 결정하고, 일부 지침은 제3장을 따른다. 통상적으로 프로젝트 시운전 동안 얻은 결론으로 제안된 해결책이 충분한지 여부를 최종 확인할 수 있다.

2.5 요약

본 장의 목적은 독자에게 부정류 주제 소개, 부정류로 인해 발생하는 문제, 부정류 기본 개념의 이해 그리고 부정류를 완화시키기 위해 채택할 수 있는 다양한 수단의 평가와 관련된 지식을 제공하는 것이며 특히, 다음 사항을 평가할 수 있다.

- 임의 관로시스템 내 정상유동에 대한 변화는 압력수두 변화로 이어진다.
- 시스템 내 너무 급속한 변화는 수용할 수 없는 조건(예를 들어 너무 높거나 낮은 압력)을 생성할 수 있다.
- 시스템 내 변화는 동시에 모든 곳에서 발생하지 않는다. 즉, 변화는 통상적으로 매우 높은 속도로 시스템 전반에 걸쳐 전파된다.
- "압력파"는 펌프, 밸브, 저수지 등과 같은 경계에서 상호작용한다.
- 이러한 상호작용은 "반사파(reflection wave)"을 생성하고 반사파는 접합부 및 개방된 말단부에서는 압력변화를 감소시키는 반면 사수부 및 폐쇄된 밸브와 같이 폐쇄된 경계에서는 압력변화를 증가시킨다.
- 과도한 압력변화 및 다른 수용할 수 없는 조건을 감소시키기 위해 여러 전략을 사용할 수 있다.
- 두 시스템은 동일하지 않다. 따라서 각 특성 및 사례에 기초하여 확인된 적합한 보호조치에 따라 처리하여야 한다.

이 요약은 독자가 다양한 보호전략을 상당히 상세하게 탐구하고 파의 전파와 반사, 자이코프스키수두변화 $\Delta H = a\Delta V/g$ 등의 개념을 사용하는 제8장에 들어가기 전에 사전지식을 제공한다.

3장 부정류 위험 관리와 평가

본 장에서는 관로시스템 내 부정류와 관련된 위험의 크기와 확인을 위한 접근법에 대한 지침을 제공하며 독자가 다음 사항에 대한 사전 지식을 갖춘 것으로 전제로 한다.

- 부정류의 공통적인 원인
- 부정류 압력파의 개시, 전파, 반사
- 수용할 수 없는 조건 발생 등과 같은 결과
- 부정류의 제어와 억제를 위한 실용적인 방법과 전략

부정류 압력파가 시스템 전체에 걸쳐 전파되는 속도 및 급속한 유동변화에 따른 자이코프스키수두변화를 결정하는 기본이론을 충분히 이해하여야 한다. 위험평가를 소개한 후 다음 순서로 일련의 전형적인 상황을 기술한다.

- 문제를 확인하고 해결하기 위한 절차의 소개 및 예증
- 제어전략을 위한 사전 설계 방법

- 설계를 개선하기 위한 전산해석을 위한 시방서 작성
- 전산해석 수행과 관련된 전산코드 확인
- 설계자의 지식과 이해 수준에서 결과 논의 지원

이제 앞선 예들을 좀 더 상세하게 기술하고, 후에 더욱 복잡한 예들로 적용범위를 확대하고 여러 부정류유동상황을 포괄한다. 또한 문헌에 보고된 사고로부터 교훈을 얻을 수 있도록 검토한다.

3.1 위험 관리와 평가 소개

위험평가는 전체 과업에 적용할 수 있는 확립된 관리 도구이다. 이는 오직 건강과 안전 주제로 제한되지 않고 전체 사업의 기술적, 재정적 실행력에 적용할 수 있다. 위험평가의 매력은 기업에 대한 모든 위험을 확인하고 평가하기 위한 체계적인 접근 방식을 제공한다는 것이다. 다음 선도는 위험평가에 포함된 요소를 보여준다.

건강 및 안전 규정의 진화 그리고 사건과 사고에 따른 법적 조치의 강화는 플랜트 설계자, 운영자, 소유자가 모든 위험평가를 수행하였으며 사고와 부상으로부터 직원과 모든 제3자를 보호하기 위한 적절한 조치를 수행하였음을 증명하여야 하는 큰 부담으로 작용하였다. 이는 반드시 관로시스템 내 정상유동변화와 관련된 다음 위험을 포괄하여야 한다.

- 위험의 본질과 범위 이해
- 수용할 수 있는 것으로 간주되는 위험의 범위와 범주
- 구체화와 관련된 위험
- 위험의 영향과 사고를 감소시키기 위해 채택할 수 있는 선택사항

• 위험의 영향을 최소화하기 위해 설계된 제어시스템 유효성의 정기적인 검토

통상적으로 다음 두 상황으로부터 부정류 위험이 발생한다.

1. 타당성 조사가 완료되고, 기능설계 진행 중 의심이 제기될 때-부정류로부터의 위험은 무엇일까?
2. 수 년간 시스템을 운영하고, 수요가 증가하여 당초 시스템을 확장하거나 향상시키려 결정할 때

의심이 생기지만 때로는 의심이 생기지 않는 다음 두 시나리오가 존재한다.

1. 설계가 완료가 되었으며, 부정류 해석을 포함한 위험평가가 완료된 후 최종 순간 또는 시공 중 변경이 있다.
2. 시운전과 기동시험은 빈번하게 부분부하에서 수행 될 수 있고, 아마도 시스템의 일부는 정지된 상태 또는 최소한 표준 상태가 아닐 수 있다.

최소한 변경사항을 고려하여 위험해석을 하여야 하며, 그렇지 않으면 불행한 결과가 발생할 수 있다. 이러한 아이디어를 포괄하는 발생가능한 위험은 임박한 이벤트로 인해 원하지 않는 결과가 현실화될 수 있는 가능성으로 정의된다.

원하지 않는 결과의 범위는 약간의 불편함으로부터 재앙에 이른다. 전자는 일시적인 압력저하 또는 물 공급중단이 될 수 있고 후자는 발전소의 파괴, 중대한 환경 재앙, 폭발 및 화재가 될 수 있다.

잘 알려진 발전소에서 재앙 중 하나는 Lac Blanc-Lac Noir 발전소로서 시운전 도중 발전소가 파괴되었고 6명의 기술자가 사망하였다[Roccord (1937)]. 일본 Oigawa 발전소에서는 고압의 펜스톡이 파열되었으며 급수시스템, 발전소, 원자력발전소 및 석유화학 산업에서의 추가 예는 문헌에 기술되었다[Bonin (1960) and chaudry (1980)].

이러한 바람직하지 않은 결과 중 일부는 눈에 띄지 않을 뿐만 아니라 경고를 받지 않은 플랜트 운영자는 자신도 모르게 문제에 직면할 수 있다. 이에 대한 예는 누수로 인해 배관 내 유체의 오염 또는 시스템으로부터의 누수로 인해 완만한 환경오염 등을 포함한다.

이러한 수용할 수 없는 조건(예를 들어 관로시스템으로부터 원하지 않는 결과)의 요약을 1.1.1절에서 열거하였으며 편의를 위해 여기서 반복하면 다음과 같다.

(a) 과도하게 높은 압력-관로 및 요소의 성능저하 또는 파괴; 접합부, 밀봉부 및 앵커블록의 손상; 관로로부터의 누수 및 이로 인한 낭비, 환경오염과 화재위험을 초래한다.

(b) 과도하게 낮은 압력-관로 붕괴; 대기압 이하 조건에서 접합부와 밀봉부에서 관로 내부로 누수; 펌프로 가압된 유체의 오염; 공기가 유입될 경우 일부 유체의 경우 화재 위험이 있다.
(c) 역류-펌프 밀봉부와 전동기의 브러시 기어 손상; 저장탱크 및 하류측 배수지의 배수, 상류측 흡수정의 월류를 야기할 수 있다.
(d) 관로 이동과 진동-지지물의 과도한 응력과 파괴, 관로 파괴 초래; 인근 장비와 구조물에 기계적 손상을 초래할 수 있다.
(e) 너무 낮은 유속-주로 슬러리 관로에서 문제가 되며 수송하는 고형물의 침전으로 인해 관로가 막힐 수 있다.

따라서 위험평가과정은 다음 질문을 반드시 언급하여야 한다.

- 이러한 상황에서 어떤 임박한 이벤트가 발생할 수 있을까?
- 이러한 일이 발생할 가능성은 무엇일까?
- 이것이 문제가 될까?
- 만일 문제가 된다면 어떻게 이 문제를 해결할 수 있을까?

표 3.1 관로시스템 내 부정류를 초래하는 표본 목록

항목	임박한 이벤트(유동변화를 야기할 가능성)
1	일부 정지 및 차단된 상태에서 시스템 기동
2	시스템 정지
3	펌프를 구동하는 전동기의 동력차단
4	열 과부하로 인한 펌프트립
5	t초 보다 짧게 펌프 토출밸브폐쇄
6	다른 펌프가 계속 운전 중 한 펌프의 트립
7	일상적인 펌프교체운전
8	펌프트립 t초 후 재기동
9	제어밸브 또는 비상정지밸브의 급속한 폐쇄
10	긴 관로의 말단부에 설치된 유조선 로딩밸브 15초 이내 폐쇄
11	운영자가 제어밸브를 신속하게 개방/정지
12	자동유량조정밸브 등과 같은 구성요소의 오작동
13	관로노선변경
14	시스템 수요의 증가 및 감소

15	수두, 유량 등과 같은 기본 설계자료의 신뢰도가 낮을 때
16	당초 시스템 설계가 변경될 때
17	전기 시스템의 오류로 인한 수차 트립
18	서지억제 전략과 제어장치의 실패
19	제3자에 의한 시스템의 부식 또는 기계적 손상 초래
20	안전성 검토 또는 감사에서 확인된 다른 잠재적 원인

여기서 말하는 임박한 이벤트는 주로 초기에 유속이 0인 것을 포함하여 초기 정상유동에 대해 변화를 초래하는 이벤트들이다. 표 3.1은 공식적인 위험평가보고서에 나타나는 예를 제공하며 아이디어를 생성하는 데 도움이 되는 초기 목록으로서 제공된다. 이는 본질적으로 건설적인 비관론에 근거한 브레인스토밍 운동이다.

다양한 이벤트는 "제어된(controlled)" 또는 "외부(external) 즉, 제어되지 않은" 둘 중 하나로 분류된다. 시스템 설계자와 운영자는 제어된 이벤트에 대해 약간의 영향력을 갖는다. 예를 들어 발생 가능성이 매우 높은 펌프정지에 대해 충분한 서지보호조치를 취하면 이들의 영향은 상당히 낮다.

반대로 정전과 같은 외부 이벤트의 발생에 대해 설계자와 운영자의 직접적인 영향은 상당히 작게 된다. 불행히도 이는 이러한 이벤트를 예상하거나 시스템이 적정하게 보호되도록 보장할 수 있는 것은 아니며, 특히 설계자, 운영자 및 소유자가 플랜트의 안전을 보장할 수 있는 안전규정의 경향을 고려할 때 시스템을 적절히 보호해야 하는 것은 아니다[AICE (1998), Inst. Pet. (2001), Merilo et al. (1990) and Peterson and Kim (1993) 참조].

모든 가능성 있는 위협을 식별하면 임계설계사례를 구성하는 위험을 선정하기 위해 검토하여야 한다. 많은 관로시스템에서 유량변화와 관련된 상황이 존재할 수 있다. 그러나 대부분의 경우 최소한 3개의 임계설계사례가 있으며 이 사례를 방지하기 위해 고안된 전략은 상대적으로 덜 위험한 다른 이벤트를 자동으로 처리한다.

시스템에서 발생할 수 있는 모든 것을 감안할 때 실제로 일어날 가능성은 무엇일까? 그들의 실현 가능성은 무엇일까? 만일 발생한다면 문제가 될 것인가? 만일 문제가 된다면 시스템을 어떻게 충분히 보호할 수 있을까?

이는 때때로 통계적인 근거가 제기되는 주관적인 문제이다. 또한 예를 들어 원자력발전소, 독성 물질의 수송 및 처리 등과 같은 일부 산업에서는 위험평가의 과정은 지침과 표준을 규정하는 규제기관으로 구성된다[예를 들어 AICE(1998), Inst. Pet. (2001), Merilo et al. (1990) 그리고 Peterson and Kim (1993)]. 수자원 분야에서는 공급 압력 및 수질과 관련하여 동일하다. 빈번하게 특정 위험의 실제 발생확률과 위험을 감소시키거나 제거하기 위한 비용 사이 수용 가능한 균형을 찾기 위해 판단하여야 한다.

다음 절에서는 일부 전형적인 시스템에서 위험의 존재 여부를 추정하고, 잠재적 문제의 본질과 크기를 평가하고, 가능성 있는 임계설계사례를 식별하고 이들을 제어 및 억제하기 위한 전략을 공식화하는 접근법에 대한 지침을 제공한다. 제1장에서 기술한 압력파의 전파와 반사의 물리적인 특징을 잘 이해한 것으로 가정하고 후술하는 선도와 다른 설계 도움자료를 이용한다.

이러한 평가는 오직 평가 또는 추정일 뿐이라는 사실을 인식하는 것이 중요하다. 전산코드는 부정류유동을 해석하지만 보호전략을 설계하지 않기 때문에 필요한 선구자이지만 상세한 전산해석을 대체하지 못한다. 본문의 목적은 설계자가 후보 보호전략을 생산하고 전산코드로 더욱 정확하게 계산하여 보호전략을 개선할 수 있도록 돕는 것이다. 적절하게 초점을 맞춘 경우 이러한 연구비용은 설계 개선으로 보상될 수 있다.

3.2 부정류 위험평가절차

본 절에서는 전형적인 관로시스템에서 부정류의 결과로서 직면할 수 있는 위험평가를 수행하기 위해 따를 수 있는 절차를 기술한다. 여기에서 간략하게 설명하고 일부 증명 예제로 예증한다. 이러는 이유는 부정류 영역에서 두 시스템이 정확하게 동일하지 않기 때문이다. 명백하게 유량 또는 관로 프로파일과 같은 한 요소의 작은 변화에도 문제의 본질 및 채택할 제어 및 억제전략이 상당히 다를 수 있으며 제안된 절차는 다음과 같다.

1. 시스템 정의-관로, 요소. 장치 등. 이 단계에서는 모든 펌프와 밸브 등이 포함되며 이상화는 나중에 고려된다.
2. 안전 및 명시된 운영 한계 그리고 수용할 수 없는 조건 또는 상황을 정의한다.
3. 모든 주된 특징을 보여주는 관로 종단면을 작성한다. 초기 정상유동조건에서 수력구배선 그리고 수용할 수 있는 최대 및 최소압력수두선을 작성한다. 만일 부정류 이벤트에 미치는 영향을 무시할 수 있으면 시스템을 이상화한다. 예를 들어 복잡한 관망에서 개별 단면에서 파속의 차이가 약 10% 이하이면 하나의 균등한 파속으로 가정하거나 또는 부정류 이벤트가 모든 펌프에 대한 정전일 경우 병렬로 운전되는 둘 또는 세 펌프를 하나의 등가 펌프로 조합하거나 또는 직렬로 설치된 수 개의 밸브를 손실계수를 합산하여 단일 밸브로 통합할 수 있다.
4. 시스템 내 정상유동에 대한 잠재적인 변화 원인을 모두 열거한다(통상적인 그리고

비정상적인 “제어된” 및 “외부” 이벤트 등 표 2.1 참조). 무엇이 잘못 될 수 있는지를 검토한다. 유량변화가 발생하는 장소, 방법, 이유, 순서, 변화 비율과 크기 모두 중요하다.

5. 결과적으로 최악의 사례(예를 들어 최대 및 최소압력, 법적 규범 위반 또는 시스템 시방을 초과할 수 있는)를 확인하기 위해 상기 4 단계에서 기술된 목록을 검토한다. 이러한 사례는 항상은 아니지만 빈번하게 정전, 유조선 로딩밸브의 폐쇄 또는 비상정지와 같은 시스템 운영자의 직접적인 제어를 벗어난 제어되지 않은 이벤트가 된다. 여기에서의 목적은 필요한 제어전략을 공식화하기 위한 기초를 제공할 문제의 크기를 평가하는데 사용되는 임계사례를 식별하는 것이다.
6. 파속, 관로주기, 추정되는 펌프의 정지 및 밸브운영시간, 자이코프스키수두 등과 같은 기본적인 매개변수에 대한 자료를 수집한다. 이제 수용할 수 없는 조건이 발생할 수 있는 장소를 식별하기 위해 부정류 이벤트 개시 이후 시스템 내 압력과 유량이 어떻게 변화할지 구상한다.
7. 6 단계의 결과에 비추어 제어 및 억제전략을 위한 선택사항을 식별하고 검토한다. 관련된 선도 등을 사용하여 사전 설계를 전개한다. 기술적인 이유로 2~3개의 사전설계가 가능하지만 비용, 공간, 유지관리와 같은 다른 고려사항도 최종 선정에 영향을 미칠 수 있다.
8. 만일 프로젝트가 단계적 개발의 일부일 경우 미래 부정류 위험평가의 영향을 고려하여야 한다. 통상적으로 유량과 압력은 증가하고, 시스템 자체에 대한 수정이 필요할 수 있다. 향후 계획된 시스템의 부정류제어 및 억제전략에 대한 결과를 검토한다. 예를 들어 더 큰 에어챔버용량, 또는 더 큰 압력완화 또는 공기밸브 및 진공밸브가 필요할 것 같으면 밸브 및 맹플랜지와 함께 미리 티 분기를 준비하면 추후 시스템 운영의 중단을 방지할 수 있다. 에어챔버설치를 위한 공간은 문제가 될 수 있다.
9. 문제 및 해결책에 대한 평가를 확인하고 제어 및 억제전략을 적정하게 개선하기 위해 전산해석을 준비한다.
10. 부정류 문제와 관련하여 시스템설계를 마무리하고, 검증된 제어 및 억제전략에 따라 권장사항이 운영제약조건과 지침에 포함되었는지 확인한다.
11. 시운전 절차에 통합하여 선택된 부정류유동조건에 대한 억제 및 제어전략의 반응을 확인하기 위한 테스트 프로그램을 개발한다. 이 프로그램은 반드시 “최악의 사례” 시나리오일 필요는 없다. 예를 들어 펌프트립 또는 25% 유량으로부터 밸브의 폐쇄결과를 이에 상응하는 전산모의결과와 비교한다. 또한 부분부하에서 복잡한 시스템의 일부를 시험하는 것은 그 자체가 문제가 될 수 있으므로 전산-지원 평가에 포함하는

것이 중요하다.

다음 장에서 여러 데모 예제를 기술한다. 이 예제는 모두 실제 시스템에서 발생하였고, 관로 규모와 유량 등과 같은 많은 물리적 자료가 변경되어 이제는 실제 상황이 아니라 전형적인 상황이 되었다.

초기 예제는 전술한 간략한 절차에 따라 일정 기간 논의되는 상당히 단순한 시스템이다. 후반부 예제는 복잡성이 증가하고 일반적인 용어로 논의된다. 이 데모 예제는 다른 분야에 적용할 수 있도록 범위를 넓히는 것은 물론 다양한 부정류 문제와 제어전략을 검토할 수 있도록 도움을 준다.

4장 부정류 데모 예제

본 장에서 기술하는 예제는 실제 상황에서 유도된 전형적인 사례이다. 전술한 위험평가를 위한 절차 개요의 예증을 돕기 위해 그리고 부정류 과업의 중요한 측면을 강조하기 위해 이 예제를 선택하였다.

전술한 내용을 반복하면 두 시스템은 실제로 상당히 유사할 수 없고, 유사한 시스템이 직면한 문제도 상당히 다를 수 있다. 또한 기술적인 근거에 의해 이 문제에 대한 유일한 해답은 거의 없고, 다른 기술자는 그들 자신의 사전 경험에 근거한 다양한 합리적인 이유로 다른 억제 및 제어전략을 선호할 수 있다. 그러나 부정류 이벤트의 평가에 대한 체계화된 접근방법을 개발함으로서 주변의 미스터리와 불확실성을 제거할 수 있을 것으로 기대된다.

4.1 상승 주관로 예제 1

부정류 이벤트가 어떻게 발생하는지 예증하기 위한 첫 번째 예제는 제1장의 강으로부터 원수를 저수지로 수송하는 상승 주관로를 사용한다. 그림 4.1은 관로 일부가 두 노선 선택이 가능한 시스템의 종단도를 보여준다. 첫 번째 예제에서 낮은 노선만을 고려한다.

전체 시스템은 2 단계로 개발된다. 1 단계 설계유량은 35L/s 이지만 약 10년 후 2 단계에서는 55L/s로 증가할 것으로 예상된다.

1 단계 운영시 시스템의 안전을 보장하기 위해 필요한 부정류제어를 위해 시스템이 부정류에 노출될 경우 위험평가와 권장사항이 필요하다. 또한 예상되는 2 단계 수요를 만족시키기 위한 시스템 개선시 부정류와 관련된 결과에 대한 예비조사도 필요하다.

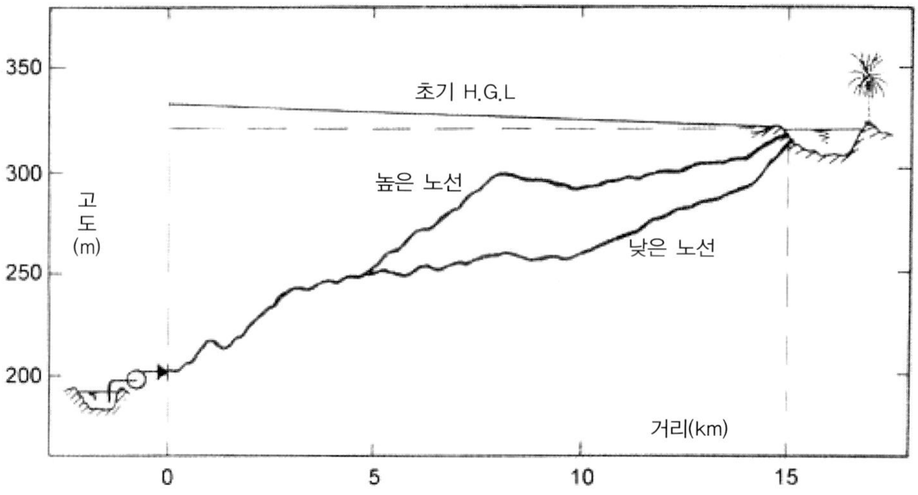

그림 4.1 강으로부터 저수지로 원수를 송수하는 DCIP 상승 주관로 일반도

제3장에서 제안된 1 단계 절차에 따라 시스템 관련 자료를 수집한다. 그림 4.1은 덕타일 주철관의 전반적인 배치를 제공하고 종단도로서 사용될 수 있다.

펌프장에서 동일한 펌프 3대가 병렬로 설치되고 통상적으로 이들 중 2 대가 사용되고 1 대는 예비이다. 두 펌프의 조합유량은 35L/s이다. 각 펌프에는 흡입밸브와 토출밸브 그리고 체크밸브가 설치된다. 이 단계에서 펌프 또는 밸브는 발주되지 않았고 따라서 기술자는 적합한 성능곡선을 선정하기 위한 판단이 필요하다. 현재 유용한 자료는 다음과 같다.

- 관로 직경 : 300mm
- 관로 길이 7km, 벽 두께 12mm

길이 : 5km, 벽 두께 10mm

길이 : 3km, 벽 두께 8mm

• 강 수위 : 기준선 상부 192m
• 저수지 수위 : 기준선 상부 320m

상기 2 단계인 시스템의 운영한계는 다음과 같다.

(a) 최저압력은 대기압 이하 6m 까지는 수용할 수 있지만 증기공동과 수주분리는 발생하지 않아야 한다.

(b) 최대압력은 관로의 수압시험압력 또는 밸브 몸체와 앵커블록과 같은 관련된 요소의 최대압력을 초과하면 안 된다.

(c) 시스템과 시스템 지지물에 대한 충격부하는 방지되어야 한다.

3 단계에 따라 관로종단도를 준비하고 추가 관련 자료를 수집한다. 크게 축소된 그림 4.2는 그림 4.1과 유사하며, 정수두선, 초기 정상유동시 수력구배선, 시스템 건설시 사용된 수압시험압력에 기초한 최대수용수두가 더해진다. 이 수압시험은 상부 자료에 주어진 벽 두께가 다른 3 개 관로 분절에서 시행되며 배관 벽 두께가 변화하는 곳에서 최대수용수두선의 단차가 발생한다.

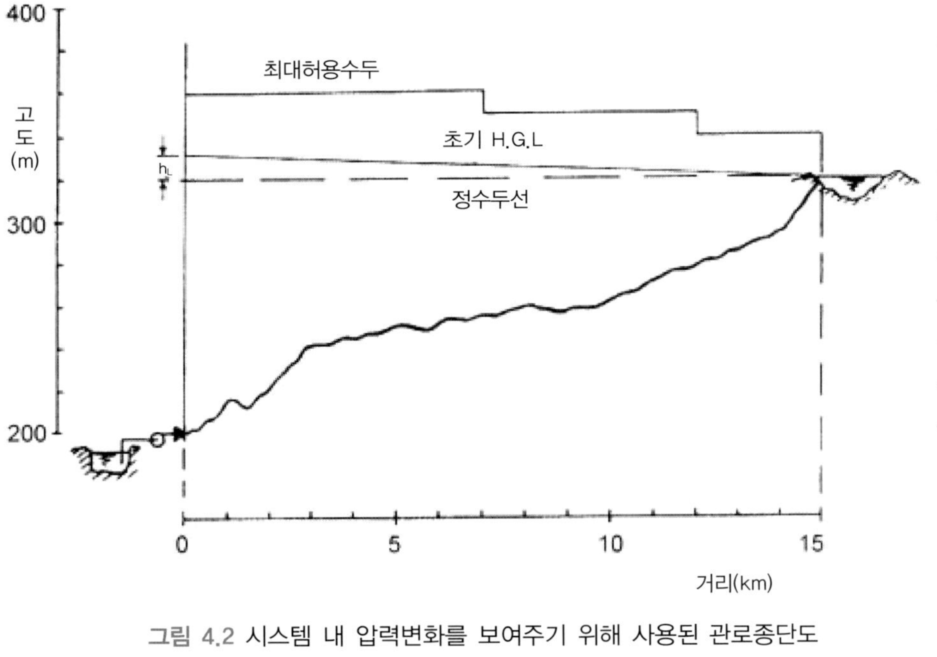

그림 4.2 시스템 내 압력변화를 보여주기 위해 사용된 관로종단도

4 단계에서는 시스템 내 초기 정상유동에서 발생 가능한 모든 변화 원인을 열거한다. 이는 펌프 기동, 토출밸브폐쇄에 앞선 펌프정지, 모든 펌프의 정전 그리고 펌프 2대 운영 중 1대 정지(예를 들어 열 과부하 또는 높은 베어링 온도로 인해 펌프 1대 정지)를 포함한다.

시스템에 대한 상기 위험 중 오직 첫 번째만이 부정류가 시작된 장소에서 초기 압력상승을 야기하고 다른 것은 압력감소를 야기한다. 만일 표준절차에 따라 펌프를 기동하면 예를 들어 토출밸브가 폐쇄된 상태에서 펌프를 기동하고(한 번에 한 대씩), 토출밸브를 서서히 개방하면 시스템 내 압력변화는 상당히 적정하고 아무런 문제가 발생하지 않는다.

5 단계에서는 중요도의 내림차순(예를 들어 동력차단으로 인한 전체 펌프트립, 펌프 두 대 중 한 대 트립, 펌프트립 후 토출밸브의 폐쇄)으로 유량감소를 열거한다. 따라서 가정 먼저 고찰하여야 할 극단적인 사례는 정전이며, 이는 외부 또는 제어되지 않은 이벤트이다.

6 단계로 이동하면서 마찰계수 $f = 0.0185$와 달시-바하식을 이용하여 마찰손실수두 h_L를 계산한다. 시스템 내 형성되는 압력수두가 어떻게 변화하는지 스케치를 하기 위해 큰 스케일의 관로종단도를 사용한다.

그림 8.4로부터 파속을 추정한다. 전술한 관로 자료로부터 이 관로의 e/D 비율은 25, 30, 37.5이고 이에 따른 파속은 약 1200~1250m/s이다. 안전을 고려하여 파속 1250m/s을 사용하고 이는 약간 더 높은 압력변화를 야기한다.

식 1.1에 따라 완벽한 유동정지시 자이코프스키수두변화 h_J를 계산하다. 유량이 35L/s일 때 직경 300mm 배관 내 유속 V와 h_J은 다음과 같다.

$$V = 0.495m/s,\ h_J = 1250 \times 0.495/9.81 = 63.07m$$

이제 필요한 최종 정보는 펌프트립 후 펌프 토출측에서 유량이 0으로 감소하는데 소요되는 시간을 추정하는 것이다. 이 과업은 기술과 경험에 의해 판단되는 순수한 추정이다.

통상적으로 이 시간을 약간 제한하기 위해 최신 펌프는 트립되면 배압에 따라 1~10s 이내로 정지되는 경향이 있다. 소형 펌프는 상대적으로 급속하게 정지되는 반면 대형 펌프는 관성력이 커서 완만하게 정지되며, 배압의 크기에 의해 약간 영향을 받는다. 통상적으로 펌프 회전속도가 0이 되기 이전에 유동이 정지된 후 역류하는 경향이 있다. 본 예제에서 펌프 토출측에서 유량이 0이 되는 시점은 펌프 정전 후 7초로 추정한다.

아직 6 단계이지만 다음 단계는 부정류가 어떻게 전파되기 시작하는지에 대한 타당한 암시를 제공하는 방법으로 이 정보를 종단도에 전달하는 것이다.

펌프가 트립되는 순간 직하류측 압력은 감소하기 시작하고 구력구배선은 변화하기 시작한다. 펌프에서 유속이 0이 되는 정확한 시점(본 예제에서 7초)에서 이상적으로 체크밸브가 폐쇄되면 압력은 자이코프스키식에 의한 수두 h_J만큼 저하한다. 또한 파정면의 리딩에지(leading edge)는 그림 4.3에서 점 A에 도달한다. 이는 파정면이 1250m/s 속도로 이동하는 거리이며 이 지점까지의 거리는 8.75km이다.

이 특정 순간 펌프와 해당 지점인 점 A 사이 수력구배선의 곡선이 스케치된다. 엄격하게 말하면 이 곡선상에서 오직 두 점만이 기저이다. 한 점은 압력수두가 h_J만큼 감소된 펌프 토출측이고, 다른 하나는 점 A에서 초기 구력구배선이다. 그러나 경험으로부터 펌프가 트립될 때 압력은 처음에는 급속하게 저하하지만 나중에는 더욱 완만하게 저하되어 곡선은 아랫방향으로 볼록하게 된다. 그러나 곡선의 형태를 정확하게 말하는 것은 불가능하지만 일반적인 형태는 그림 4.3의 실선과 유사하게 나타난다.

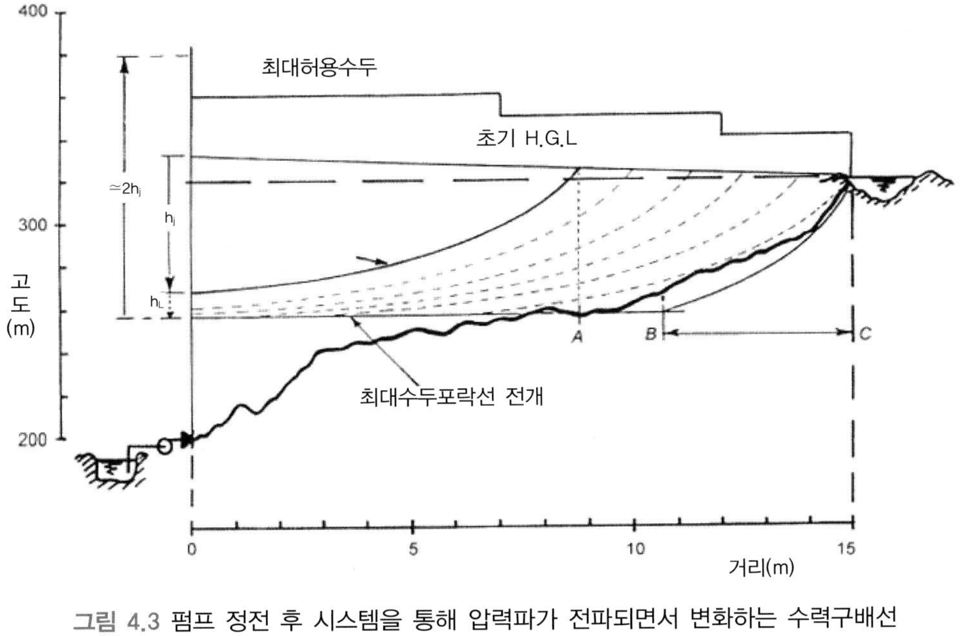

그림 4.3 펌프 정전 후 시스템을 통해 압력파가 전파되면서 변화하는 수력구배선

8750m까지 전파된 압력파는 하류측 저수지를 향해 계속 이동하고, 수력구배선도 계속 변화한다. 그림에서 점선은 1초 간격이다. 펌프 토출측에서 압력은 평준화되는 마찰구배로 인해 매우 완만하게 지속적으로 저하하고, 최소수두포락선(관로에 걸친 압력저하의 하한)이 형성되는 것을 볼 수 있다(그림 1.4~1.7 참조).

궁극적으로 파정면의 리딩에지(leading edge)는 저수지에 도달하고 트레일링에지(trailing edge)는 이 보다 8.75km 뒤에 처진다. 저수지에 도달한 리딩에지는 반대 방향인 펌프로 반사되고, 이 지점에서 압력은 저수지 수두의 압력으로 유지되는 경향이 있다. 되돌아오는 리딩에지와 아직도 저수지를 향해 이동하는 트레일링에지는 선도에서 점 B에서 서로 통과하고, 여기서 거리 BC는 압력파의 길이의 절반인 4.375km 와 동일하다.

전체 자이코프스키수두변화를 경험하는 펌프장으로부터 관로길이에 따른 대략적인 한계를 나타낸 저수지의 출구 압력은 항상 대기압이므로 점 B는 관로 말단부에 연결될 수 있으며 이로부터 이 시스템에 대한 타당하게 양호한 최소수두포락선을 추정할 수 있다.

이 스케치로부터 부정류제어장치가 채택되지 않으면 관로 절반은 (+) 압력을 유지하는 반면 약 10km 지점 후 부터는 대기압 이하 압력이 예상되는 것을 알 수 있다. 그림 4.3으로부터 압력은 거의 완전 진공압력으로 떨어지는 것을 알 수 있으며 전산해석결과 10km 지점 후 대기압 이하 3~4m 수두로 예측할 수 있다.

이제 펌프장을 향한 압력파는 폐쇄된 체크밸브에서 반사되며 이는 폐쇄된 말단부이기 때문에 결과적으로 이 지점에서 압력은 압력변화가 더해지고 이전에 떨어진 수준으로부터 자이코프스키수두의 약 두 배로 증가한다. 그림 4.3으로부터 알 수 있듯이 이는 최대허용수두포락선이 된다. 그림 4.3에서 압력수두변화를 스케치한 결과로서 지금까지 과정을 요약하면 다음 결론에 도달할 수 있다.

1. 시스템의 일부에서는 대기압 이하 압력이 발생한다.
2. 최대허용압력수두를 초과한다.
3. (-) 압력을 방지하기 위해 펌프의 정지시간보다 다소 긴 펌프 토출밸브의 폐쇄시간에 대해 추후 토론한다. 전산해석을 위해 추후 공식화할 사양의 관점에서, 그리고 밸브의 비선형 특성을 고려한 사전 제안은 이 특정 시스템에 대한 밸브의 폐쇄시간은 펌프의 정지시간의 약 8~9배를 권장한다.
4. 시스템 내 피크 압력을 허용 한계로 감소시키기 위해 서지보호가 필요하다.

7 단계에서는 과도한 압력을 처리하기 위해 유용한 선택사항을 검토한다. 이는 배관강도의 증가, 적정 밸브를 통한 압력완화, 에어챔버사용을 포함한다.

높은 압력등급을 갖는 배관을 명시하는 것은 이로 인해 증가된 비용을 다른 선택사항과 비교하는 상당히 단순한 과업이다. 강으로 물을 유출하고 서서히 폐쇄되는 압력완화밸브는 높은 압력을 완화시킬 수 있고 상대적으로 경제적이다.

문제에 대한 가장 공통적인 접근법은 에어챔버사용이다. 그 이유는 처음 발생하는 즉, 초기 유량과 압력변화의 크기를 감소시키기 때문이다. 이는 펌프를 대체하는 에너지원으로서 변화율을 감소시키고, 말단부로부터 유익한 반사파가 되돌아올 시간적 여유가 있어 후속적인 압력상승을 감소시킬 수 있다. 또한 장기적으로 2 단계 프로젝트에서의 증가된 유량에서 에어챔버가 필요하다.

에어챔버 선택사항을 더욱 탐구하기 위해 제9장에서 기술하는 설계선도를 사용하여야 한다. 완벽한 유동정지시 자이코프스키수두 h_J는 63.07m이며, 식 9.1에서 마찰 매개변수는 $\overline{h}_f = 11.55/63.07 = 0.18$이므로 가장 적합한 선도는 9.5b로서 이는 그림 4.4와 같다.

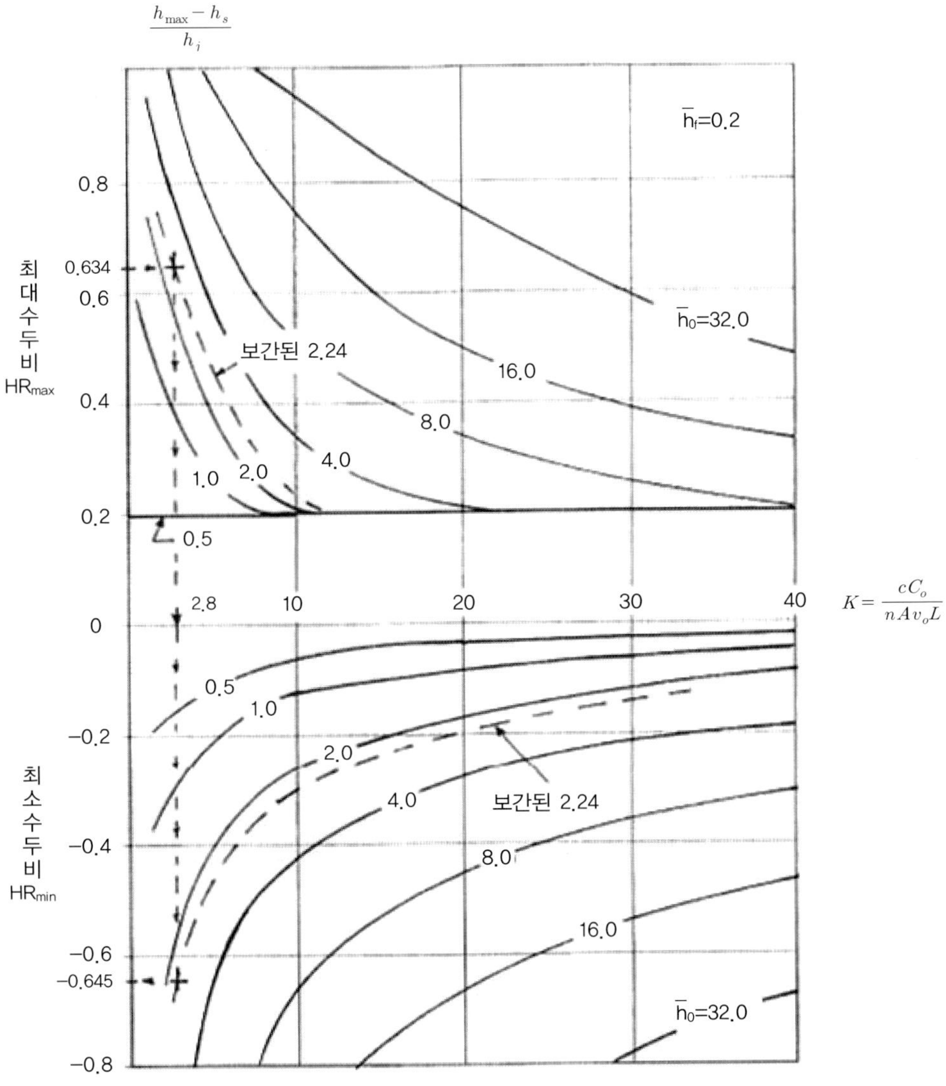

그림 4.4 첫 번째 예에 적합한 그림 9.5b 에어챔버 설계선도

식 9.3으로부터

$$\bar{h}_0 = \frac{(320-200)+11.55+10}{63.07} = 2.24$$

그림 4.3으로부터 펌프 토출측에서 최대허용수두 $h_{max} = 160(360-200)m$ 이고, 식 9.4를 사용하여 다음 결과를 얻을 수 있다.

$$HR_{max} = \frac{160-120}{63.07} = 0.634$$

완벽을 기하기 위해 펌프에서 최소수두비 HR_{min} 를 계산한다. 발생할 수 있는 최소수두 h_{min} 은 그림 4.3으로부터 약 60m가 되므로 식 9.5로부터 $HR_{min} = -0.95$ 는 그림 4.4에서 바닥이므로 1 단계 시스템의 적은 유량에서 (-) 압력은 큰 문제가 아닌 것으로 추론할 수 있다.

$$HR_{min} = \frac{60-120}{63.07} = -0.95$$

즉, 그림 9.4로부터 동일한 $\bar{h}_f$ 수치와 시스템의 HR_{max} 와 HR_{min} 의 교차점으로 개별적으로 구한 K 수치는 식 9.6으로부터 $K = cC_0/(nAv_0L)$ 에서 K 수치가 크면 챔버 내 초기공기체적 C_0 가 큰 것을 의미하므로 큰 K 수치를 선택하면 작은 K 수치를 자동적으로 만족시킬 수 있으므로 K 수치가 큰 것이 임계조건이 된다.

그림 4.4의 최대수두비인 HR_{max} 의 중간에서 $\bar{h}_0 = 2.24$ 선을 보간하고, 상부에서 계산된 $HR_{max} = 0.634$ 에서 수평선을 그린다. 이 두 선의 교차점으로부터 x 축으로 수직선을 내리면 $K = 2.8$ 과 만난다. 여기서 K 는 식 9.6으로 정의된 에어챔버와 관로의 복합매개변수이다.

$$K = 2.8 = \frac{cC_0}{nAV_0L} = \frac{1250}{\pi/4 \times 0.3^2 \times 0.495 \times 15{,}000}\frac{C_0}{n} = 2.38\frac{C_0}{n}$$

$n = 1.2$ 수치를 할당하면 유량 35L/s의 정상적인 운영조건에서 필요한 에어챔버의 초기공기체적은 $C_0 = 1.41m^3$ 이 된다.

펌프가 트립되면 이 공기체적이 팽창하면서 압력은 최소로 떨어지고, 이때 최소수두비는 그림 4.4로부터 약 -0.645가 된다. 이 수치를 식 9.5에 대입하여 에어챔버 내 최소수두를 구한다.

$$h_{min} = HR_{min} \times h_j + h_S$$

$$= -0.645 \times 63.07 + 120 = 79.32m$$

유동이 정지되면서 에어챔버 내 초기공기체적 $1.41m^3$이 팽창하는 공기체적은 식 9.7로부터 다음과 같고, 안전계수 약 20%를 고려하여 이 사전 설계 수치를 전산해석으로 검토한다고 가정하면 전체에어챔버체적은 약 $2.5m^3$가 된다.

$$C = C_0\left(\frac{h_0^*}{h^*_{min}}\right)^{1/n} = 1.41\left(\frac{120+11.55+10}{79.32+10}\right)^{0.833} = 2.07m^3$$

펌프 한 대가 운영 도중 트립되는 것 보다 두 대가 병렬 운전 도중 두 대가 트립되는 것이 더욱 심각하고, 또한 이때 에어챔버는 궁극적으로 충분한 보호를 제공한다.

펌프 두 대 운영 중 한 대가 트립되면 운영되는 펌프는 토출 매니폴트 내 압력을 유지한다. 따라서 트립된 펌프로부터 토출 분지관으로 역류가 급속하게 발생한다. 체크밸브 슬램 위험을 방지하기 위해 가능하다면 이 역류 유속이 거의 0이 되는 순간 체크밸브가 폐쇄되는 것이 중요하다. 이 시스템의 수송 압력은 상당히 높기 때문에 반드시 전산해석으로 유량 감속비를 조사하고, 사용할 체크밸브형식에 대한 권장사항이 필요할 수도 있다.

1 단계 시스템에 대한 검토결과를 요약하면 시스템 내 압력을 허용범위 이내로 유지하기 위해서는 서지보호가 필요하며, 기술적인 근거에 의해 더욱 강한 배관, 하나의 압력완화장치 또는 약 $2.5m^3$ 용량의 에어챔버를 채택하여야 한다. 펌프토출밸브의 폐쇄시간은 아마도 60초 이상이 되어야 하고, 펌프와 관로에 대한 충격하중을 방지하기 위해 체크밸브 선정시 주의하여야 한다.

9 단계로 이동하기 전에 전산해석을 위한 시방 준비, 그리고 2단계 시스템에 대한 개선 결과를 반드시 평가하여야 한다. 이는 전술한 것과 같이 그림 4.5와 같이 수력구배선을 스케치하여 수행할 수 있다.

8단계에서는 새로운 유량 55L/s에서는 달시-바하 마찰계수 $f = 0.017$이 되어 마찰수두가 26m로 증가하기 때문에 더욱 높은 펌프 토출수두가 필요하고, 정전 또는 전체 펌프트립에 따라 수정된 자이코프스키수두는 $\overline{h}_j = 99m$가 된다.

펌프 운영 종료 직전 펌프에서 유량이 0이 되는 순간 손으로 수력구배선 프로파일을 스케치하였으며 1 단계 시스템의 시간 간격 1s에 따른다. 그림 4.5로부터 펌프 하류 3~4km에서 대기압 이하 압력과 증기공동이 발생할 것으로 명백하게 나타난다.

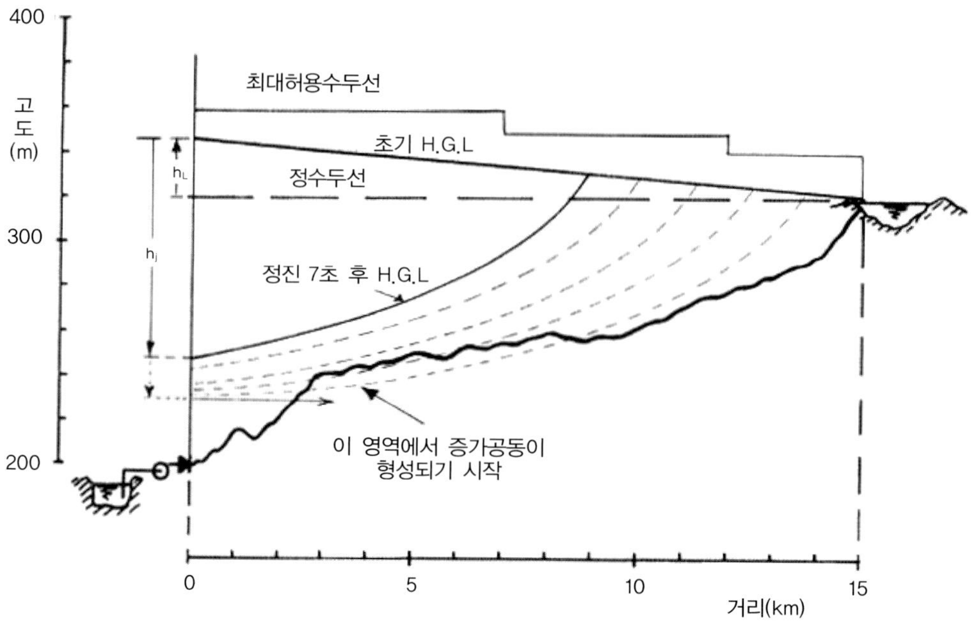

그림 4.5 2단계 시스템에서 그림 4.3과 유사한 관로종단도

※ 마찰수두가 크고, 최소수두포락선이 관로 밑으로 저하하여 증기공동과 수주분리가 발생한다.

이러한 방법으로 수력구배선을 계속해서 작성하는 것은 물리적 의미는 없지만 압력이 허용할 수 있는 범위 이내로 저하되는지 여부를 평가하는 목적을 달성하였으므로 중요하지도 않다. 압력을 허용범위 이내로 유지하기 위해 반드시 보호전략을 고려하여야 한다.

펌프 토출압력은 흡입압력보다 높기 때문에 펌프 주변 바이패스배관은 효과가 없다. 또한 특히 1 단계 시스템에 대한 평가 관점에서 증기공동의 붕괴에 따른 압력은 매우 높을 가능성이 크다. 따라서 가장 적합한 선택사항은 대형 에어챔버를 사용하는 것이다.

마찰매개변수

$$\overline{h}_f = \frac{26}{99} = 0.2626$$

그리고

$$\overline{h}_0 = \frac{h_S + h_L + h_{atm}}{h_J} = \frac{120 + 26 + 10}{99} = 1.58$$

에어챔버규격을 추정하기 위해 상기 마찰계수로부터 그림 9.5b 및 보간된 $\overline{h}_0 = 1.58$

곡선을 사용하여야 한다.

최대 및 최소수두비 HR_{max}와 HR_{min}를 결정하기 전에 실용적인 최대 및 최소수두포락선을 평가할 필요가 있다. 이들은 반드시 이론적인 최대/최소 프로파일 이내로 떨어져야 하지만 일치하지는 않을 수 있다. 이들 추정은 기술적인 판단 사항이지만 경험으로부터 통상적으로 그림 9.7~9.9에 주어진 곡선형태를 취한다.

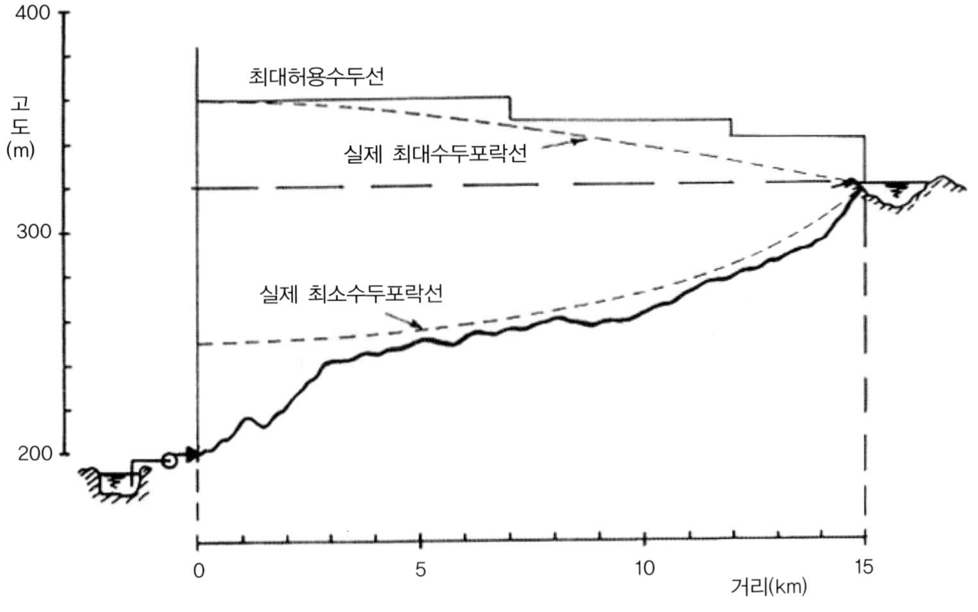

그림 4.6 에어챔버가 동작할 때 발생하는 실제 최대, 최소수두포락선을 보여주는 종단도
※ 기술적 판단으로 작성된 개략도이다.

실용적인 최대수두포락선은 수압시험압력에 기초한 최대허용수두선 아래에 위치하여야 하고, 대기압 이하를 방지하기 위한 실용적인 최소수두포락선은 관로 전체에 걸쳐 관로 프로파일 위에 위치하여야 한다. 본 예제에서 제안된 곡선은 그림 4.6과 같다. 이 그림으로부터 펌프 토출측에서 허용할 수 있는 최대수두와 최소수두는 160m와 50m가 되는 것을 알 수 있다.

$$HR_{max} = \frac{160-120}{99} = 0.404$$

$$HR_{min} = \frac{50-120}{99} = -0.707$$

상기 수치와 설계선도를 이용하여 에어챔버용량을 결정할 수 있다. 그림 4.7로 반복된 그림 9.5b에서 $HR_{max} = 0.404$일 때 $K = 3.8$ 그리고 $HR_{min} = -0.707$일 때 $K = 1.0$이므로 두 K 수치 중 큰 것을 사용한다. 재차 최소압력은 그림에는 나타나지 않지만 선도의 거의 바닥에 위치하므로 최대압력이 임계설계가 된다. x축으로부터 $K = 3.8$을 얻을 수 있고, 정상유동조건에서 챔버 내 필요한 초기공기체적 $C_0 = 3.015m^3$을 구할 수 있다.

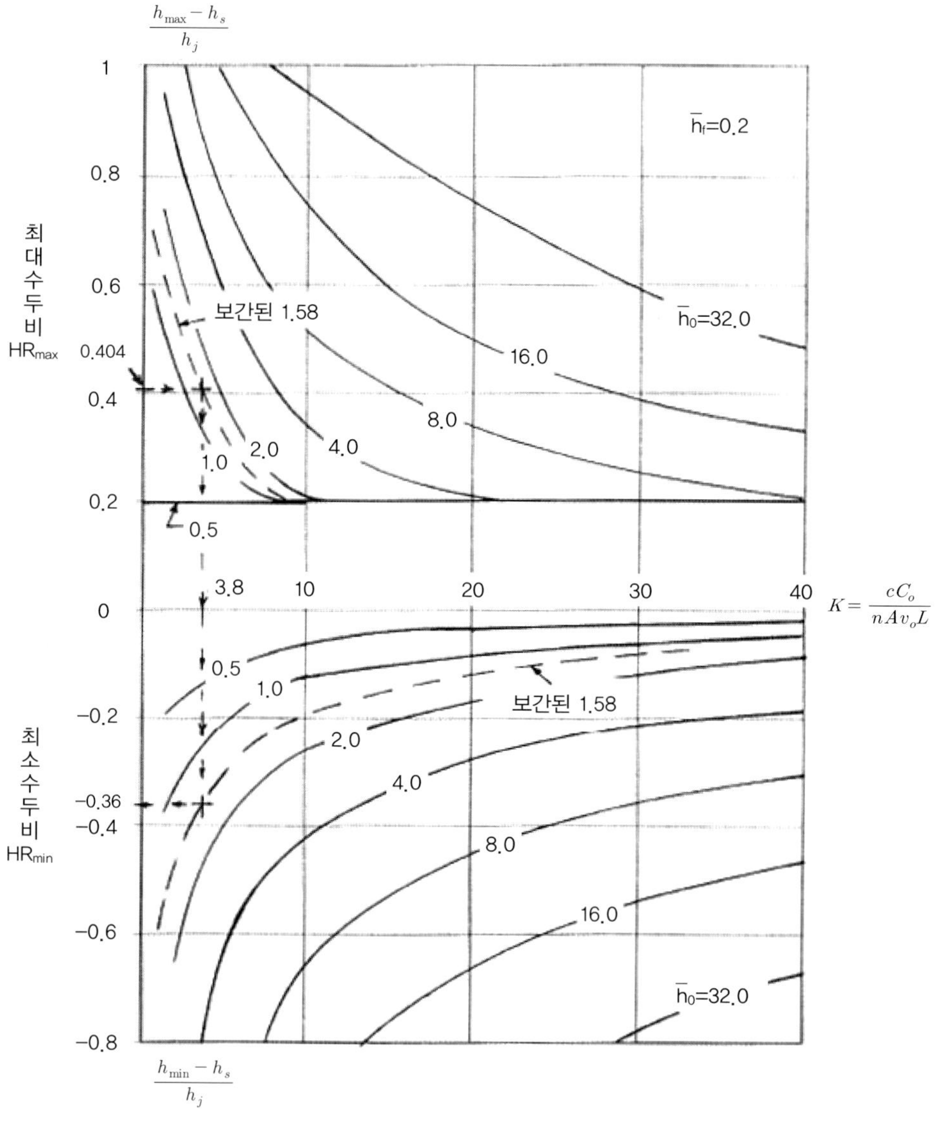

그림 4.7 2단계를 위한 에어챔버 설계선도

앞에서와 같이 $\overline{h}_0 = 1.58$을 보간하고, 수주가 정지되는 순간 챔버 내 팽창하는 공기 체적이 최대가 되는 C'를 구하기 위해 앞에서 교차점으로부터 수직으로 내린 교차점으로부터 $HR_{min} = -0.36$이 된다. 따라서 식 9.5와 9.7로부터

$$h_{min} = -0.36 \times 99 + 120 = 84.36m$$

$$C' = 3.015\left(\frac{120 + 26 + 10}{84.36 + 10}\right)^{1/1.2} = 4.58m^3$$

최종적으로 약 20%의 안전계수를 고려하면 전체에어챔버체적은 $5.5m^3$으로 증가한다.

설계선도를 이용하여 챔버 내 초기공기체적 C_0와 전체에어챔버체적 V_T를 추정할 수 있다. 이 용량을 반드시 물리적인 형상으로 변환시켜야 한다. 수직으로 설치된 원통형 챔버 사용경험으로부터 챔버 높이는 직경의 약 2.5배가 된다. 따라서 전체체적에 대한 잠정 수치를 얻을 수 있으므로 챔버 내 초기 수위와 함께 이에 상응하는 제원을 추정할 수 있다. 그럼에도 불구하고 비율에 대한 확고한 법칙이 없으므로 압력용기표준을 준수하고 구매비용의 합리적인 문제가 된다.

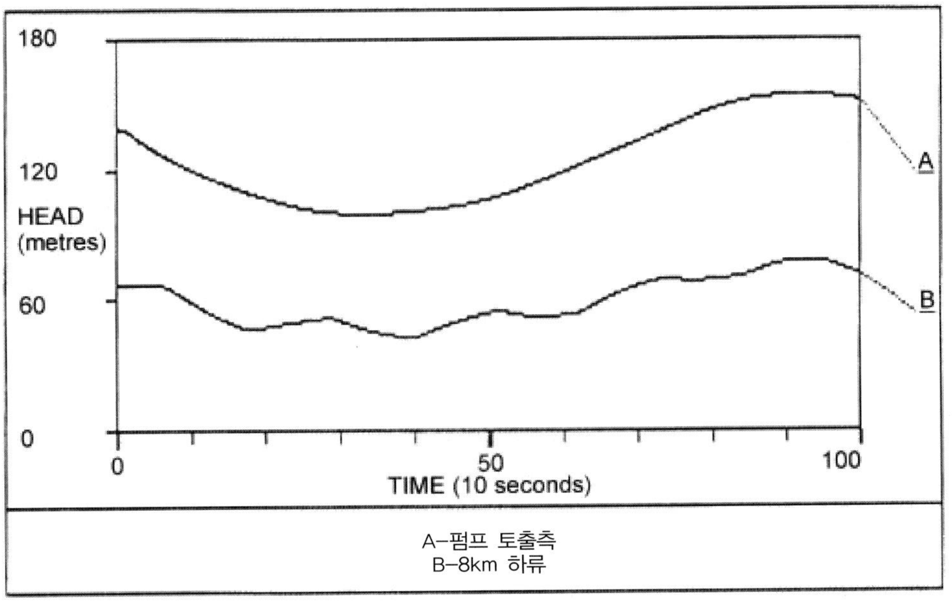

그림 4.8 1단계 유량 35L/s의 전체 펌프트립시 펌프 토출측 압력–시간이력

※ 추정용량의 에어챔버가 있을 때 압력동요는 허용범위 이내이고, 이 용량보다 작아도 충분한지를 조사하려면 추가해석이 필요하다.

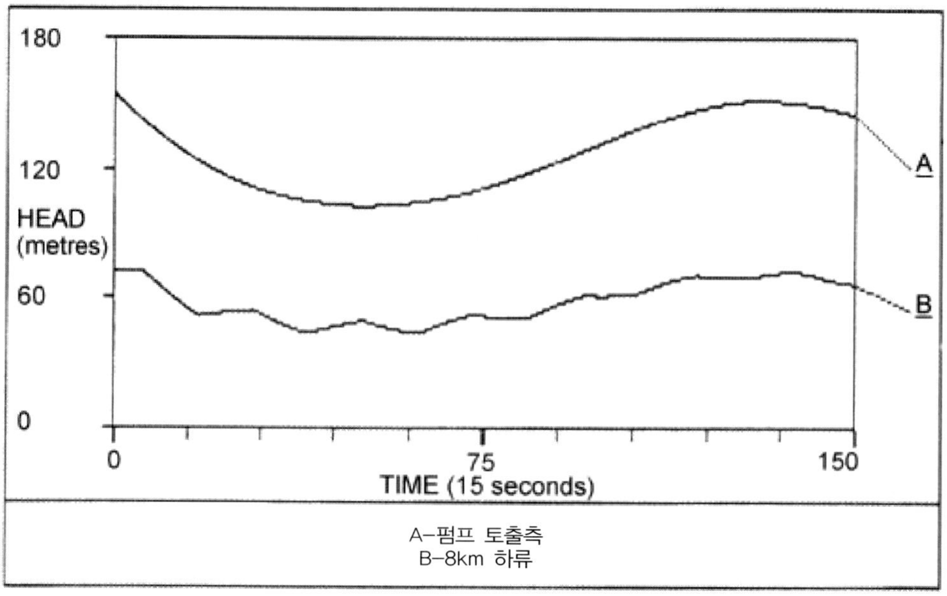

그림 4.9 2단계 유량 55L/s의 전체 펌프트립시 펌프 토출측 압력–시간이력

※ 압력은 허용되지만 압력변화의 주기가 길어진다.

만일 단일 챔버의 직경이 너무 커서 비용이 과도해지면 동등한 공기체적과 전체 용량을 갖는 두 대 이상의 챔버를 고려할 수 있으며 2.3.1절에서 다양한 대안을 기술하였다.

9 단계에서 전산해석을 위한 시방을 준비한다. 시스템을 표현하는 기본자료를 대조하고, 필요한 해석은 반드시 전술한 사전평가결과에 기초하여야 한다. 경제적인 이유로 하나의 에어챔버를 선정한 것으로 가정하면 시방서는 다음 사항을 기술하여야 한다.

1. 초기 35L/s 유동으로부터 전체 펌프트립시 또는 정전시 시스템을 해석한다. 특히 펌프로부터 하류 8km 지점에서 대기압 이하의 압력, 그리고 펌프장 인근에서 과도한 압력을 확인한다. 결과는 반드시 예측된 최대 및 최소수두프로파일을 포함하여야 한다.
2. 펌프토출밸브 인근에 설치된 하나의 에어챔버 $2.5m^3$로 상기 해석을 반복한다. 정상유동시 초기공기체적은 $1.41m^3$으로 추정된다. 펌프 토출측 에어챔버 직경은 1.2m, 높이는 약 2.25m, 초기 챔버 내 수위는 약 1m로 추정된다. 필요시 허용범위 이내로 압력동요의 유지를 보장하기 위해 이 수치를 변경하여야 한다. 만일 챔버 규격이 지나치게 보수적으로 보이면 제원과 비용을 줄이기 위한 추가 해석을 권장한다.
3. 펌프토출밸브의 폐쇄시간의 영향을 조사하기 위해 상기 2단계를 반복한다. 현재 제안은 약 60초 선형 폐쇄비율을 갖는 게이트 밸브를 설치하는 것이다. 이 폐쇄시간은 충분할까, 감소시킬 수 있을까? 또는 증가시켜야 하나?

4. 펌프 두 대 병렬 운영 중 한 펌프의 트립시 시스템을 해석한다. 이 해석은 트립된 펌프의 체크밸브 인근에서 발생하는 이벤트에 대해 집중하여야 한다. 즉, 체크밸브 양쪽 측면에서의 압력, 유동이 0가 된 이후 통상적인 체크밸브의 지연된 폐쇄시간 범위인 역류 발생 후 1, 0.5, 0.25, 0.1, 0.05s에서 최대 역류 유속에 대해 집중한다.
5. 제어된 시험을 예상하여 한 펌프가 부분부하(예를 들어 25%)로 운전 도중 트립시 시스템을 해석하고, 에어챔버가 작동하는 상태에서 펌프 토출측에서 압력-시간 이력을 제공한다.
6. 제안된 큰 에어챔버가 동작하는 상태에서 예상되는 2단계 시스템 유량 55L/s에 대해 두 번째 해석을 반복한다. 에어챔버의 초기공기체적은 $3.015m^3$, 직경은 1.5m, 초기 수위는 펌프 토출보다 1.2m 상부로 가정한다.

부정류 해석이 만족스럽게 끝났으면 시스템설계를 마무리할 수 있다. 검증된 제어 및 억제전략의 준수를 보장하기 위해 반드시 펌프 기동 및 제어된 정지 그리고 펌프교체운영 등과 같은 필요한 운영지침을 마련하여야 한다. 동시에 시운전 과정의 일부로서 수행되는 시험 프로그램을 작성하고 필요한 수단을 갖추기 위한 조치를 취하여야 한다.

4.2 상승 주관로 예제 2

본 예제는 이전 사례에 대한 대안으로서 그림 4.10과 같이 관로노선이 상승되었다. 부정류 해석측면에서 노선변경을 제외하고 시스템의 유량과 주된 특성은 동일하다.

문제의 발생여부를 평가하는 초기 단계는 전과 동일하다. 시스템의 종단도를 확실하게 준비하고, 초기 수력구배선을 작성하고, 파속과 자이코프스키수두변화를 평가하여야 하며 이 결과는 그림 4.10과 같다.

압력동요를 발생시킬 수 있는 운영조건은 펌프 기동, 정전으로 인한 펌프 한 대 또는 두 대의 정지 또는 토출밸브가 먼저 폐쇄되는 정상적인 정지, 두 펌프가 병렬로 운전 도중 한 대가 트립되는 것이다.

이들 중 정전이 최악의 사례가 되며 제어된 펌프 토출밸브 폐쇄에 대해 만족스런 시간이 채택된 것으로 가정한다.

문제의 크기를 짐작하기 위해 그림 4.10과 같이 관로종단도에 전체 펌프트립 후 수력구배선의 변화를 작성하여야 한다. 펌프 토출측에서 자이코프스키수두저하지점과 파 정면의 리딩에지가 이동하는 거리에서의 정상유동시 수력구배선의 점 두 점을 연결하면 정전 7초 후 수력구배선이 된다. 8초에는 펌프장으로부터 약 8km 지점 관로의 정점에서 대기압 이하 압력이 예측되고, 이 압력은 지속적으로 저하하여 수주분리가 발생하고, 후에 증기공동이 붕괴되면서 급격한 압력상승이 뒤 따르며 이 시스템에 대한 결과는 그림 1.10과 같다.

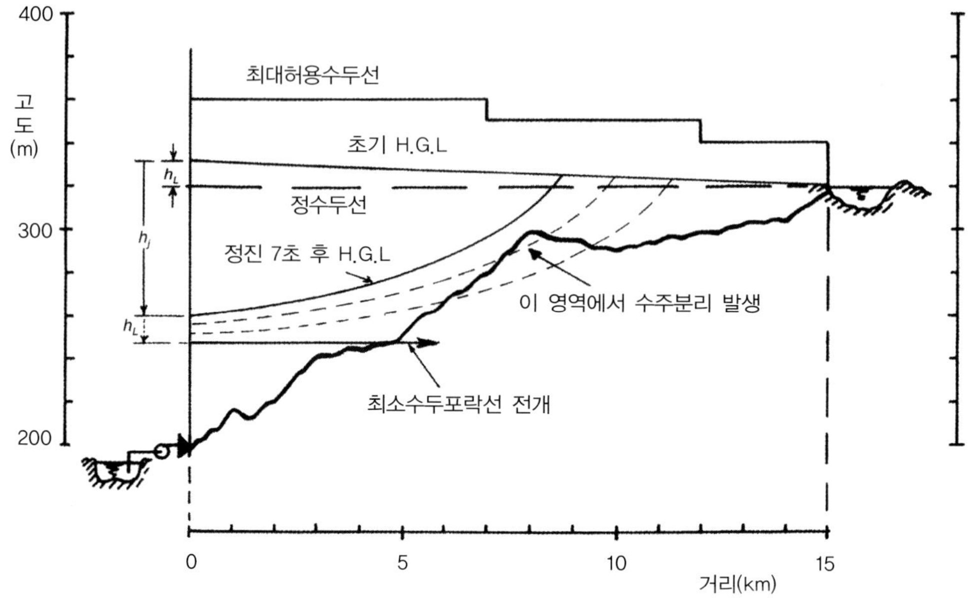

그림 4.10 높은 노선 A를 따르는 관로종단도

※ 펌프트립 7초 후 수력구배선, 최소수두포락선 등

운영제약조건으로 압력은 최대허용수두포락선 이상이 되거나 대기압 이하로 저하되면 안 되는 것으로 가정하면 서지 억제 및 제어가 필요하다. 펌프트립 후 첫 번째 결과는 다운서지 즉, 압력저하이므로 억제전략은 이와 같은 압력저하변화율의 감소에 집중하여야 하며 다음 대책을 고려할 수 있다.

(a) 전술한 예제에서와 같이 낮은 관로노선을 사용한다.

(b) 에어챔버를 설치한다. 이 노선에서는 대형 에어챔버가 필요할 수 있다.

(c) 펌프장으로부터 약 8km 하류의 정점 인근에 공급탱크를 설치한다(이 예제에서는 공급탱크는 최대허용압력을 초과하는 것을 방지할 수 없는 것으로 증명된다).

(d) 펌프장에 작은 용량의 에어챔버 그리고 (c)에서와 같이 하나의 공급탱크의 사용에 기초하여 전략을 수립한다.

(e) 허용된다면 정점부에 공기유입 후 제어된 공기배출밸브 그리고 펌프장에 하나의 작

은 에어챔버를 사용한다.

여러 안은 압력동요를 제안된 한계 이내로 제어하는 것이 가능한 것으로 증명된다. 최종 선정은 비용, 시스템 설계자와 운영자의 선호도, 공급탱크 또는 진공파괴/공기배출 밸브의 신뢰도와 유지관리에 기초하여 결정된다.

만일 낮은 노선을 선택할 수 없으면 제9장의 설계선도와 식의 도움을 받는 로직을 사용하는 일부 개요설계는 전산해석에 필요한 전조자가 된다.

만일 펌프 토출측 인근 에어챔버에 의존하면 다음 단계는 개요설계 요구조건으로 이어진다. 먼저, 그림 4.11과 같이 최대 및 최소수두프로파일에 대한 실용적인 곡선을 스케치하여 하나의 에어챔버가 작동하는 펌프장에서 실제 최대수두와 최소수두를 추정할 수 있다. 현재 사례에서 최대수두와 최소수두는 160m와 95m인 것을 알 수 있다.

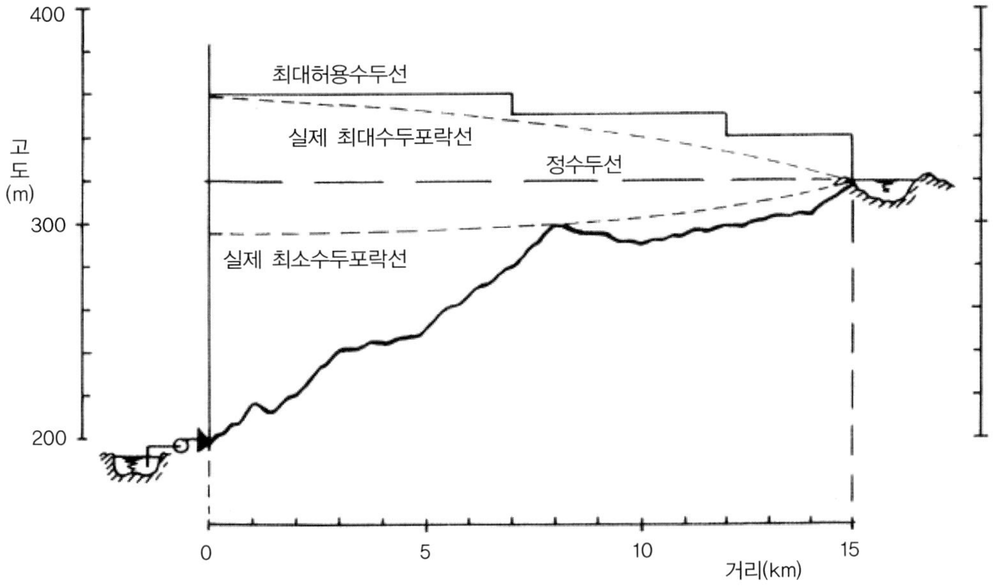

그림 4.11 추정된 최대, 최소수두 포락선을 보여주는 관로종단도

1 단계 시스템의 기술적인 시방은 이전 예제와 동일하므로 마찰과 시스템 매개변수 $\overline{h}_f = 0.18$, $\overline{h}_0 = 2.24$는 동일하다. 따라서 다시 그림 9.5b를 사용하고 그림 4.12에서 $\overline{h}_0$ 곡선을 보간한다.

최대 수두비도 이전과 동일하므로 $HR_{max} = 0.634$이지만 변화된 관로의 프로파일에 대한 새로운 최소수두비는 다음과 같다.

$$HR_{min} = \frac{95-120}{63.07} = -0.4$$

그림 4.12에서 $HR_{min} = -0.4$일 때 $K = 6.75$가 되므로 임계설계사례가 된다. 이제 식 9.6을 사용하여 다음과 같이 챔버 내 초기공기체적 C_0를 계산하고, $n = 1.2$로 가정하면 $C_0 = 3.40m^3$이 된다.

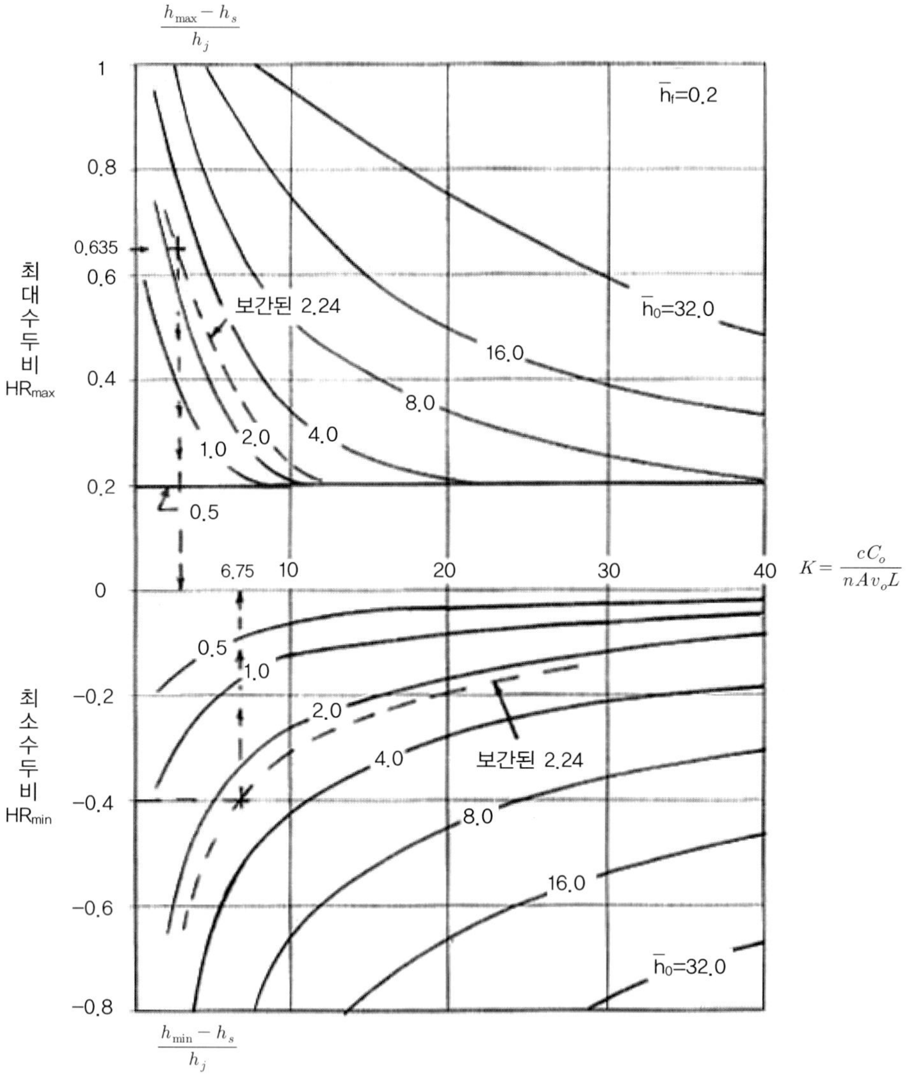

그림 4.12 두 번째 상승 주관로 예에 적합한 에어챔버 설계선도

$$K = 6.75 = \frac{cC_0}{nA\nu_0 L} = \frac{1250}{\pi/4 \times 0.3^2 \times 0.495 \times 15{,}000}\frac{C_0}{n} = 2.38\frac{C_0}{n}$$

식 9.7로부터 최종 전체에어챔버체적은 다음과 같고, 안전율 20%를 고려하면 이 시스템 보호에 필요한 전체에어챔버체적은 $5.25m^3$으로 추정된다.

$$C' = 3.40\left(\frac{120 + 11.55 + 10}{95 + 10}\right)^{1/1.2} = 4.36m^3$$

에어챔버용량 $5.25m^3$은 직경 $D = 1.4m$, 높이 $H = 3.4m$가 된다. 전산해석결과인 그림 4.13이 암시하듯이 이 챔버는 과도하게 크지도 않고 확실하게 충분하다. 그렇지만 일부 설계자는 안전이 보장되면 가능한 축소를 선호할 수 있지만 이와 같은 최적화는 오직 전산해석의 증명을 통해 결정하여야 한다.

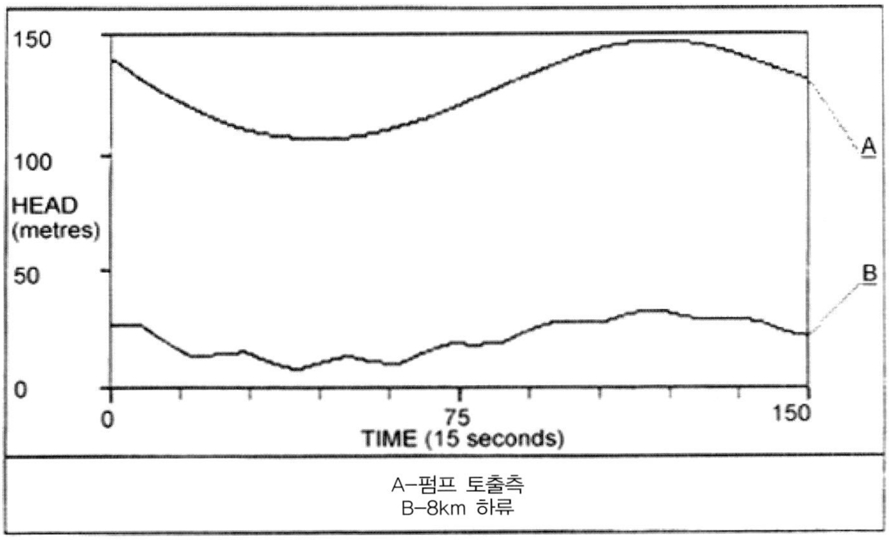

그림 4.13 5.25㎥ 에어챔버가 동작중일 때 펌프 한 대 트립시 압력–시간 이력

펌프장으로부터 하류 8km 정점에서의 공급탱크용량을 추정하기 위해 제9장에서 기술한 식을 사용하지만 이 공급탱크는 압력 감소 제어 측면에서 추정만을 제공한다. 이 예제에 대해서는 용량 $1.0m^3$ 이하의 공급탱크는 시스템 내 (+) 압력을 유지하기에 충분하지만 전산해석결과는 후속적인 압력상승은 허용 압력수준을 초과하는 것을 보여준다(그림 4.14 참조). 따라서 에어챔버 자체 또는 공급탱크와의 조합에 의존할 필요가 있으며 선호된 전략에 대한 정책 결정이 필요하다.

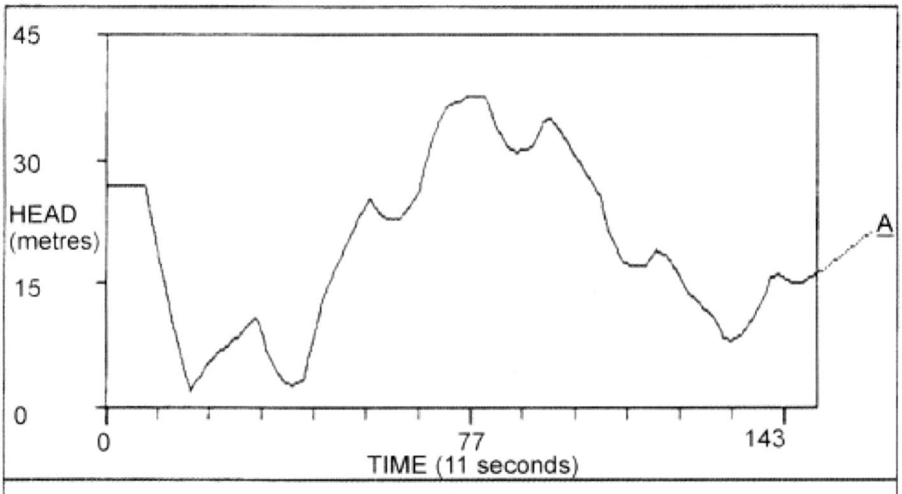

그림 4.14 펌프장으로부터 8㎞에 설치된 공급탱크에서 압력수두–시간 이력

※ 여기서 압력은 허용된 수준을 초과한다.

전산해석을 위한 공식화된 사양은 다음과 같고, 포괄적으로 데모예제 4.1과 유사하다.

1. 초기 유량 35L/s에서 전체 펌프트립/정전시 시스템을 해석한다.
2. 전술한 것과 같이 하나의 큰 에어챔버 또는 하나의 작은 에어챔버와 하나의 공급탱크의 조합의 서지보호장치를 갖고 시스템 해석을 반복한다.
3. 상기 2 단계에서 만족된 것으로 증명된 보호장치를 갖고 제안된 펌프토출밸브의 폐쇄시간이 적정한지 조사한다. 만일 60초가 충분하지 않다면 폐쇄시간을 연장시킨다.
4. 신중한 부정류 압력제어측면에서 필요한 운영지침 또는 제약과 함께 첫 번째 사례와 동일한 방법으로 단일 펌프트립 및 시험 프로그램을 연구하여야 한다. 이는 펌프 기동과 교체운전 절차, 제어된 정지를 포함한다.

만일 관로 정점에서 공급탱크 대신 공기유입이 허용되면 이에 따라 상기 2 단계를 수정하여야 한다. 이와 같은 억제기법의 조합은 상당히 정상적이지만 전산해석 이전에 용량과 규격 추정이 어렵게 된다.

4.3 펌프 가압 주관로

그림 4.15는 펌프로 가압된 하수유출을 보여준다. 펌프장은 GRP(Glass Reinforced Plastic) 관로 길이 7km를 통해 해변으로부터 2km 지점으로 처리된 하수 350L/s를 유출할 예정이다. 관로 하류측 말단부는 MLWS(Mean Low Water Spring)시 해수면 보다 10m 아래 위치한다.

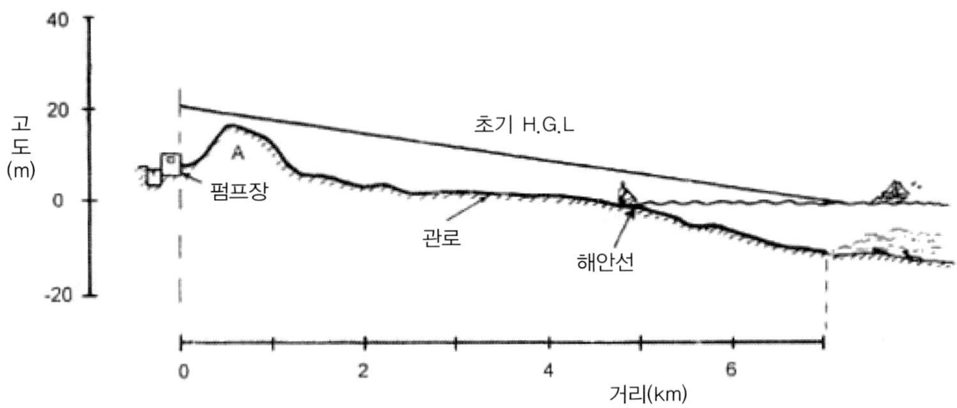

그림 4.15 펌프 가압된 하수유출에 대한 종단도

과업은 부정류와 관련된 위험을 평가하는 것으로서 위험은 펌프의 기동과 정지에 의해 시작된다. 전자는 병렬로 설치된 2대의 펌프가 50% 용량에서 운영되는 개별 기동 및 유출밸브의 개방으로 구성된다. 후자는 제어된 펌프트립(예를 들어 토출밸브의 폐쇄 후 한 대씩) 및 정전에 따른 제어되지 않은 트립으로 구성되며 이는 3.2절의 4 단계에 해당된다.

하수 시스템의 수두가 낮으므로 가장 심각한 위험은 제어되지 않은 정전 그리고 펌프트립 전 토출밸브의 폐쇄이다. 적정한 밸브폐쇄시간을 명시하여 밸브폐쇄를 규정할 수 있지만 정전은 더욱 면밀한 검토를 요구한다. 유량감소비의 제어뿐만 아니라 증기 포켓의 급속한 붕괴도 방지하여야 한다.

그림 4.15는 부정류 위험평가 절차 5 단계의 해결을 돕기 위한 초기 수력구배선과 함께 완벽한 종단도를 보여준다. 달시-바하 마찰계수 $f = 0.009$일 때 마찰손실수두는 20.4m이고, 관로 직경은 500mm, 나머지 자료는 상기에 명시된다. 배관 벽 뚜께는 14mm 이므로 그림 8.3으로부터 $D/e = 500/14 \fallingdotseq 36$에서 파속 $c = 910m/s$가 된다. 유량 350L/s시 유속은 $V_0 = 1.78m/s$이고, 자이코프스키수두변화는 165m가 된다.

관로 프로파일은 전반적으로 내리막 경사이므로 시스템 내 (+) 압력 가능성은 매우 낮다. 펌프장에서 밸브운영 또는 펌프트립시 유량이 감소하는 순간 펌프 또는 밸브 하류측에서 압력수두는 저하된다. 펌프장으로부터 약 750m 하류 정점 A에서 상당히 급속하게 (-) 압력이 발생한다. 전체 유량 정지시 자이코프스키수두저하의 크기를 고려하면 관로 붕괴 위험과 더불어 수주분리를 피할 수 없다.

압력 감소를 제한하기 위해 시스템 내부로 액체 또는 공기를 유입시킬 필요가 있다. 간혹 사용되기는 하지만 통상적으로 하수유출시스템에서는 에어챔버가 권장되지는 않는다. 그러나 여기에서는 시스템의 형상이 매우 중요하다. 유동정지시 시스템 일부에서의 압력은 대기압 보다 상당히 낮게 될 수 있다. 펌프장 직하류측 언덕의 높이는 약 10m 이고 이는 펌프 주변 바이패스를 비효율적으로 만든다. 따라서 이 관로 프로파일에 실용적으로 가장 적합한 선택사항은 진공완화/공기유입이다.

정점 A에 진공파괴밸브를 설치하면 관로 내 수주는 평형수준에 도달할 때까지 아래로 이동할 수 있으며 이 시간에 지상 상부 관로의 모든 내리막 경사 부분은 비게된다. 충분한 공기가 유입되어 공동 내 압력이 대기압에 매우 인접한 것으로 가정하면 되돌아오는 압력파가 없어 수주분리의 재결합과 높은 압력 문제가 발생하지 않고 유동은 단순히 서서히 소멸된다.

정점 A의 공기밸브에 대한 전반적인 요구사항[예를 들어 통기(ventilation) 및 서지보호와 같은]은 펌프 기동시 제어된 공기의 배기, 정상적인 운영 동안 제어되지 않은 액체로부터 방출된 공기와 가스의 배출 그리고 전기 시스템의 오류 또는 안전 운영 트립(예를 들어 전동기의 열 과부하 또는 높은 베어링 온도)으로 인한 정전시 대기압 이하의 압력의 완화를 고려하는 것이다.

관로의 다른 곳에서는 통기 목적으로 구매 가능한 모델로 선정되고, 제작사의 카다로그 또는 인터넷을 통해 결정된 적합한 공기밸브가 추가로 필요할 수 있다.

정점 A에서 수주가 분리될 가능성을 고려하면 펌프 인근 길이 10m의 관로 내부는 액체로 채워진다. 불량한 밀봉 문제로 인해 하수 시스템에서는 항상 설치되지는 않지만 체크밸브는 펌프로의 역류를 방지한다. 자동으로 폐쇄되는 토출밸브를 설치하거나 또는 액체를 집수정(sump)으로 되돌리는 것이 허락된다.

펌프트립 후 정상적인 절차에 따라 시스템을 재기동할 필요가 있다. 예를 들어 시스템이 충수되면서 폐쇄된 유출밸브가 서서히 개방되어 정상유동이 형성된다.

전산해석을 준비하면서 필요한 공기밸브용량을 추정할 필요가 있다. Glendfield Valve Ltd.가 제공하는 11.3.7절의 자료는 이러한 절차를 보여준다. 식 11.9와 표 11.5는 단일 대형-오리피스 공기밸브를 통과하는 공기량과 대표적인 밸브유출계수를 제공하며 이들은 무차원임을 유의하여야 한다. 대안으로 그림 11.40의 하부 선도를 사용할 수 있다. 다른 공기밸브제작사는 유사한 형태로 자료를 제공하며 이 자료를 사용할 때는 항상 단위를 확인하여야 한다.

설계 제약은 배관 내 압력이 대기압 이하 0.15bar로 떨어지는 것을 허락하지 않는 것으로 가정한다. 하나의 대형 오리피스는 충분한가? 또는 더 많은 공기밸브가필요한가?

관로의 직경은 500mm이므로 가장 적합한 밸브는 표 11.5의 중간 칸에 있는 최대 직경 600mm 배관에 적합하도록 설계된 것이 된다. 물론 밸브 내부 대형 오리피스는 상당히 작다. 밸브유출계수는 53~74 범위에 있으며 사전 계산을 위해 $C_S = 60$으로 가정한다. 유입 압력은 관로 외부 대기압이므로 절대압력으로 $p_1 = 1bar$가 된다. 식 11.10으로부터 유입 공기량은 다음과 같다.

$$Q = C_S \sqrt{\Delta p \times 1} = 60\sqrt{0.15} = 23.24 m^3/min$$

이는 387L/s에 상응하며 배관 내 초기 액체 유량보다 훨씬 크다. 따라서 실제 압력저하는 0.15bar 이하가 되기 때문에 이 공기밸브를 채택할 수 있다.

수주는 중력으로 가속될 것인가? 또는 마찰 저항은 수주의 가속을 감소시킬 것인가? 이 질문에 대한 즉답은 배관 내 수주의 최종유속(terminal velocity) 즉, 다음 식으로 중력유동에 저항하는 관 마찰에 의해 평형이 되는 최종유속 v_t를 추정하는 것이다.

$$v_t = \sqrt{\frac{DgS}{2fL}} \tag{4.1}$$

여기서 S는 진공파괴밸브가 설치된 정점고도와 하류측 해수위와의 차이, L은 수주가 이동하는 전체 길이 즉, 정점 A부터 하류측 말단부까지 거리이다.

식 4.1로부터 최종유속 $v_t = \sqrt{0.5 \times 9.81 \times 17/(2 \times 0.009 \times 6500)} = 0.84 m/s$는 초기 유속 $V_0 = 1.78 m/s$ 보다 상당히 낮아 수주는 상당히 신속하게 감속되므로 규격 600mm 공기밸브 1개는 충분하며 반드시 전산해석으로 이를 확인하여야 한다.

전산해석으로 진공파괴밸브의 용량 개선과 확인 이외에 펌프 토출밸브 폐쇄시간의 변화가 관로 압력에 미치는 영향을 검토하여 권장되는 최소 폐쇄시간을 도출하여야 한다.

특정 시스템은 항상 정점에서 공기유입으로 인해 아래로 배수되지만 적정한 측정기구를 사용하여 시운전 동안 밸브폐쇄를 반복하여 측정한 자료는 더욱 심각한 사례인 전체 펌프트립시 결과를 완화시키는 전략을 확인하는 데 도움이 될 수 있다.

4.4 중력공급 주관로

중력으로 공급되는 주관로 내 유량은 유출측 말단부에 설치된 제어밸브에 의해 조정된다. 매우 긴 관로에서는 관로 내 최대압력을 제한하기 위한 수단으로서 수조(break tanks)와 함께 탱크 직상류측에 제어밸브를 설치할 수 있다.

그림 4.16은 전형적인 중력공급관로시스템의 종단도를 보여준다. 직경 450mm, 길이 2.3km, 벽 두께 10mm인 덕타일주철관 관로를 통해 상류측 저수지로부터 하류측 정수장 저수지로 유동한다. 시스템의 정수두 $S=20m$, 설계 유량 185L/s, 따라서 유속은 $V_0=1.16m/s$가 된다. 관로 하류측 말단부 제어밸브는 원형 게이트밸브이다.

배관의 압력등급은 9bar이지만 앵커블록은 5bar로 설계되었다. 그림 4.16의 수위에서 시스템을 시험하고, 이 수위는 관로 내 가장 낮은 지점에서 압력으로 작용한다. 부정류 압력은 반드시 이 압력을 초과하면 안 되며 이때 제기되는 질문은 "어떠한 위험이 존재하고 어떻게 이 위험을 수용할 것인가"이다.

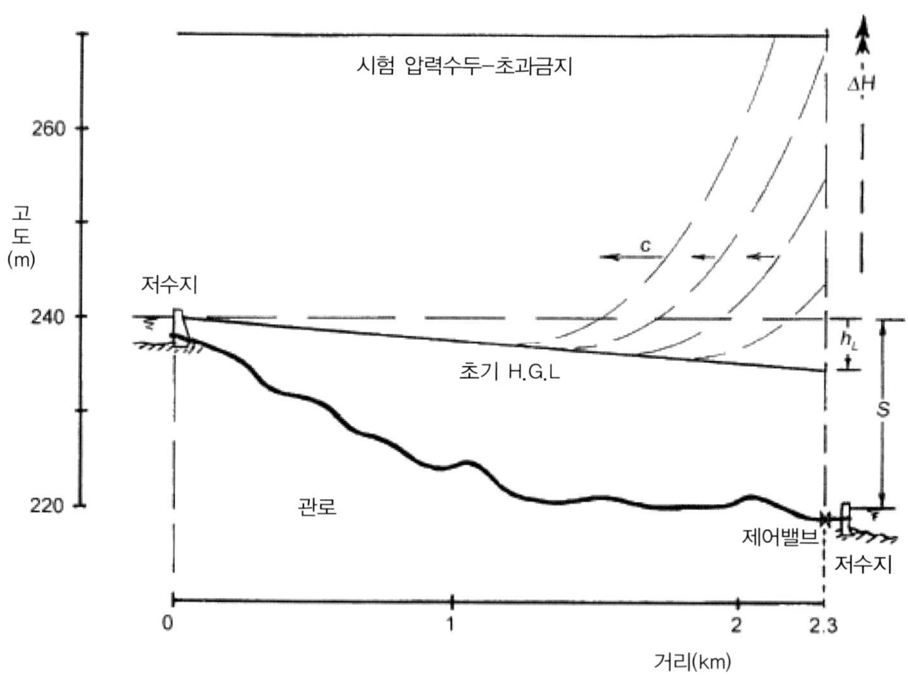

그림 4.16 중력 공급되는 주관로종단도

※ 최대허용압력수두 포락선, 초기 수력구배선, 하류측 밸브가 폐쇄되면서 경험할 변화를 보여준다.

이 시스템 내 부정류의 유일한 근원은 제어밸브의 개방과 폐쇄이다. 대부분의 정상적인 밸브 개방은 유동을 개시하기 위해 초기에는 매우 완만하게 개방한 이후 신속하게 계속해서 개방하는 것이다. 대안으로 대형 밸브 및 높은 압력 밸브 주변에 바이패스 밸브가 설치되면 바이패스 밸브를 가장 먼저 개방하여야 한다.

하류측 밸브 개방시 다운서지가 상류측으로 이동하지만 이 관로에서는 높은 정점이 존재하지 않기 때문에 공동화가 발생할 가능성이 매우 낮다. 이상적으로 초기 개방 단계인 밸브 스핀들 이동거리 약 15%에서 부드러운 유동 발달을 보장하기 위해 수배의 관로주기 이상으로 개방시간을 연장하여야 한다.

밸브폐쇄로 인해 큰 위험이 발생할 수 있다. 부정류 형성과정을 형상화하기 위해 그림 4.16의 관로종단도에 초기 수력구배선을 작성하여야 하며 여기서 마찰손실수두는 $h_L = 5.8m$ 이다.

밸브 폐쇄시 초기에는 밸브가 유량에 미치는 영향을 무시할 수 있지만, 이후 유량 감소율이 증가하면서 밸브의 영향이 증가하기 시작한다. 그림 4.16의 점선은 상류측으로 업서지가 파속 c로 전파되면서 변화하는 압력수두를 보여주며, 이 압력수두는 곧 시험압력수두선을 초과한다.

상기 자료에서 배관의 $D/e = 45$ 이므로 그림 8.4로부터 파속은 $a = 1160m/s$ 가 된다. 자이코프스키수두는 137.5m이고, 이를 초기 압력수두에 중첩하면 배관은 파괴되므로 부정류제어전략이 필요하다.

실용적인 선택사항은 밸브의 완만한 폐쇄, 배관 강도 향상, 압력완화밸브, 에어챔버, 서지 샤프트의 설치를 포함한다.

가장 저렴한 선택사항은 완만한 밸브폐쇄이고, 이는 문제의 원인이므로 가장 직접적이면서도 근본적으로 안전한 해결책이다. 이를 더욱 탐구하기 위해 그림 11.24의 원형 게이트밸브 선도를 사용하며 여기에서 그림 4.17로 표현한다.

먼저, 어느 곡선을 사용할 것인지 결정하기 위해 식 11.8의 무차원 초기 조건 매개변수 α를 평가한다.

$$\alpha = \frac{H_0}{a V_0/g} = \frac{S - h_L}{a V_0/g} = \frac{20 - 5.8}{137.5} = 0.103 \fallingdotseq 0.1$$

관로주기는 다음과 같다.

$$T = \frac{2L}{c} = \frac{2 \times 2300}{1160} = 3.97s$$

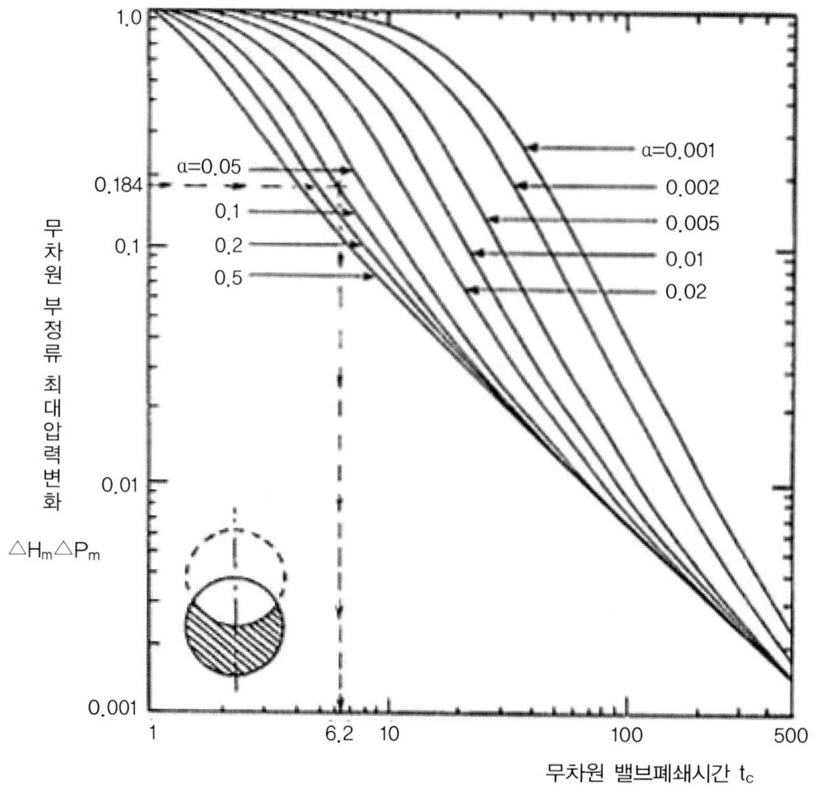

그림 4.17 원형 게이트밸브의 폐쇄선도

다음 단계는 허용할 수 있는 최대압력수두변화 H_{max}를 추정한다. 그림 4.16과 같이 초기 수력구배선으로부터 상승이 시작하지만 유동이 감속하면서 일부 마찰수두가 추가된다. 추가되는 마찰수두의 크기는 예상되는 밸브폐쇄시간에 대한 관로주기의 비율에 종속된다. 보수적으로 본 사례에서는 압력변화에 마찰수두의 80%가 추가되는 것으로 가정하면 H_{max}는 다음과 같고, 여기서 H_P는 허용된 최대 수두로서 본 예제에서는 5bar로 주어진다.

$$H_{max} = H_P - (S + 0.8h_L)$$

$$H_{max} = 50 - (20 + 0.8 \times 5.8) = 25.36m$$

이 수치를 자이코프스키수두 137.5m로 나누거나 식 11.6에 따라 정규화하면 다음과 같다.

$$\triangle H_m = \frac{9.8 \times 25.36}{1160 \times 1.16} = 0.184$$

무차원의 허용된 최대수두변화를 구하기 위해 이 수치를 그림 4.17의 y축에서 보간하고, 이 수치에서 수평선을 그어 $\alpha = 0.1$ 곡선과의 교차점을 구한다. 이 교차점으로부터 수직으로 내려 x축과의 교차점이 식 11.7에 의해 정의된 무차원 밸브폐쇄시간 $t_c = 6.2$가 된다. 실제 밸브폐쇄시간 T_C를 얻기 위해 식 11.7에 따라 이 수치를 관로주기로 곱하면 추정된 최소 밸브폐쇄시간은 $T_C = 24.6s$가 되며 이를 전산해석을 위한 초기 자료로 사용한다.

수자원 프로젝트에서 중력공급시스템의 경우 이 시간 스케일은 통상적으로 수용할 수 있으며 만일 관로가 더 길면 폐쇄시간도 더욱 길어져야 한다.

전산해석으로 추정된 폐쇄시간을 확인하였으면 반드시 운영 및 제어 절차를 설계하여야 한다. 이 절차는 명시된 시간보다 적은 시간에 밸브가 폐쇄되지 않도록 보장하여야 한다. 만일 추후 유량이 초기설계수치를 초과하여 증가하면 반드시 밸브폐쇄시간을 재검토하여야 한다.

4.5 근해 석유 터미널 관로

유전에 가까운 항구 중 일부는 수심이 너무 얕아 최신 대형 유조선의 선적과 하역을 위해 근해 시설을 사용한다. 이는 수중 관로로 해변에 연결된 선적 플랫폼으로 구성된다. 그림 4.18은 수년간에 걸쳐 여러 단계로 시스템 용량이 증가된 전형적인 배치를 보여준다.

최종단계에서 현재 시스템을 개량하여 오일량 $2.25m^3/s$을 수송하는 것으로 제안되었다. 시스템은 연안 오일 수집점의 역할을 하는 탱크 팜(Tank Farm)에서 시작한다. 탱크 팜에서의 많은 펌프가 병렬로 운전되며 오일을 두 대의 주 펌프로 운전되는 펌프장으로 수송하며 주 펌프는 현존하는 시설로 수송한다. 근해 펌프장에 새로운 가압펌프를 추가하여 근해 선적 터미널로 오일량을 증가시킨다.

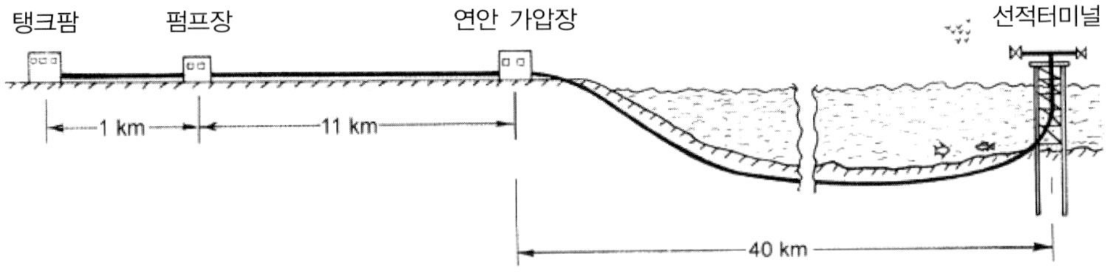

그림 4.18 연안 오일 선적 터미널 공급 관로 개략도

펌프장 위치와 함께 관로 길이는 그림 4.18과 같다. 배관의 공칭 직경은 812mm, 유속은 4.34m/s이다. 이 오일량에서 수력구배선과 최대허용수두선은 그림 4.19와 같으며 최소압력은 대기압 이하로 떨어지면 안 된다.

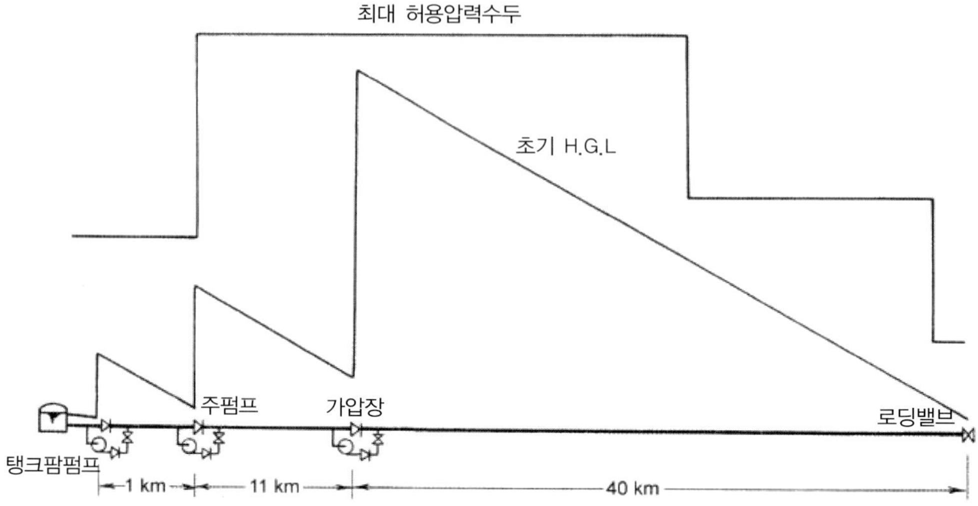

그림 4.19 수력구배선과 최대허용수두포락선을 포함한 연안 선적 터미널의 관로와 밸브 배열 개략도

시스템의 가장 취약한 부분은 선적(로딩) 플랫폼의 관로이다. 이 관로는 스위블 조인트(swivel joint)로 선상 시설과 연결되고 플렉시블 호스를 포함한다. 이 연결부에 대한 허용 압력은 주 관로의 허용압력보다 낮다.

그림 4.19에서 로딩밸브(loading valve)는 유조선 자체에 설치되어 있다. 이 밸브는 시스템 설계자 또는 운영자의 직접적인 제어를 벗어난 유량제어장치 중 하나이지만 반드시 이들을 고려하여야 한다. 플랫폼에 설치되어 오일이 통과하는 유량계의 최대압력은 15bar로 제한된다.

현재 부정류 압력의 제어 및 억제 시스템은 3개의 압력완화밸브, 선적 플랫폼 인근에 하나의 저장탱크, 펌프 주변 바이패스배관으로 구성된다.

전산기를 이용해 제안된 큰 유량과 관련된 부정류유동조건을 해석한다. 이 해석의 집중을 돕기 위해 어떤 부정류 문제가 발생할 수 있는지와 발생 범위 그리고 현존하는 제어전략을 보강할 필요가 있는지 검토하는 것이 바람직하다.

3.2절에 기술된 부정류 위험평가절차에 따라 다음 단계인 4 단계에서는 부정류의 원인을 고려하는 것으로 이를 요약하면 다음과 같다.

- 시스템 기동
- 유조선 로딩밸브폐쇄
- 제어된 그리고 제어되지 않은 펌프트립

이러한 이벤트를 차례로 고려하면 유동 및 압력의 형성과정을 구상할 수 있다. 요점은 5단계에서 더욱 심각한 즉, 임계설계사례를 식별할 수 있도록 시스템의 작동 방법에 대한 느낌을 얻는 것이다.

정상적인 펌프기동 절차는 탱크팜의 펌프로 시작하여 주펌프를 기동하여 시스템 내 유동을 형성하는 것이다. 펌프의 배열과 바이패스배관은 주 펌프와 가압 펌프가 상류측 펌프로부터 유동이 정지되지 않는 것을 보장한다. 한번 유동이 형성되면 가압펌프를 온라인 상태로 만들 수 있다. 펌프 특히, 가압펌프는 유조선 밸브가 개방되지 않은 상태에서 기동하면 안 된다. 그렇지 않으면 관로 하류측 말단부에서의 압력은 허용압력을 초과하고, 그림 4.19를 검토하면 이러한 사실을 확인할 수 있다.

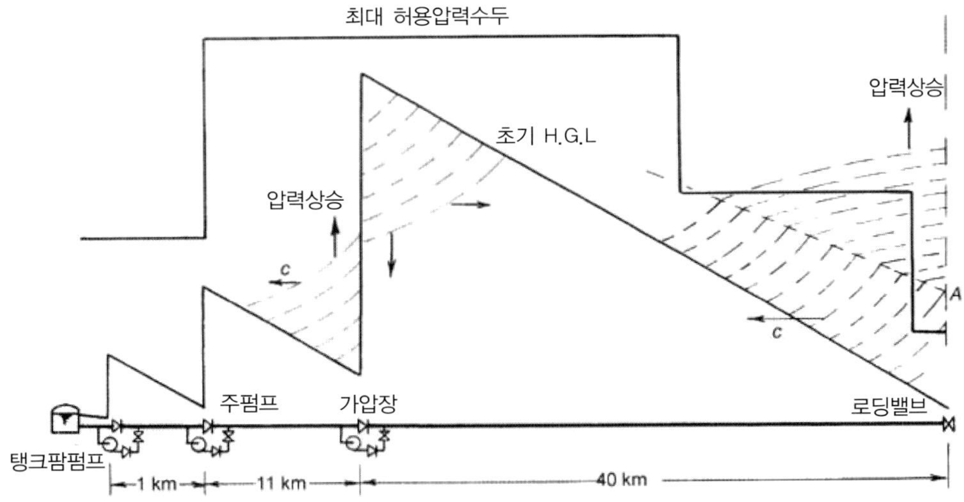

그림 4.20 그림 4.19에서 밸브폐쇄 및 가압펌프 동력손실 후 변화하는 압력수두

유량감소사례 중 먼저 그림 4.20을 참조하여 유조선 로딩밸브의 폐쇄를 고려한다. 최신 유조선 로딩밸브는 통상적으로 30초 이상, 최소 15초 동안 폐쇄될 수 있다. 유조선이 채워질 때 오일이 넘치는 것을 방지하기 위해 밸브가 급속하게 폐쇄된다. 이 밸브의 폐쇄는 유조선 관계자의 입회하에 수행된다. 관로 운영 요구사항과 관로 운영 직원은 상당히 다르다. 따라서 밸브폐쇄시 관로의 안전을 위한 제어전략은 반드시 최악의 사례에 기반하여야 한다.

15초 또는 30초 폐쇄는 이와 같이 긴 관로에서는 다소 학술적이다. 즉, 밸브폐쇄시간은 관로주기 보다 상당히 짧기 때문에 이는 "급속" 이벤트가 되고, 밸브 상류측에서 자이코프스키수두상승이 발생한다. 이 시점에 오일 내 파속은 1150m/s이고(표 8.1과 식 8.8 참조), 상기에서 주어진 유속 4.34m/s에서 자이코프스키수두상승은 식 1.1에 따라 약 509m가 된다.

만일 밸브가 완전 폐쇄되는 순간 제어장치가 없으면 그림 4.20의 점 A에서 압력파의 리딩에지가 상류측으로 1150m/s로 이동하면서 밸브 상류측 압력은 자이코프스키수두로 상승한다.

특히 정수두가 매우 낮은 이 시스템에서 펌프 에너지 대부분은 마찰을 극복하기 위한 것이고, 수력구배선은 상당히 가파르다. 압력파는 이 수력구배선을 앞서나가는 경향이 있어 유동을 정지시킨다. 그러나 만일 자이코프스키수두가 단순히 수력구배선을 위로 올리면 압력구배가 여전히 존재하며, 이는 유동이 정지상태에 있으면 물리적으로 불가능하며 균일화되는 경향이 있다.

이는 오직 전방으로 향해 약간 이동하여 전면에 있는 액체를 더욱 압축할 때 가능하다. 그러나 유속이 0으로 감소되지 않아 전체 자이코프스키수두를 경험할 수 없다.

결과적으로 그림 4.20과 같이 주 압력파가 상류측으로 이동하면서 압력파의 뒤의 압력은 지속적으로 상당히 상승하지만 압력파의 크기는 전체 자이코프스키수치로부터 감소한다. 시스템이 완전 차단된 조건으로 이동하면서 압력수두가 증가된다. 밸브 자체에서 압력은 자이코프스키수두보다 수배 클 수 있으며 궁극적으로 최대수두는 펌프 체절수두를 초과하는 경향이 있다.

시스템 내 더 많은 유체가 축적되고 압력상승이 크게 증가하는 이 과정을 8.7절에서 기술한 "라인 패킹(Line Packing)"이라 하며 여기에서 보는 것과 같이 시스템의 안전에 심각한 위협이 되어 부정류제어전략이 필요하다. 이와 같이 특별한 경우 밸브폐쇄에 의해 부정류 이벤트가 발생하는 관로의 하류측 말단부에서 압력을 완화하는 것이 가장 효과적이다.

펌프트립은 정상적인 정지시 제어된 이벤트, 또는 정전 또는 고장에 의해 제어되지 않은 이벤트가 될 수 있다. 통상적인 절차인 전자는 기동의 반대 순서로 펌프를 정지시키며, 따라서 가압 펌프를 가장 먼저 정지시킨다. 토출밸브가 폐쇄되면서 펌프 한쪽 측면에서 압력은 완만하게 평형이 되고 바이패스배관은 개방된다. 이후 주 펌프를 점차적으로 정지시킨 후 탱크팜 펌프를 정지시킨다. 두 대의 주 펌프가 병렬로 운전될 수 있으므로 이때 수용할 수 있는 전략은 이 펌프 중 하나를 정지시키고 그리고 탱크팜 펌프 중 하나 또는 그 이상의 펌프를 정지시키는 것이 될 수 있다. 이제 나머지 주 펌프를 정지시킨 후 탱크팜 펌프 중 마지막 펌프는 운전될 수 있다.

압력수두 변화를 한계 이내로 보장하기 위해 제어된 펌프정지에 대한 지침이 필요하고, 가압 펌프의 하류측에서 대기압 이하 압력이 방지되도록 토출밸브의 최소 폐쇄시간을 결정하여야 한다.

반면 만일 가압 펌프가 단순하게 정전으로 인해 트립되면 상, 하류측에서 압력은 그림 4.20과 같이 급속하게 변화하는 경향이 있다. 상류측 압력이 하류측 압력을 초과할 때 바이패스 배관이 개방되고, 최종적으로 유동은 주 펌프가 제공하는 압력으로 정착된다. 상술한 것과 같이 자이코프스키수두변화는 8.7절의 라인 패킹에 의해 수정되고, 펌프는 특성곡선에 따라 이동하여 결국은 새로운 정상유동상태로 정착된다.

주 펌프가 고의, 부주의 또는 정전으로 트립되면 가압펌프가 트립될 때와 같이 (-) 압력파(또는 다운서지)가 하류측으로 전파된다. 비록 그림 4.20에는 나타나지 않지만 가압펌프의 흡입측에서 곧 대기압 이하 압력이 발생하며 이를 수용할 수 없으므로 반드시 이와 같은 현상을 방지하여야 한다. 유사하게 만일 탱크팜 펌프가 트립되고 다른 펌프가 계속해서 운전되면 주 펌프와 가압 펌프 모두에서 곧 공동현상이 발생한다.

지금까지 확인 된 주된 문제점을 요약하면 유조선 로딩밸브의 폐쇄 또는 펌프트립에 의한 유량감소와 관련되며 더욱 상세한 내용은 다음과 같다.

1. 밸브폐쇄는 과도한 압력을 유발한다. 반드시 제어된 방법으로 이 압력을 완화시켜야 하며, 따라서 현존하는 압력완화시스템을 조사하고 필요하면 일시적인 저장시설을 포함시켜 개선하여야 한다(11.4절 참조). 원격으로 펌프트립을 제어할 수 있으면 선적 터미널에서 필요한 저장용량을 감소시킬 수 있다.
2. 펌프트립과 관련된 주된 위험은 상류측 펌프가 트립될 때 주 펌프와 가압 펌프에서 발생하는 공동현상이다. 따라서 특정 펌프가 트립되면 하류측 다른 펌프도 반드시 트립되어야 한다.

시스템 전산해석에 필요한 시방을 공식화하기 위해 상기 중간 추론을 사용할 수 있으며 다음은 시방서가 취할 수 있는 제안 목록이다.

(a) 유조선 로딩밸브를 1.5초 만에 전체 유동을 완벽하게 폐쇄하는 것으로 가정하고 현존하는 완화시스템이 상류측 압력을 제한하는 범위를 평가한다. 만일 허용된 압력을 초과하면 얼마나 더 감소시켜야 할까? 완화밸브의 규격과 숫자를 증가시킬 수 있다. 완화시스템의 저장탱크용량의 증대는 고가가 되며 반드시 최소화를 유지하여야 한다. 유조선 로딩밸브의 폐쇄 개시시간 5초 이내에 가압 펌프가 트립될 수 있다고 가정할 수 있다. 이 폐쇄시간을 10초로 연장하면 추가로 필요한 저장탱크용량은?

(b) 가압펌프장의 정전을 모델링한다. 다른 펌프들은 계속해서 운전된다고 가정하고 상류측과 하류측에서 압력수두 프로파일을 결정한다. 하류측에서 대기압 이하 압력이 발생하면 얼마나 길게 발생하는가? 상류측 압력은 최대허용압력을 초과하는가?

(c) 주 펌프장 정전 후 가압 펌프 흡입측에서 공동화 위험을 조사한다. 주펌프 정전 5초 이내 가압 펌프를 중간 트립(intertripping)시키면 공동화를 방지할 수 있는가? 만일 방지할 수 없으면 공동화가 얼마나 오래 지속되는가? 관로는 얼마만큼의 낮은 압력을 경험하는가?

(d) 탱크팜 펌프 정전이 미치는 영향을 조사한다. 펌프 하류측에서 공동화의 위험은? 그리고 주 펌프와 가압 펌프의 신속한 인터트립으로 공동화를 방지할 수 있는가?

(e) 시스템의 제어된 전체 유량 정지시 관로 하류측에서 공동화를 방지하기 위해 필요한 가압 펌프 토출밸브의 폐쇄시간을 결정한다.

본 예제에서는 유조선 로딩시스템에 기초하여 상기 제안을 작성하였다. 관로 길이, 세 펌프장의 상대적인 위치와 동력 등과 같은 시스템의 물리적 상세 내용은 이 제안에 큰 영향을 미친다. 다른 시스템에서의 중요한 문제는 다른 구성요소와 관련될 수 있지만 기본적인 접근은 동일하다. 즉, 무엇이 비정상 유동을 유발하는지를 고찰하고 어느 것이 더 심각한 것인지 결정한다. 통상적으로 부정류의 바람직하지 않은 결과를 완화하면 극단적인 결과를 완화시켜 시스템을 보호할 수 있다.

또한 본 예제는 부정류가 발생하는 물리적 과정 이해의 중요성 그리고 전체 시스템을 고찰하여 얻을 수 있는 이점을 보여준다. 예를 들어 종단도에 이벤트와 이벤트 결과를 표현하여(예를 들어 바이패스배관의 사용이 가압 펌프트립시 영향을 제한하는 단순하지만 효과적인 방법을 제공하는지) 설계자는 전산모델링에 숙련될 필요가 없지만 그럼에도 불구하고 결과의 중요성을 감지하고 중요한 질문을 제기하는 것이 가능하다.

4.6 램(ram) 펌프가 공급하는 공정시스템

화학 및 공정 플랜트에서 램펌프와 같은 용적형펌프가 빈번하게 사용된다. 그림 4.21은 길이 800m, 직경 150mm 스테인레스관로로 구성된 전형적인 배치를 보여준다.

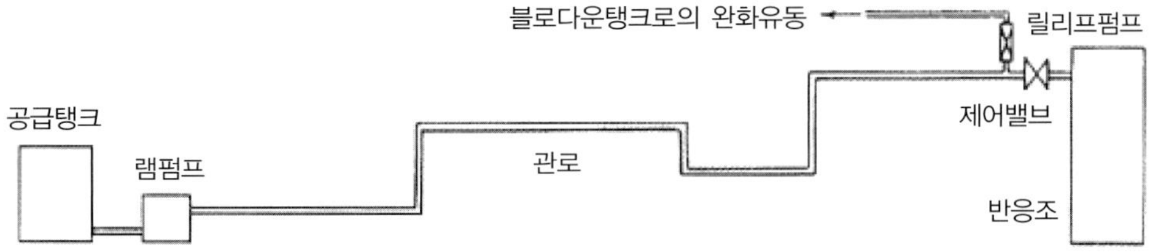

그림 4.21 공정 플랜트 반응조에 액체를 공급하는 전형적인 용적형펌프 배열

3-실린더 램펌프 한 대는 평균 유량 16L/s를 공급하며 램펌프 크랭크축은 전동기와 기어박스를 통해 22.5rpm으로 운전된다.

하류측 말단부의 제어밸브는 반응조 내부 유입 유량을 조정하고, 펌프 하류측에서 이벤트 발생시 램펌프의 동력을 차단하는 동시에 자동적으로 0.5초 만에 폐쇄된다. 이 밸브의 급속한 폐쇄 후 과도한 압력을 완화하기 위해 제어밸브 상류측에 압력완화밸브 설치가 제안되었다. 플랜트 안전관리자는 어떤 부정류 이벤트가 발생할 것이고 이 시스템이 충분히 보호받는지를 자문하였다.

부정류 이벤트 원인은 시스템의 기동과 정지 그리고 하류측 말단부 제어밸브의 비상 폐쇄를 포함하며 또한 램펌프의 유량 맥동 특성을 간과해서는 안 된다.

정상적인 펌프 기동 및 정지 운영은 제어된 이벤트이고, 용적형펌프가 공급하는 시스템의 표준 절차를 따르면 중대한 문제가 발생하지 않아야 한다. 그러나 비상정지와 맥동 유동은 면밀한 검토를 필요로 한다.

먼저 제어밸브의 비상 폐쇄를 고려한다. 8.3.9절의 자료를 이용하여 이 시스템 내 유체의 부정류 파속은 1200m/s가 되고 관로주기는 $T = 1.33s$가 된다. 따라서 밸브폐쇄 0.5초는 급폐쇄 이벤트가 된다.

만일 압력완화밸브가 동작하지 않으면 다음 크기의 자이코프스키수두가 발생하며 여기서 유속 $V_0 = 0.91m/s$는 직경 150mm 배관에 유량 16L/s일 때 유속이고, 대부분 관로는 이 압력상승에 노출된다.

$$\Delta H = \frac{cV_0}{g} = \frac{1200 \times 0.91}{9.81} = 111.3m$$

이 압력상승의 크기는 관로를 파괴시킬 수 있으므로 시스템 내 액체유출로 인한 환경오염, 화재, 폭발 위험을 염두에 두어야 한다.

원칙적으로 균일한 배관의 직선부는 이러한 압력상승을 견딜 수 있어도 공정 플랜트 관로시스템 내 많은 곡관부와 접합부에서의 충격부하는 관로 파괴 위험을 증가시킬 수 있다. 따라서 여유를 갖는 압력완화장치가 매우 바람직하다. 예를 들어 이는 약간 다른 차압으로 50% 용량으로 설정된 3개 밸브로 구성될 수 있다. 정상적으로 2개 밸브가 운영되고 세 번째 밸브는 예비용도로서 유지관리 동안 대체된다. 이와 같은 구성은 펌프 자동트립이 실패하는 경우에도 관로를 보호하는 데 도움이 된다.

신속한 반응을 보장하기 위해 압력완화밸브 보다 신속하게 개방되는 파열디스크의 사용을 고려하여야 한다. 단점은 시스템을 재기동하기 전에 디스크를 교체하여야 한다는 것이다. 이와 같은 시간지연 및 새로운 디스크를 설치하는 직원의 건강과 안전에 미치는 영향은 허용되지 않을 수 있다.

펌프의 평균 토출 유량은 16L/s이지만 펌프 제작사가 제공한 자료에 따르면 3-실린더 구동축 속도 22.5rpm으로 운전시 실제 유량은 ±2%로 맥동한다. 이 경우 잠재적인 공명 문제가 존재할까?

관로 내 수주의 첫 번째 고조파 기간 T_1은 다음과 같고, 세 번째, 다섯 번째, 일곱 번째, 아홉 번째 고조파는 0.8889, 0.5333, 0.381, 0.296s가 된다.

$$T_1 = \frac{4L}{c} = \frac{4 \times 800}{1200} = 2.6667s$$

공명 발생을 확실히 방지하기 위해 펌프로부터의 맥동 주기는 상기 시스템 고조파 중 하나와 인접하면 안 된다. 22.5rpm으로 운전되는 3-실린더 펌프의 맥동 주기 f와 시간 T는 다음과 같고 이는 배관 내 수주의 세 번째 고조파에 해당되며 비록 유체 맥동의 진폭은 ±2%이지만 상당한 압력동요가 발생할 수 있으므로 추가 검토가 필요하다.

$$f = \frac{3 \times 22.5}{60} = 1.125Hz$$

$$T = \frac{1}{f} = \frac{1}{1.125} = 0.8889s$$

지금까지 토론으로부터 압력완화용량과 공명 위험 두 주된 논제를 포함시키기 위해 다음과 같이 시스템의 전산 평가를 공식화하여야 한다.

(a) 제어밸브 비상폐쇄시 압력을 적정하게 제어하기 위한 압력완화밸브의 규격, 숫자, 설정압력 결정.

(b) 압력완화밸브의 개방지연에 따른 영향 확인

(c) 만일 허용된다면 그림 4.21에서 완화밸브 대신 파열디스크 설치시 완화 요구사항 설정.

(d) 22.5rpm으로 운전되는 3-실린더 펌프의 작은 맥동에 대한 시스템의 반응 시험

(e) 만일 맥동이 허용되지 않으면 보다 안전한 왕복속도 또는 적합한 대안 펌프의 특성 결정.

그림 4.22는 상기에서 기술된 조건에서 펌프가 22.5rpm으로 운전될 때 시스템 내 압력동요의 전산해석결과를 보여준다. 그림 1.12는 펌프가 시스템의 일곱 번째 고조파와 인접한 축 속도 53.3rpm으로 운전될 때의 결과와 유사하다.

이런 압력동요를 감소시키기 위해 펌프 속도는 이 고조파와 일치하지 않아야 한다. 그림 4.23은 이에 따라 펌프 축이 실린더 주기 0.75s와 동등한 운전 속도 26.7rpm으로 설정된 사례를 보여준다. 다른 허용할 수 있는 속도가 있고, 선택된 속도는 반드시 시스템의 동적 여자(dynamic excitation)를 발생시키지 않으면서 필요한 유량을 공급하도록 선정되어야 한다.

만일 압력과 유량에서 아직도 약간의 리플(ripple)이 존재하면 통상적으로 펌프 토출측에 맥동 댐퍼를 설치하여 리플을 감쇄시킬 수 있다. 만일 맥동 댐퍼를 액체 수원 인근에 설치할 수 없으면 흡입 행정 동안 펌프 자체 공동화 발생을 방지하기 위해 펌프 흡입 관로에 맥동 댐퍼가 필요하다. 비록 공동화 및 맥동 유동이 상대적으로 약하게 발생하여도 긴 시간에 걸친 반복적인 충격 부하는 펌프와 펌프 부속품을 피로파괴시킬 수 있다[Collier (1983), Taylor and Harrison (1990). and Vetter and Schweinfurter (1990)].

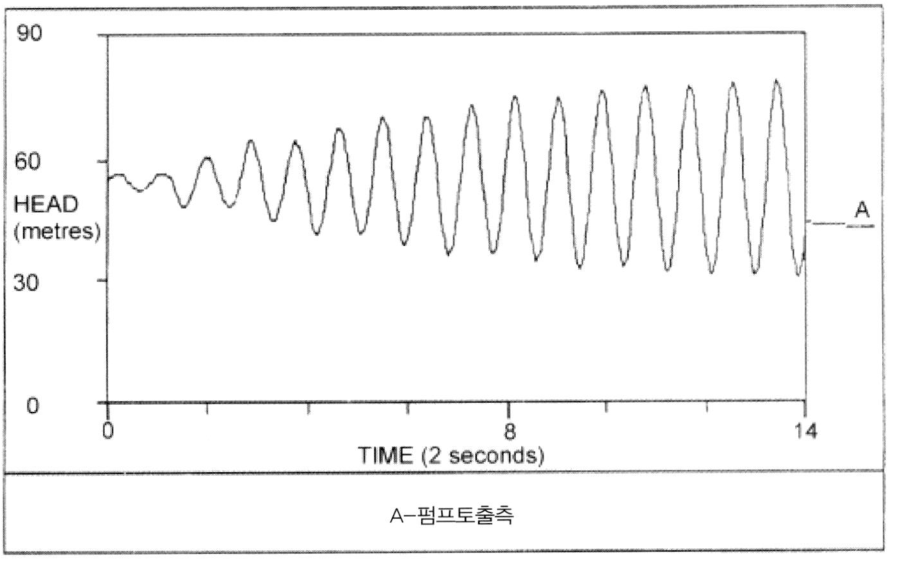

그림 4.22 회전속도 22.5rpm으로 운전되는 램펌프 기동 후 압력변동

일부 공정 시스템에서는 반응조로부터의 역류를 방지하기 위해 그리고 제어밸브 작동기가 작동하지 않을 경우 보조적인 방어책으로 체크밸브가 필요할 수 있다. 만일 체크밸브 또는 대안으로 비상정지밸브를 사용하여야 한다면 이는 충분하게 반응할 필요가 있고, 전산해석의 일부로서 이를 평가하여야 한다.

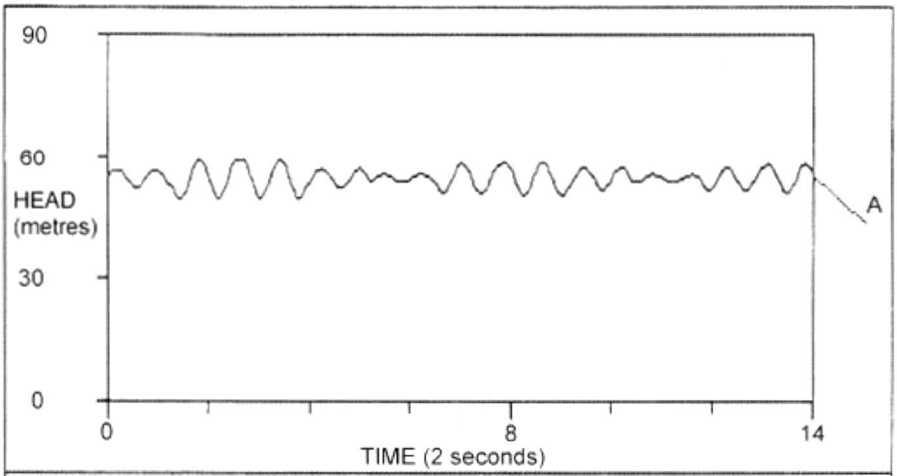

A–펌프토출측

그림 4.23 그림 4.22에서 유동 맥동과 시스템의 자연 주기를 불일치시키기 위해 26.7rpm으로 변경 운전되는 펌프

4.7 높은 압력공급시스템

하나의 수원과 유출점이 한 관로로 연결되는 단순관로시스템이면 통상적으로 초기 부정류 전파에 대한 시스템의 반응을 예측하는 것은 그리 어렵지 않다. 예를 들어 앞의 예제는 시스템이 다양한 부정류 이벤트에 대해 어떻게 반응하는지 감을 잡고, 피크 압력의 크기를 추정하고, 주된 위험을 식별하고, 허용할 수 없는 조건의 제어를 위한 전략 수립이 가능한 것을 보여주었다.

다른 배관이 도입되어 분지, 루프 및 관망이 형성되는 순간 신뢰성을 갖고 부정류 이후 압력이 어떻게 변화할지 예측하는 것은 더욱 어렵게 된다. 그럼에도 불구하고 전산해석이 필요할 수 있으므로 부정류 이벤트에 대해 시스템이 어떻게 반응할지를 이해하기 위해 시도하여야 한다.

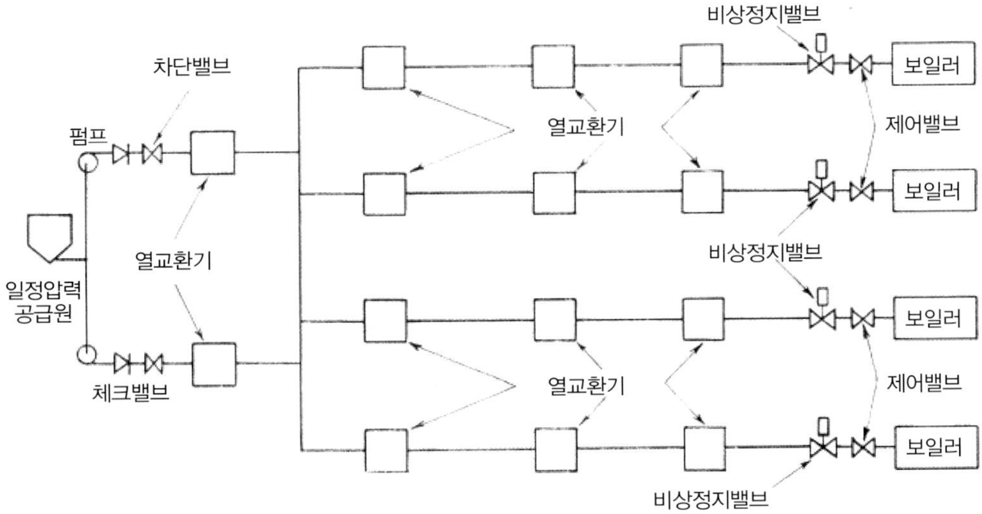

그림 4.24 고압 보일러 급수시스템 일부 개략도

그림 4.24와 같은 고압의 보일러 급수시스템을 고려한다. 이는 완벽한 시스템은 아니지만 부정류유동측면에서 한쪽 말단부는 펌프 흡입측에 압력이 일정한 수원 그리고 다른 쪽 말단부는 압력이 일정한 보일러로 제한될 수 있다. 이는 실용적이고 현실적인 시스템 이상화의 예이다.

두 대의 펌프는 체크밸브, 차단밸브, 열교환기를 통과하는 주배관에 물을 공급한다. 이 주 배관으로부터 분지된 4개 관로는 각각 3개의 열교환기, 비상정지밸브 ESDV(Emergency Shut Down Valve), 증기수요에 따라 유량을 조정하는 제어밸브를 포함한다.

펌프 토출측에서 정상적인 운영압력은 81bar, ESDV에서 압력은 75bar이고, 이 차압은 고도차이 그리고 배관, 피팅 및 열교환기를 통과하면서 발생하는 손실수두에 기인한다. 이 압력수두에 상응하는 유량은 $3.5m^3/s$이고, 주 배관 내 유속은 $7.0m/s$이다.

펌프 토출측 주관로의 내경은 575mm, 평균 길이는 35m, 보일러까지의 4개의 분지관의 직경은 400mm로 감소되고 길이는 215m 범위이다.

이 시스템에서 주된 부정류 이벤트는 두 펌프의 트립, 두 펌프가 운전 중 한 펌프의 트립, 모든 ESDV의 급속한 폐쇄, ESDV 중 한 밸브의 폐쇄이다.

가장 심각한 부정류 이벤트는 두 펌프의 트립과 4개 ESDV의 급속한 폐쇄가 된다. 이 시스템은 상당히 대칭이므로 즉, 두 펌프의 토출 관로로부터 보일러에 대한 4개 관로는 길이와 특성이 유사하기 때문에 시스템의 어느 정도의 이상화는 타당하다. 고압 시스템이므로 배관 두께는 두껍고 파속은 상당히 높게 된다. 배관 내 평균 수온은 80℃이고, 이때 파속은 1300m/s 범위다.

두 공급펌프가 운전하는 상태에서 ESDV 4대가 1.5초 만에 모두 폐쇄되는 사례를 검토한다. 이 시스템은 한 관로주기에 걸쳐 초기 정상유동상태에서 최종 정상유동 상태로 변화하고, 이 과정에서 시스템은 일련의 급속한 부정류를 경험한다. 그림 4.25는 이와 같은 개념과 ESDV의 상류측에서 발생하는 이벤트를 개략적으로 보여준다.

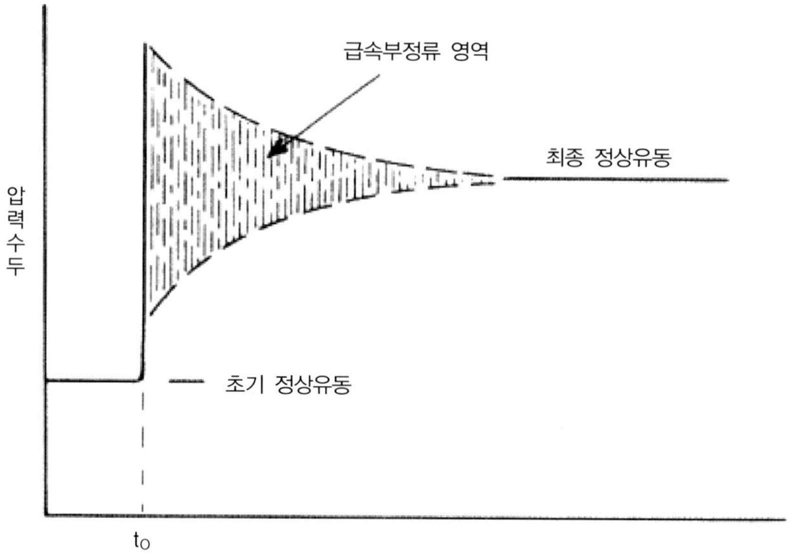

그림 4.25 ESDV 폐쇄 후 초기부터 최종 정상유동 상태로의 압력변화

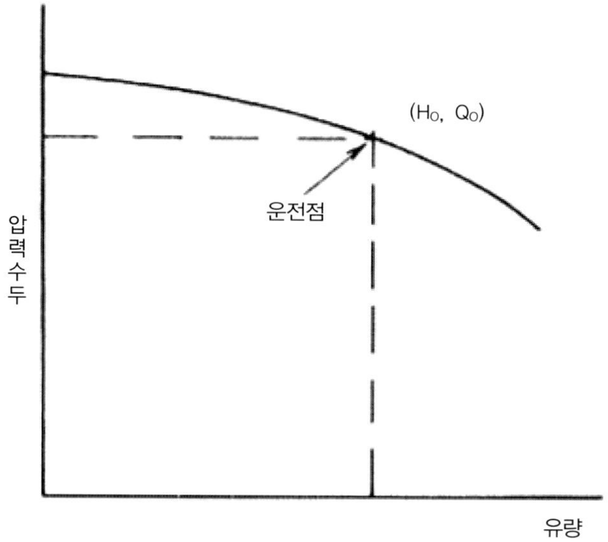

그림 4.26 대표적인 펌프 성능특성

※ 체절수두는 정격운전수두보다 15~20% 높을 수 있다.

유량이 0이 되거나 또는 펌프 운전 중 약간의 누수가 있으면 펌프는 특성곡선상에서 체절수두 인근으로 이동하기 때문에 최종 정상유동 압력은 초기 압렵보다 높게 된다(그림 4.26 참조). 체크밸브가 설치되었으므로 완전히 충수된 소방 주 배관에서 가끔 발생하는 것과 같이 체브밸브와 폐쇄된 ESDV 사이 시스템 내에 높은 압력이 갇히는(locked) 현상이 발생할 수 있다.

여기에서 주된 관심사는 "급속한 부정류 영역"이다. 압력동요는 초기에는 상당히 크지만 한 주기 시간이 지나면서 점성효과로 인해 지수적으로 감쇄된다. ESDV 인근에서 초기 압력상승이 어떻게 전개될지 일반적인 개념을 잡는 것이 가능하지만 압력변화에 대한 상세한 내용은 반드시 전산해석을 통해 예측하여야 한다.

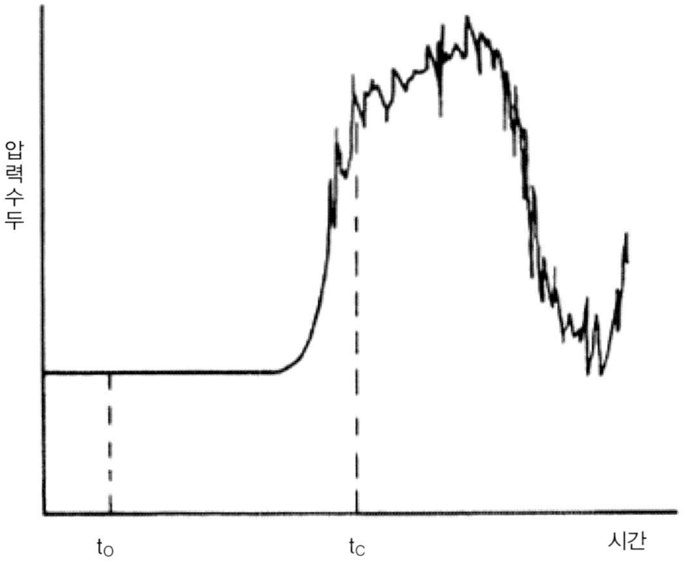

그림 4.27 그림 4.25와 비교하여 크게 확장된 시간 스케일로 비상정지밸브 폐쇄시 밸브상류측에서 예측된 압력-시간이력

ESDV의 슬래밍현상의 결과로서 상류측에서 압력은 상승하고 압력파는 펌프를 향해 상류측으로 전파된다. 열교환기의 경계면, 다양한 곡관, 접합부에서 반사파가 발생하며, 이 반사파는 압력 변화의 전반적인 경향을 약간 감소시키거나 증가시킨다. 그림 4.27은 폐쇄 직후 ESDV에서 압력-시간 이력이 어떻게 전개되는지를 보여주는 한 예이다.

폐쇄시작시간은 t_O이고 완전폐쇄시간은 $T_C = 1.5s$이다. ESDV는 원형 게이트밸브이고, 이 밸브는 약 80~85%가 폐쇄될 때까지 실제로 유량은 감소되지 않는다. 따라서 밸브가 충분히 폐쇄되기 전까지는 압력상승은 시작되지 않는다. 시스템의 대칭 특성으로 인해 ESDV로부터 펌프까지 거리에 기초한 관로주기는 $T = 0.385s$가 된다. 비록 밸브폐쇄는 관로주기의 약 4배가 되지만 밸브를 통과하는 유량은 매우 비선형적으로 감소하기 때문에 $T_C = 1.5s$에서 압력상승은 거의 전체 자이코프스키수두에 가까운 것으로 예상할 수 있다. 원형 게이트 밸브의 폐쇄 특성을 보여주는 그림 11.24를 참조하면 이와 같은 결과를 이해할 수 있다.

ESDV는 통상적으로 완전 개방되므로 이를 통과하면서 상당히 작은 마찰손실수두가 발생하고, 따라서 초기 조건 매개변수 α 수치도 적을 것이다. 식 11.7의 무차원 폐쇄시간 $t_c = 1.5/0.385 = 3.9$로부터 α 수치를 구하기 위한 곡선을 읽으면 밸브에서 전체 자이코프스키수두가 실제로 발생하는 사실을 보여준다.

이 시스템 내 자이코프스키수두는 $1300 \times 7/9.81 = 928m$로서 약 93bar가 된다. 주된 반사파가 시스템의 상류측 경계로부터 되돌아오기 이전에 마찰수두 4bar를 이 수치에 더해야한다. 이는 ESDV 인근에서 첫 번째 피크 압력은 초기 압력수두 75bar에 97bar가 더해져 실제 압력은 약 173bar가 되는 것을 암시한다.

이는 비상정지에 따른 전체 이벤트 개요에 대한 대략적인 추정이다. 곡관, 접합부 및 열교환기에서의 반사파에 의해 발생하는 추가적인 압력 스파이크와 유사한 현상을 발생시키는 FSI(Fluid-Structure Interaction) 영향에 대해서는 전혀 고려하지 않았다. 그러나 시스템의 한 지점에 대한 전산해석결과를 타당하게 규명하면 다른 지점에도 확대 적용할 수 있다.

만일 4개가 아닌 1개의 ESDV가 폐쇄되면 해당 관로의 초기 반응은 전술한 것과 정확하게 동일하다. 그러나 펌프 토출 주관로 내 접합부에 거의 동시에 도달하는 4개의 압력파 대신 오직 1개 압력파만이 존재한다. 비록 펌프가 이전 조합유량의 약 75%로 조정되면서 압력은 약간 변화하겠지만 이제 토출 주관로는 상류측 말단부에서 주된 반사점의 위치가 된다.

한 보일러까지의 관로에 기초한 실질적인 관로주기 T는 0.385초가 아닌 0.33초가 된다. 따라서 밸브에서 초기 반응은 이전과 동일하지만 상류측 말단부에서 반사파의 조기 복귀로 인해 두 번째 반응은 신속하게 시작된다.

ESDV 폐쇄 숫자와 관계없이 상류측 초기 피크 압력은 동일한 크기로 상승하고, 이를 제어하기 위한 전략도 동일할 수 있다. 만일 시스템이 파괴되어 고온 고압의 물이 유출되면 상당한 재앙이 된다. 하나의 제어전략은 관로와 모든 요소의 강도를 높혀 높은 압력을 충분히 견딜 수 있게 하는 것이다. 또 다른 적합한 전략은 압력완화밸브 또는 파열디스크를 설치하고, 시스템으로부터 유출되는 물을 회수하기 위해 블로우다운탱크(blowdown tank, 배출된 물이 모이는 탱크)에 연결하는 것이다.

펌프트립의 초기 결과는 압력저하가 된다. 두 펌프가 동시에 트립되는 경우 보다는 한 펌프가 두 보일러에 공급하는 것과 같이 대칭적인 하나를 고려하여 시스템 반응에 대한 개념을 추론할 수 있다. 추가적인 이상화는 두 보일러에 대한 관로를 등가 단면적을 갖는 하나의 관로로 변환하는 것이다. 결과는 전술한 상승 주관로와 같이 단일-배관 시스템이 된다. 그러나 이 모델은 오직 초기 압력동요의 일반적인 경향만을 나타내며 실제 시스템 내 다양한 요소로부터 부분적인 반사파를 포함하지는 않는다.

모든 보일러 공급 펌프의 동력손실은 실제로 상당히 광범위한 문제를 발생시키고 공급 관로와 열교환기 내 급속한 압력변화는 물이 없는 보일러보다는 관심이 적을 수 있다. 펌프 동력손실에 대한 보호전략은 펌프 재가동에 소요되는 시간 그리고 다른 급수 공급원의 사용 가능성과 같은 플랜트 특성에 의해 결정된다. 일부 상황에서는 기동이 주된 사고를 유발할 수 있을 때는 보일러를 중지시킬 필요가 있다.

따라서 부정류 해석이 상당히 관련될 수 있고, 대형 위험 관리 문제가 되고, 전산 조사가 필요하다. 앞선 토론은 이벤트가 어떻게 전개될 수 있는지에 대한 통찰력을 제공하고, 시스템의 전산모델의 예측결과에 대한 신뢰를 높이는 방법을 알려준다.

최종적으로 두 펌프 운전 도중 한 펌프의 정지를 고려한다. 이 경우 시스템이 제대로 설계되면 아무런 문제가 되지 않는다. 트립된 펌프의 체크밸브의 하류측에서 초기 압력저하는 두 펌프가 트립될 때와 유사하지만 잠깐만 나타난다. 주된 반사점은 재차 펌프 토출 주관로이며 여기서 압력은 다른 펌프가 지속적으로 운전되기 때문에 높게 유지된다. 펌프와 주관로 사이 배관 내 수주는 급속하게 감속되어 정지된 후 역류한다.

역류유량의 크기는 체크밸브가 유동변화에 반응하는 속도에 따라 결정된다. 만일 체크밸브가 신속하게 반응하면 그림 4.28의 곡선 A와 같이 폐쇄되기 직전 역류 속도를 무시할 수 있다. 그러나 체크밸브가 완만하게 동작하면 곡선 B와 같이 상당히 큰 역류 속도가 형성되어 밸브가 최종적으로 폐쇄될 때 높은 압력상승으로 인해 체크밸브 슬램 현상이 발생한다.

상기 잠재적 네 조건의 평가는 전산해석의 필요성을 확인하고 해결하여야 할 특정 문제에 대한 정보를 제공하며 추가적으로 예상하지 못한 이벤트로부터 플랜트를 안전하게 만들기 위해 취하여야 할 조치를 제시한다.

밸브폐쇄의 해석은 관로 내 특히, 연결고리에서 약한 연결부와 열교환기에서 초기 높고 낮은 압력에 집중되어야 한다. 만일 압력완화밸브 또는 파열디스크의 사용을 고려한다면 밸브와 밸브의 토출배관을 포함시켜 전산모델을 수정하여야 한다.

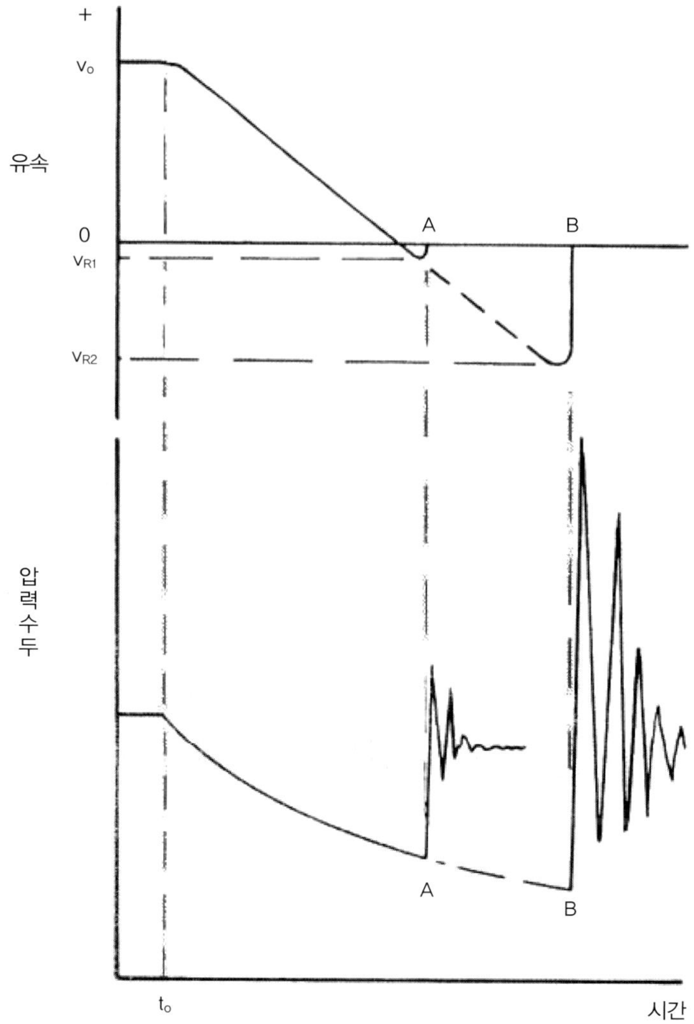

그림 4.28 트립된 펌프 다음 체크밸브의 직하류측에서 시간에 따른 유속과 수두변화

※ 만일 체크밸브가 변화하는 유동조건에 신속하게 반응하면 폐쇄시 역류유속 V_{R1}은 상당히 작고, 완만하게 반응하면 V_{R2}가 커지며 이에 따라 압력상승도 커진다.

만일 열교환기 내 증기공동화로 이어질 수 있는 낮은 압력을 방지하여야 한다면 압력완화밸브를 사용하여 초기 상승을 완화시키면 후속적인 압력저하를 감소시킬 수 있다. 한 개의 ESDV 폐쇄시 상당한 압력변화는 여러 개의 ESDV가 폐쇄될 때와 유사하므로 압력완화밸브를 사용할 수 있다.

단일 펌프트립으로 인한 심각한 위험범위는 펌프와 전동기의 관성력 및 전동기와 펌프의 연결 축과 커플링의 관성력, 체크밸브와 토출 주관로와의 접합부 사이 거리, 시스템 내 압력 등의 여러 요소에 의해 결정된다.

그러나 지배적인 요소는 체크밸브의 형식 특히, 체크밸브를 통과하는 물의 최소 역류 속도와 연계된 폐쇄 능력이다. 만일 시스템 전산해석결과 트립된 펌프 인근 유동의 감속이 매우 큰 것으로 나타나면 신속한 동적 반응을 갖는 체크밸브를 선택하는 것이 중요하며 상세한 내용은 11.5절을 참조한다.

4.8 루프 관망

관로시스템이 더욱 복잡해지면 시스템 내 압력파 전파의 상세한 상호작용의 이해가 더욱 어렵게 된다. 상대적으로 짧은 배관(예를 들어 500m 이하)으로 구성된 관망 특히, 루프로 형성된 관망은 통상적으로 앞의 예제에서 기술한 긴 단일 배관시스템 보다 선천적으로 더욱 안전하다. 이는 접합부와 배수지 등으로부터 파의 반사는 통상적으로 초기 압력변화를 중화시키는 경향이 있고, 부정류가 시작된 지점에서 추가 압력변화를 제한한다.

이와 같은 일반화는 관로가 길어질수록 세분화된다. 다음 예제는 전산해석의 필요성 그리고 전산해석 없이는 일반적인 추세를 제외하고 예측하는 것 얼마나 어렵게 되는지를 보여준다. 시스템이 더욱 복잡할수록 부정류 이벤트에 대해 시스템이 어떻게 반응할지 결정하기 위해 전산해석을 수행하는 것이 중요하다.

그림 4.29는 작은 도시에 대한 기본적인 배수격자를 보여준다. 두 루프 내 배관 직경은 200~300mm, 길이는 300~700m이다. 물은 주로 펌프장으로부터 공급되며, 배수지와 높은 고도의 저장탱크는 피크 수요 기간 동안 추가적인 유량을 공급한다. 그림 4.29와 같이 물은 두 배수관망 내 각 절점에서 분지된 작은 직경의 배관을 통해 최종 수요자에게 공급된다.

시스템 내 모든 작은 배관의 통합은 특별한 장점은 없다. 즉, 통합은 실제로 모델을 개선하지 않으며, 전산연산 시간은 수용할 수 있는 결과를 얻기 위해 필요한 시간 보다 상당히 길게 된다. 특히 물 산업에서와 같이 수요자가 주도하는 시스템의 경우 더욱 그렇다.

이와 같은 시스템에서 가장 심각한 부정류 이벤트의 원인은 정전으로 인한 전체 펌프 트립이며 다음 두 사례에서 이 시나리오를 검토한다. 펌프장으로부터 관망 첫 번째 접합부까지 관로 길이는 사례 A에서는 100m, 사례 B에서는 4km이다. 이는 전술한 것과 같이 짧은 배관으로 구성된 시스템은 긴 배관의 시스템 보다 수두변화가 작은 것을 보여주는 경향을 예증한다.

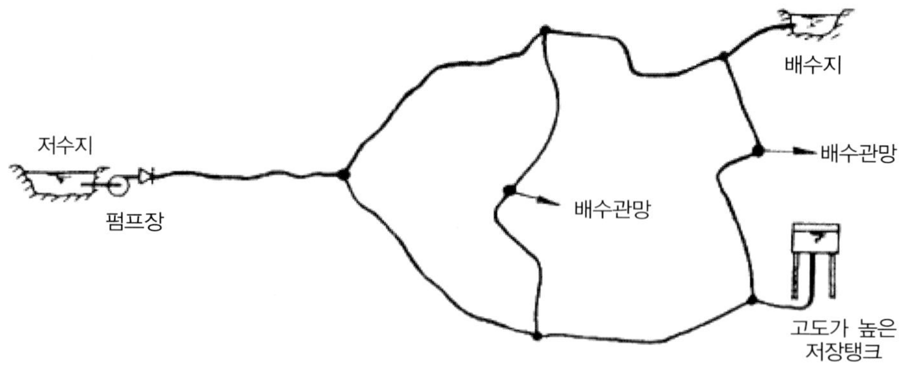

그림 4.29 소도시 물공급시스템의 주관로 배열

모든 펌프트립시 고도가 높은 배수지와 저장탱크는 두 배수관망에 물을 어느 정도 공급한다. 시스템은 한 정상유동 상태에서 급속한 부정류주기를 경과한 후 다른 정상유동 상태로 전환된다. 압력과 유량은 나머지 공급원이 공급할 수 있는 것에 따라 조정된다.

그림 4.30과 4.31은 사례 A에 대한 두 위치에서 압력수두의 변화를 보여주며 그림 4.30은 펌프 토출측에서, 그림 4.31은 그림 4.29의 오른쪽에 있는 고가의 저장탱크와 배수지 사이에 위치한 관망에 연결된 절점에서의 압력수두변화를 보여준다.

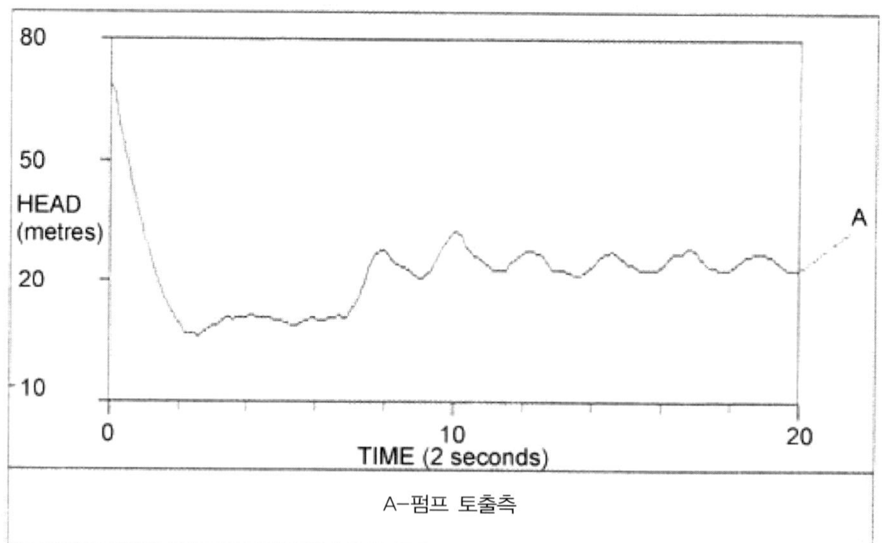

그림 4.30 사례 A 펌프동력손실 후 펌프 토출측에서 압력수두변화

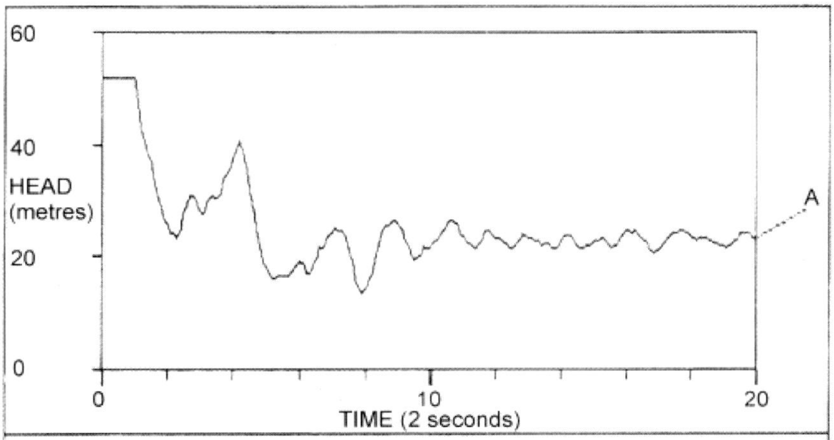

그림 4.31 사례 A에서 펌프동력손실 후 절점에서 압력수두변화

이 두 압력-시간 이력에서 여러 상호작용하는 압력파의 영향이 명백하게 나타난다. 초기 부정류 압력파는 많은 반사로 인해 신속하게 완화되며 시스템은 펌프트립 이후 약 10초 만에 적정한 정상유동상태로 안정화되는 것을 보여준다.

사례 A 결과인 그림 4.30과 4.31을 사례 B 결과인 그림 4.32와 4.333과 비교해 보면 사례 B에서 압력동요는 다소 더욱 격렬하고, 펌프 토출측 관로에 대한 주기시간은 사례 A의 0.2초와 비교하여 8초 대 영역이 되므로 안정화되는 시간이 상당히 길어지게 된다. 이는 두 시스템 사이 유일한 차이인 동시에 시스템 반응에서 상당한 차이가 발생하는 것을 보여준다.

부정류 문제에 더욱 취약한 것은 긴 관로를 포함하는 관망이다. 이와 관련하여 그림 4.32에서 어떻게 압력이 대기압 이하가 되는지 유의하라. 사례 A의 짧은 토출 관로에서는 관로의 다른 말단부로부터 돌아온 유익한 반사파가 초기 부정류를 중화하고, 이러한 결과는 시스템 전반에 걸쳐 이루어진다. 절점에서의 압력변화를 나타내는 그림 4.31과 4.33을 비교해보면 이 지점과 펌프 토출 주관로의 말단부 사이 다른 모든 배관들은 상당히 짧지만 절점에서의 압력변화는 증가하였다.

앞에서 사용한 결과를 재현하기 위한 전산모델개발시 많은 이상화를 수행하였다. 이는 병렬로 운전되는 두 대의 펌프를 한 대로 조합, 관련된 여러 밸브를 단일 밸브로 표현, 작은 규모의 배수 시스템을 주 트렁크(trunk) 관망을 떠나는 두 개의 수요로 축소를 포함한다. 이와 같은 단순화가 유효한가?

이에 대한 대답은 시스템의 상세한 내용을 얼마나 충실하게 모델할지 기술적인 판단의 문제이다. 전산모델은 타당한 연산 시간 내 부정류 이벤트를 정확하게 예측하고, 이 예측 결과는 기본자료의 신뢰도와 비례한다. 현재 사례 시스템의 수요는 최종 수요자에 의해 주도되며 로컬 수준에서는 매우 산발적이고 무작위이다. 그러나 큰 직경 관로에서는 유사 정상유동이 되고, 모든 작은 직경의 배관 내에서 발생하는 동요는 사소한 결과가 된다.

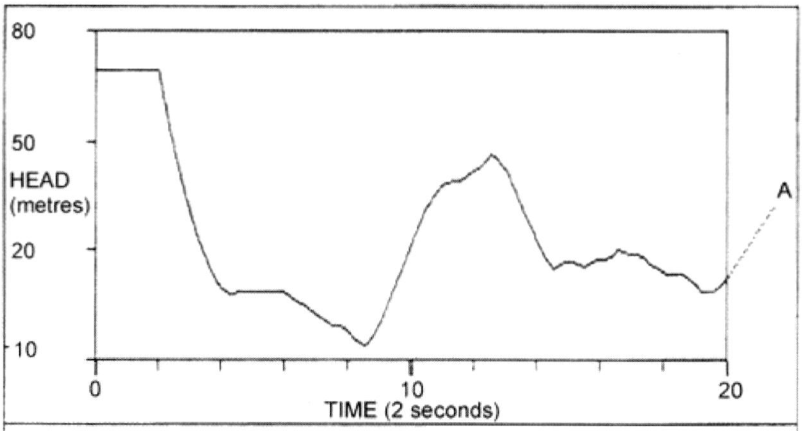

그림 4.32 펌프장이 주관로 격자로부터 4㎞에 위치한 한 펌프의 트립 후 펌프 토출 주관로에서 압력-시간이력

※ 이 결과를 그림 4.30과 비교하라.

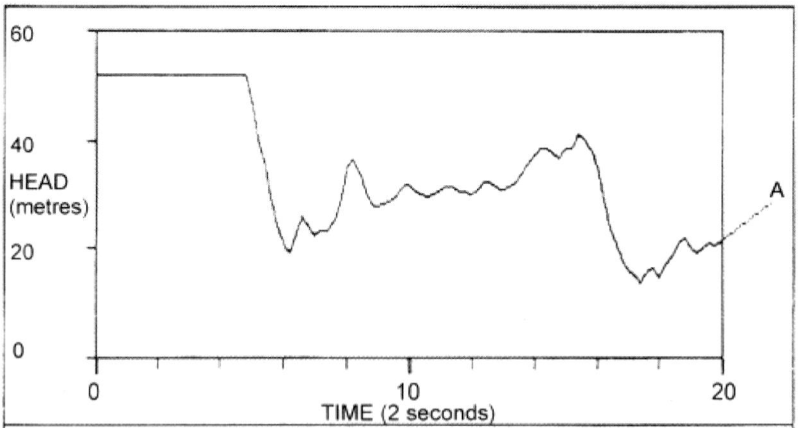

그림 4.33 펌프장이 주관로 격자로부터 4㎞에 위치한 한 펌프의 트립 후 배수관망의 연결부 절점 6에서 압력-시간이력

4.9 애시 슬러리(Ash Slurry) 관로

석탄화력발전소는 상당한 양의 애시(ash)를 발생시키고, 애시를 빌딩 블록 제작 또는 도로 건설과 같이 후속적인 재사용 이전에 현장으로부터 이송하여야 한다. 애시는 더욱 집중화된 형태로 회수되기 이전에 슬러리로서 라군(lagoon)으로 수송된다. 통상적으로 발전소 인근에 여러 라군이 건설된다. 슬러리는 한 라군이 완전 채워질 때 까지 펌핑된 후 차단되어 슬러리가 회수되기 이전에 물로 배수된다. 이러한 방법으로 슬러리가 라군으로 펌핑되며 이러한 주기가 반복된다.

그림 4.34는 대표적인 애시 슬러리 시스템의 종단도를 보여준다. 이 시스템은 애시 슬러리 펌프로부터 라군까지 길이 15km, 직경 400mm 덕타일주철관으로 구성되며 정수두는 6m이다. 상류측 말단부에서 3개 병렬 펌프 뱅크(bank)는 슬러리를 라군으로 펌핑하며, 각 뱅크는 4대의 직렬펌프로 구성된다. 정상적으로 두 뱅크가 운전되며 다른 뱅크는 애시 처리 시스템의 지속적인 운영을 보장하기 위한 예비이다.

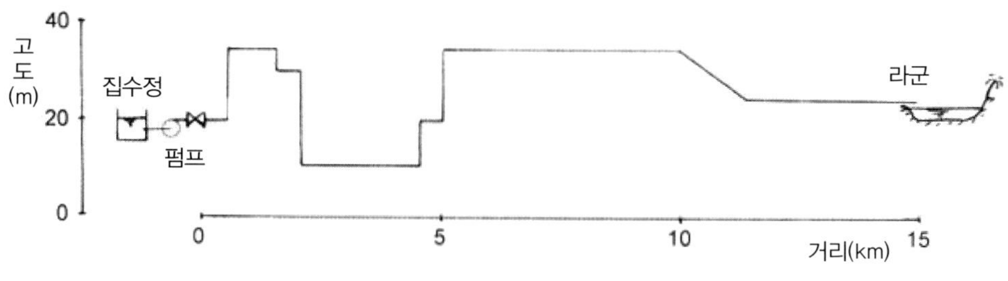

그림 4.34 석탄화력발전소에서 애시 처리 시스템

다른 중요한 자료는 관로와 피팅의 최대허용압력은 슬러리 330m 수두에 상응하는 35bar이고, 유량 $2.4m^3/s$ 또는 유속 2.4m/s에서 마찰수두는 154m로 추정되고, 슬러리 밀도는 $1060kg/m^3$이다. 플랜트 운영자는 불량한 밀봉과 막힘 현상에 대한 좋지 않은 경험으로 인해 체크밸브 설치를 원하지 않는다.

펌핑가압되는 시스템에서 시나리오는 통상적으로 시간에 따라 변화하며 이와 같은 시나리오의 대표적인 예는 제어된 펌프의 기동과 정지 그리고 라군으로 애시 슬러리를 지속적으로 수송하기 위한 펌프조합의 교체운전, 정전 및 폴트(fault)에 의한 자동트립과 같은 제어되지 않은 이벤트 등이다.

부정류로 인한 위험평가순서를 결정할 때 최악의 시나리오는 정전 및 기타 폴트 조건이다. 따라서 시스템의 계획된 그리고 제어된 운전과 관련된 유동을 달성하기 위한 밸브운영 등은 심각한 문제를 야기하지 않고 안전하게 수행되도록 구성되어야 한다.

이제 추가적으로 배관 벽 두께는 9.52mm, 슬러리의 체적계수(bulk modulus)는 물과 매우 유사한 것으로 가정하여 파속을 약 1160m/s로 추정할 수 있으므로 자이코프스키 수두변화 284m, 관로주기는 $T = 26s$로 결정된다.

펌프토출밸브에서 압력은 정수두 6m에 마찰수두 154m를 더한 것으로 160m가 되며, 펌프 정전시 자이코프스키수두저하는 이 수치를 훨씬 초과하므로 배관 내 진공이 형성된다. 이 시스템의 매우 낮은 정수두를 고려할 때 최상의 전략은 수주를 심각하게 도약시키지 않고 정지시키는 것이다. 어떻게 이를 달성할 수 있을까? 관로종단도에 초기 수력구배선을 작도하고 이벤트 시퀀스를 조사하기 위해 본 장의 초반 예제에서와 같이 진행한다.

만일 조치를 취하지 않으면 초기에 펌프 또는 펌프로부터 0.5km 하류측 첫 번째 정점에서 완전한 진공이 발생할 수 있다. 전방으로 향하는 유동을 지속하고 유량감소율을 감소하기 위해 이 정점에 특별한 에어챔버 또는 진공완화밸브설치 두 선택사항을 사용할 수 있다.

수두가 낮은 슬러리 시스템에서 매우 성공적으로 사용된 특별한 에어챔버는 하나의 챔버, 주관로 직경과 동일한 연결배관, 챔버 상부에 장착된 진공완화밸브로 구성된다. 펌프가 기동되고 유동이 개시되면서 공기가 이 챔버 내부로 유입되고, 슬러리가 배관을 채우고 챔버 내부로 유입되기 시작하면서 공기가 압축되어 펌프의 하류측 에너지원이 형성된다. 펌프트립 후 공기는 팽창하고 슬러리는 챔버로부터 유출되어 주 관로 내 슬러리 감소율을 감소시킨다. 에어챔버는 이러한 방법으로 서지압력을 감소시키고 유동은 점차적으로 약해져 정지된다.

이러한 방법 사용시 반드시 펌프 토출측에 논-리턴 체크밸브를 설치하여야 하지만 운영자는 시스템 내 체크밸브 사용을 원하지 않는다. 따라서 에어챔버는 펌프를 통한 상당한 역류를 유발하므로 에어챔버사용은 배제되고 핵심 지점에 진공파괴밸브가 선호된다.

제안된 핵심 위치는 종단도에서 펌프장 하류측으로 0.5~1.5km 관로와 5~10km 관로가 된다. 진공파괴밸브는 통상적으로 이 밸브에 걸친 압력이 평형이 되면 폐쇄되므로 기동시 하수 및 유사 폐수 관로에서 공기배출의 제어에 적합한 공기배출밸브도 유사한 위치에 필요하다. 배관이 충분히 강해서 자이코프스키수두변화를 견딜 수 있어도 액체 슬러그의 방향이 갑자기 전환되어 배관에 충격 하중을 부과하지 않는 것을 보장하기 위해 슬러그의 방향은 반드시 서서히 전환되어야 한다.

펌프 기동 순서는 반드시 다음과 같아야 한다. 먼저 집수정에 가장 가까운 흡입밸브를 개방한 후 토출관로가 폐쇄된 상태에서 펌프를 기동한다. 이제 토출밸브를 개방하여 두 번째 펌프에 공급한다. 이제 유사하게 세 번째 펌프를 기동하고 토출밸브를 개방한다. 이 펌프들은 매우 인접하므로 토출밸브의 개방과 관련된 특별한 위험이 존재하지 않는다. 그러나 네 번째 펌프를 기동한 후에는 토출밸브를 반드시 서서히 개방하여야 하며 그렇지 않으면 유동은 매우 급속하게 개시된다.

펌프 토출밸브를 교축하지 않고 펌프를 유량 0 또는 매우 낮은 정수두에서 기동하면 펌프는 펌프의 $Q-H$ 곡선의 오른쪽 말단부로 매우 급속하게 가속된다. 이에 따른 잠재적인 결과는 두 가지다. 첫 번째, 최초 정점부에서 형성된 공기 포켓은 매우 급속하게 압축되면 수주의 높은 운동에너지가 압력수두로 전환되면서 공동 내 과도한 압력으로 이어진다. 두 번째, 펌프로부터 2~4.5km 하류지점의 낮은 부분에서 인양된 슬러리 수주는 여러 곡관을 통해 가속되어 지지물에 국부적인 충격 하중을 줄 수 있다.

따라서 시스템을 채우고 유동을 개시하기 위해 최종 펌프토출밸브를 얼마나 길게 개방하여야 하나? 관로주기는 26초인 것을 알고 11.2절의 밸브선도를 사용할 수 있지만 이를 에어 포켓을 포함하는 관로에 직접 적용할 수 없다. 유용하고 조심스런 접근방법은 다음 전략을 채택하고 시운전 시험 동안 전산해석으로 확인하는 것이다.

1. 관로 길이는 15km이고, 유속은 0.5m/s로 시작하고, 명시된 공기배출밸브는 포획된 공기를 배출시킬 수 있는 것으로 가정한다. 이제 초기 기동 후 유동이 관로 말단부에 도달하는 8.33시간 경과 후 관로가 만수된다. 이후 유량은 이보다 상당히 짧은 시간에 완만하게 전체 유량으로 증가된다. 그러나 중요한 논제는 펌프장으로부터 약 5km 떨어진 높은 지점에 전체 유량이 도달하는 것이며 이는 동일한 유량에서 오직 2.7시간만이 소요된다.
2. 후속적인 기동을 위해 중요한 점은 펌프 정지시 공기유입을 최소화하는 것이다. 5km 지점 이후 고도가 높고 긴 관로 부분에서는 아래로 배수하는 경향이 있어 첫 번째 정점에서 공기가 거의 없으면 상당히 신속하게(예를 들어 관로주기의 15배 $15 \times 26/60 = 6.5min$) 펌프를 기동할 수 있지만 밸브의 큰 비선형 특성을 감안하여 최종 토출밸브의 초기 개방을 매우 느리게 수행하여야 한다.
3. 이는 시운전 동안 시스템 내 공기 퍼지(purge)에 소요되는 시간을 조사하기 위한 실험 그리고 시스템의 전산평가를 위해 명시할 수 있는 해석의 한 측면을 제안한다. 시운전 시험에서 시동 후 공기가 완벽하게 배출되는 시간을 확인하기 위해 관측자를 공기배출밸브에 배치하여야 하며 이러한 방법으로 기동과정을 최적화할 수 있다.
4. 정지과정은 기동과정의 역순으로 제안된다. 펌프 토출밸브를 85%까지 상당히 신속하게 폐쇄할 수 있지만 나머지 15%는 매우 완만하게 폐쇄하여야 한다. 즉, 최종 15% 개도는 관로주기의 수배(예를 들어 관로주기 6배 $6 \times 26/60 = 2.5min$)에 걸쳐 폐쇄되는 2-단계로 폐쇄되어야 한다.

펌프교체운전 절차의 목적은 가능한 부드럽게 펌프를 교체 운전하는 것이다. 이 접근 방법은 예비펌프 토출밸브가 개방될 때까지 예비펌프를 기동하는 것이다. 운전되는 펌프의 토출밸브를 85%를 폐쇄하고, 예비펌프의 토출밸브의 개방을 시작할 수 있다. 예비펌프의 유량이 증가하면서 운전되는 펌프 토출밸브를 더욱 폐쇄하여 관로에서 분리한다. 최종적으로 토출밸브가 폐쇄되면 시퀀스에 따라 펌프를 트립시킬 수 있다.

4.10 해저 재충전시스템(Recharge System)

유용한 경제수명을 연장하여 가스전와 유전으로부터 지속적으로 가스와 오일을 생산하기 위해 가끔 사용하는 기법은 이들 하부로 물을 펌핑하는 것이다. 물의 밀도는 가스 및 오일 밀도보다 크기 때문에 물은 이들 밑으로 침투하여 관정 내 압력을 유지하여 가스와 오일을 표면으로 지속적으로 밀어 올린다. 이는 빈번한 부정류 해석의 예는 아니지만 평가원리는 정확하게 동일하고 일부 논제는 많은 다른 시스템에 적용 가능한 것을 보여주기 때문에 이 예제를 포함시킨다.

가장 유용한 물 주입지점을 찾기 위한 많은 기법이 있고, 일부 기법은 차리리 예술에 가깝다. 많은 현장에서 이 기법은 유용한 것으로 밝혀졌다. 드릴을 이용하여 관정 내부로 여러 구멍을 천공하며 일부 구멍은 상당히 깊을 수 있다. 이 시스템은 높은 압력으로 펌핑되므로 부정류 문제를 경험할 가능성이 있으므로 반드시 적합한 위험평가를 수행하여야 한다. 특이 점 중 하나는 빈번하게 상당한 배압이 작용하는 언덕 아래로 물을 펌핑하여야 한다는 것이다.

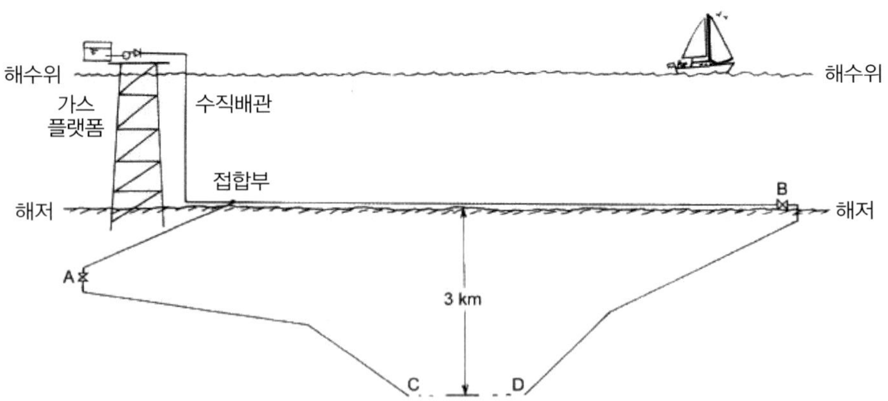

그림 4.35 전형적인 가스분야에 대한 해수 재충전 시스템의 개략도

그림 4.35는 해저 가스전에 대한 해수 주입 시스템의 개략도이다. 플랫폼에 설치된 펌프는 플랫폼에 설치된 버퍼 탱크로부터 해수를 강관 수직배관으로 수송한다. 이 수직배관은 해저 245m로 내려간 이후 거의 수평으로 짧게 이동하고 접합부 J에서 분리되고, 해저(sea bed)에 따라 두 플랙시블 호수로 연결되어 지점 A와 B에 원격으로 제어되는 밸브가 설치된다. 이 밸브는 해저 하부 약 3km에 위치한 C와 D에 연결된 강 라이닝 시추공 내부로의 해수 유량을 제어한다.

시추공 자체는 상당히 길고 가스전의 파쇄된 재료 내에서 끝난다. 또한 이 예제에서 A와 B의 매니폴드에서 분지된 여러 병렬 시추공은 두 개의 등가 유동 단면적으로 이상화된다.

이 예제의 이러한 특징은 부정류 평가를 위해 필요한 일부 자료의 관점에서 불확실성이 된다. 시설물의 수명에 걸쳐 가스전이 더욱 고갈되면서 운전조건이 변화하기 때문에 정상유동상태는 역동적인 상황이 된다. 그러나 반드시 직원의 안전과 시스템의 무결성의 관점에서 위험평가를 수행하여야 한다. 또한 위험평가시 관련된 모든 해석가, 고객, 시스템의 소유자와 운영자 등을 평가에 포함시키면 모든 사람이 자료의 불확실성과 가정 사항을 이해할 수 있다.

재충전시스템 설계시 가스전 초기 운영단계에서 수집된 자료를 사용한다. 예를 들어 가스전 여러 부분의 배압으로부터 C와 D에서의 일부 압력을 추정할 수 있다.

표 4.1 대표적인 가스전의 해수 재충전시스템 자료

배관	재질	길이(m)	직경(mm)	유량(L/s)	유속(m/s)
펌프-J	강	285	250	185	3.77
J-A	플렉시블 호스	2500	200	100	3.18
A-C	3중 강라이닝 튜브	5500	125	100	2.72
J-B	플렉시블 호스	12000	200	85	2.71
B-D	2중 강 아리닝 튜브	6000	125	85	3.46

튜브와 배관의 규격 및 길이는 사용할 수 있는 장비, 지반에서 유용한 드릴장비에 의해 결정된다. 표 4.1이 암시하듯이 비교적 높은 유속이 수반되어 배관과 사출 튜브에서 높은 마찰손실이 발생한다. 본 예제에서는 표 4.1의 자료를 사용하고, 관로 내 마찰손실은 플랫폼 베이스 인근 접합부 J로부터 C까지는 약 365m, J 부터 D까지는 781m이다.

현장에서 기록되었던 대표적인 자료로부터 C와 D에서 압력수두는 640bar(해수 수두

6155m)와 680bar(해수 수두 6540m) 정도로 추정되며 A와 B에서의 손실수두를 추가하면 압력수두는 3000m를 약간 상회한다. 마찰손실 및 플랫폼으로부터 해저까지 수심 등을 고려하고, 플랫폼에 설치된 재충전펌프 모두 사용하면 정상적인 압력은 250~280bar 범위가 된다.

파속은 강관 및 강-라이닝된 시추공에서는 1200~1300m/s, 플렉시블 호스에서는 900~1000m/s가 된다. C와 D에 있는 밸브의 폐쇄시간은 10초로 명시된다.

유량 및 압력분포 시나리오는 부정류 시스템에 미치는 영향을 고려하는 배경을 제공한다. 이러한 운영조건과 함께 명시된 관로는 반드시 상당한 압력을 견딜 수 있어야 한다는 점을 염두에 두어야 하며 유량변화의 원인은 다음과 같다.

1. 시스템의 정상적인 기동
2. 시스템의 정상적인 정지
3. C 유동의 정상적인 정지
4. D 유동의 정상적인 정지
5. A와 B에 설치된 밸브의 동시 폐쇄
6. 고장 조건에서 펌프 트립

이 시스템의 핵심 특징은 관로가 길기 때문에 정상적으로 제어된 이벤트도 부정류 측면에서 "급속"이 될 수 있다는 것이다. 비록 펌프로부터 해저 접합부까지의 관로주기가 0.44초이지만, J로부터 A까지는 5.6초, J로부터 B까지는 26.7초가 되어 후자는 특히 심각하다.

표 4.2 충전 시스템 내 자이코프스키수두 변화

배관	유속(m/s)	파속(m/s)	관로주기(s)	자이코프스키수두(m)
펌프-J	3.77	1300	0.44	500
J-A	3.18	900	5.6	292
A-C	2.72	1250	8.8	345
J-B	2.71	900	26.7	250
B-D	3.46	1250	9.6	441

시스템 자료와 표 4.1에 주어진 유속을 사용하면 표 4.2의 자이코프스키수두를 추정할 수 있다.

이제 다양한 부정류 이벤트의 중요성을 탐구할 수 있다. 정상적인 전체 시스템의 기동과 정지는 모두 제어된 이벤트이다. 이 이벤트 결과의 압력에서 운전되는 펌프는 통상적으로 누출장치가 있으며, 시스템은 펌프의 체절수두를 견디도록 설계되었다고 가정하면 정상적인 운영은 허용압력포락선 이내에 남는다. 펌프 기동 및 토출밸브 개방시 시스템 내부 발생된 압력파는 약 0.44초 후 접합부로부터 반사되고, A와 B에 있는 밸브를 향해 전파되는 압력파는 감소된다.

임계사례는 A와 B에 있는 밸브의 폐쇄이다. 엄격하게 정의하면 10초 동안 A 밸브폐쇄는"급속"이 아니지만 시추공 하류측에서 압력저하는 밸브의 비선형 유효유량변화특성으로 인해 실제로는 완전 자이코프스키수두가 된다. 이것이 문제가 되는가?

초기 운영압력수두 3000m에서 A-C에서의 압력저하 345m를 고려하면 초기 수두변화로 인한 수주분리는 발생하지 않는다. 특히 압력파가 더욱 높은 압력영역 내부로 이동하면서 이는 문제가 되지 않는다.

그러나 A 밸브의 상류측에서 상승된 압력은 접합부 J를 향해 2500m를 이동하며, 압력파 일부는 수직배관을 통해 펌프로 이동하고, 일부는 B 밸브로 이동한다. 펌프는 특성곡선을 따라 감소된 유량으로 이동하면서 압력은 약간 상승한다. B로 향하는 압력파의 반사는 B 밸브의 개방 또는 폐쇄 여부에 따라 결정된다. 만일 개방되면 밸브를 통과한 후 궁극적으로 다운서지로서 되돌아오고, 폐쇄되면 압력파는 J를 향해 다시 반사되면서 압력변화크기가 두 배가 된다. 일부 반사파는 수직배관까지 전달되고, 일부는 A 밸브로 전달된다. 폐쇄된 밸브에 대항하여 마찰수두가 형성되면서 8.7절에서 기술한 라인 패킹도 발생한다.

B 밸브 폐쇄시 이벤트의 순서는 상기와 매우 유사하다. J부터 B까지 관로는 12km이기 때문에 시간 스케일은 다르지만 B 밸브의 폐쇄는 이 관로의 주기시간 이내에 완료되기 때문에 "급속" 이벤트가 되고 전체 자이코프스키수두가 발생한다. 이에 더해 마찰수두가 형성되면서 라인 패킹은 압력을 더욱 증가시킨다.

만일 A와 B 밸브가 동시에 폐쇄되면 전술한 결과들이 같이 발생한다. 더욱 심각한 결과는 B에서 발생하고, 전술한 압력변화와는 별도로 A 밸브의 폐쇄로부터의 압력상승은 관로 J와 B까지 전달된다.

최종 시나리오로서 고장으로 인해 펌프가 트립되어 유동이 0.44초 안에 정지되면 수직배관에서 약 500m 압력저하가 발생하지만 정상운영시 수직배관 내 압력은 이 보다 크기 때문에 수주분리는 발생하지 않는다. 따라서 문제는 구조물에 대한 충격부하를 방지하기 위해 적정한 체크밸브설치를 보장하는 것이다.

상기 이벤트에 대한 시나리오는 시스템 전산해석을 위한 시방서 작성시 도움을 준다. 전산모델이 초기 정상유동의 재현을 확인 후 조사하여야 할 핵심 시나리오는 긴 시간으로 인해 최악의 사례가 될 수 있는 A와 B 밸브의 동시 폐쇄가 된다. 이로 인해 발생하는 압력변화가 최대 허용압력에 얼마나 근접한가에 따라 압력 증가를 완화시키기 위해 펌프를 트립시켜 시스템 내 (-) 파를 생성할 것을 권장한다. 이후 토출밸브 개방과 약간 지연된 체크밸브 폐쇄 그리고 펌프트립과 함께 다른 제어된 이벤트를 해석할 수 있다.

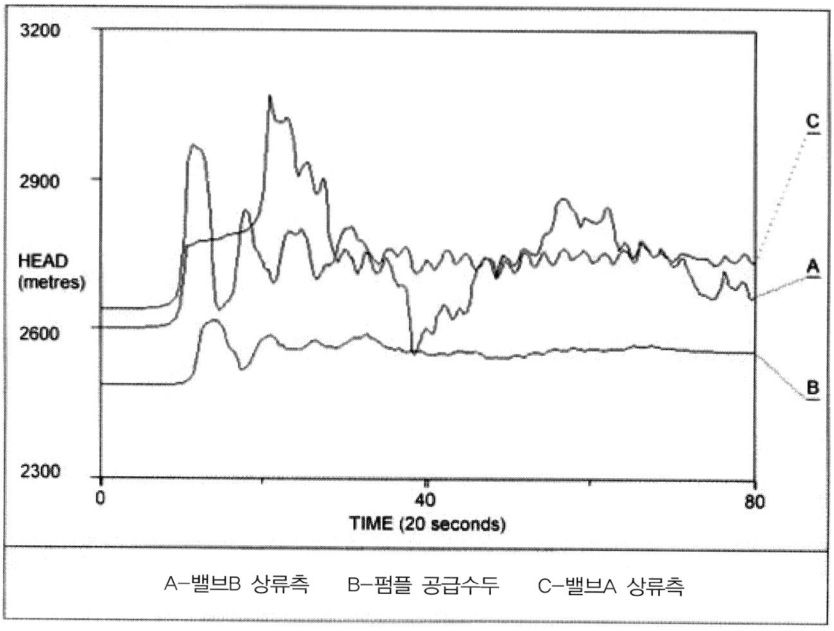

그림 4.36 해수 재충전 시스템 내 압력-시간이력

4.11 냉각수 시스템

냉각수 시스템은 화력발전소, 석유화학 플랜트 및 여러 산업 분야에 많이 사용된다. 통상적으로 냉각수 시스템은 직경이 큰(예를 들어 0.5~2.0m 또는 그 이상) 배관 또는 터널을 통해 많은 유량을 수송한다. 수원은 바다 또는 큰 강이며 일부 경우 바다 또는 강으로부터 취수한 보충수와 함께 냉각탑을 사용하는 재순환 시스템이다. 바다 또는 강으로부터 냉각수 취수시 취수구로 따뜻한 물이 유입되는 것을 방지하기 위해 멀리 떨어진 하류로 배수된다.

냉각수 시스템의 특징은 통상적으로 정수두는 0 또는 이에 매우 인접하고, 펌프의 역할은 주로 마찰 저항을 극복하는 것이다. 그림 4.37은 실제 공통적으로 사용되는 두 냉각수 시스템의 일반적인 배치를 보여준다.

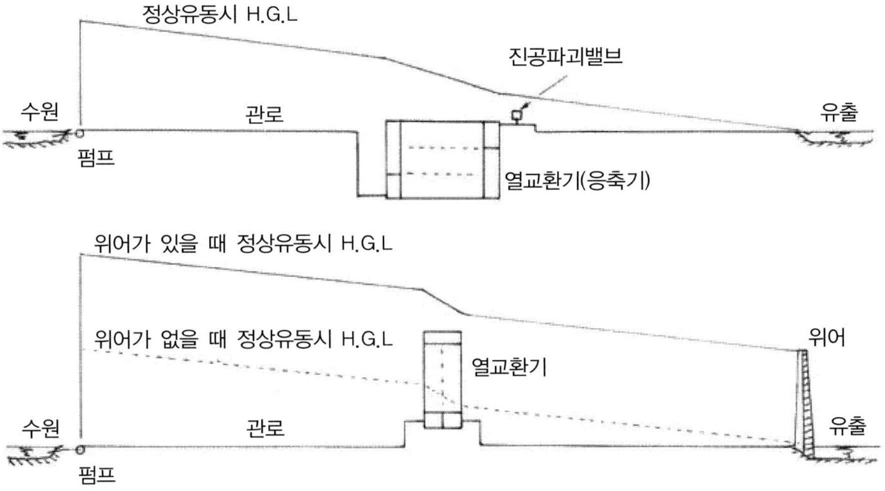

그림 4.37 강 또는 바다로부터 취수하는 두 냉각수 시스템 형식의 종단도

그림 4.37의 상부 그림은 화력발전소에서 사용되는 전형적인 것으로 응축기는 저압 터빈 아래 발전소의 기초 지면에 설치된다. 응축기의 역할은 배기 증기를 응축시키고 응축되어 바닥에 모인 물을 보일러로 되돌리는 것이다. 냉각수는 16km까지 떨어질 수 있는 수원으로부터 취수되며 펌프로 유입되기 전 협잡물을 제거하기 위해 스크린이 설치된다. 상대적으로 차가운 물은 응축기 바닥에 있는 워터박스(water box)로 유입된 후 워터박스 내 수 백개의 튜브를 통과하여 둘 또는 세 개의 통로에서 만난다. 그 후 유출 워터박스의 상단부와 유출관로를 통과하여 바다 또는 강으로 되돌아간다.

각 발전장치에 대해 개별 펌프와 공급 및 토출관로가 설치되지만 펌프장에서 교차 연결된다. 이 교차 연결부는 정비 주기 동안 또는 정지 이벤트시 비상 사용을 제외하고 통상적으로 폐쇄된다. 다른 경우에는 공급 및 토출 관로가 공동으로 사용되고, 발전소 자체의 경계 내에 있는 짧은 관로는 별도의 응축기로 연결된다. 이와 같은 시스템에서 서지억제 검토 목적으로 전자의 경우를 채택하고 정상유동시 수력구배선을 종단도에 표현한다.

하부 그림은 오일 및 가스 산업에서 사용되는 것으로 이 플랜트의 특징은 발전소의 특징 보다 상당히 가볍기 때문에 통상적으로 깊은 굴착이 불필요하며, 다양한 열교환기를 지상 또는 지상 상부에 설치할 수 있다. 실제로 냉각수는 하나 이상의 열교환기를 통과할 수 있으며, 열교환기 일부는 수평으로 그리고 일부는 수직으로 설치된다. 열교환기의 설치방향은 기능에 의해 영향을 받을 수 있지만 만일 선택이 가능하다면 부정류 영향을 완화하는 측면에서 수평으로 설치하여 고도를 낮추는 것이 좋다.

상부 사례는 단순화된 것이며, 실제로 직면할 수 있는 버전은 여기에 나와 있으며 플랜트 배치와 관련하여 확고한 결정을 내리기 이전에 부정류와 관련된 잠재적인 위험을 미리 생각하는 것이 유용하다는 점을 강조하기 위해 이와 같은 방법으로 표현된다. 이는 제1장 초반부에서 작성한 관로노선의 선택과 동일한 원리로 구성요소의 위치와 방향은 수용할 수 없는 결과가 발생할 위험에 영향을 미칠 수 있다.

이 두 사례에서 주된 유체 공학적 차이는 열교환기의 위치와 방향이다. 첫 번째 사례에서 정상유동시 수력구배선을 비교하고 초기 정상유동에 대한 변화의 결과를 고찰한다.

발전소에서 초기 정지 조건에서 에너지선과 수력구배선은 수평이고, 대부분 관로는 대기압 또는 이에 인접한다. 한번 시운전하면 워터박스 상부에는 약간의 공동이 있을 수 있지만 응축기 워터박스와 튜브는 물로 채워진다. 기동하면 작은 공기 포켓들은 쉽게 배기되고 수력구배선은 보는 것과 같은 위치로 가정된다.

유사하게 계획된 펌프 토출밸브폐쇄를 포함한 제어된 시스템 정지시 시스템 내 압력감소를 제한할 수 있다. 이 시스템에서 공통적으로 중요한 지점은 응축기의 상부 워터박스의 출구이다. 이 사례에서 보는 것과 같이 대기압 이하 압력으로부터 응축기와 관로 하류측을 보호하기 위해 빈번하게 진공파괴밸브가 설치된다. 물이 바다 또는 강으로 유출되는 말단부에 작은 위어를 설치하면 유출 관로의 완벽한 배수를 방지할 수 있다.

펌프동력손실 또는 고장으로 인한 펌프트립은 최악의 시나리오이고, 그 다음 시나리오는 수용할 수 있는 폐쇄시간이 명시된 제어된 펌프 토출밸브폐쇄이다. 재기동시 제어된 진공파괴 및 공기배출은 빈번하게 선호되는 서지보호방법이지만 적합한 밸브의 숫자와 위치를 확인하기 위해 반드시 전산해석을 수행하여야 한다. 공기밸브의 기능으로 인해 가끔은 에어챔버가 선호되지만 정방향 유동을 감속시키는 배압이 거의 없어 에어챔버가 상당히 커지는 경향이 있다.

특히 응축기 측면에서 이러한 부류의 예제에 대해 상당히 세련된 전산모델이 개발되었다. 빈번하게 완벽한 검증은 의구심이 들지만 더욱 상세한 모델은 워터박스 내, 관로 하류측 그리고 배수되는 응축기 내 많은 튜브에서 공동성장을 예측하는 것이 가능하며 전산해석시 이 점을 탐구하여야 한다.

두 번째 사례에서는 설계 조건과 관련하여 즉각적인 문제가 있다. 즉, 단순히 마찰수두를 극복하기 위해 필요한 펌핑 용량은 열교환기를 프라임하기에 충분하다. 따라서 열교환기를 수평으로 또는 낮은 고도에 설치할 수 없으면 다음 두 이유로 배압을 형성할 필요가 있다. 첫 번째, 효율적인 기능을 보장하기 위해 열교환기의 상부에서 대기압 이하 압력 방지 두 번째, 펌프트립 후 견딜 수 있는 압력감소범위 제공.

그림 4.37의 하류측 말단부에 설치된 밸브의 교축 또는 위어로 배압을 형성할 수 있다. 이는 자본과 운영비 모두를 증가시키고 더욱 강력한 펌프의 사용을 필요로 하지만

시스템 운영 요구조건의 서지완화 및 서지제어와 관련하여 일부 이점이 존재한다.

오일, 가스 및 석유화학 산업에서 사용되는 냉각수 시스템은 발전소에서 사용되는 냉각수 시스템 보다 더욱 복잡하다.

발전소에서와 같이 정확하게 동일한 조건(예를 들어 제어된 펌프 기동 및 정지, 동력 손실 또는 고장에 의한 펌프트립)을 검토하기 위해 부정류 위험평가가 필요하다. 여기에 제시된 하나의 열교환기 시나리오의 경우 위어가 합리적인 배압을 형성하면 진공파괴밸브를 사용하는 것이 가능할 수 있다. 그러나 더욱 복잡한 시스템의 경우 진공파괴밸브의 사용은 시스템 내 생성되는 잠재적인 공기 공동으로 인해 많은 불확실성이 발생한다. 따라서 전체 플랜트 가용성에서 특히, 시스템의 무결성이 중요하면 에어챔버가 더욱 매력적이다.

4.12 인산 에스테르 관로(Phosphate Ester Pipeline)

부정류와 관련된 대부분 문헌은 물을 수송하는 관로시스템을 인용하지만 오일, 석유화학, 식품 등과 같은 다른 액체들도 수송하며 이 액체에서도 정상유동의 변화로 인해 문제가 발생할 수 있다. 관련된 유체의 특징으로 인해 사용할 수 있는 서지제어전략이 빈번하게 제한되지만 전반적인 접근방법은 원리적으로 동일하다. 예를 들어 유체의 휘발성 또는 독성으로 인해 공기와의 접촉이 금지될 수 있다. 특정 재질과 접촉하면 부식될 수 있으므로 압력완화시스템 등과 같은 추가적인 구성요소 재료의 호환성을 보장하기 위해 주의하여야 한다.

그림 4.38은 부두에 정박된 유조선에서 인산 에스테르를 하역하고 화학 작업시 일련의 저장탱크로 약 2.7km를 운반하는 시스템의 종단도와 함께 등가 펌프와 저장탱크로 단순화된 개략도를 보여준다. 관로 파괴시 액체의 사이폰현상을 방지하기 위해 에스테르는 저장탱크 액체 수면 상부로 유출된다.

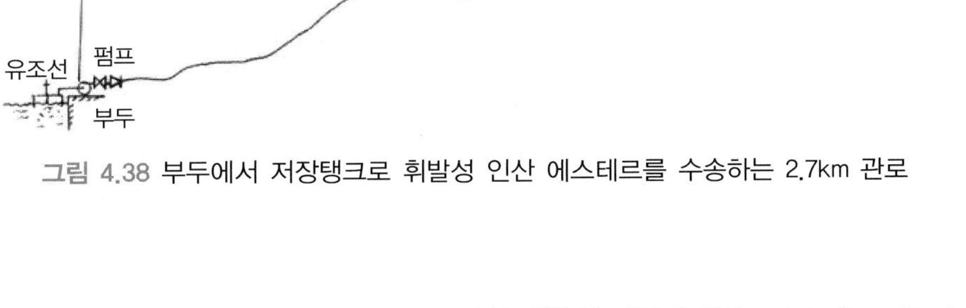

그림 4.38 부두에서 저장탱크로 휘발성 인산 에스테르를 수송하는 2.7km 관로

설계 질량유량은 $700kg_f/h$ 이므로 에스테르의 밀도 $1295kg/m^3$ 을 고려하면 체적유량은 $150L/s$ 가 된다. 배관 직경은 280mm이므로 유속은 $2.35m/s$ 가 된다. 에스테르의 체적계수는 0.9GPa, 파속은 775m/s, 자이코프스키수두는 186m가 된다.

모든 관로를 시운전하고 최종 배수하여야 한다. 특히, 다양한 제품과 관련된 다른 재료를 다른 저장탱크로 수송하는 경우 관로의 배기가 요구된다. 연료 및 화학 관로에는 이와 같은 시스템에 적합한 형식의 특별한 배기밸브를 사용할 수 있다. 공기 또는 유체를 수송하기 전에 질소로 관로를 퍼지할 필요가 있다.

관로 퍼징이 완료되면 통상적인 제어된 기동과 정지 절차에 따르고, 안전밸브의 운영시간과 관련하여 의구심이 발생한다. 이는 관로 하류측 말단부 저장탱크에서의 차단밸브는 물론 펌프토출밸브에도 적용된다. 배관과 여러 구성요소의 최대허용압력을 알기 때문에 이미 증명한 11.2절의 밸브선도를 이용하여 이를 추정할 수 있다.

대부분 시스템에서와 같이 계획되지 않은 그리고 제어되지 않은 이벤트는 대부분의 문제를 야기하고 임계설계사례로 이어진다. 동력차단 및 부실한 유지관리로 인해 베어링 또는 전동기가 과열되어 펌프가 트립될 수 있다. 예측된 자이코프스키수두, 그리고 펌프정지를 1초로 가정하면 이 관로에서 명백하게 공동화 조건이 발생한다. 휘발성 유체는 대기압 보다 상당히 높은 압력에서 기화될 수 있으며 이 기화압력은 예열에 의해 점도가 감소되는 유체의 온도에 의해 결정된다. 이러한 영향을 고려하여 보호전략을 수립할 필요가 있다.

환경 재앙을 방지하기 위해 유체는 시스템 외부로 유출되면 안 된다. 만일 증기공동이 허용되면 유체와 시스템의 결과는 무엇일까? 만일 허용된다면 공동이 시스템을 통해 이동하고 붕괴될 때 시스템은 충격부하와 재기동 절차를 수용할 수 있을까? 충격하중으로 인해 배관 이동의 위험은 물론 압력 스파이크가 발생한다. 배관은 충분히 강한가? 배관 지지물은 충분한가?

비록 전통적인 에어챔버를 사용할 수 없지만 동일한 기능을 수행하는 그림 4.39의 블래더탱크를 사용할 수 있다. 챔버 내 상부에 있는 블래더는 질소 또는 공기로 사전 충전될 수 있다. 이 블래더탱크는 일부 하수 시스템에서 사용되며, 블래더 재질이 시스템 내 유체와 호환되면 에스테르에도 사용될 수 있다. 부정류 전산해석으로부터 규명할 핵심 포인트는 챔버 용량 및 필요한 사전 충전가스의 크기이다.

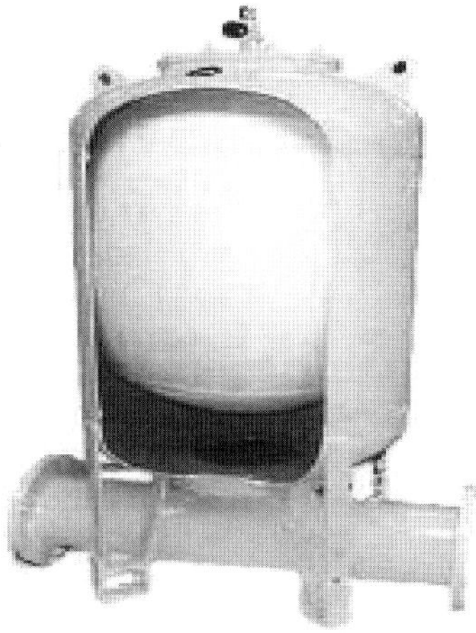

그림 4.39 휘발성 액체에서 사용되는 블래더형식 챔버

4.13 요약

본 장의 핵심 내용을 요약하면 다음과 같다.

- 관로시스템 내 부정류 발생 위험을 식별하고 관리하기 위한 적용 절차의 소개와 증명
- 수용할 수 없는 부정류의 원인은 설계자, 운영자와 소유자의 직접적인 제어 밖이지만 이들은 직원, 플랜트, 환경의 안전을 보장하는 도덕적, 법적 책임을 갖는다.
- 부정류 위험 관리와 평가를 위한 절차 및 방법을 예증하기 위해 전형적인 12개 데모 예제를 연구하였다.
  - 펌프트립 및 밸브폐쇄 이후 부정류 압력 추정
  - 에어챔버규격결정
  - 안전한 밸브폐쇄시간 결정
  - 신뢰도를 갖고 진공완화밸브와 공기배출밸브를 사용할 수 있는 장소 결정
  - 통상적으로 긴 관로의 시스템이 가장 위험하다는 사실 증명
  - 체크밸브 슬램 방지법 입증
  - 공명의 원인 및 공명을 최소화하는 방법 설명
- 수용할 수 없는 조건을 완화하기 위해 사용할 수 있는 전략과 관련하여 열린 마음을 유지하고, 각 시스템에 대한 부정류를 개별적으로 고려하고 각 시스템의 장점에 따라 처리하여야 한다.
- 다음 중요성을 강조하였다.

- 임계설계사례를 식별하고 이 사례는 반드시 첨두 유량 사례일 필요는 없다.
- 압력동요를 감소시키기 위한 핵심인 이벤트 순서

• 시스템 내 초기 압력변화 예측 및 이에 따른 위험을 확인하기 위한 시스템 전산해석을 위한 시방서 정의, 수용할 수 없는 조건을 안전한 범위 이내로 감소시키기 위해 제안된 전략을 확인하고 최적화를 진행하는 방법
• 전체 펌프 동력차단 또는 고장시 펌프트립을 실제 시스템에서 실행시키지 않고 전산모델로 시스템 반응을 확인하기 위해 시운전 동안 시험을 명시하는 방법

본 장을 통해 실행되는 기본 테마는 부정류 이벤트가 개시될 때 발생하는 물리적인 과정 이해의 중요성이다. 앞에서 전개한 기본개념에 기초하여 복잡한 공식을 최소화하고 다양한 예제를 기술하였다.

5장 부정류 사건·사고

본서의 대부분은 관로시스템 내 부정류로 인해 발생하는 수용할 수 없는 조건을 식별하고 방지하기 위한 내용으로 기술되었다. 특히, 본 장은 시스템 운영자가 갑자기 직면한 많은 사건에 대한 내용을 포함한다.

조심스런 설계와 철저한 운영 감독에도 불구하고 항상 예상치 못한 위험이 발생할 가능성이 있으며 이는 부정류 제어/억제분야 모두에서 진실이다. 아마도 특정인이 맡은 업무의 간과, 해석가에게 불완전한 설계자료 제공, 유지관리 검사의 소홀 또는 단순하게 운영조건의 변화로 인해 예상치 못한 부정류 이벤트가 발생할 수 있다.

다음 사례는 표 3.1에 열거된 배관시스템 내 명백한 부정류의 잠재적 원인에 대해 폭넓은 관점을 제공한다.

5.1 경량 앵커블록 사례

현존하는 작은 직경의 두 주관로와 평행하게 900mm 덕타일 주철관을 부설하여 하수도 계획을 개선한다. 시스템의 전체 길이는 약 1080m이고 새로운 관로는 병렬로 운전되는 두 펌프와 연결된다. 하수도이므로 설계 기술자는 펌프 토출측에 체크밸브 사용을 선호하지 않았고 대신 사전 결정된 시간에 걸쳐 폐쇄되는 자동밸브를 선택하였다.

다음에 근거하여 부정류를 연구하였다.

- 실제 파속 등과 같은 물리적 자료를 얻기 위해 현존 시스템에 측정장치를 설치하여 펌프트립을 포함하는 현장 조사
- 시험 자료의 도움으로 프로그램의 캘리브레이션을 포함하는 현존 시스템의 전산연구
- 펌프 토출측 자동밸브의 최적폐쇄시간 명시 및 부정류 이벤트와 관련된 전체 시스템 안전평가, 이 두 목적과 함께 제안된 새로운 시스템의 전산해석

시운전 동안 하수도 관로 내 파속에 기초한 해석결과로 최적밸브폐쇄시간을 약 17초로 조정하였다. 또한 펌프트립 후 예측된 시스템 내 최대압력은 약 5.5bar이고, 이는 시방서에 명시된 10bar 수준 이내로서 허용된다.

절차에 따라 관로를 건설하고 시운전하였다. 첫 시험 동안 최대압력은 약 4bar로 기록되었으나 시스템이 파괴되었다.

추적조사결과 주목할 점은 두 가지이다. 첫 번째, 배관 자체의 허용압력수준은 10bar로 승인되었고 확인되었다. 그러나 앵커블록은 오직 2bar를 견딜 수 있도록 설계되었지만 해석가에게 이러한 사실이 전달되지 않았다.

두 번째, 시운전 기술자는 초기 시험 동안 적은 유량의 펌프를 트립시키고 점차 큰 유량의 펌프를 트립시키는 것으로 결정하였다. 이는 초기 적은 유량에서 펌프로의 역류는 큰 유량에서보다 빠르게 발생하며, 이러한 조건에서 자동밸브의 최적폐쇄시간은 더욱 짧아져야 한다는 사실을 의미한다. 결과적으로 예상된 것 보다 상당히 높은 역류 유속이 형성되어 밸브가 최종 폐쇄되면서 높은 부정류 압력이 발생하였다.

배관 자체는 높은 압력을 견딜 수 있었지만 취약부인 앵커블록으로 인해 조인트가 파괴되었다. 이 사고로부터 다음 교훈을 얻을 수 있다.

- 부정류 해석가에게 완벽한 자료를 제공하여야 한다.
- 상세 위험해석시 실제 현장시험을 미리 확인하여야 한다.

5.2 진동하는 급수장치(Feed Range)

직경 200mm의 링 메인(ring main)은 석탄화력발전소 내 5개 보일러에 물을 공급한다. 두 대의 정속펌프와 한 대의 변속펌프는 링메인으로 물을 공급하며, 모든 펌프는 급수장치에 연결되기 전에 고압 열교환기를 통해 물을 공급한다. 급수장치의 세 연결부는 거의 서로 인접하므로 물은 해당 지점에서 상당히 균등하게 배분되는 경향이 있다.

그 시점에서 정상적인 관례에 따라 상당히 안정된 부하에서 증기가 발생할 때 하나를 제외한 모든 보일러는 일정한 출력에서 운전되도록 설정되었고, 나머지 한 보일러는 터빈의 미세한 증기수요변화에 대응하여 자동으로 급수를 공급하도록 설정되었다. 이 모드에서 보일러로 유입되는 급수량은 두 자동밸브에 의해 제어되었다. 각 밸브는 보일러에서 Economizer라 알려진 열교환기의 유입부에 설치되었다.

어느 날 저녁 이 모드에서 운전하는 도중 전체 급수장치가 상당히 급속히 격렬하게 진동하기 시작하였고, 이 진동은 오직 지지물과 보일러와의 연결부에 의해 억제되었다. 배관의 진동 폭은 10~15㎝이였다. 소음과 진동은 인접한 빌딩으로 전달되었고 빌딩도 흔들렸다.

담당 기술자는 정확한 원인을 즉각 알 수는 없었지만 다행히 급수장치와 관련된 수력공명현상을 인지하였고, 시스템의 자연고조파(natural harmonic)와 일치되는 주파수에서 이러한 현상이 발생하고 있다고 판단하였다. 그는 먼저 변속펌프의 속도를 약 5% 증가시켰고, 그 결과 진동이 시작될 때와 같이 급속하게 사라졌다.

반추해보면 이전에 펌프는 진동과 공명 문제없이 빈번하게 운전되었고, 펌프회전속도변화는 신속한 처방을 제공하였기에 펌프 자체는 문제의 원인이 될 수 없는 것처럼 보였다. 따라서 평소와 다른 보일러를 자동운전 모드로 운전한 것으로 나타났다.

이 플랜트는 상당히 오래되었고 유지관리는 이전처럼 항상 수행되지 않았을 것이다. 이 특정 보일러에 있는 자동밸브의 가동부는 일정부하에서 운전될 때 통상적인 위치에서 상당히 마모되었지만 다른 부분은 마모가 덜 될 수 있다.

문제의 원인은 미케니즘이 느슨해져 제어요소가 헌팅하였고, 급수장치의 자연주파수에 상응하여 자기여자(self-excited) 운동이 발생하였다.

펌프회전속도증가는 압력을 증가시키고, 따라서 급수장치 내 압력도 증가되었다. 보일러 드럼 내 수위가 증가하면서 상당한 유량 증가로 인해 덜 마모된 부분으로 이동하여 밸브개도가 감소되었으며 이 새로운 위치에서 진동은 중지되었다.

이 사고로부터 다음 교훈을 얻을 수 있다.

- 검사, 유지관리 및 시험 절차를 적절하게 수행하여야 한다.
- 플랜트 운영자는 부정류 증상에 대해 익숙하여야 한다.

5.3 물은 어디로 갔을까?

이 사고는 앞의 두 사례와 같이 영국에 위치한 수력발전소와 관련된다. 리벳으로 체결된 직경 3m 강관의 두께는 6.5mm이고, 관로 길이는 상류측 저수지로부터 약 600m이고, 이후 고압 펜스톡과 수차 유입밸브가 설치되었다.

어느 날 터빈에서의 압력수두가 약 6~8분간에 걸쳐 0으로 떨어졌다. 수압이 떨어지기 전까지 밸브는 동작하지 않았고 다른 변화와 소음 기록도 없었다. 그러나 물 공급이 정지되었지만 터빈은 발전 모드에 있어 플랜트를 정지시킬 필요가 있었다.

추후 검사에서 강관 관로의 상류측 말단부 인근에 있는 런어웨이밸브(runaway valve)가 부주의하게 폐쇄되었던 사실이 밝혀졌다. 이 밸브의 하류측인 강관 관로는 거의 완전 진공을 견딜 수 없어 약 500m에 걸쳐 내부로 붕괴되었다. 단면 형상은 원형보다는 바나나 형상에 가까웠다.

런어웨이밸브는 보호장치로서 배관 파열시 저수지가 비게 되고 물길 통로의 지반과 재산을 손상시키는 것을 방지하기 위해 자동으로 폐쇄되도록 되어있었다. 유속이 약 2.6m/s를 초과할 때 자동으로 폐쇄되기 시작하는 것으로 가정하였으며 이 유속은 터빈이 전부하에서 정상적으로 운전될 때의 유속보다 높았다.

이전 예제에서와 같이 명백하게 발생하지 않았어야 할 시간에서 밸브가 폐쇄된 것은 불량한 검사, 유지관리 및 서비스 절차에 기인한다.

5.4 미생물의 축제

지하에 굴착된 시추공은 물로 채워지는 경향이 있다. 다른 나라와 같이 남아프리카의 석탄광산은 깊은 시추공으로 구성되고, 만일 이 시추공에서 사람이 작업하면 지속적으로 물을 배수할 필요가 있다. 광산 기초 인근에 위치한 펌프는 광산 내부로 스며든 물을 지상 배수로 또는 저수지로 펌핑하여 배수한다.

사고가 발생한 플랜트는 상당히 전형적이었다. 즉, 광산 지하에 설치된 다단 펌프는 수직 배관시스템을 통해 지상으로 물을 펌핑하였고, 이후 물은 수평으로 저장조로 흘러갔다. 배관 재질은 강관이고 내부는 역청으로 코딩되고 플랜지 접합으로 연결된다.

예상되는 부정류 압력에 대처하기 위해 신속하게 작동하는 체크밸브와 함께 병렬로 운전되는 높은 수두 펌프를 설치하였고, 배관은 높은 압력과 완전 진공에 견딜수 있는 강도를 갖는다. 시스템은 통상적으로 집수정으로부터 물을 제거하고 집수정이 다시 만수될 때까지 수 시간 동안 정지와 같이 간헐적으로 운전된다. 시스템은 실제로 직면하는 침투수 보다 상당히 큰 유량을 처리하도록 설계되었다.

시스템은 수년간 아무 문제없이 운영되었다. 그러나 어느 날 펌프 한 대 트립 후 지상 저장조까지의 긴 수평관로가 파열되었다. 파열(split)은 전통적인 후프 응력이었고 배관 상단부가 축방향으로 파열되었다. 흥미로운 점은 배관 내부 검사결과 배관 내부 상부 표면에서 보호용 역청 코팅이 사라진 것으로 나타났다. 어떻게 이런 일이 발생하였을까?

과거 배관검사기록을 검토한 결과 배관이 신관일 때는 적정하게 코팅되었던 것으로 증명되었다. 화학분석결과 수질에서 특이하게 다른 점은 없었던 것으로 확인되었다. 시스템의 운영전략은 변경되지 않았고, 따라서 예상하지 못한 부정류 압력은 발생하지 않았어야 한다. 미생물학자가 광산수 내 작은 유기물을 연구하였을 때 진실이 밝혀지기 시작하였다.

미생물학자는 물속 특정 미생물이 가장 좋아하는 식량은 역청이었던 것을 밝혀냈다. 정지 기간 동안 미생물은 배관 상단부로 이동하여 역청 코팅을 먹어 치웠다. 시간이 지난 후 정상적인 운영조건에서 조차도 더 이상 압력의 변화를 견딜 수 없을 정도로 배관벽 두께가 감소하였다.

이 사고의 직접적인 원인은 특이하여 정기적인 배관 내부 검사를 수행하지 않거나 또는 매우 정밀한 수질평가를 하지 않으면 예상이 어렵다는 것에 대해 이견이 없다. 그러나 이 사고는 시스템을 시운전하고 긴 시간경과 후 발생할 수 있는 잠재적 위험에 주의할 것을 강조한다.

5.5 녹색버튼의 위험

일부 화학공정 플랜트는 탱크들 사이에서 침전 가능한 무거운 액체를 펌핑한다. 사고가 발생하였던 관로시스템은 탱크로부터 직경 50mm, 길이 8.5m의 흡입배관, 유량 7.5L/s, 운전수두 30m인 펌프, 직경 500mm, 길이 5.2m 수평 토출배관, 7.6m 수직 배관과 플러그밸브로 구성된다. 플러그밸브 이후 매우 짧은 수직 배관과 수평 배관은 사고와 관련되지 않는다.

운명적인 날 운영자가 펌프를 기동하여 유체을 수송하기 시작하였으나 잠시 후 과부하로 인해 펌프가 트립되었다. 운영자는 녹색 기동 버튼을 다시 눌렀고 밸브에서 거의 순간적으로 폭발과 화염이 발생하였다. 높은 압력에 의해 밸브 커버를 고정하는 스터드 볼트가 파괴되었고, 플러그밸브는 이탈되었고 관로도 손상되었다.

이 시스템은 과거에는 이런 문제없이 50년간 운영되었다. 사고원인 조사결과 빈번하게 발생하는 일련의 이벤트가 관련되었던 사실을 발견하였다[Thornton (1983)]. 주된 원인은 플러그밸브였고, 펌프가 기동되면 이 밸브는 개방되었어야 했지만 폐쇄되어 있었다. 그러나 폭발성 연소가 발생하려면 반드시 공기가 있어야 하고, 공기와 액체로부터의 증기 혼합물은 온도가 높아야 자발적 연소를 시작할 수 있다. 어떻게 폐쇄된 밸브의 상류측에 공기포집이 가능하였을까? 더욱 궁금한 것은 펌프가 개시되었을 때 왜 펌프가 먼저 폭발하지 않았을까?

사고로 밸브가 파괴되었으므로 공기는 누수되는 글랜드 또는 약한 밀봉부를 통해 그리고 배관 내 액체가 수원으로 다시 배수되면서 유입된 것으로 추정할 수 있을 뿐이며 공기량도 미지수이다. 다음 질문은 증기공동 내 어떤 압력과 온도가 형성되었을까?

Thornton은 이 특정 사고에 대한 상기 의구심을 조사하였고[Thornton (1983)], 이와 유사한 사고는 다른 연구를 촉발하였다[Thorley and Main (19860 and Thorley and Spurrett (1990)).

상기 모든 연구는 증기공동은 움직이는 수주에 의해 압축되고, 실린더 내 피스톤과 유사하게 압력과 온도 모두 급격히 상승하는 것을 증명하였다. 디젤엔진의 경우 피스톤 이동은 회전하는 크랭크축에 의해 제한되지만 피스톤 역할을 하는 배관 내 수주의 이동은 공동 내 압력이 누적되어 정지된다. 만일 수주가 높은 운동에너지를 형성하면 이에 상응하여 공동 내에서 높은 압력이 형성된다. 앞에서 인용된 연구논문은 초기 공동 압력 1bar는 수배로 급격하게 확대될 수 있으며 온도는 수백도가 될 수 있다는 사실을 보여주었다. 그림 5.1은 Thorley and Main(1986)으로부터 발췌한 것이고 증기공동이 압축되면서 발생할 수 있는 최대압력을 보여주며 온도도 이에 상응하여 매우 높게 된다.

공기-증기 혼합체가 자발적으로 점화되기 위해서는 온도는 발화점 이상이 되어야 한다. 불행하게도 발화점은 일정하지 않고 주변 압력이 증가하면서 하강한다. 전형적인 광유의 자동 발화온도 AIT(Auto-Ignition Temperature)는 대기압에서는 약 380℃이지만 100bar에서는 200℃로 감소한다. 내화성 유압 액체도 AIT 감소를 경험하며 이는 대기압에서 580℃ 이지만 동작 압력에서는 320℃로 떨어질 수 있다. 이 온도는 이동하는 수주에 의해 압축되는 공기 기포 내에서 형성될 수 있는 온도보다 상당히 낮아 공기-연료 혼합체는 실제로 연소를 피할 수 없다.

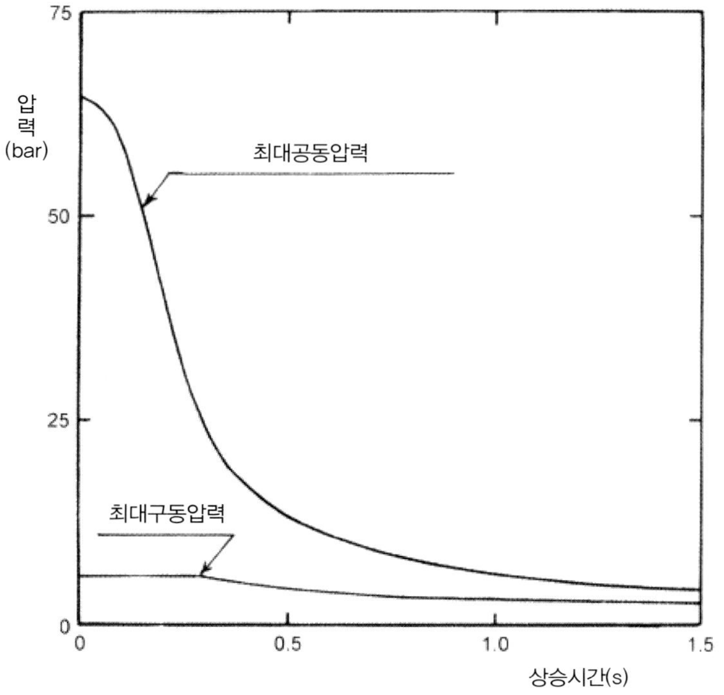

그림 5.1 압력이 낮아도 증기공동압축 결과 높은 압력발생 가능

그림 5.2는 두 현상을 보여준다. 두 평행 곡선은 증기공동 내 압력이 상승하면서 어떻게 AIT가 떨어지는 것을 보여준다. 그래프에서 연소가 발생할 수 있는 위험영역은 관련된 AIT 곡선의 상부이다.

곡선의 원점 인근으로부터 급격하게 상승하는 곡선은 전술한 예제에서 기술된 사고사례와 같이 공기-연료 혼합물을 포함하는 공동 내 압력과 온도 변화를 나타낸다. 부정류 이벤트 동안 공동 내 조건은 이 선을 따라 위 아래로 이동한다. 이 선은 명백하게 위험영역 내부에서 교차하므로 근본적으로 자발적인 연소가 발생할 수 있다는 것을 보여준다.

나머지 질문은 밸브 인근 공기/증기공동 내 연소가 가능한 압력과 온도가 형성될 수 있으면 펌프가 가동되었을 때 왜 펌프에는 아무런 일이 발생하지 않을까?

이에 대한 대답은 거의 확실하게 White (1960) and Main (1985)가 수행한 일부 환자탐문 작업의 결과로부터 찾을 수 있다. White는 거의 사상자 100명을 초래하였던 미국 항공기에서의 두 폭발 원인을 조사하였다. Main은 내화성 유압 유체의 AIT 특성을 나타내기 위한 방법의 연구는 물론 근해 오일과 가스 플랫폼을 포함한 많은 상황에서 폭발을 연구하였다.

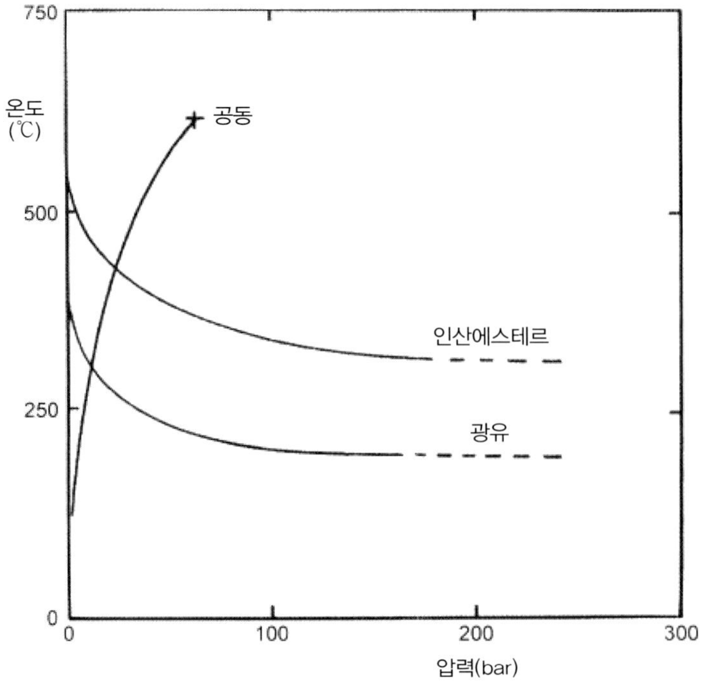

그림 5.2 두 연소성 액체의 압력에 따른 자기-발화 온도 곡선

기본적으로 이들은 실제로 연소의 발생여부를 결정할 때 혼합물은 연소에 적합한 온도와 압력뿐만 아니라 다른 요소도 중요하다는 사실을 보여주었다. 이 요소는 공기-연료 혼합물의 분포, 배관 벽의 접수 표면적 정도, 표면 조도 및 녹과 다른 부식 물질에 의한 표면의 오염을 포함한다.

본 사고의 시작은 펌프 기동이었으며 배관 및 배관의 구성요소는 계속되는 압력동요를 견디기에 충분히 강한 것으로 보였다. 그러나 관로를 건설할 때 수송하는 액체의 자동발화특성의 중요성과 공기공동형성의 결과를 완벽하게 평가하지 않았다. 밸브 밀봉이 적정하게 유지되거나 또는 시스템 내부로 공기유입 탐지를 보장하지 않는 불량한 검사와 유지관리 절차에 의해 상황은 복잡하게 되었다.

본 사례로부터 다음 교훈을 얻을 수 있다.

- 오래된 플랜트라도 절차에 따라 검사와 유지관리를 하여야 한다.
- 관련된 유체 특성의 모든 상세한 내용과 이들의 중요성을 파악하여야 한다.

5.6 미소 변화-큰 문제

Manzanillo Ⅱ 화력발전소는 각각 350㎿을 생산하는 두 발전설비로서 1988년 운영을 개시하는 일정으로 설계되었다. 응축기 냉각수 시스템은 Cuyutlan 호수로부터 해수를 취수하여 유입수로를 통해 유입구조물로 공급된다. 유입구조물은 보조 냉각수 펌프, 이동 스크린 및 두 대의 주 냉각수 펌프로 구성된다. 각 냉각수 펌프는 정사각형 단면의 보강 콘크리트로 제작된 도수관로를 통해 수두 8.7m에서 냉각수 $6.42m^3/s$ 을 응축기로 공급한다. 응축기의 하류측에 있는 유사한 도수관로는 밀봉된 우물로 이어지고 이후 유출은 자유 표면 유동이다.

전산해석결과 모든 운영조건에서 부정류 압력은 만족스럽게 제어되는 것으로 예측되었다. 시운전 시험 동안 시스템을 기동하였고 수차례의 기동과 정지에서도 만족스럽게 운영되었다. 그러나 1500시간째인 1987년 11월 27일 금요일에 격렬한 소리 후 도수관로 상단 표면부가 파열되었고 많은 구멍으로부터 물 제트가 분출되었다[Paz Soldan (1989)].

이 직전에 순환수 펌프는 스크린을 청소하기 위해 백워싱 모드로 운전 중이었다. 세척수량을 제어하는 밸브가 실수로 폐쇄되어 있어 부정류가 개시되었고, 펌프는 과부하로 트립되어 또 다른 부정류를 초래하였다.

냉각수 시스템설계 및 부정류유동해석을 검사한 결과 스크린 백워싱 시스템은 당초 냉각수 시스템에 설계에서 약간 변경되었다는 사실을 알게 되었다. 이는 부정류 해석 이후에 변경되었고, 이러한 변경이 관로의 부정류 반응에 미칠 수 있는 영향에 대해 후속적인 검토를 하지 않았다.

백워싱 시스템을 위한 대안 펌프를 제시하여 문제를 극복하였고, 냉각수 회로는 당초 설계와 일치하는 배열로 되돌릴 수 있었다. 손상된 콘크리트 배관을 해체하여 더욱 두껍게 재포설하였다.

모든 설계변경 특히, 설계단계에서 늦게 변경되면 부정류유동 위험평가에 확실하게 변경내용을 포함시켜야 한다.

5.7 반사파(압력파 갇힘 현상)

국제공항에 설치된 소방시스템은 배수관망을 형성하면서 여러 교차 연결부와 함께 기본적으로 두 병렬 관로로 구성된다. 다양한 외부 소화전과 내부 스프린클러 시스템은 기본 시스템에 연결된다. 통상적으로 소방시스템의 일부 배관은 사수부에서 끝난다.

이 소방시스템은 약 520,000㎡를 커버하고, 전체 주 관로 길이는 9km이다. 펌프장은 중앙에 위치하며 약 45분 동안 최대유량 1400L/s를 공급한다. 배관 재질은 석면 시멘트이고 직경은 펌프장에서 최대 600mm이고 하류측 말단부에서는 300mm로 축소된다.

시스템 준공 후 설명할 수 없는 일련의 관로 파괴가 발생하였고 운영자는 일부 스프린클러 시스템은 정상적인 수준의 두 배로 가압된 것을 인지하였다. 이 이벤트는 시스템이 공회전할 때 즉, 대기 모드에서 발생하였고, 실제 비상시에 이는 어떻게 작동할지에 관심이 표명되었다. 만일 유량이 최소 또는 0일 때 장애가 발생한다면 설계 유량에서 재앙적 장애의 가능성은 상당히 큰 것으로 보였다.

실제로 시스템은 상당히 복잡한 관망으로서 과도한 압력형성 원인에 대한 몇 가지 가능성이 존재하였다. 전산해석과 조합된 조심스럽게 제어된 프로그램은 가능성 있는 문제를 식별할 수 있도록 고안되었으며 이로부터 도출된 중요한 결과는 다음과 같다.

스프린클러 시스템 내 높은 압력이 첫 번째 실제 실마리였다. 소화전 중 하나를 중간 유량으로부터 완만하게 폐쇄하여도 펌프를 향한 반사파는 폐쇄된 체크밸브와 만나는 것으로 증명되었다. 부정류 측면에서 폐쇄된 체크밸브는 사수부로 표현되며 이는 파를 반사시킨다. 즉, 반사파가 체크밸브에 도달하면 압력이 두 배로 증가되는 반면 만일 압력이 저하되면 두 배로 저하되어 증기압에 도달하면 공동이 형성된다. 기본적으로 반사파는 누적방식으로 시스템 내부에 갇히게 되었다.

여러 처방법을 조사하였으나 최종적으로 채택된 것은 높은 압력이 나타난 시스템 내 5개 중요 지점에 압력완화밸브를 설치하는 것이다. 압력완화밸브가 설치되는 지점은 특정 압력 이하로 설계된 소방 시스템 그리고 고층 빌딩 내 세면실과 화장실에 공급하는 배수시스템이다. 아래로 향하는 수직 배관은 각 층마다 분기된다. 각 층에 압력조정밸브를 설치하는 목적은 수전과 수도꼭지에 대한 공급압력이 너무 높지 않게 보장하는 것이다.

문제는 수전과 화장실 플러싱 장치가 자동으로 폐쇄될 때 발생할 수 있다. 압력조정밸브가 실제로 체크밸브와 같이 거동할 때 이 부분에서 높은 압력이 생성되고 갇히게 될 수 있다. 다른 부분들도 서로 상호작용하여 결과적으로 상당한 배관 이동과 소음이 발생할 수 있다.

만일 시스템 내 여러 체크밸브 또는 압력조정밸브를 설치할 필요가 있으면 부정류 압력파가 시스템 내 갇히지 않도록 신중하여야 한다. 시스템의 주된 기능에 비례하여 유량에 대한 변화율을 타당하게 낮게 유지하여 이를 달성할 수 있다. 만일 아직도 높은 압력이 발생하면 반드시 과도한 압력을 완화하도록 고안하여야 하며 이때 사용되는 대표적인 장치는 압력완화밸브, 작은 에어챔버 또는 축압기이다.

5.8 흔들리는 체크밸브

시스템에 물을 공급하기 위해 한 펌프에서 다른 펌프로 교체는 문제가 없는 운영이지만 다음 사고에서는 예외인 것으로 증명되었다.

원자력 발전소에서 병렬로 설치된 두 펌프 중 하나로 급수를 공급하였다. 통상적인 원자력발전소에서와 같이 배관은 굴곡진 노선에 따라 여러 지점에서 행거로 지지된다. 열팽창과 수축을 고려하여 약간의 이동이 허락된다. 펌프는 하나의 취수원으로부터 취수하고, 각 펌프의 토출측에는 평형추가 달린 체크밸브와 차단밸브가 설치되었다. 주관로에 연결되기 전에 수 미터 길이의 토출관로가 설치되었다.

시운전시 설계유량으로 운전 중인 한 펌프는 교체운전이 예정되었다. 두 번째 펌프를 기동하여 물을 유출하기 시작하였고 약간의 압력동요가 발생하였지만 심하지는 않았다. 압력과 유량이 안정화된 상태에서 당초 펌프를 트립시킨 후 다소 무서운 결과가 발생하였다. 토출 배관이 매우 격렬하고 시끄럽게 이동하였고, 이로 인해 배관 지지물이 심각하게 손상·파괴되었다. 다행히 배관은 파열되지 않았지만 기록된 자료로부터 큰 압력변화가 발생하였던 것이 확인되었다.

사고는 심각한 것으로 판단되어 시스템에서 발생한 일을 조심스럽게 파악하기 위해 측정장치를 설치하고 일련의 시험을 수행하였으며 여러 위치에서 유량과 압력, 펌프 자료 및 스윙체크밸브의 디스크 위치 자료를 기록하였다. 전술한 낮은 유량에서 펌프교체시 발생하였던 사고를 포함한 여러 시험을 완료하였다.

시험결과는 격렬한 압력동요가 발생하였던 것을 확인하였으며 이에 대한 근본적인 운인은 체크밸브가 유량변화에 신속하게 반응하지 못한 것으로 판단되었다. 당초 가동 중인 펌프가 트립된 후 운전 중인 두 번째 펌프에 의해 유지된 매니폴트 내 높은 압력으로 인해 체크밸브에 인접한 배관 부분에서 유동이 급속하게 역전되었다. 스윙체크밸브가 최종적으로 폐쇄될 때 하류측에서 한 단계의 커다란 압력변화가 발생하였으며 상류측에서는 증기공동이 형성되었다. 시트에 대한 밸브 디스크의 슬래밍은 배관시스템에 충격 부하를 주었고, 단계적 압력변화에 의해 더욱 악화되었다. 잠시 후 상류측의 증기공동이 붕괴되면서 시스템에 또 다른 격렬한 충격을 주었다. 이 공동은 여러 차례에 걸쳐 형성되어 붕괴된 것을 보여주었다.

체크밸브의 늦은 폐쇄가 근본적인 문제이었던 가설이 보강되었다. 이를 입증하기 위해 한 펌프 토출측 스윙체크밸브를 노즐형식의 체크밸브로 대체하여 시험을 반복하였다. 두 번째 펌프의 기동은 더욱 부드러워 졌고, 당초 운전되는 펌프가 트립되었을 때 가장 극적인 개선이 이루어져 압력변화가 상당히 감소되었고 충격부하도 발생하지 않았다. 따라서 전체 스윙체크밸브를 노즐체크밸브로 교체하였고 더 이상 문제가 발생하지 않았다. 이와 같은 증상이 발생하였을 때 일시적으로 부과되었던 설계용량의 30% 제약이 동시에 해제되었다.

이 특정 사고는 체크밸브슬램에 관한 연구, 체크밸브의 선정방법에 대한 권장사항이로 이어지는 여러 사고 중 하나였다(상세한 내용은 2.2.4절과 11.5절 참조).

5.9 부분부하운전의 악몽

본 사고는 공정 플랜트의 냉각수 시스템의 기동과 시운전 동안 나타날 것으로 예상되지 않았던 또 다른 사례이다. 냉각수 공급시스템은 여러 분지관로와 많은 작은 루프로 구성된다. 공급관로로부터의 분지관로는 많은 열교환기와 시스템 내 다른 구성요소로 냉각수를 공급하고, 이후 회수관로로 연결된 냉각탑으로 회수된다[Locher and Wang(1996)].

전형적인 플랜트에서와 같이 여러 배관은 상당히 굴곡진 노선에 따라 랙과 지지물 상부에 설치된다. 이 지지물은 배관의 열팽창과 수축을 고려하고 축방향과 횡방향 이동에 대항하여 배관을 지지하도록 설계되었다.

주관로와 분지관로의 직경은 980mm와 200~500mm이다. 개별 곡관과 접합부 사이 거리는 10m 단위로 측정되고 주 접합부와 루프 사이 전체 거리는 100~200m 범위이다. 시스템의 관심 있는 부분인 펌프로부터 랙 상단부까지 고도 차이는 약 13.5m이다. 시스템의 전부하시 운전되는 두 펌프의 유량은 1290L/s 정도로 예상된다. 부분부하시에는 오직 한 펌프만이 운전되고 잉여 물은 바이패스 관로를 통해 냉각수로 회수된다. 바이패스 관로 내 유량은 나머지 플랜트 관로의 압력을 유지하는 밸브에 의해 제어된다. 이는 여러 열교환기와 다른 구성요소가 설계유량을 공급받는 것을 보장하는 것이다.

사고 발생시 오직 한 펌프가 운전중이였다. 두 작은 플랜트 부분에 물이 공급되는 중이었고 바이패스관로는 개방되었다. 기동 시험 동안 운영 중인 펌프가 트립되었다. 잠시 후 2.5분 지연으로 정의된 예비펌프가 기동되었다. 이때 배관이 상당히 진동하기 시작하였고, 높은 고도의 랙들 중 하나에서 450mm 배관이 횡방향으로 500mm, 축방향으로 300~500mm 이동한 것으로 기록되었다. 불행하게도 배관에 서 있던 작업자는 심각한 부상을 당했다.

후속적인 조사결과 펌프 트립 후 개방되었던 바이패스관로를 통해 시스템이 부분적으로 배수되어 고도가 높은 배관 부분에서 대기압 이하 압력, 수주분리 및 증기공동이 형성된 사실이 입증되었다. 회수관로 내 설치된 배기구는 이러한 현상이 쉽게 발생하도록 기여하였을 수 있다.

예비펌프 기동시 수주가 공급관로 하류로 빠른 속도로 이동하였고, 곡관부와 접합부와 충돌하여 증기공동이 붕괴되었다. 이로 인해 높은 압력과 동적 부하가 발생하였고 배관이 이동하였다. 또한 배관 지지물은 오직 중력방향 하중만을 지지하도록 설계된 것으로 나타났다. 측면 부하에 대한 지지가 설치되지 않아 배관은 지지물로부터 이동이 가능하였다.

부분부하에 대한 시스템의 전산모델은 이러한 결론을 지원하였으며 복구 조치 구상에 대한 기초를 제공하였다. 또한 전산모델은 시스템의 다른 부분부하 운전시 전부하 운전시 보다 더욱 심각한 부정류 결과를 초래하는 경향이 있다는 사실을 조사하기 위해 사용된다. 이러한 연구로부터 도출된 부정류 제어에 대한 권장사항은 다음과 같다.

- 고도가 높은 관로 부분 또는 이 인근에 두 개의 진공완화/공기배출 조합밸브와 하나의 공기밸브를 설치한다.
- 주 펌프토출밸브 주위에 바이패스관로의 설치를 포함한 펌프기동절차를 수정하여 관로 내 초기 유량에서 공기 퍼지(purge)를 제어한다.

상기 사례로부터 다음 교훈을 얻을 수 있다.

- 모든 운영 시나리오를 시작하기 이전에 충분히 위험평가를 수행하여야 한다.
- 복잡한 관망 내 폐쇄된 부분에서는 적은 유량에서도 허용할 수 없는 압력 및 압력변화가 발생할 수 있다. 정상적인 운영조건에서도 관망 내 유속과 압력분포는 예상과는 상당히 다를 수 있고, 낮은 안전계수와 높은 자이코프스키수두변화를 초래할 수 있다.
- 분지관로가 서비스 중이 아닐 때는 압력변화를 증폭시키는 먼 곳의 말단부가 아니라 주관로에 연결된 분지관로부를 폐쇄하여야 한다.

5.10 요약

지금까지 기술한 사고는 저자가 알고 있는 사고 중 일부이다. 많은 다른 사고가 발생하였고, 일부는 다음 문헌에 기록되었다[Thaudhry (1987), Hamilton and Tayor (1996), Jaeger (1963), Kletz (1998), Locher et al. (2000), Pulling (1976), Serkiz (1983)].

비정상유동과 부정류유동이 수반된 상황을 예상하고, 올바른 또는 그릇된 시간에 함께 나타날 수 있는 왜곡된 이벤트 시퀀스를 상상하기 위한 많은 노력과는 무관하게 사고의 가능성은 항상 존재한다.

각 시스템은 자체 장점을 고려하여야한다. 만일 일련의 작은 위험 이벤트가 존재하면 시간이 경과한 후 반드시 발생한다. 기술한 사고 중 일부는 시운전시 발생했지만 다른 사고는 수년간 안전한 운영에도 불구하고 50년 후에 발생하였다. 만일 관로시스템의 안전한 운영이 위험에 노출되어 있으면 설계자, 운영자와 소유자는 반드시 부정류 이벤트의 위험에 주의하여야 한다. 전술한 다양한 사고사례로부터 얻은 교훈은 다음과 같다.

- 부정류 위험평가시 다음을 포함한 모든 핵심 인원을 포함시킨다.
  - 모든 운영조건을 정의하는데 도움이 되는 사람
  - 시스템 및 수송 유체와 관련된 완벽한 자료를 제공할 수 있는 사람
- 빈번하게 피크유량은 가장 심각한 부정류를 발생시키지만 다른 많은 상황에서 특히, 시운전 동안 수용할 수 없는 조건이 발생할 수 있다.
- 부정류 원인과 증상에 대한 유지관리와 운영직원의 교육은 발생할 수 있는 문제 그리고 불행한 경우 취하여야 할 조치를 예측할 때 유용한 역할을 할 수 있다.
- 검사, 유지관리, 서비스 스케줄의 준수가 중요하다.

6장 부정류 전산모델

6.1 소개

일차원 부정류 순수 액체 유동해석을 위해 적정한 비용으로 여러 전산코드를 구매할 수 있다. 다음 사항이 중요한 요소인 시스템을 제외하고 통상적으로 새로운 프로그램을 처음부터 개발하는 것 보다 구매하는 것이 훨씬 저렴하다.

- 복잡한 경계조건(예를 들어 대형 열교환기, 수력발전소)
- 다상(multiphase) 및 다요소 유동
- 2차원 및 3차원 유동
- 열 및 질량 전달 효과가 상당할 때
- 유체구조상호작용(FSI, Fluid-structure interaction) 모델링시

액체를 수송하는 시스템 내 부정류 해석을 위한 전산모델의 기초는 질량보존식과 선

형모멘텀식의 수치해석이다. 이들의 가장 일반적인 형태는 한 쌍의 비선형 포물선 편미분식이며 이 식에서 변수는 압력과 유량이고, 이 변수는 이벤트가 발생한 후 시스템 내 위치와 시간에 종속된다.

이 식의 전개는 문헌에 잘 기술되어 있으므로 관심 있는 독자는 이 문헌을 참조한다(박한영, 2018). 그러나 독자가 특정 시스템의 전산해석 준비시 고려하여야 할 문제를 이해할 때 관련된 식, 식의 수치해석, 수반된 가정과 간략화에 대한 간략한 설명은 도움이 될 수 있다.

6.2 특성법 개요

부정류유동식을 해결하기 위한 가장 유망한 기법은 특성법이다. Gray(1953)는 부정류 문제에 특성법을 적용한 첫 번째 사람 중 한 사람이다. 그러나 이 방법은 미시간주립대학의 Streeter and Lai(1962) 및 Streeter and Wylie(1967)의 작업을 통해 실제로 유망하게 되었다. 또한 Chaudhry(1987), Fox(1989) 등과 같이 이 분야 권위 있는 저자는 이 방법을 탐구하였다. 전술한 두 보존법칙은 다음과 같다.

선형모멘텀

$$\frac{\partial Q}{\partial t} + gA\frac{\partial H}{\partial x} + RQ|Q| = 0 \tag{6.1}$$

질량보존(또는 연속식)

$$\frac{\partial H}{\partial t} + \frac{c^2}{gA}\frac{\partial Q}{\partial x} = 0 \tag{6.2}$$

여기서 A는 단면적, g는 중력가속도, c는 식 8.7로 정의된 파속, $R[=f/(2DA)]$은 달시-바하 마찰계수의 항으로 표현된 원형배관의 마찰저항이다. 관심 있는 매개변수는 피에조미터수두 H(예를 들어 임의 기준선 상부 수력구배선의 고도)와 유량 Q이며 이들 대신 압력 p와 유속 v를 사용할 수 있지만 통상적으로 H와 Q가 선호되며 이들은 시스템 내 위치 x와 시간 t와 관련되어 표현되는 종속 변수이다.

이 편미분식에서 비선형 마찰항으로 인해 폐쇄된 형태의 해를 구할 수 없어 수치해석이 필요하다. 대표적인 수치해석방인 특성법 MOC(Method of Characteristics)는 이 편미분식을 정규미분식으로 변환하고 유한차분법으로 해결한다. 이에 대한 상세한 내용은 참고문헌을 참조한다(박한영, 2018). 식 6.1과 6.2로부터 다음과 같이 가장 단순한 형태의 "호환식(compatibility equations)"을 유도할 수 있으며 식 6.3은 $\Delta x = c\Delta t$로 정의된 특성선에, 식 6.4는 $\Delta x = -c\Delta t$로 정의된 특성선에 대해 유효하다.

$$H_{P,i} = C_P - BQ_{P,i} \qquad C^+ \tag{6.3}$$

$$H_{P,i} = C_M + BQ_{P,i} \qquad C^- \tag{6.4}$$

상기 식으로부터 다음과 같이 내부절점에서 유량과 수두를 구할 수 있다.

$$Q_{P,i} = \frac{C_P - C_M}{2B}, \qquad H_{P,i} = \frac{C_M + C_P}{2} \tag{6.5}$$

통상적으로 식 6.3과 6.4를 C^+ 및 C^-식이라 부른다. 원리적으로 이 한 쌍의 식을 동시에 해결하여 쉽게 해를 구할 수 있다. 예를 들어 $y = 1 - 2x$와 $y = 3 + 4x$에서 1, 2, 3, 4는 기저 수치이므로 이 식의 해는 $y = 5/3$ 및 $x = -1/3$이 된다.

x와 y에 해당 H_{Pi}와 Q_{Pi}는 시스템 내 i 점에서 수두와 유량으로서 미래 짧은 시간 간격 Δt 후 예측된다. C_P, C_M, B는 상기 예제 식의 1, 2, 3, 4에 해당되는 기저 수치가 되며 실제로는 더욱 복잡하지만 원리는 동일하다.

다수의 가정이 이루어졌으며 더 많은 것들이 뒤따르며 이들은 이들에 기초한 전산코드의 유효성에 영향을 미치므로 나중에 상세하게 기술한다. 이제 기저 수치는 다음과 같으며 여기서 B를 유체와 관로의 물리적 특성을 나타내는 "관로임피던스", R를 관로의 저항을 나타내는 "관로저항계수"라 부른다.

$$C_P = H_{i-1} + BQ_{i-1} - RQ_{i-1}|Q_{i-1}| \tag{6.6}$$

$$C_M = H_{i+1} - BQ_{i+1} + RQ_{i+1}|Q_{i+1}| \tag{6.7}$$

여기서

$$B = \frac{c}{gA} \qquad and \qquad R = \frac{f\Delta x}{2gDA^2} \tag{6.8}$$

이제 상기 식의 의미와 적용방법을 고려한다. 전술한 것과 같이 $H_{P,i}$와 $Q_{P,i}$는 미래 새로운 시간 $t + \Delta t$에서 시스템 내 점 i에서 예측할 피에조미터 수두와 유량이다. C_P, C_M, B는 현재 시간 t에서 기저이면 시스템 내 위치 점 i의 양 측면인 $i-1$과 $i+1$ 위치에서 기저이다.

식 6.6은 상류측 점 $i-1$로부터 변화하는 압력과 유량에 대한 정보를 취하고, 이를 시간 간격 Δt를 통한 파속 c에서 거리 Δx(i로부터 $i-1$)에 걸쳐 투영하여 i에서 미래 조건을 예측하는 것이 가능하다. 유사하게 식 6.7은 하류측 $i+1$로부터 정보를 취하고 이를 시간 간격 Δt를 통한 파속 c에서 거리 Δx(i로부터 $i+1$)에 걸쳐 투영하여 i에서 미래 조건을 예측하는 것이 가능하다. C_P, C_M, B 가 기저이므로 식 6.3과 6.4를 동시에 해결하여 식 6.5와 같이 i에서 $H_{P,i}$와 $Q_{P,i}$를 구할 수 있다.

이러한 과정은 빈번하게 $x-t$ 평면으로서 알려진 그림 6.1 선도로 설명되며 이 평면에서 수평축은 관로를 수직축은 시간을 나타낸다.

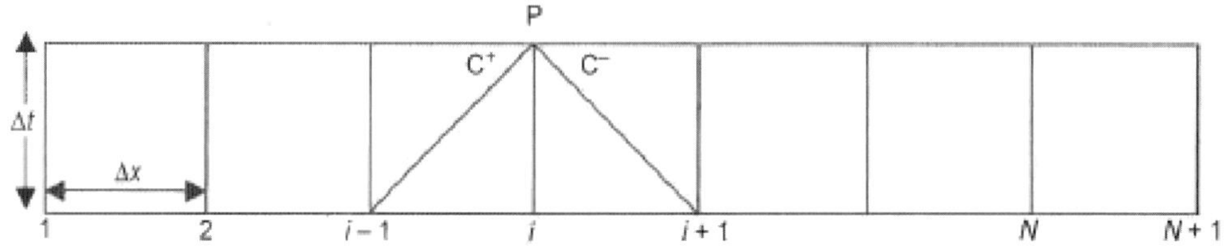

그림 6.1 특성선을 보여주는 $x-t$ 평면

수평축의 왼쪽 점 1부터 오른쪽 점 $N+1$은 관로의 전체 길이 L을 나타내고, 이 관로 길이 L은 등간격 Δx로 N개 분절로 나누어진다. 이 선도에 대한 핵심은 C^+ 및 C^-로 표현된 두 개의 특성선은 점 i의 양쪽 측면으로부터 이동하는 정보에 따라 공간과 시간에서의 선을 나타낸다는 것이다. 이 정보는 파속 c로 이동하며 이 특별한 사례에서는 Δx와의 연결은 $\Delta x = c\Delta t$이다. 이러한 이유로 이를 “명시된 시간 간격법”이라 한다.

이제 관로 전체 액체 내 파속이 일정하고, 관로에서 초기 조건을 기저라고 가정할 수 있다면, 두 호환식 6.3과 6.4를 사용하여 시간 간격 Δt에서 점 2부터 N까지의 모든 점에서 새로운 유량과 수두를 예측할 수 있다. C^+ 식 6.3은 $+x$ 방향에서의 정보를, C^- 식 6.4는 $-x$ 방향에서의 정보를 전달한다. 이 두 식을 해결하여 이들 사이 내부 절점(그림 6.1에서 절점 2~N)이라 불리는 모든 절점에서 두 개의 미지수인 $H_{P,i}$와 $Q_{P,i}$를 구할 수 있다.

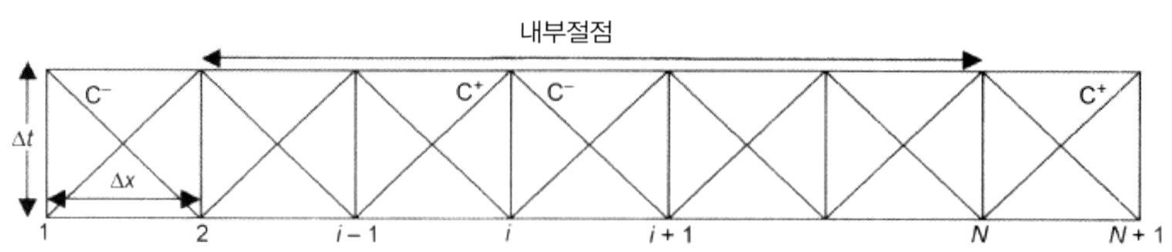

그림 6.2 많은 특성선이 포함된 $x-t$ 평면

그림 6.3 그림 6.2에서 추출된 관로의 두 말단부

그림 6.3과 같이 관로의 양쪽 두 말단부 또는 경계에서 미지수는 2개 이지만 호환식은 하나 즉, $x=0$에서 C^- 그리고 $x=L$에서 C^+만을 사용할 수 있다. 따라서 각 말단부에서 사용할 수 있는 수두와 유량의 관계를 나타내는 식을 관련 호환식과 조합하여야 하며 이를 통상적으로 경계조건이라 부른다.

단순한 경계조건의 예는 저수지, 폐쇄된 관로 말단부, 펌프와 밸브, 재질과 벽 두께가 다른 두 배관 사이 접합부가 된다. 원리적으로 각 사례에서 미지수 숫자와 동일한 식 숫자가 필요하며 이들을 동시에 해결하는 것이다.

관로의 왼쪽 말단부인 $x=0$이 저수지에 연결된 것으로 가정한다. 저수지의 수위는 시간에 따라 변화하지 않으므로 항상 $H_{P,1}=H_{res}$로 고정되고, 이와 관련된 호환식은 C^- 식 6.4이다.

$$H_{P,i}=C_M+BQ_{P,i} \qquad C^- \tag{6.9}$$

상기 식의 $H_{P,1}$를 H_{res}로 대체하면 다음과 같이 미지수 $Q_{P,1}$를 구할 수 있다.

$$Q_{P,1}=\frac{H_{res}-C_{M,2}}{B} \tag{6.10}$$

$C_{M,2}$은 저수지로부터 거리 Δx에 위치한 절점 2에서의 유량과 압력으로부터 유도되므로 한 시간 주기 이후 $C_{M,2}$는 일정하지 않을 수 있다. 반드시 각 시간 간격 Δt 이후 $C_{M,2}$를 평가하고, 만일 시스템 내 다른 곳에서 조건이 변화되면 저수지로의 유입 및 유출 유량변화에 의해 이 절점과 저수지에서 이 조건 변화가 반영된다.

만일 저수지가 관로의 오른쪽 말단부에 위치하면 즉, $x=L$과 $H_{P,N+1}=H_{res}$이면 C^+식을 사용할 필요가 있다.

$$H_{Pi}=C_P-BQ_{Pi} \qquad C^+ \tag{6.11}$$

동일한 방법으로 $H_{P,N+1}=H_{res}$로 대체하여 다음 식을 얻을 수 있으며 여기서 $C_{P,N}$은 그림 6.3에서 $x=L$에서 왼쪽으로 거리 $\triangle x$ 떨어진 위치 N으로부터 유량과 압력수두를 포함한다. $x-t$ 평면에서 보는 것과 같이 이 여러 위치들을 격자점 또는 절점이라 부른다.

$$Q_{P,N+1}=\frac{C_{P,N}-H_{res}}{B} \tag{6.12}$$

$x=L$에서 또 다른 단순한 예인 폐쇄된 말단부를 고려한다. 증기공동이 발생하지 않는다고 가정하면 폐쇄된 말단부에서의 유량은 순간적으로 0을 유지하므로 $Q_{P,N+1}=0$이 된다. 이를 C^{+} 호환식 6.3에 대입하면 다음 식을 얻을 수 있다.

$$H_{P,N+1}=C_{P,N}-B\times 0=C_{P,N} \tag{6.13}$$

최종적으로 배관 1과 2가 직렬로 연결된 두 배관의 접합부를 고려한다. 질량과 에너지 보존법칙으로부터

$$Q_{P2,1}=Q_{P1,N+1} \tag{6.14}$$

접합부에서 마찰손실이 없다고 가정하면 에너지보존법칙으로부터

$$H_{P2,1}=H_{P1,N+1} \tag{6.15}$$

식 6.14와 6.15는 4개의 미지수 $Q_{P,2}$, $Q_{P1,N+1}$, $H_{P2,1}$, $H_{P1,N+1}$를 갖는다. 또한 두 호환식도 동일한 4개의 미지수를 가지므로 이 4개 식을 해결하여 미지수를 구할 수 있다.

$$H_{P1,N+1}=\frac{C_{P1}/B_1+C_{M2}/B_2}{1/B_1+1/B_2} \tag{6.16}$$

상기 식은 접합부에서 새로운 수두를 제공하고 관련된 호환식에 대입하여 새로운 유량을 구할 수 있다.

이제 새로운 두 배관이 존재하므로 상기 식에서 아래첨자 1은 접합부 상류측 배관 그리고 2는 접합부 하류측 배관을 나타낸다. 또한 전술한 내용 중 함축된 가정이 있다. 즉, 두 번째 배관은 증분 길이 $\triangle x$의 정수로 나누어진다는 것이다. 이는 첫 번째 배관과 동일할 필요는 없지만 시간 간격은 반드시 동일하고 $\triangle x=c\triangle t$을 만족시키는 증분과 관계되어야 한다. 만일 이를 만족시키지 못하면 예측의 정확도를 유지하기 위해 모델링

과정에 불일치를 수용하여야 한다.

폐쇄된 관로 내 부정류를 묘사하는 편미분식을 해결하기 위한 주된 접근법들 중 하나를 설명하기 위해 상기 단순한 예제를 포함시켰다. 특성법은 매우 강력한 도구이고, 많은 문제들은 이를 중심으로 기술되었다. 그러나 특성법 전개시 다중 배관시스템 및 다양한 경계조건을 모델링하는 방법과 관련하여 많은 가정이 이루어진다. 프로그램을 사용할 때 경계조건은 다음 결과의 유효성을 훼손할 수 있으므로 이를 인식하는 것이 중요하다.

- 특성법은 액체를 수송하는 시스템 내 모든 내부 절점에 대한 호환식을 해결하는 수단을 제공하고, 또한 경계조건에서 조건의 평가를 가능케 한다.
- 만일 전산코드가 관망과 많은 구성요소를 충분하게 모델링하면 많은 배관과 복잡한 경계조건을 포함하는 관망을 해석할 수 있다.

특히 2-상 및 2-요소 유동에 대해 여러 다른 수치해석 전략을 탐구하여 왔다. 경계조건을 처리하기 위해 특성법을 사용하였으며 일부는 신뢰할 수 있고 편리한 것으로 증명되었다. 지금까지 살아남은 수치해석전략은 미국 캔터키대학의 서지프로그램의 기초를 형성하는 wave-plan 방법이다[Boulos et al. (1990) and Wood et al. (1966)].

6.3 이상화와 가정(Idealizations and Assumptions)

대부분 시간에 따라 변화하는 유동에 대한 전산해법의 출발점은 질량보존, 선형모멘텀 때로는 에너지보존법칙을 적용하여 유도한 일련의 편미분식이다. 사용된 접근법은 약간의 사례를 제외하고 일차원유동으로 가정한다. 즉, 유동 축에 수직 방향에서의 변화는 무시할 수 있다는 것을 의미한다. 예를 들어 유속과 압력은 시간과 축방향 위치에 따라 변화할 수 있지만 유동 단면적에 걸쳐 균등하다. 더욱이 식 6.1~6.4 전개시 다음을 포함한 추가적인 가정을 내포한다.

- 유동은 낮은 마하수이다. 즉, $v << c$이 되어 $dx/dt = v \pm c \cong \pm c$가 된다.
- 밀도는 변화하지만 크기가 작다. 즉, 유체는 오직 약간 압축성이다.
- 배관과 덕트 벽의 관성효과는 무시할 수 있다.
- 파속은 전산기 운영시간은 아니지만 최소한 각 개별 시간 단계 동안 주어진 배관 또는 덕트 내에서 일정하다.

상기 가정으로 단순화된 식은 뉴토니안 액체와 일부 균질 슬러리 유동에 적용되며,

FSI(Fluid Structure Interaction)의 영향은 작다는 것을 의미한다. 식들에 대한 수치해법 전개시 다음과 같이 여러 매개변수에 수치를 할당하는 것을 포함하여 더욱 많은 가정과 단순화가 필요하다.

- 통상적으로 사용할 수 있는 유일한 값인 상수는 정상유동시 마찰계수, 배관 벽 재질에 대한 영계수, 유체의 체적계수와 점성이다.
- 펌프와 같은 경계조건의 거동을 정의하기 위해 식에서 사용된 여러 매개변수와 손실계수는 정상유동시 수치이고, 사용할 수 있는 자료가 포함되지 않은 영역에서의 외삽을 포함할 수 있다.
- 전산 프로그램은 명시된 시간 간격법으로 관망 내 많은 배관과 덕트를 해결하기 위한 구조로 되어 있어 해석자는 다음을 할 수 있어야 한다.
  - 전체 시스템에 대해 수용할 수 있는 시간 간격 Δt(발생하는"급속"이벤트 보다 상당히 짧아야 하지만 정확하고 완벽한 결과를 얻기 위해 과도한 전산 시간을 초래하면 안 된다)를 정의하기 위한 전략을 결정한다.
  - 호환식에서 사용된 자료가 시간 t에서 올바른 시작점에서 기원하여 올바른 시간 $t+\Delta t$에서 격자 내 여러 점들에 도달하는 것을 보장하기 위해 적합한 보간 절차를 사용한다.
  - 각 배관에 대한 증분 거리 $\Delta x = c\Delta t$를 설정한 다음 측정된 또는 의도된 길이를 유지하려면 일괄 처리된 관성으로(lumped inertia) 나머지 부분을 포함시키거나 또는
  - 파속 c는 약 8~10% 정도만이 알려져 있으므로 공학적으로 판단하여 여러 배관 부분을 합리적인 증분길이의 숫자로 나누어 특성선이 그럴듯한 파속에서 여러 격자점을 통과하도록 한다.
- 만일 소프트웨어가 증기공동과 수주분리의 발생 그리고 시스템 내 이동하는 공동을 제공하는 경우 반드시 이에 적합한 경계조건을 고안하여야 한다. 일부 코드에서 공동이 형성되면 공동은 하나의 증분 길이 Δx 또는 여러 증분 길이를 차지하며, 이는 상당한 오류를 발생시킬 수 있거나 또는 액체와 가스 또는 증기 사이 경계면을 이동시키기 위한 준비가 필요하다는 것을 의미한다. 이는 터널 내 열차 이동을 모델링할 때 이동하는 경계 문제와 유사하다.

상기 문제를 해결하는 방법을 결정할 때 해석가는 사용자 친화적이지만 때로는 이해할 수 있는 추론에 근거해 비현실적인 자료를 사용하게 만드는 전산코드로부터 신뢰성 있는 결과에 대한 요구에 균형을 맞추어야 한다. 그럼에도 불구하고 이는 기술적인 설계의 공통적인 측면이고, 만일 단순화, 가정 및 이상화된 사실을 인식하면 빈번하게 매개변수연구(parametric studies)를 통해 이들이 중요한지 또는 어느 정도 균형을 유지할

수 있는지 평가하는 것이 가능하다.

유사하게 일차원 액체 유동해석을 수행하기 위해 자문가를 고용하는 최종 사용자는 다음 사항을 만족시키길 원한다.

- 광범위한 경계조건(펌프, 밸브, 접합부, 부정류제어장치, 등)을 사용할 수 있다
- 펌프정지, 밸브폐쇄 등과 같은 부정류를 초래하는 구성요소의 거동을 충분히 모델링 한다.
- 관로 마찰을 포함시키는 적합한 전략을 포함하며 이는 특히 긴 오일 관로에 적용된다.
- 수치해석기법은 시스템 내 예측할 압력과 유량의 동요를 왜곡하지 않는다.
- 압력이 수주분리 또는 증기기포형성 수준으로 떨어질 때 이들을 만족스럽게 모델링 하는지 또는 추후 결과가 더 이상 유효하지 않는다는 메시지가 출력되는지. 필요시 억제 및 제어전략으로 이와 같이 낮은 압력을 방지하려면 낮은 압력이 언제, 어디서 발생하는지 인지할 수 있다.
- 프로그램은 실험 자료 또는 다른 인지된 판단기준에 의해 입증이 가능하다.
- 충분한 결과가 생산되고 적합한 양식으로 작성된다.

최종 사용자는 부정류해석을 위한 소프트웨어의 구매시 다음 사항을 알기 원한다.

- 소프트웨어를 구동하기 위해 무슨 장비가 필요한가?
- 소프트웨어가 사용하기 쉬운가, 특히 자료 입력과 편집 그리고 결과의 출력이 편리한 그래프와 표의 양식인가?
- 소프트웨어가 자료 입력, 사후 처리 및 보고용으로 워드프로세스, 엑셀 등과 같은 다른 프로그램과 호환되는가?
- 문서가 포괄적이고 지적인가?
- 필요시 수업료가 있는가? 어떠한 기술수준이 지원되는가?

모델링하고자 하는 시스템에 필요한 모든 자료를 제공하는 책임은 부정류유동해석을 맡은 설계 기술자에게 있으며 관로시스템 대부분을 포괄하는 목록은 6.4절에 기술되었다.

6.4 전산해석을 위한 준비

부정류해석을 시작하기 전에 모든 관련된 자료를 준비할 수 있으면 많은 시간을 절약할 수 있다. 다음 목록은 해석하고자 하는 각 시스템에 대해 적합하다면 반드시 완벽하여야 한다.

각 시스템을 해석하기에 적합한 범위 내에서 다음 목록을 작성하여야 한다. 일부 예비평가가 수행되었다고 가정하기 때문에 목록은 부정류제어장치에 대한 자료를 포함하며 특별한 경우 약간의 자료 항목을 추가할 필요가 있다.

6.4.1 시스템 자료

설계된 기능의 개관, 정상적인 운영조건, 시스템의 수요, 시운전 시기, 계획된 확장 등을 제공하는 시스템의 전반적인 설명, 예비 위험평가에서 확인된 위험 시나리오의 요약.

관로노선 및 모든 접합부, 펌프, 밸브 및 다른 구성요소의 위치를 나타내는 총괄 계획 관로의 길이와 고도, 모든 구성요소, 접합부, 배관 기울기의 변화, 수력구배선, 최대허용수두 프로파일 등을 나타내는 종단도.

펌프, 밸브 및 다른 구성요소의 형식과 수량을 열거하는 요약 목록

6.4.2 유체 자료

필요한 핵심 자료는 시스템에서 설계된 압력 및 온도와 관련된 모든 운영조건이며 특히 다음 자료가 필요하다.

- 밀도
- 점도
- 운영 온도(또는 온도 범위)
- 파속, 체적계수 또는 음속
- 증기압
- 체적으로 표현된 용존 공기, 가스, 그리고 고형물
- 만일 관련된다면 고형물의 탄성 특성과 밀도

6.4.3 배관과 터널

- 길이
- 직경
- 벽 두께
- 조도 또는 마찰계수
- 재질
- 탄성계수(또는 영계수)
- 포아송비

- 압력등급
- 연결 방법, 지지물 및 앵커
- 매설되었다면 매설 깊이, 되메움 재료의 특성과 품질
- 최대허용압력(배관, 구성요소, 조인트, 지지물)
- 최소허용압력(배관, 구성요소, 조인트, 지지물)

6.4.4 접합부

- 위치
- 고도
- 손실계수
- 배관 재질 또는 직경의 변화, 시스템 내부로 유입 또는 외부로 유출 등과 같은 특별한 특징

6.4.5 펌프

- 형식, 수량, 위치
- 다음 정격 조건에 따른 운영곡선과 함께 성능특성곡선
  - 수두
  - 유량
  - 회전속도
  - 동력(또는 토크)
  - 효율
- 회전체의 관성(임펠러, 전동기, 커플링)

6.4.6 밸브

- 형식, 수량, 위치
- 손실수두특성
- 압력등급 및 최대허용압력

다음 특별한 목적의 밸브는 추가로 다음 자료가 필요하다.

- 공기배출/진공파괴밸브
  - 오리피스 규격 및 손실수두특성

- 체크밸브
  - 동적성능특성
  - 역류 후 폐쇄시 예상되는 지연
  - 만일 댐퍼가 장착되었다면 댐퍼 특성
- 제어밸브
  - 단면적, 수두, 유량-시간 특성
- 압력완화밸브
  - 개방 및 폐쇄 설정 압력
  - 개방 및 폐쇄 소요 시간
  - 유출 손실
- 파열디스크
  - 제작사, 형식(금속, 흑연, 다른 재료), 설정 압력, 유출 손실 등

6.4.7 배수지, 흡수정, 탱크

- 최고수위, 최저수위, 정상수위
- 배관(또는 터널) 접합부 고도
- 흡수정과 탱크
  - 단면적
  - 수위 상부 압력

6.4.8 에어챔버, 축압기, 서지 샤프트

- 형식, 규격, 방향을 나타내는 개요도
- 관로 연결 지점
- 연결배관의 길이, 직경, 관련된 손실계수
- 배관 중심선과 관련하여 챔버에 포획된 액체와 챔버의 고도
- 에어챔버 및 축압기
  - 설계 유동조건에서 액체 상부 초기공기(또는 가스)체적
  - 공기 비열
  - 설계 유량에서 초기 압력
  - 챔버 직경 또는 단면적
  - 유입 및 유출 손실수두특성

6.4.9 공급탱크(Feed Tank)

- 위치
- 포획된 물의 체적
- 단면적
- 주관로의 고도
- 연결배관의 길이와 직경
- 폐쇄형식, 손실수두, 시간 지연, 연결배관 내 체크밸브의 동적 특성
- 사용 후 탱크 충수에 소요되는 시간

6.4.10 바이패스 관로

- 위치
- 길이
- 직경
- 체크밸브의 형식, 손실수두, 동적 특성

6.4.11 부정류 이벤트 자료

필요한 자료의 정확한 본질은 연구하고자 하는 부정류 이벤트의 원인에 따라 결정된다. 이는 전술한 다양한 "임박한"이벤트의 목록에 나오며 예정되지 않은 펌프의 트립 또는 기동, 밸브의 폐쇄 또는 개방을 포함할 수 있다.

펌프 운영의 경우 상기 자료 이외에 발생할 것으로 의도된 또는 예상된 이벤트에 걸친 시간 스케일이 반드시 주어져야 한다. 만일 부정류유동조건에서의 운영범위가 통상적으로 가용한 자료의 외부로 연장되면 이를 처리시 약간의 가정이 요구되며 표준 'Suter' 특성에 의지하는 것이 적절할 수 있다[Marchel et al.]1965) and Suter (1966)].

유사하게 밸브운영의 경우 밸브 스핀들 이동율, 손실수두(또는 손실계수)-밸브 위치, 초기 및 최종 밸브 위치와 함께 반드시 시간 스케일을 상기 밸브자료에 추가하여야 한다. 만일 밸브 또는 용적형펌프 등에서 맥동이 발생하면 크기, 주파수, 펌프 속도, 챔버 숫자가 필요하다.

6.4.12 목적과 목표

수행할 부정류해석의 목적과 목표를 설정하고, 해석가와 일치된 명확한 시방을 준비하

여야 한다. 발생할 것으로 예상되는 부정류유동조건을 정의하고 조사하여야 할 순서를 명시하여야 한다.

해석을 진행하면서 조사범위를 수정하기 위한 기회를 제공하기 위해 진도미팅 스케줄에 동의하고 특히, 예비결과가 진도 미팅이 필요한 것으로 나타나면 이는 빈번하게 부정류 해석이 잘못 정의된 것을 보여준다.

6.4.13 완료시 예상

해석을 시작하기 전에 예상되는 결과에 대해 해석가와 시스템 설계자 사이 상호 합의가 중요하며 상세한 내용은 사례별로 다르다. 설계자는 예비평가에 기초한 전체에어챔버 규격이 관로를 충분히 보호하는 것을 확인하는 것만으로도 충분한 반면 해석가는 발생 가능한 폴트(fault) 조건의 숫자를 고찰하고 임계사례 및 목적을 확인하고, 필요한 제어 및 억제전략을 명시할 필요가 있다.

추후 실망을 피하기 위해 해석가가 조사경로, 제어장치, 구성요소의 상세설계범위를 명확하게 이해하는 것이 중요하다.

이상적으로 해석가, 운영자, 소유자 모두 참여하고 해석을 진행하면서 수립된 단순화와 가정을 함께 인식하고, 직원, 시스템과 환경의 안전을 보장하기 위한 의사결정시 책임을 공유하여 전체 위험평가를 실행하여야 한다.

완료시 모든 참여자가 서명한 간략한 요약보고서를 포함한 모든 보고서를 준비하여야 하며 본 절의 종료부에 표본을 수록하였다.

6.4.14 이상화와 가정

해석가에게 시스템 관련 전체 정보가 제공되어도 다음 두 이유로 이상화와 단순화 모두 필요하고 바람직하다. 첫 번째, 부정류해석에 필요한 기본적인 자료 중 일부는 취득할 수 없고 설령 취득할 수 있어도 신뢰성이 없다. 두 번째, 일부 단순화는 불필요하게 긴 연산시간을 방지할 수 있고, 이는 해석의 유효성을 손상시키지 않으면서 문제를 더욱 관리하기 쉽게 만든다.

관로시스템의 물리적 배열을 충실하게 표현하는 전산모델을 작성하는 것이 가능하지만 약간 단순화된 버전의 연산시간을 증가시켜 예상되는 관로의 거동의 정확도를 개선하는 것이 훨씬 중요하다. 통상적으로 연산 효율적이고 그리고 유체특성과 구성요소 운영특성 등을 기술하기 위해 사용된 기본자료의 정확도 이내에서 충분히 해답을 제공하는 만족스런 타협이 존재한다. 전술한 유효한 시스템 이상화의 일부는 다음과 같다.

1. 등가 펌프. 만일 해석하는 펌프들 중 오직 하나만이 기동되거나 트립되는 것이 아니고 두 대 이상의 펌프가 병렬 또는 직렬로 운전되면 하나의 등가 펌프로 모델링할 수 있다. 이는 여러 밸브와 짧은 연결배관을 처리하여야 하는 필요성을 제거한다.
2. 배관 길이와 파속의 변화. 모델 내 가장 짧은 개별 배관은 연산시간을 지배하는 영향인자 중 하나이다. 해석가가 극단적으로 짧은 배관(예를 들어 전체관로길이는 수 km이지만 흡수정으로부터 펌프 흡입측의 3~5m의 짧은 배관)이 부정류 거동에 미치는 영향이 작을 것으로 생각할 때는 이를 무시할 수 있다. 다른 상황에서는 짧은 배관을 긴 배관에 통합하는 것이 더욱 실용적이다. 이와 관련하여 이론적인 파속 수치를 조정할 수 있다. 만일 파속 수치를 약 8~10% 이내로 유지하면 이를 추정하기 위해 사용된 자료의 정확도와 관련하여 통상적인 오차 범위 이내가 된다.
3. 부정류 이벤트. 여러 이벤트가 순차적으로 발생할 수 있지만 심각한 부정류 문제를 발생시키는 측면에서 이 이벤트 중 오직 하나만이 중요하다. 예를 들어 한 시스템의 기동은 하나 또는 그 이상의 펌프가 가속하기 시작하고 최종 토출밸브가 개방되는 것을 포함할 수 있다. 통상적으로 문제를 야기하는 것은 시스템의 최종 밸브개방이므로 해석가는 펌프가 이미 가동된 것으로 시작할 수 있다.

부정류 해석을 위해 유체 및 재료 특성, 펌프와 밸브의 성능특성 등이 필요한 시점에 취득 가능한 기본자료 중 일부는 부족한 것이 꽤 흔하지만 이는 보이는 것처럼 큰 문제가 되지는 않는다. 전산모델 그리고 관련된 데이터베이스는 통상적으로 본서 또는 해석가 자신의 경험과 같은 출처로부터 수집된 대표적인 수치로 구성될 수 있다. 매개변수 연구는 이 자료의 정확도가 5%, 10%, 또는 15% 이내가 되는지 여부가 중요한 것을 보여준다. 더욱 신뢰성 있는 자료를 취득할 수 있으면 모델을 다시 실행하는 것이 좋다.

명백하게 일부 판단이 필요하고, 이 판단은 상황에 따라 결정된다. 예를 들어 상승주관로 내 한 펌프트립을 고려하는 것으로 가정한다. 많은 펌프들이 정지되면서 토출수두와 회전체의 관성(통상적으로 미지수)에 따라 트립 후 1~3s 이내에 역류가 발생한다. 만일 토출 관로의 길이가 약 4km 이상이면 대부분 관로가 전체 자이코프스키수두변화를 경험하기 때문에 정확한 정지시간에 대한 상세한 내용은 실제로 중요하지 않으므로 명목상의 관성이면 충분한 반면 토출관로 길이가 짧으면 진실은 반대가 된다.

6.4.15 확인 및 시험

부정류 해석결과를 실제 시스템으로 검증하는 사례는 거의 없다. 부정류해석 시방서를 준비할 때 조차도 시험 프로그램 특히, 무엇을 측정하여야 할지 생각하여야 한다. 초기 단계에서 적합한 시험절차를 고안하면 전산모델결과는 시스템 내 실제로 측정할 수 있는 장소를 예측할 수 있다.

복잡한 시스템의 일부에서 부분부하정지가 극단적으로 위험할 수 있지만 전부하정지와 같은 가장 극단적인 폴트(fault) 조건을 실제 시험하지 않는 것이 신중한 조치일 수 있다. 그러나 덜 까다로운 시험을 수행하여 신뢰를 확보하여야 하는 이유는 더욱 심각한 위험으로부터 시스템이 충분히 보호된다는 확신을 얻을 수 있기 때문이다. 이는 정상적인 시운전절차의 중요 부분이 되어야 하고 전산해석 폴트(fault) 평가 내에 포함되어야 한다.

부정류 위험평가요약보고서

주의 : 여기에 수록된 보고서와 표는 부정류가 명시된 시스템에 미치는 영향에 대한 위험평가의 결과를 요약한 것이다. 이에 따른 권장사항은 오직 정의된 시스템에 대해 그리고 평가된 조건 아래에서만 유효하다. 만일 시스템의 물리적 배열 또는 시스템의 구성요소 또는 운영조건 또는 절차가 변경되면 반드시 위험평가를 재검토하여야 한다.

시스템	시스템을 식별하는 명칭
기능	설계 유량을 포함한 연료 수송, 정수장으로의 상승 주관로와 같은 시스템의 기능 설명
시스템 및 상품 자료	첨부된 자료 시트 목록 시스템 자료 및 배열 펌프 및 밸브 자료 액체 자료 안전 정보, COSHH data sheets 등
설계 기준	반드시 만족시켜야 할 운영 요구조건 설명
설계 제약	관련 수치 자료 · 최대허용압력 : 25m · 최소허용압력 : 게이지 압력수두로 2m · 최대허용유량 : 많은 사례에서 적용되지 않음 · 최소허용유량 : 슬러리 관로에 적용될 수 있음 · 방지하여야 할 충격부하

부정류 기준	부정류 이벤트 후 만족시켜야 할 안전 및 다른 판단기준을 설명하며 예를 들어, · 모든 곳에서 압력은 최대수두를 초과하지 않아야 한다. · 배수시를 제외하고 공기유입 금지, 압력은 항상 최소허용압력 이상 유지 · 체크밸브 슬램 방지 · 펌프 토출밸브는 반드시 30초 이내에 폐쇄되지만 2-단 폐쇄가 허용된다. · 블로우다운 탱크 용량으로 인해 압력완화밸브를 통한 시스템 외부로의 유출은 20톤으로 제한된다. · 만일 권장된다면 에어챔버는 지상으로부터 높이 5m를 초과하지 않아야 한다.
핵심 부정류 이벤트	조사하여야 할 이벤트의 목록은 다음과 같다. · 모든 펌프에 대한 동력손실-보호설비 없음 · 모든 펌프에 대한 동력손실-보호설비 있음 · 정상적인 펌프정지절차-보호설비 있음 · 정상적인 펌프교체운전 · 펌프 3대 운전 중 펌프 1 대 트립(on fault) · 정상적인 비상정지밸브폐쇄
가정 및 단순화	시스템의 핵심 가정 및 이상화의 목록 그리고 만일 유체 자료와 관련하여 중요한 가정이 요구되면 종단도에 첨부된 자료 시트를 참조할 수 있다.

서지제어를 위한 권장사항

다음 사항은 적정하게 수정하여야 할 제목이다.

장비 요구조건

시스템 배열의 변경에 대한 설명 또는 필요한 추가 장비 예를 들어,

- 초기공기(또는 불활성 가스)체적 xm^3, 전체 용량 ym^3인 에어챔버 그리고 시스템운영시 에어챔버 수위 zm
- 펌프 토출측 체크밸브는 반드시 x 보다 양호하게 동적반응을 하여야 한다.
- 펌프 토출밸브는 t 이내에 폐쇄되지 않아야 한다.
- 용적형펌프 사용시 운영속도는 반드시 x 주파수와 일치하지 않아야 한다.

운영 요구조건

운영 요구조건은 플랜트의 운영매뉴얼에 반드시 포함되어야 할 운영제약의 설명으로 이는 다음 사항 모두 또는 일부를 포함할 수 있으며 특정 플랜트 및 수송하는 유체와

관련된 항목이 추가될 수 있다.

- 정상적인 기동 절차/시퀀스
- 정상적인 정지 절차/시퀀스
- 펌프교체(펌프 1 대 운전시, 펌프 2대 이상 운전시)
- 비상정지 후 기동 절차
- 시스템 배수 및 충수

유지관리, 서비스 및 검사 요구조건

설치된 서지제어장치에 대한 요구조건의 설명서. 압력용기는 법정 검사를 받아야 한다(예를 들어 년간). 건강 및 안전 규정을 준수하기 위해 다음 검사를 실시한다.

- 반드시 한 달에 한번 압력완화밸브를 동작시킨다.
- 반드시 육안으로 에어챔버 내 수위를 일간, 주간 주기로 검사한다.
- 자동유량제어밸브의 마모 여부를 매 1, 2, 6달 간격으로 검사한다.
- 모든 진공완화밸브와 공기밸브를 매 1, 2, 6달 간격으로 육안으로 검사한다.
- 파열디스크의 부식여부를 확인하기 위해 3, 6개월 간격으로 육안으로 검사한다.

비상정지 후 반드시 다음 사항을 고려하여야 한다.

- 시스템 안정화, 공급탱크 재충수, 파열디스크 교체, 블로우다운 탱크가 배수될 때까지 재기동을 연기한다.
- 배관과 장치 지지물의 이동여부를 반드시 육안으로 검사한다.
- 손상여부를 확인하기 위해 비상정지밸브 등을 검사한다.

이 위험평가는	성명	서명	일자
명시하였고			
수행하였고			
자문하였고			
승인하였고			
읽었고 동의함			
• 안전관리자			
• 운영 관리자			
• 플랜트 운영자			
• 기타			

부정류 위험평가요약보고서

주의 : 첨부된 보고서와 표는 부정류가 명시된 시스템에 미치는 영향에 대한 위험평가 결과를 요약한 것이다. 이에 따른 권장사항은 오직 정의된 그리고 평가된 조건에서만 유효하다. 만일 시스템의 물리적 배열, 구성요소, 또는 운영조건 또는 절차상에 변경사항이 있으면 반드시 위험평가를 재검토하여야 한다.

시스템 :

기능:

시스템과 상품 자료:

설계 기준:

설계 제약:

·최대허용압력
·최소허용압력
·최대허용유량
·최소허용유량
·피아여야 할 충격부하

부정류 기준:

핵심 부정류 이벤트:

가정/이상화

서지제어를 위한 권장사항

장비 요구조건

운영 요구조건

유지관리, 서비스 및 검사 요구조건

이 위험평가는	성명	서명	일자
명시하였고			
수행하였고			
자문하였고			
승인하였고			
읽었고 동의함			
• 안전관리자			
• 운영 관리자			
• 플랜트 운영자			
• 기타			

7장 부정류 현재와 미래

지금까지 함축된 부정류 주제에 대해 기술하였다. 이는 기술자가 기본적인 부정류 거동을 잘 이해하고 있어 적정한 전산코드를 사용하면 확신을 갖고 부정류로 인한 잠재적인 위험으로부터 자유롭게 시스템을 설계하고 운영하는 것이 가능하다는 것을 의미한다.

현 시점에서도 전문가는 관로시스템의 안전과 무결성에 대해 확신이 설 때까지 경험과 이해에 기초하여 기술적 판단의 연습이 요구된다. Allievi (1903, 1913, 1925), Joukowsky (1900), Korteweg (1898), Lamb (1898) 그리고 다른 선구자의 과업 이후 많은 진전이 이루어져 왔지만 현재의 부정류 관련 지식과 모델링 능력 그리고 실제 현장 상황 사이에서는 여전히 큰 차이가 있다.

7.1 부정류 모델링 능력의 요약

본 절에서는 미래 연구 방향과 주제를 제안하는 플랫폼을 제공하기 위해 부정류 모델링 능력의 현재 위치에 대해 광범위하게 검토한다. 이는 지난 1세기 동안 성취한 과업을 비평하기 위한 의도가 아니다.

지난 1 세기 동안의 발전에도 불구하고 부정류 해석을 위한 전산코드는 아직도 해석으로 제한되며 시스템을 설계하거나 또는 시스템을 보호하기 위한 전략을 제시하지는 않는다. 아직도 부정류의 억제 및 제어에 대해 많은 것이 남아 있고, 이는 완전히 이해되는 과학 보다는 예술이다. 또한 이전보다는 상당한 신뢰를 갖고 관로시스템의 위험평가를 수행하는 것이 가능하지만 아직도 전문가가 많은 부정류 해석을 수행한다. 사건과 사고를 포함한 부정류 주제와 관련된 지속적인 컨퍼런스 프로그램은 추가 과업이 필요하다는 반증이며 현재 능력을 요약하면 다음과 같다.

- 다음 부정류를 해석할 수 있는 소프트웨어를 구매할 수 있다.
  - 일부 액체 그리고 약간 압축성 있는 균질(homogeneous) 유체
  - 일정한 또는 거의 일정한 파속을 갖는 유체
  - 일상적인 경계조건을 통과하는 유체
  - 정상유동 마찰과 구성요소 특성
  - 많은 공통 배관시스템과 관망
- 소프트웨어 개발자와 컨설팅 전문가는 다음과 같이 제한된 더욱 복잡한 상황 범위 내 부정류에 대한 지침을 제공할 수 있다.
  - 조합된 자유수면 및 전체보어유동(full-bore flow) 예를 들어, 발전소 응축기 냉각수 시스템
  - 하수 및 배수(drainage) 시스템, 관로 충수 등
  - 일부 다상(multiphase) 및 다요소(multicomponent) 유동
  - 일부 2차원과 3차원 유동
  - 특별한 경계조건 예를 들어 샤프트, 수력발전소 수차
  - 상대적으로 단순한 시스템에 대한 FSI(fulid-structure interaction)
  - 가스 수송 관로
  - 경계가 이동하는 일부 유동(예를 들어 터널을 통과하는 기차)

시스템 구성요소와 유체의 거동을 설명하기 위해 여러 가정이 포함되기 때문에 의도적으로'지침 제공'용어를 사용한다. 예를 들어 부정류 거동의 기본개념을 도입하기 위

해 제1장에서 사용하였던 단순한 펌프트립 시나리오에서 관로는 항상 가압된 상태를 유지하고 액체로 가득 차 있다. 그림 1.6과 1.7은 표준 전산기코드 중 하나로 예측한 동력손실 후 펌프 하류측 압력동요를 보여준다. 이 예측에서 마찰로 인한 영향은 (자이코프스키수두변화의 상단부에 추가 변화 및 시간에 따른 감쇄) 분명하지만 이는 전체 이야기를 설명하지는 않는다.

실제 시스템에서 시험자료를 얻으면 압력의 초기 변동에서는 모의 결과와 상당히 밀접하게 일치하지만 시간이 경과하면서 불일치가 발생할 수 있음을 알 수 있으며 이 불일치는 부분적으로 유체 그리고 부분적으로 관로와 시스템의 거동에 기인할 수 있다.

관로노선이 높은 고도로 변경되면 시스템 내 낮은 압력이 발생한다. 이는 공기와 가스 방출, 기포 생성 그리고 둘 또는 그 이상의 수주분리와 후속적으로 붕괴로 이어지며, 날카로운 압력상승과 충격부하를 발생시킨다(그림 1.10 참조).

상기 세 그림으로 설명된 예측은 수용할 수 없는 조건이 발생할 것이라는 사실을 나타내는 측면에서'목적에 적합'한 것으로 간주될 수 있다. 반드시 제어와 억제방법을 도입하여야하는 것으로 증명되었기 때문에 해석의 목적을 달성하였으며 더 이상 진행할 필요가 없다. 그러나 예측과 실제 사이 불일치가 발생한다는 사실은 과업에서 미케니즘에 대해 더욱 양호한 이해의 필요성을 지적한다.

이 논제에 대해 많은 연구가 수행되었다. 예를 들어 ASME의 유체 공학부문인 BHR 그룹이 지난 15년간에 걸쳐 지원한 여러 회의와 심포지엄의 회보를 참조한다. 자금이 필요하기 때문에 연구 중 상당 부분은 현장 또는 특정 요구에 부응하였지만, 결과적으로 조정되지 않고 우연히 발생하였다. 하나의 주목할 만한 예외는 IAHR이 지원한 발전소 냉각수 시스템에 대한 과업이었다[IAHR (2000)].

R&D를 지지하고 조정하는 것이 가능하다고 가정해보자. 어떻게 이에 대해 집중할 수 있을까? 한 접근방법은 매래를 내다보고 전산코드를 사용하여 시스템을 설계하는 것이 가능하다는 욕망을 갖는 것이다. 이와 같은 코드는 궁극적으로 광범위하게 통합된 설계방법의 일부가 될 것이고 또한 이는 기능설계와 최적화를 포함하며, 부정류 과업과 병행하여 상당히 발전하였다. 혹자는 지식-기반 전문가 시스템 그리고 유사한 추론 및 학습 알고리즘과 같은 일부 최적화 프로그램은 상당히 세련되고 사용할 수 있으므로 더욱 발전하였다고 말할 수 있다.

이는 일부 전통적인 기술자에게는 저주일 수 있지만 실제로 이런 일이 발생하는 것은 오직 시간문제이다. 그럼에도 불구하고 지식-기반 전문가 시스템은 지원과 무관하게 유용하게 다룰 수 있는 논제에 초점을 맞출 수 있는 하나의 수단이다.

7.2 지식공학과 부정류

점점 더 많은 공학설계그룹은 복잡한 공학설계시 필요한 경험과 전문지식을 더 이상 유지할 수 없다. 따라서 다음과 같은 질문이 제기될 수 있다. 순수 기술 지식과 자료 그리고 인간 전문가의 판단과 재량을 조합하여 전문가의 공학적 판단과 지속적인 학습능력을 통합하는 지식-기반 전문가 시스템인 KBES (Knowledge Based Expert System)을 개발할 수 있을까?

부정류 측면에서 위험평가는 다음과 같은 두 이유로 빈번하게 상당히 복잡하며, 통상적으로 상당한 량의 공학적 판단을 요구한다. 첫 번째, 두 시스템은 실제로 동일하지 않기 때문에 문제를 극복하기 위해 실용적인 조치는 시스템 마다 다르다. 두 번째, 해석에 필요한 중요한 자료 항목은 평가가 필요한 시점에 빈번하게 취득할 수 없고 가정 또는 추정하여야 한다. 이는 어떤 특정 수치를 채택할 것인지 그리고 발생할 수 있는 다양한 폴트(fault) 조건들 또는 설계된 운영 변경시 예측된 시스템반응의 정확도에 미치는 영향과 같은 판단의 문제가 되며 이는 지식 기반 전문가 시스템설계가 필요한 전형적인 상황이다.

지식 공학 발전은 단순하게 사전 결정된 시스템을 해석하는 것뿐만 아니라 시스템을 설계하는 프로그램을 개발하는 능력을 제공하였다. 초기 인공지능 개발은 전산기를 단순히 자료처리기능에서 지식처리기능으로 이동시켰다. 인공지능은 이제 어려운 문제를 해결하기 위해 인간 전문가의 지식을 통합할 수 있으며 상당한 양의 지식을 지식 기반 시스템에 직접 저장할 수 있고, 실질적인 힘은 직접 저장된 지식 또는 자료를 넘어 추론하는 능력으로부터 나온다. 이 능력을 빈번하게 추론(inferrencing)이라 부른다. 지식 기반 시스템의 적용 분야는 다음을 포함한다.

- 설계 및 구성(Design and configuration)
  지식기반 시스템은 수용 가능한 해에 대한 판단기준을 사용하여 주어진 판단기준에 적합한 설계를 할 수 있다.
- 계획과 스케줄링(Planning and scheduling)
  지식기반 시스템은 최종 사용자 또는 공정의 요구사항과 제약을 만족시키는 동작 또는 이벤트 순서를 계획할 수 있다.
- 진단과 분류(Diagnosis and classification)
  지식기반 시스템은 증상을 사용하여 근본적인 문제를 추론, 식별, 분류하는 한편 이를 극복하기 위한 방법을 제안할 수 있다.

• 모의, 제어, 훈련(Simulation, control and training)
지식기반 시스템은 복잡한 과정을 모의하고 제어 변수의 변화 결과를 식별할 수 있다.

초기 지식-기반 시스템은 오직 전문가만이 해결할 수 있는 문제에 대한 해를 제공하도록 설계되었기 때문에 통상적으로 전문가 시스템(expert system)으로 불렸다. 통상적으로 이 시스템은 if-then 규칙을 사용하여 인간 전문가의 지식을 저장 또는 표현하였다. 이러한 문맥에서 규칙은 다양한 문제를 해결하기 위해 다양한 방법으로 조합할 수 있는 지식의 조각이다.

이와 같은 규칙은 전문가 지식의 유용한 요약이지만 오직 그 지식의 표면만을 표현한다. 보다 양호한 접근법은 문제의 시스템의 모델 또는 모의를 작성하는 것이다. 이와 같은 모델은 반드시 증상 그리고 증상의 근본적인 원인 사이 상관관계를 포착하여야 한다. 이러한 종류의 모델 또는 모의를 통합하는 추론(reasoning)을 모델-기반 추론(model-based reasoning)이라 부른다. 이와 같은 모델은 오직 규칙만을 사용하여 작성될 수 있지만 실제로는 구조화된 객체의 도메인 내에서 규칙-기반(rules-based)과 방법-기반(method-based) 추론을 조합하는 것이 더욱 편리하다.

지식-기반 시스템의 도메인은 KBES가 관련되는 세계(world)의 일부다. 현재 사례에서 세계는 관로 설계이다(pipeline design). 해당 도메인에서 시스템이 해결하는 문제는 과업(task)으로 정의된다. 여기서 과업은 부정류로 인한 위험을 평가하고 수용할 수 없는 조건을 제어하고 억제하기 위해 전략을 설계하는 것이다.

규칙-기반 접근방법은 도메인이 아니라 과업에 집중되는 반면 모델-기반 접근방법은 도메인에 집중된다. 오직 규칙 하나만을 사용하는 것으로 제한되지 않고 다양한 과업을 수행하기 위해 동일한 모델을 사용할 수 있다. 또한 객체-지향 프로그램과 같은 다른 문제-해결 전략이 모델 내로 통합될 수 있다.

모델-기반 시스템의 장점은 유연성, 용이한 수정, 새로운 문제 처리 능력을 포함한다. 예를 들어 자동차 유지관리를 위한 전통적인 증상-기반(symptom-based) 시스템은 오직 명백한 지식(explicit knowledge) 또는 증상과 폴트 사이 직접적인 연계를 가질 때만 진단을 할 수 있다. 반면 어떻게 자동차가 작동하는지 프로그램된 모델-기반 시스템은 특정 폴트를 도입하고 문제의 증상을 유발하는지 살펴보기 위해 모의를 수행하여 진단을 할 수 있다. 의료 진단 및 특정 질병치료에 KEBS를 적용한 유사한 접근방법을 개발할 수 있다.

모델-기반 시스템은 하나의 과업으로 제한되지 않는다. 모델은 도메인의 일반적인 표현이며 하나 이상의 적용에 사용될 수 있다. 시스템의 핵심인 모델은 각 사례별로 동일하지만 시스템의 거동은 다를 수 있다. 이러한 이유로 관로시스템설계에 적용된 KBES의 목표는 기능설계, 최적화, 위험평가, 모의 및 운영자 훈련을 위해 사용할 수 있는 모델을 개발하는 것이다.

문제 도메인에서 인간 전문가는 수년간 경험을 통해 그들 전문 분야에 포함된 구성요소와 상호작용의 상세한 내용을 이해하게 되었다. 시스템 내 각 요소의 위치가 정의되고 다른 요소에 대한 이들의 상관관계, 이들이 동작하는 방법, 이들이 갖고 있는 특성 등은 모두 철자화되어 있다. 회사가 조직화된 것처럼 다양한 요소 간에 효과적인 통신선을 설정하여 일관된 시스템으로 작동할 수 있도록 계층구조로 구성된 모델에 필요한 모든 정보를 저장할 수 있다(그림 7.1 참조).

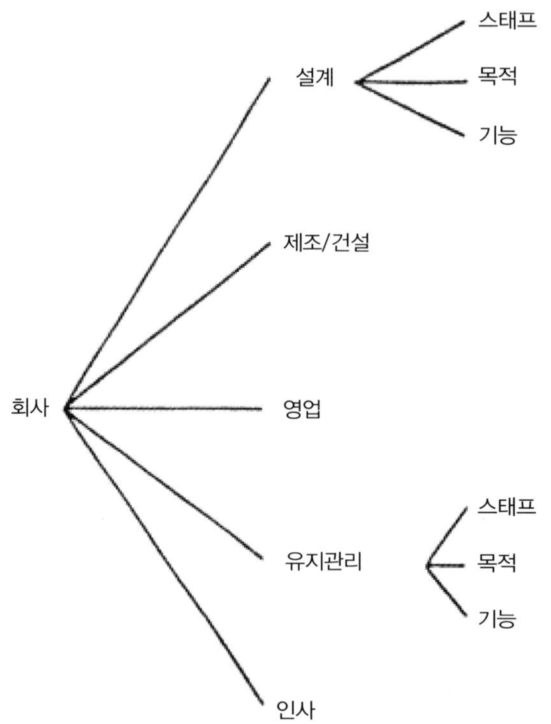

그림 7.1 전형적인 계층관리구조

그림 7.2와 같이 유사한 선을 따라 관로시스템에 대한 모델을 개발할 수 있다. 기본 요소 중 일부는 명백하게 인지할 수 있지만 공간제약으로 인해 유체 및 많은 다른 구성요소에 대한 표현을 생략하였다.

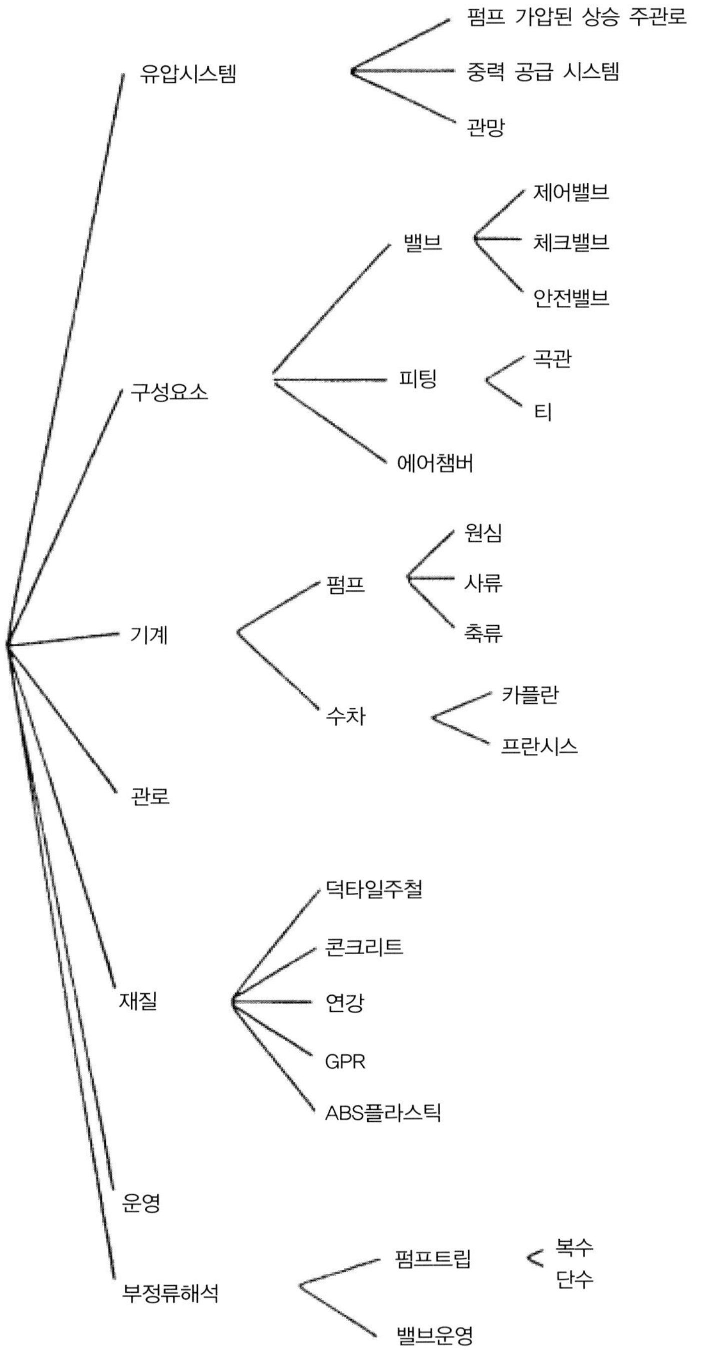

그림 7.2 전형적인 유압시스템의 계층의 관리 구조

표현 요소 내에서 사용할 수 있는 많은 재질과 유체의 특성, 시스템 구성요소의 특성과 같은 자료는 이미 존재한다. 지식의 공백은 후술하는 미래 연구 프로그램을 위한 기반을 형성한다. 여기서 주의를 집중할 필요가 있는 것은 다양한 '전문가들'의 재량과 판단을 포착하고, 이 전문가들이 살아 있을 때 이들의 경험을 바탕으로 개발하는 것이다. 이는 제5장에서 기술한 부정류 사건·사고가 발생하지 않도록 보장하는 것을 도울 것이다.

요약하면 지식-기반 전문가 시스템은 다음을 할 수 있는 대화형 전산기 프로그램이다.

- 전산모델 내 인간의 경험을 통합하고
- 활동 도메인(activity domain)에 집중하고
- 구조적, 기능적 구성요소를 식별하고
- 이들을 객체, 기능, 규칙, 방법으로 표현한다.

지식-기반 전문가 시스템은 다음에 매우 효과적일 수 있다.

- 알고리즘에 의해 정해진 순서대로 문제를 해결하지 않는다.
- 인정된 전문가가 존재한다.
- 문제는 여러 해결 통로를 표현한다.
- 의사결정을 위한 지식은 지속적으로 발전한다.

궁극적으로 지식-기반 전문가 시스템이 나중에 개발될 것으로 인정하면 조만간은 아니지만 미래 연구와 개발은 지난 과거보다는 더욱 조정되고 집중될 수 있다. 이를 명심하고 다음 논제에 대한 토론을 계속한다.

- 유체의 거동과 반응
- 구성요소와 장치의 동적 거동
- FSI(Fluid Structure Interaction)

7.3 유체의 거동과 반응

에너지 손실과 부정류 압력파의 감쇄는 유체와 기계 시스템의 거동에 기인할 수 있다. 유체와 관련하여 점성효과와 유체 몸체의 구조를 반드시 고려하여야 한다. 유속의 변화율, 배관과 터널 벽 인근 유속을 고려하여 동적 또는 주파수 종속 마찰을 표현하기 위해 다양한 모델을 탐구하여 왔고 이 과업은 계속되고 있다.

큰 관심을 끌어왔던 또 다른 유동 시나리오는 상변화가 발생하고 유동이 다요소일 때이다. 액체 유동의 경우 압력이 증기 압력으로 떨어질 때 나타나는 첫 번째 현상은 액체 내 용존가스가 용액으로부터 방출되는 것이다. 밸브 및 펌프를 통과하는 유동의

교란은 가스방출비율을 증가시킨다. 가스는 시간-종속 방식으로 방출되고 압력이 다시 상승하면 무시할 수 있는 정도로 낮은 비율로 유체에 용해된다고 가정하는 것이 일반적이다.

많은 해석에서 용액으로부터 방출되는 가스는 통상적으로 유체에 걸쳐 균등하게 분포되거나 또는 한 절점에 집중된 것으로 가정한다. 유동이 큰 난류가 아닌 이상 기포의 거동은 중력효과에 의해 더욱 눈에 띄게 영향을 받는다. 기포는 수평 배관에서는 배관 상단부에 따라 긴 실과 같이 위치하고, 수직 배관에서는 액체의 유속과 반대 축방향으로 높은 지점에서 모이는 경향이 있다.

유동가시화 연구는 증기기포와 수주분리가 급속하게 발생할 때 증기/가스영역 내 유동은 초기에는 빠르게 비등하여 거품이 매우 많은 것으로 증명되었다. 그러나 시간이 경과하면서 이와 같은 현상은 거의 사라지고 유동은 자유표면 및 슬러그 유동이 되는 경향이 있다. 정확한 시간은 유체, 난류 정도, 배관의 기울기 등에 따라 결정된다.

일반적으로 다상 및 다요소 유동 연구는 유동 스펙트럼의 양쪽 말단부에 집중되어 왔다. 즉, 기포 유동과 분무유동(mist flow) 두 영역에서는 포함된 복잡한 현상 그리고 이들을 수치적으로 모델링하는 방법의 개발과 이해에서 많은 진전이 이루어져 왔다.

특히, 동적 슬러그 유동, 부분 자유 표면 유동 등과 같이 극단적인 유동영역 사이에 있는 매우 어려운 영역 내에서는 많은 과업이 완료되지 못하였다. 추가 연구가 필요한 다상 및 다요소 유동분야 내 주제는 다음과 같다.

- 추가된 질량 효과를 포함한 기포와 성층화된 유동에서의 계면 마찰
- 열 효과, 열과 질량 전달 및 변화하는 비열
- 성층화된 유동과 슬러그 유동을 포함한 유사-균질(quasi-homogeneous)과 비균질 유동(non-homogeneous flows) 사이 천이
- 스케일 효과(Scale effect)-폭우 하수구, 대규모 중력공급 관로 등을 포함한 큰 구경 시스템 내 부정류
- 가스 방출과 재흡수, 기포 성장과 이동. 증기 액체 경계면
- 깨끗한 물 이외 연소성 증기가 있을 때 자기발화의 가능성을 포함한 액체 그리고 고체-액체 가스 시스템, 하수, 공정 유체, 휘발성 액체에서의 부정류
- 설계 목적을 위해 물리적 거동을 충분하게 반영하는 수치해석 방법

일부 주제는 이미 알려진 것에 대한 개선으로 이어질 것이라고 주장할 수 있지만 동역학과 복합 유동의 연구는 완성되려면 아직도 멀다.

7.4 구성요소와 장치의 동적 거동

역사적으로 대부분 관심을 끌었던 구성요소의 부류는 터보기계이다. 펌프장의 경우 특히, 비정상적인 역류와 역회전이 발생할 때 Suter의 펌프특성표현이 가장 유용한 것으로 알려져 있다. 이 방법의 장점은 부정류 해석시 특정 유동영역 즉, 역류 및 역회전 인근에서 특성은 여전히 실제적이고 유한하다는 것이다. 이는 무한을 통과하여야 하는 정상적인 매개변수인 H/N^2과 Q/N와는 대조가 된다.

그러나 Suter 특성은 아직도 오직 정상유동 자료에 기초한다. 당초 취득 가능하였던 매우 제한된 일련의 곡선은 최근에 확장되었지만 데이터베이스를 더욱 확장할 필요가 있으며 추구하여야 할 특정 주제는 다음을 포함한다.

- 급속한 유동조건의 변화에서 예측된 거동과 실험 거동의 비교
- 동종의 곡선을 다른 시리즈 펌프로 확대 적용을 위한 스케일 효과와 형식수와 같은 무차원 매개변수의 사용

상기 과업이 긴급하게 추구되지 않았던 이유는 통상적으로 펌프설치시 체크밸브가 펌프를 보호하기 때문이다. 정상적인 운전영역에 대한 펌프 특성을 사용할 수 있는 가능성이 더욱 높아지면서 해석이 기반으로 하여야 할 모든 다른 자료의 불확실한 배경과 비교할 때 펌프특성곡선의 각 말단부에서 약간의 외삽은 빈번하게 충분히 양호한 것으로 판단되며 특히, 양쪽 끝에서 약간의 외삽이 충분히 양호하게 받아들여지는 경우가 많다.

상기 내용은 수차 자체뿐만 아니라 제어시스템 및 안내깃과 관련하여 상당한 노력이 필요한 수차의 경우 사실이 아니다. 수력발전계획에서 자본투자는 통상적으로 대부분 펌프장 시스템 보다 상당히 크고, 비정상 조건에서 위험평가시 더욱 높은 신뢰수준이 요구된다. 실제로 물리적 모델과 수치적 모델 연구의 도움으로 모든 계획을 설계한다. 많은 물리적 시험은 동적 조건도 관심이 되지만 정상유동 상황에 기초한다. 부정류 거동과 연계된 것은 시스템 안정성 문제이다. 여기서 시스템은 관로, 기계, 제어시스템과 전기 시스템, 이들 사이 상호작용으로 구성된다.

수력 기계 다음의 주된 구성요소는 광범위한 범위와 다양한 기능을 수행하는 밸브이다. 부정류유동 해석가가 사용할 수 있는 것은 밸브의 정상유동 특성인 경향이 있으며 이를 수정할 필요가 있다.

파악된 체크밸브의 동적성능특성 중 눈에 띄는 한 예외는 감쇄(undamped)되지 않는

체크밸브이다. 이 밸브의 원리는 정의되어 있으며 일부 제작사는 원리를 기꺼이 제공한다. 그러나 많은 체크밸브형식에 대한 동적 자료는 아직도 취득할 수 없으므로 이를 제공하도록 제작사를 격려할 필요가 있다. 최근에 일부 형식의 감쇄 체크밸브에 대해 약간의 과업이 수행되었고 진공완화밸브와 공기배출밸브는 이제 시작단계이다.

압력완화밸브, 압력조정밸브, 압력유지밸브, 제어밸브에 대한 동적성능자료는 거의 취득할 수 없다. 수치해석기법이 발전하면서 더욱 개선된 전산코딩이 가능하지만 이와 같은 구성요소의 동적성능을 표현하기 위해 취득(사용) 가능한 기본자료의 품질은 뒤떨어져 있으므로 이러한 상황을 수정할 필요가 있다.

수치해석기술을 대체하기 위한 다양한 시도가 이루어졌지만 특성법은 부정류 해석가들 사이에서는'표준'으로 인식된다. 또한 특성법은 구조 이동(structural movement)을 표현하는 기법과 연계될 수 있는 이점을 갖는다. 더욱이 다른 수치해석기법을 시도할 때 특성법의 자원은 경계조건 처리시 통상적으로 바람직하지만 필수는 아니다. 부정류 수치해석 모델링의 추가 향상[예를 들어 파 분산(wave dispersion) 및 에너지 소산(energy dissipation)과 관련된 2차 효과를 통합하기 위한 시간과 공간 선상에서 보간법]이 필요한 이상 특성법은 적합한 전략 수립시 필수이다.

7.5 유체-구조물 상호작용 FSI(Fluid-Structure Interaction)

개선된 모델링 기법 특히, 유체와 시스템에서의 동적 이벤트를 연계시키기 위해서는 시스템 반응의 이해가 필요하다. 지난 2년 동안 FSI를 다루는 여러 논문이 다양한 회의와 심포지엄에 제출되었다. 일부는 상당히 단순한 시스템의 모델을 보고하였고, 일부는 더욱 복잡한 시스템 특히, 원자력과 석유화학 플랜트에 대한 모델 내 FSI를 통합하는 실용적인 방법을 고안하기 위한 기초를 제공하였다.

앞에서 지적한 것과 같이 실제 압력-시간 이력은 전산코드가 예측한 이력에 누적된다. 다양한 미케니즘이 작동하여 압력파의 왜곡(distortion), 분산(dispersion) 및 감쇠(attenuation)가 발생한다. 상당히 빈번하게 압력파의 부분은 약간 다른 속도로 이동한다. 예를 들어 분산되는 압력파의 경우 리딩에지(leading edge)는 트레일링에지(trailing edge)보다 빠르게 이동하여 문제가 발생한다. 이와 관련된 압력변화를 추정하기 위해 자이코프스키식에서 어느 유속을 사용하여야 하나?

감쇠(attenuation) 미케니즘은 내부압력변화의 결과로서 배관 벽의 원주방향과 축방향 이동과 관련된다. 압력 증가가 배관 내 유체를 통해 전달될 때 배관은 확장된다. 이는 배관 벽 재료 내 음속과 유사한 속도로 배관 벽을 따라 전파되는 축변형파(axial strain wave)를 발생시킨다. 그러면 유체에 전구파(precursor wave)가 생성되어 압력이 약간 증가하는 것으로 나타난다.

많은 시스템의 경우 일반적인 설계에 포함된 다른 근사치와 비교할 때 변화가 작기 때문에 보수적인 안전계수를 사용하여 목적에 맞게 실행 가능한 해를 생성할 수 있다. 그러나 복잡한 시스템의 반응을 충분하게 모델링하는 능력부족으로 인해 심각한 사고를 포함하는 여러 사례가 보고되었다. 배관과 구성요소의 물리적 이동과 관련된 부가효과(additive effects)로 인해 압력은 정상적인 자이코프스키수두변화를 초과하였고, 배관은 파괴되고, 배관이 지지물에서 이탈되고, 운영자의 신체적 부상이 발생하였다. 이는 수용할 수 없고 반드시 해결되어야 한다.

7.6 요약

배관시스템의 위험평가와 관련된 기술자는"부정류는 함축된 주제로서 예술이다"라는 견해를 표현하였다. 본 장은 이 두 대립되는 표현 사이 공백을 메우는 수단을 제안하였다. 즉, 배관시스템 내 부정류의 위험평가를 위한 지식-기반 전문가 시스템의 전개에 집중하였다. 또한 이는 향후 기술연구개발을 식별하기 위한 기초를 제공한다.

대화형 전산코드를 개발하기 위해 수년이 소요되겠지만 그럼에도 불구하고 그렇게 하는 데 필요한 과업에 대한 초점과 방향을 제시한다. 초기에 KBES 모델은 단일 상승주관로 또는 중력공급 관로와 같은 제한된 시스템에 집중될 수 있다. 그러나 프로그램 개발자가 포함된 대화형 프로그램 기법의 경험이 쌓이면서 그리고 공학적 판단과 재량을 통합하는 방법이 확립되면서 관망으로 확대될 것이며 이는 야심찬 목표이지만 언젠가는 성취될 것이다.

8장 부정류 이론

부정류 해석시 가장 기본적인 매개변수 중 두 개는 압력파가 이동하는 파속 c와 압력차 Δp이다. 배관시스템 내 압력과 유량변화를 예측하기 위한 완전한 식의 전개는 상당히 복잡할 수 있지만 전산모델에 대한 기초이다. 그러나 단순한 관로 내 단일 부정류로 관심을 제한하여 필요한 두 매개변수에 대한 식의 전개를 더욱 용이하게 설명할 수 있다.

8.1 부정류 통과에 따른 압력변화

단순한 직관의 하류측에서 급작스런 유동변화가 발생하는 순간 배관 단면을 고려한다. 그림 8.1에서 그 결과로 부정류 압력파는 유속과 반대 방향인 상류측으로 속도 c로 왼쪽으로 이동한다. 배관 벽을 기준으로 상대 속도는 $c-v$가 된다. 교란되지 않은 유동 내 초기 조건은 다음과 같다.

압력=p,　밀도=ρ,　유속=v

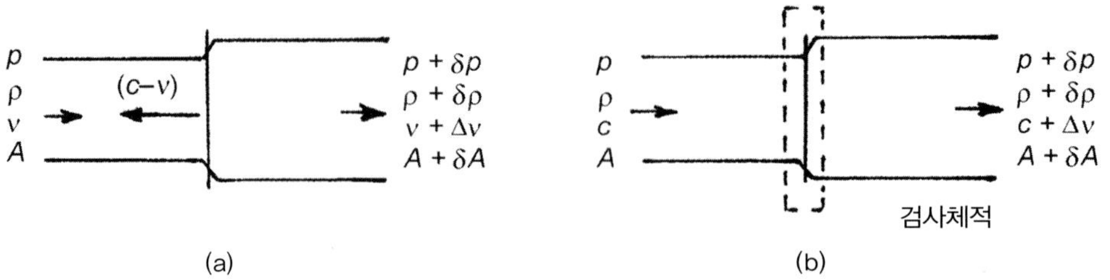

그림 8.1 (a)배관 상대적 속도 $c-v$로 상류측으로 이동하는 압력파, (b)압력파에 부착된 프레임에 대해 정상유동으로 변환된 비정상유동

그림 8.1a의 압력파에 대한 기준 프레임을 비정상 유동 상황으로 고정시키고, 이에 상응하여 수정된 작은 검사체적의 내부와 외부로의 유동하는 등가 정상유동상황으로 변환시킬 수 있다(그림 8.1b 참조).

뉴튼 제2법칙의 선형모멘텀보존법칙을 이 검사 체적을 통과하는 유동에 적용하면 검사체적에 걸친 순수한 힘은 선형모멘텀의 순수 손실과 동등하게 된다.

$$\triangle pA = \text{질량유량} \times [(c+\triangle v)-c] \tag{8.1}$$

대부분 관로 내 액체 유동에서 유속변화 $\triangle v$는 파속 c와 비교하여 무시할 수 있어 그림 8.1b에서 검사체적을 통과하는 질량유동율은 ρAc로 주어진다. 이를 식 8.1에 대입하여 정리하면 다음과 같다.

$$\triangle p = -\rho c \triangle v \tag{8.2}$$

(-) 부호의 물리적 의미는 부정류가 상류측 유동 내부로 이동하여 유동을 감소시키고, 압력변화는 증가되는 것을 의미한다. 하류측 유동 내부로 이동하는 압력파에 상응하는 식은 압력변화를 감소시키고, 식 8.2의 양변은 (+)가 된다. 통상적으로 식 8.2에서 (-) 부호는 빈번하게 생략되고 압력변화크기를 나타낸다.

식 8.2는 자이코프스키식의 한 형태이다[Joukowsky (1900)]. 유용한 대안적인 형태는 식 8.2의 양변을ρg로 나누어 압력변화를 압력수두변화로 표현하는 것이다. 식 8.2 또는 8.3을 사용하기 위해서는 부정류 파속 c를 구할 필요가 있으며 검사체적에 질량보존법칙을 적용하여 이를 유도할 수 있다.

$$\triangle H = \pm \frac{c \triangle v}{g} \tag{8.3}$$

제6장에서 기술한 특성식으로부터 다음과 같이 식 8.3을 유도할 수 있다. 먼저 식 6.6, 6.7, 6.8을 C^{+} 특성식 6.3에 대입하면 다음과 같다.

$$H_{P,i} - H_{i-1} = \frac{c}{gA} Q_{i-1} - \frac{f \triangle x}{2gDA^{2}} Q_{i-1} |Q_{i-1}| - \frac{c}{gA} Q_{P,i}$$

상기 식을 같은 항으로 정리하면

$$H_{P,i} - H_{i-1} = -\frac{c}{gA}(Q_{P,i} - Q_{i-1}) - \frac{f \triangle x}{2gDA^{2}} Q_{i-1} |Q_{i-1}|$$

상기 식의 유량 Q를 단면적 A로 나누어 유속 V로 표현하면 다음과 같다.

$$H_{P,i} - H_{i-1} = -\frac{c}{g}(V_{P,i} - V_{i-1}) - f \frac{\triangle x}{D} \frac{V_{i-1} |V_{i-1}|}{2g} \tag{8.4}$$

관로마찰손실이 없는 것으로 가정하므로 상기 식의 우변 마지막 항 마찰손실수두를 생략하여 정리하면 다음과 같고,

$$H_{P,i} - H_{i-1} = -\frac{c}{g}(V_{P,i} - V_{i-1}) = \frac{c}{g}(V_{i-1} - V_{P,i})$$

이제 상기 식을 다음과 같이 자이코프스키식으로 표현할 수 있으며, 여기서 $\triangle H = H_{P,i} - H_{i-1}$, $\triangle V = V_{i-1} - V_{P,i}$인 점을 유의하여야 한다.

$$\triangle H = \frac{c}{g} \triangle V$$

상기 절차와 유사하게 6.6, 6.7, 6.8을 C^{-} 특성식 6.4에 대입하면 다음 식을 얻을 수 있다.

$$H_{P,i} - H_{i-1} = \frac{c}{g}(V_{P,i} - V_{i-1}) + f \frac{\triangle x}{D} \frac{V_{i-1} |V_{i-1}|}{2g} \tag{8.5}$$

상기 식의 우변 마지막 항 마찰손실수두를 생략하여 정리하면 다음과 같고,

$$H_{P,i} - H_{i-1} = \frac{c}{g}(V_{P,i} - V_{i-1}) = -\frac{c}{g}(V_{i-1} - V_{P,i})$$

이제 상기 식을 다음과 같이 자이코프스키식으로 표현할 수 있으며, 재차 $\triangle H = H_{P,i} - H_{i-1}$, $\triangle V = V_{i-1} - V_{P,i}$인 점을 유의하여야 한다.

$$\triangle H = -\frac{c}{g} \triangle V$$

식 8.3, 8.4, 8.5로부터 특성식과 자이코프스키식의 차이는 마찰손실수두항의 고려 여부이다. 즉, 마찰손실수두를 고려한 특성식에서 업서지 발생시 수두상승은 식 8.4에서 마찰손실수두만큼 완화되는 반면 다운서지 발생시에는 수두저하는 식 8.5에서 마찰손실수두만큼 완화된다. 그림 8.3은 직경 0.5m, 길이 5000m, $f=0.02$인 관로에서 수위차 30m로 중력 유동관로에서 하류측 밸브를 10초 동안 폐쇄시 유속이 선형적으로 변화하는 조건에서 자이코프스키식과 특성식을 이용하여 부정류를 해석한 결과를 보여주며 이 결과로부터 자이코프스키식은 특성식보다 보수적이고 수두는 궁극적으로 상류측 저수지 수위인 $H=170m$로 수렴하여 안정되는 사실을 알 수 있다.

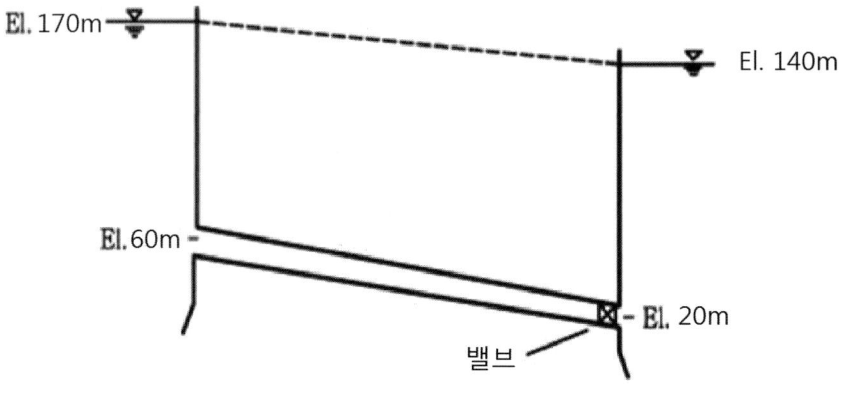

그림 8.2 유속이 선형으로 변화하는 단순 관로

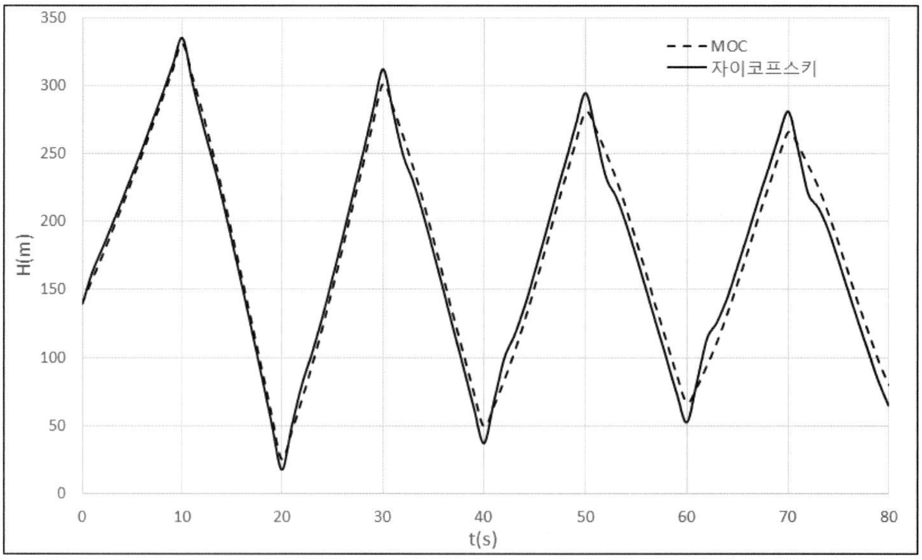

그림 8.3 자이코프스키식과 특성식을 이용한 해석결과

8.2 파속식

정상유동 또는 유사정상유동에 대한 질량보존법칙에 따라 검사체적을 떠나는 유량은 들어오는 유량과 동일하다. 그림 8.1b를 참조하고 밀도와 단면적에서 작은 변화를 $\delta\rho$와 δA로 표기하면

$$(\rho+\delta\rho)(A+\delta A)(c+\delta c)=\rho Ac$$

좌변을 우변으로 나누고 식 8.2의 $\delta v=-\triangle p/\rho c$를 대입하면

$$\left(1+\frac{\delta\rho}{\rho}\right)\left(1+\frac{\delta A}{A}\right)\left(1-\frac{\triangle p}{\rho c^2}\right)=1$$

상기 식을 전개하고 매우 작은 항의 곱을 무시하면 다음과 같다.

$$\frac{\delta\rho}{\rho}+\frac{\delta A}{A}-\frac{\triangle p}{\rho c^2}=0 \tag{8.6}$$

밀도변화 $\delta\rho$는 다음과 같이 액체의 체적계수 K와 관련되며

$$\frac{\delta\rho}{\rho}=\frac{\triangle p}{K}$$

상기 식을 식 8.6에 대입하고 다시 정리하여 일반식으로 파속 c를 표현하면 다음과 같다.

$$c=\sqrt{\frac{1}{\rho\left[\frac{1}{K}+\frac{1}{A}\frac{\partial A}{\partial p}\right]}} \tag{8.7}$$

상기 식은 배관과 터널 내 액체를 통과하는 부정류 압력파의 파속을 결정하기 위한 기본식이다. 체적계수는 액체의 탄성력을 나타내며, 브라켓트 내 분모항의 마지막 항인 압력변화에 따른 단면적 변형율은 배관의 탄성력을 나타낸다.

8.3 파속 계산식

상기 식을 더욱 유용한 형태로 전개하기 위해서는 부정류 압력파가 전파되어 통과하는 수로의 형식과 관련하여 가정을 요구한다. 중요한 문헌[Chaudhry (1987), Fox (1989),

Wylie and Streeter (1993)]에 그리고 기술 논문[예를 들어 Halliwell (1963), Hills (1999), Pearsall (1965), Thorley and Twyman (1976)]에서 여러 예제가 완벽하게 유도되었으며 이에 대한 요약은 그림 8.4~8.10과 같다.

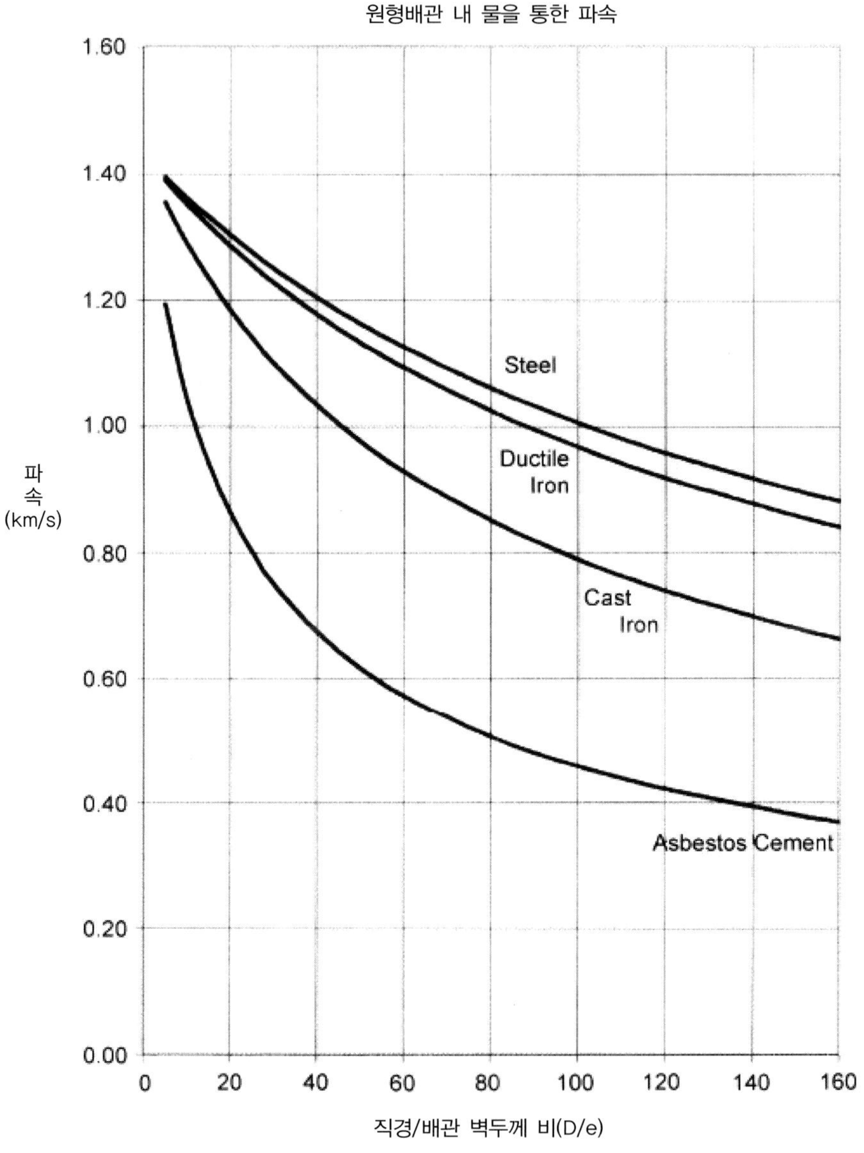

그림 8.4 강관, DCIP, 주철관, 석면 시멘트 관 내 물을 통한 파속

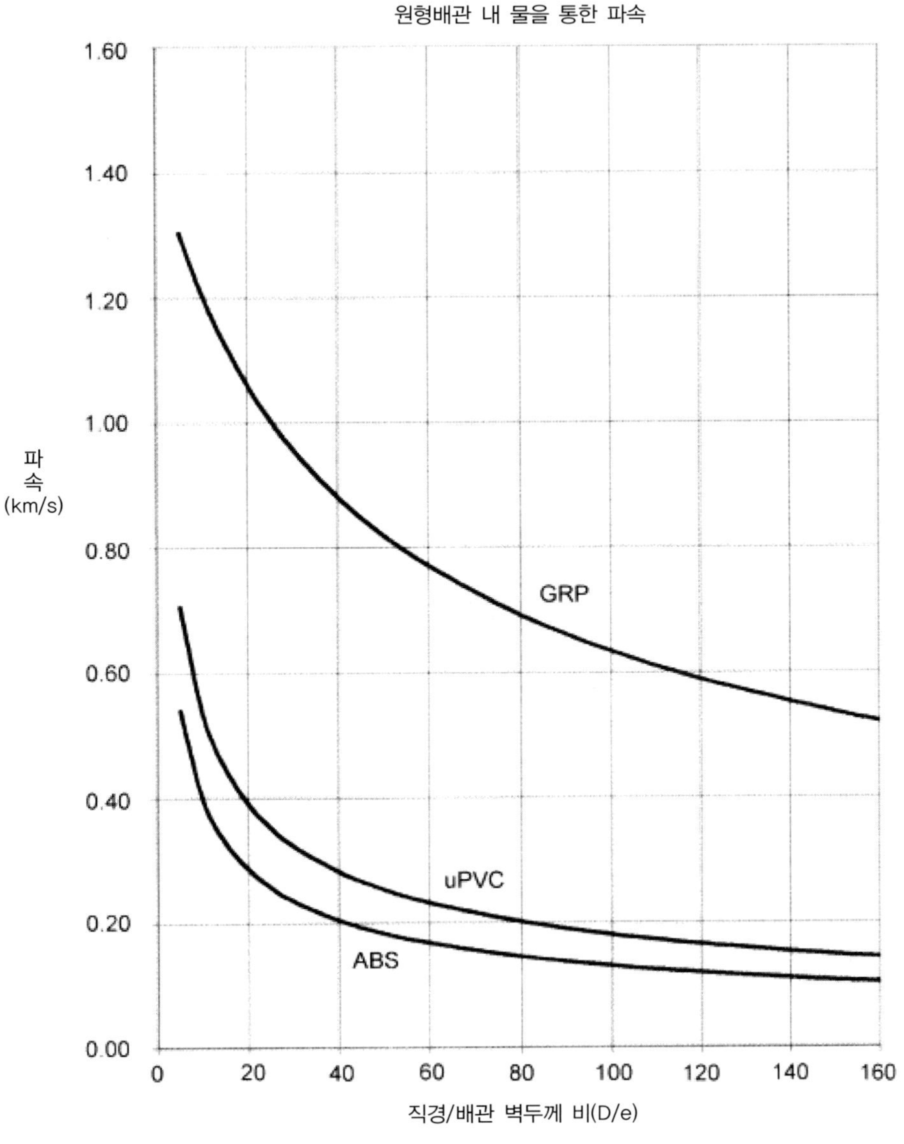

그림 8.5 GRP, uPVC, ABS 관 내 물을 통한 파속

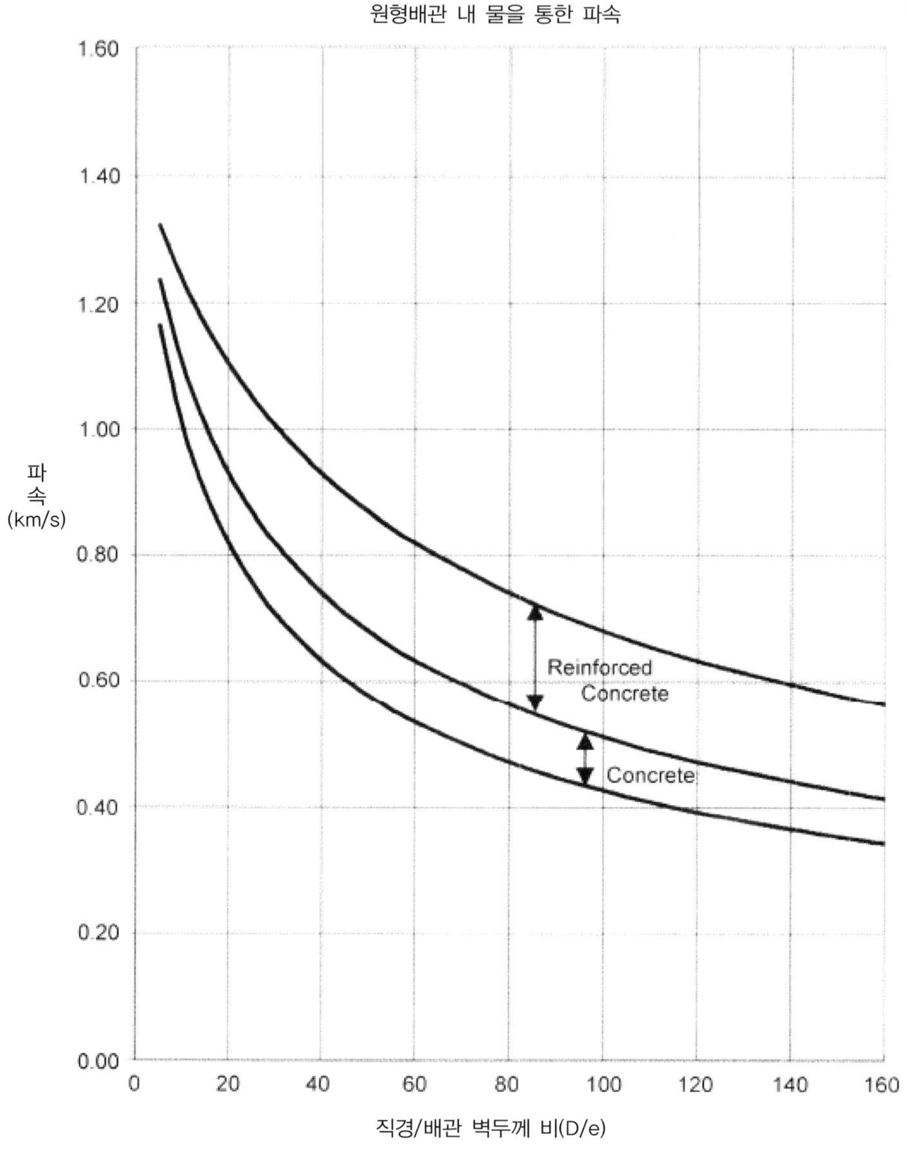

그림 8.6 콘크리트 관 내 물을 통한 파속

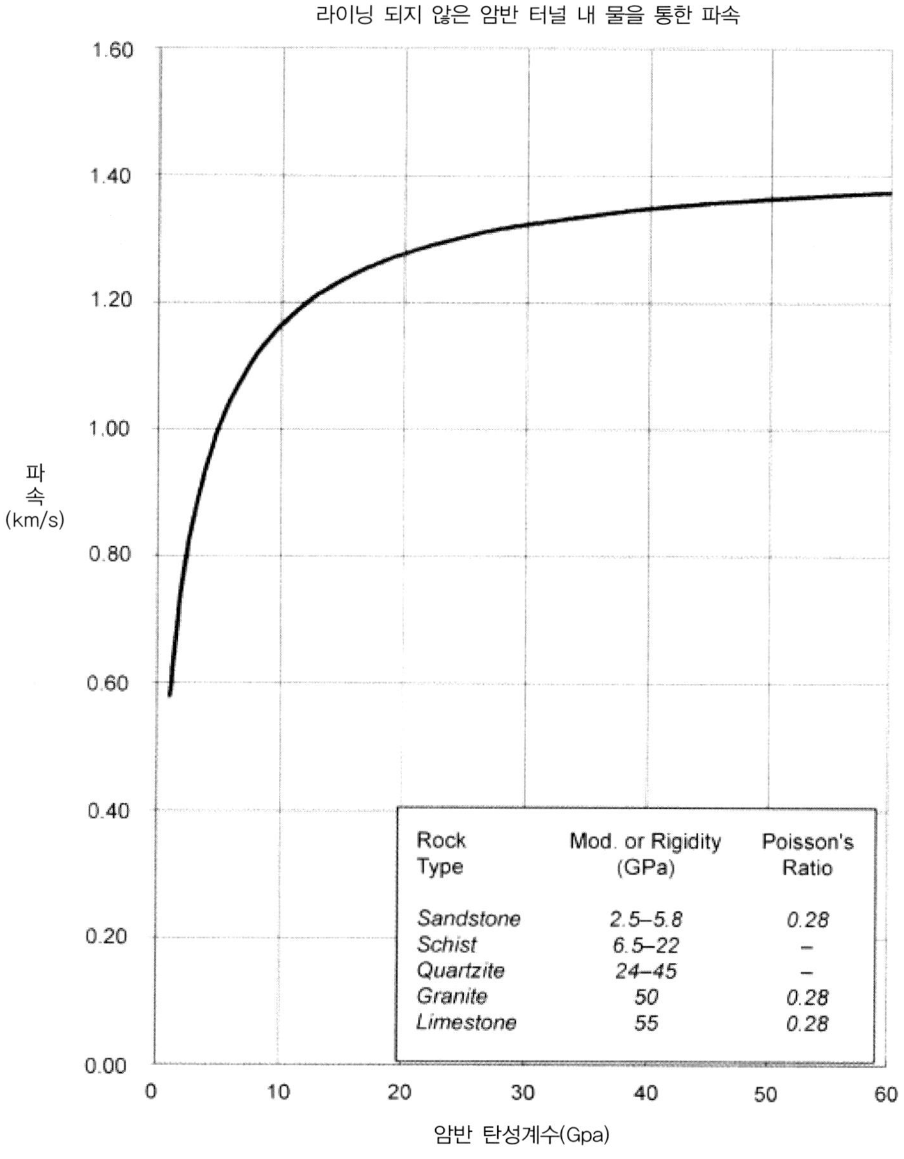

그림 8.7 라이닝되지 않은 암반 터널 내 물을 통한 파속

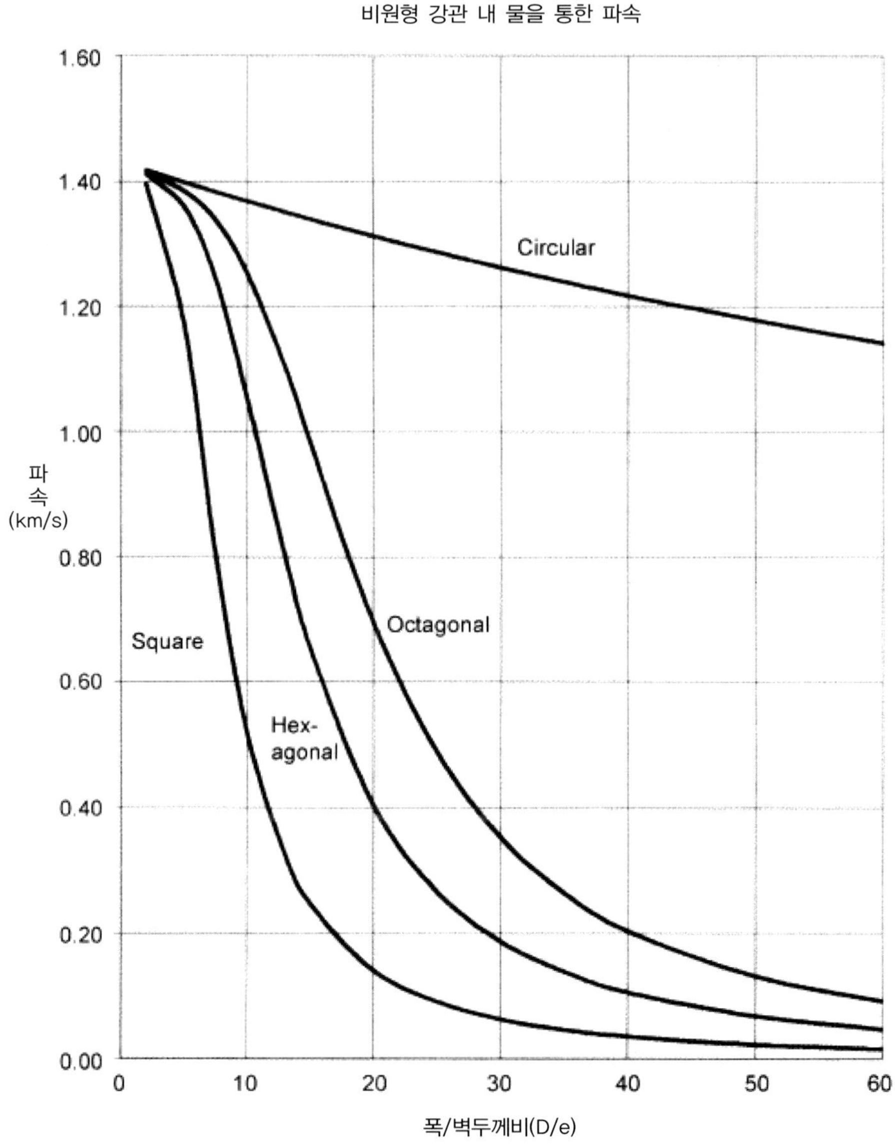

그림 8.8 다양한 단면의 강관 내 물을 통한 작은 크기 압력파에 대한 파속

※작은 크기란 배관 벽이 탄성범위 내에서 처지고 비원형배관의 경우 이는 측벽의 굽힘처짐에 의해 현저해진다.

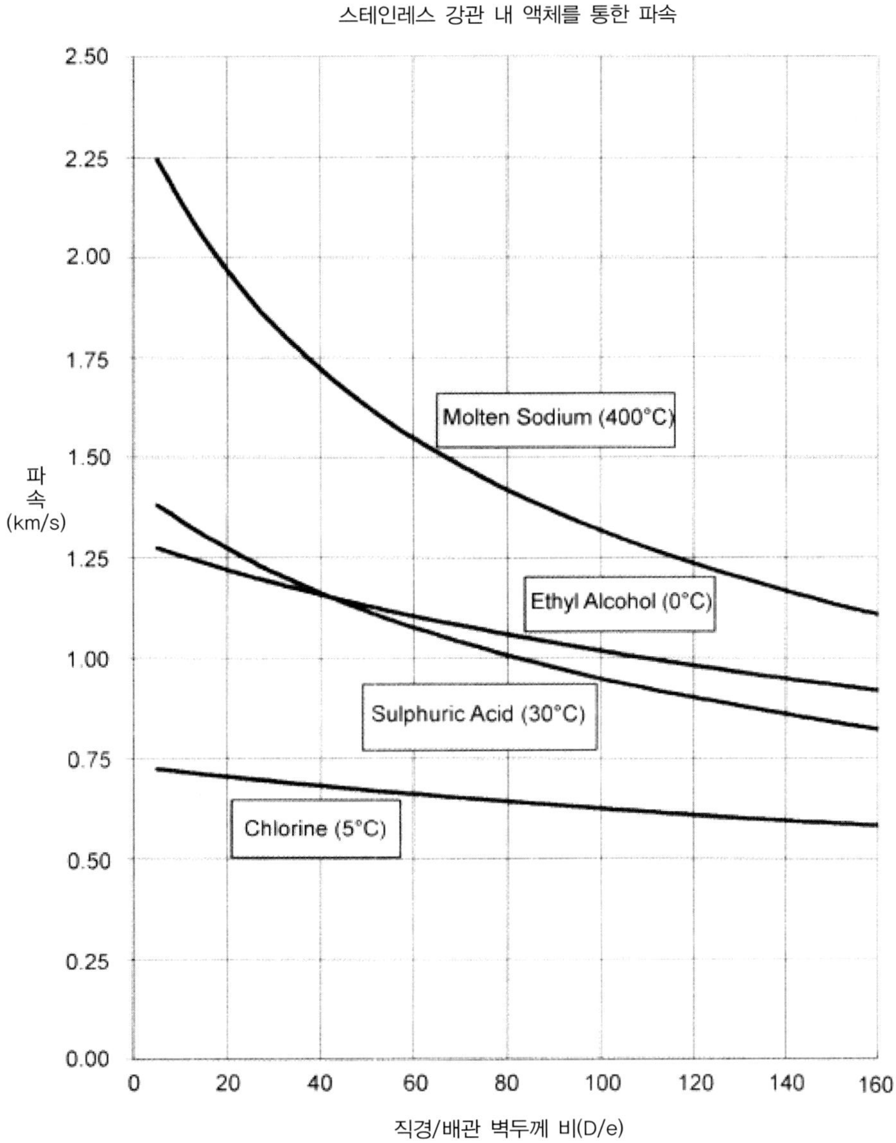

그림 8.9 원형 스테인레스관 내 다양한 액체를 통한 파속

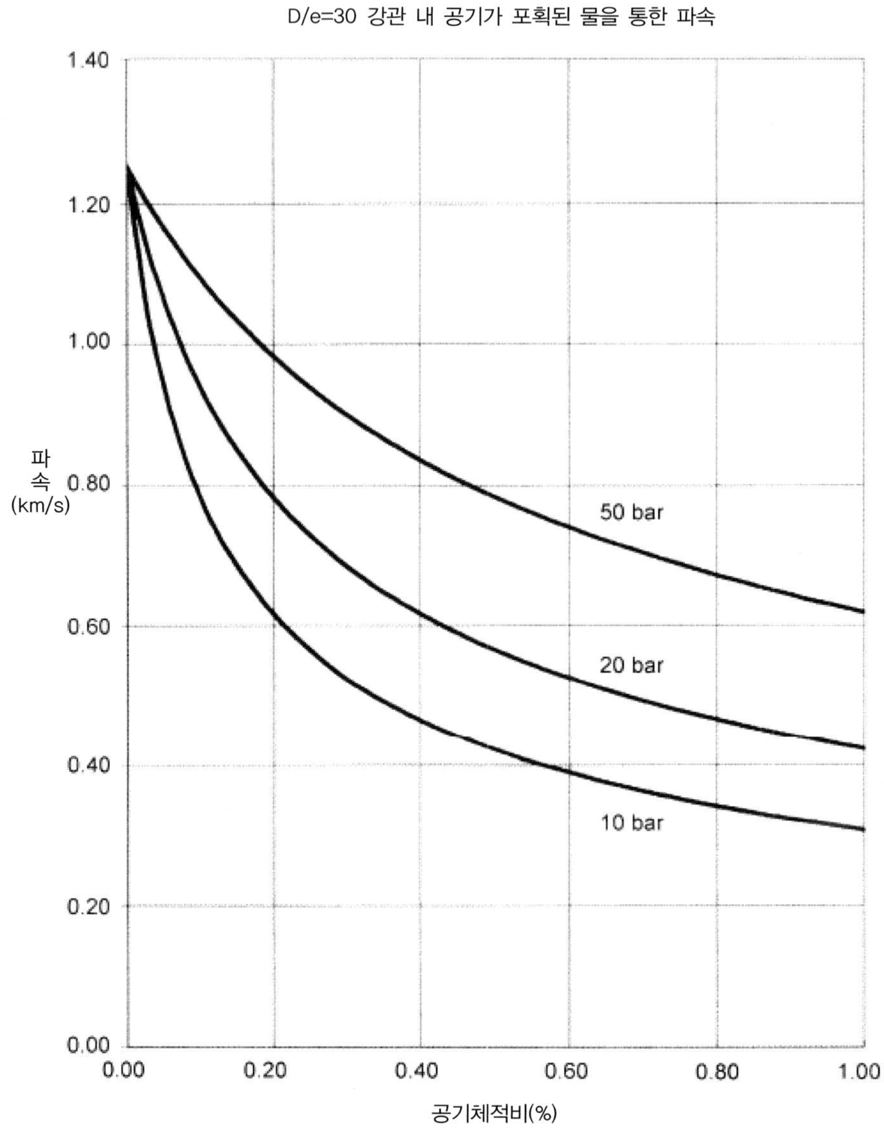

그림 8.10 공기가 포함된 경우 파속

※ 3개 그래프는 1% 이하의 분산된 공기기포가 $D/e=30$ 강관 내 파속에 미치는 영향을 보여준다.

8.3.1 원형 단면 배관

내경 D, 벽 두께 e인 두께가 얇은 배관 즉, $D/e>10$인 경우 다음 식으로 파속을 계산할 수 있으며 여기서 ϕ는 구속계수, E는 배관 벽 재료의 탄성계수이다.

$$c = \sqrt{\frac{1}{\rho\left[\frac{1}{K} + \frac{D}{Ee}\phi\right]}} \tag{8.8}$$

ϕ 수치는 배관지지방식과 벽 재료의 포아송비에 따라 결정된다. 금속과 같이 영계수가 크면 큰 오차 없이 $\phi = 1$를 취할 수 있다. 물리적으로 이는 관로에 따라 신축 접합부가 설치된 것을 암시한다.

축방향 이동이 완벽하게 구속된 경우는 다음과 같다.

$$\phi = \left(1 - \nu^2\right)$$

사수부에서 증가된 압력으로 인해 축방향 이동이 발생할 경우는 다음과 같다.

$$\phi = (1 - 0.5\nu)$$

이상화된 상기 세 경우는 실제로는 완벽하게 현실과 일치하지 않는다. 그러나 파속에 영향을 미치는 탄성계수 E, 유체 밀도 ρ 그리고 체적계수 K와 관련된 수치의 불확실성으로 인한 영향보다는 작기 때문에 빈번하게 $\phi = 1$을 사용한다.

두께가 두꺼운 배관의 경우 구속계수 ϕ 수치는 다음과 같다.

신축관이 설치된 배관

$$\phi = \frac{D}{D+e} + \frac{2e}{D}(1+\nu)$$

완벽하게 구속된 배관(매립 배관)

$$\phi = \frac{D}{D+e}\left(1 - \nu^2\right) + \frac{2e}{D}(1+\nu)$$

부분적으로 구속된 배관(한쪽 말단부 고정, 다른 쪽 말단부 자유 이동)

$$\phi = \frac{D}{D+e}(1 - 0.5\nu) + \frac{2e}{D}(1+\nu)$$

라이닝된 원형 단면 배관의 경우 배관과 라이닝 모두의 영향을 고려할 필요가 있다. 식 8.7의 단면 변형율 항 즉, 분모 내 마지막 항은 직경 D, 배관 벽 두께 e, 탄성계수 E, 배관과 라이닝에 대한 포아송비 ν를 고려하여야하기 때문에 더욱 복잡해진다.

Halliwell (1963)과 Hills (1999)은 이 주제를 연구하였고 연구 결과 중 일부를 여기서 기술한다. 아래에 주어진 식은 문헌에서 사용된 기호와 일치시키기 위해 수정된 것이다.

당초 Halliwell (1963)의 논문은 불행하게도 인쇄시 많은 오류가 발생하였으며 따라서 이 논문 내용을 직접 사용하려면 주의하여야 한다. Hills는 단면 변형율을 전개하여 식 8.7을 다음 형태로 표현하였으며 여기서 ψ는 배관과 라이닝의 변형으로 인한 영향을 조합하는 복합항이고, 이는 배관의 규격, 형상 및 재료 특성을 포함하며 다른 기호는 통상적인 의미를 갖는다.

$$c = \sqrt{\frac{1}{\rho\left[\frac{1}{K} + \frac{1}{E_1}\psi\right]}} \tag{8.9}$$

배관은 모두 원형 단면이고, 라이닝과 배관은 물리적으로 접촉된 상태를 유지하며 이들의 축방향 이동은 앵커로 고정되었으며 유체는 균질의 뉴튼유체로 가정한다.

두께가 두꺼운 배관은 전술한 것과 같이 $D/e < 10$ 인 것이다. 라이닝된 두께가 두꺼운 배관에 대한 식 8.9의 전개를 간략하게 요약하기 위해 다음 식으로 단면적 변형율을 계산할 수 있다.

$$\frac{1}{A}\frac{\partial A}{\partial p} = \frac{\psi}{E_1} = \frac{2\left(1+\nu_1 D_1^2\right)}{E_1\left(D_1^2 - D_0^2\right)}\left[(1-\lambda) + (1-2\nu_2)\left(\frac{D_0^2}{D_1^2} - \lambda\right)\right] \tag{8.10}$$

여기서 E_1은 라이닝 재료의 탄성계수, λ는 다음 식으로 계산할 수 있다.

$$\lambda = \frac{2E_p\left(1-\nu_2^2\right)D_0^2\left(D_2^2 - D_1^2\right)}{E_1(1+\nu_p)\left(D_1^2 - D_0^2\left[D_2^2 + (1-2\nu_p)\right]\right)D_1^2} \\ + E_p(1+\nu_1)\left(D_2^2 - D_1^2\right)\left[D_0^2 + (1-2\nu_2)D_1^2\right] \tag{8.11}$$

많은 경우 관로는 얇은 벽으로 간주할 수 있고, 이에 따라 추가된 복잡성은 최종 결과를 미소하게 변경시키는 것을 보여주기 때문에 편의를 위해 식 8.10과 8.11을 단순화할 수 있다. 또한 이를 실제 상황에 적용할 때는 식에서 사용되는 기본자료의 정확도를 알 수 없어 오직 전형적인 또는 대표적인 수치만을 사용한다. 따라서 통상적으로 원형 단면의 라이닝된 얇은 배관의 설계 목적으로 완벽한 결과는 다음 형태가 될 수 있으며 여기서 D_1은 라이닝의 평균 직경이다.

$$\frac{1}{A}\frac{\partial A}{\partial p} = \frac{\psi}{E_1} = \frac{D_1}{E_1 e_1}(1-\lambda)\left(1-\nu_1^2\right) \tag{8.12}$$

또한 다음 식으로 λ를 계산할 수 있다.

$$\lambda \approx \frac{2D_1^2 E_p e_p \left(1-\nu_1^2\right)}{\left[D_p^2 E_1 e_1 \left(1-\nu_p^2\right) + D_1^2 E_p e_p \left(1-\nu_2^2\right)\right]} \tag{8.13}$$

상기 식에서 e_1과 e_p는 배관 벽의 내부 라이닝과 외부 라이닝 두께이며 D_1과 D_p는 상응하는 평균 직경이다.

만일 배관 벽과 라이닝의 포아송비가 동일한 것으로 가정하고 평균 배관 직경을 사용하면 다음과 같이 더욱 단순화된 식을 얻을 수 있다.

$$\lambda \approx \frac{2D_1^2 E_p e_p \left(1-\nu_1^2\right)}{\left[D_p^2 E_1 e_1 + D_1^2 E_p e_p\right]} \approx \frac{E_p e_p}{E_1 e_1 + E_p e_p} \tag{8.14}$$

이 단순화된 결과를 식 8.7에 대입하면 다음과 같다.

$$c = \sqrt{\frac{1}{\rho\left[\frac{1}{K} + \frac{D_1}{E_1 e_1 + E_p e_p}\left(1-\nu^2\right)\right]}} \tag{8.15}$$

만일 라이닝 두께가 0으로 감소하면 그 결과는 길이방향 이동에 대항하여 앵커로 고정된 배관의 경우인 식과 8.8과 동일하게 된다.

강과 같이 상당히 강성체 재질로 제작되고 고무 또는 다른 유사한 재질로 라이닝된 배관의 경우 첫 번째 단순화로서 강관 단독에 기초하여 구한 파속은 충분히 타당한 것으로 입증된다.

8.3.2 터널

원형 단면의 터널의 경우 벽 두께가 두꺼운 배관 식으로부터 매우 용이하게 관련 식을 전개할 수 있다. 터널의 경우 벽 두께를 무한으로 가정하면 즉, $(D+e) \gg D$가 되고, 상기 두꺼운 배관에 대한 3개 구속계수는 다음과 같이 간소화된다.

$$\phi = \frac{2e}{D}(1+\nu)$$

이를 식 8.8에 대입하면 다음과 같고, 여기서 G는 터널이 관통된 암석의 강성계수 (Modulus of Rigidity)이다.

$$c = \sqrt{\frac{1}{\rho\left[\frac{1}{K} + \frac{2(1+\nu)}{G}\right]}} \tag{8.16}$$

Halliwell (1963) and Suo (1988)는 라이닝된 원형 단면의 터널에 대한 여러 식을 전개하였으며 그 중 강관으로 라이닝된 터널의 파속식은 다음과 같으며, 여기서 e는 라이닝의 두께, D는 터널 직경, G는 암석의 강성계수(Modulus of Rigidity)이다(그림 8.7 참조).

$$c = \sqrt{\frac{1}{\rho\left[\frac{1}{K} + \frac{2D}{GD + 2Ee}\right]}} \tag{8.17}$$

터널이 강 및 콘크리트로 라이닝된 경우 식은 상당히 복잡해진다. 그러나 주변 암석으로 지지되는 강과 콘크리트 라이닝이 조합된 결과 상당한 강성체 수로로 표현되며 따라서 파속은 강성체 실린더의 파속과 매우 유사하다.

만일 배관 주변 되메움 재료가 관로를 추가로 지지하는 것으로 확인되면 식 8.17을 사용하여 매설된 배관에서 타당하게 추정된 파속 수치를 얻을 수 있다. 그러나 항상 그런 것은 아니고, 특히, PVC 및 이와 유사한 플라스틱으로 제작된 배관과 같이 탄성이 매우 큰 배관의 경우 상당한 압력동요 및 이에 상응하여 배관 변형이 크게 발생하는 극단적인 경우 확장된 배관은 되메움 재료를 멀리 밀어버리고 압력감소시 배관은 지지되지 않아 터널 바닥에 놓이게 되면 배관은 영구적으로 접촉하지 않는 동시에 원형 형상을 유지하지 못할 수 있다.

8.3.3 플라스틱, uPVC, GRP(Glass-Reinforced Plastic) 배관

GRP, 플라스틱, uPVC 및 유사 비금속 재료로 제작된 배관이 탄성범위 안에서 변형되면 식 8.8을 이용하여 파속을 계산할 수 있다. 그림 8.5는 이 배관 내 파속을 보여준다. 그러나 배관 벽 재질의 물리적 특성 수치를 사용하도록 주의하여야 한다.

플라스틱 및 uPVC 배관의 탄성계수는 온도와 변형율 모두에 의해 영향을 받는다. 높은 온도에서는 탄성계수와 파속이 감소하는 반면 변형율이 증가하면 탄성(동적)계수가 높아져 파속이 증가한다. 이와 같은 수치가 예상되는 온도 범위에서 적합한지 보장하기 위해 배관제작사가 제시하는 수치를 반드시 확인하여야 한다. 긍정적인 측면에서 많은 플라스틱의 점탄성(viscoelastic) 거동은 금속 및 콘크리트 배관에서 보다 상당히 신속하게 압력파를 약화(attenuated)시킨다.

GRP 및 유사한 복합 재료로 제작된 배관의 탄성계수는 사용된 재료 및 재료의 상대적인 비율에 종속된다. 또한 제작 방법도 중요하다. 만일 탄성계수 E에 대한 실험 수치를 얻을 수 없으면 다음 식으로 추정할 수 있다.

$$E = V_f E_f + (1 - V_f) E_b \tag{8.18}$$

여기서 V_f : 파이버 체적 분율

E_f : 파이버 탄성계수

E_b : 접착재의 탄성계수

8.3.4 비원형 덕트

일부 항공 및 핵 분야에서는 사각 및 육각 덕트가 가끔 사용된다. 정사각, 육각 및 오각형 배관을 포함한 통상적인 다각형 단면을 갖는 수로의 경우 식 8.7의 단면 변형항을 다음과 같이 표현할 수 있으며 여기서 D는 일반 다각형의 평면을 가로지는 수직 거리, α는 180°를 평면의 숫자로 나눈 값이다[Thorley and Enever (1979) 참조].

$$\frac{1}{A}\frac{\partial A}{\partial p} = \frac{1}{E}\left[\frac{D}{e} + \frac{tan^4\alpha}{15}\left(\frac{D}{e}\right)^3\right] + \frac{tan^2\alpha}{2G}\left(\frac{D}{e}\right) \tag{8.19}$$

대부분 덕트 벽의 변형은 굽힘 처짐(bending deflection) 형식이기 때문에 식의 표현이 복잡해진다. 만일 처짐이 과도해지면 구석에서 소성변형이 발생하고 상기 식은 유효하지 않고 파속은 극단적으로 감소된다. 만일 압력이 충분히 높으면 덕트는 원형으로 되는 경향이 있으며 이때는 식 8.8과 8.18이 더욱 적합하다. 그림 8.8은 파속의 크기가 작은 경우 즉, 구석에서 소성변형이 없는 경우 파속에 대한 덕트 형상의 영향을 설명한다.

8.3.5 물이 아닌 액체

많은 경우 체적계수 K보다 무한(unbounded) 유체 내 음속 c_0를 취득하는 것이 가능하므로 식 8.8을 다음과 같이 정리할 수 있다.

$$c = \sqrt{\frac{1}{\left[\frac{1}{c_0} + \frac{\rho D}{Ee}\phi\right]}} \tag{8.20}$$

다양한 액체의 대표적인 음속은 표 8.3과 같고, 그림 8.9는 스테인레스 배관 내 포함된 다양한 액체를 통과하는 파속을 보여준다.

8.3.6 다상 및 다요소 유체

순수한 액체에 혼입된 공기, 가스, 고형입자의 존재는 파속에 큰 영향을 미칠 수 있다.

그림 8.10은 작은 가스기포량이 존재할 때 파속은 순수 액체에서의 파속의 10%가 될 수 있다는 것을 보여준다[Zhou et al. (2002)]. 반면 고형물 입자의 영향은 입자의 물리적 특성에 따라 파속을 증가 또는 감소시킬 수 있다{Thorley and Wiggert (1985)}.

기포 또는 고체 입자가 배관 내 연속 액체 내 잘게(finely) 분포되어 균질 혼합물로 간주될 수 있는 유체에 대한 일반적인 파속식 형태는 다음과 같다.

$$c = \sqrt{\frac{1}{[\alpha\rho_d + (1-\alpha)\rho_c]\left[\frac{\alpha}{K_d} + \frac{(1-\alpha)}{K_c} + \frac{D}{Ee}\right]}} \tag{8.21}$$

여기서 ρ_c, ρ_d : 연속 및 불연속 상(phase)의 밀도

K_c, K_d : 연속 및 불연속 상(phase)의 체적계수

α : 불연속 상의 국부 체적분율

체적 가스 함량이 낮은 거품이 많은 기포성 가스-액체 혼합물의 경우 체적계수 K_d는 부분압력 p와 동일하다. 매우 높은 압력을 제외하고 혼합물의 등온변화와 덕트 벽의 영향을 무시할 수 있는 것으로 가정하면 식 8.21은 다음과 같이 단순화된다

$$c = \sqrt{\frac{1}{(1-\alpha)\rho_c\left[\frac{\alpha}{p} + \frac{(1-\alpha)}{K_c}\right]}} \tag{8.22}$$

만일 액체의 압축성을 무시할 수 있으면 다음과 같이 더욱 단순화된다.

$$c = \sqrt{\frac{1}{(1-\alpha)\rho_c\frac{\alpha}{p}}} \tag{8.23}$$

가스-액체 유동식에서 부분압력 p가 나타나기 때문에 파속은 시스템 전체에 걸쳐 변화한다는 사실에 유의하여야 한다.

균질 고체-액체 및 슬러리 유동의 경우 반드시 덕트 벽 영향을 포함하여 식 8.21을 사용하여야 하며 다음 식으로 대략 구 형상의 고체입자에 대한 체적계수 K_d를 추정할 수 있다[Conway (1950)].

$$K_d = \frac{E}{3(1-2\nu)}$$

여기서 E : 고체의 영계수

ν : 포아송비

유동을 더 이상 균질로 간주할 수 없을 때 그리고 성층화(stratification)가 형성되기 시작할 때 상기 식은 더 이상 유효하지 않다. 이때 발생하는 부정류유동은 상당히 더욱 복잡하고 특화된 장치가 요구된다.

8.3.7 소성변형 튜브

초기 압력파가 충분히 커서 덕트 벽의 소성항복이 발생할 수 있다[Twyman et al. (1980) 참조]. 업서지의 리딩에지는 배관의 탄성 거동과 관련된 속도로 이동하고, 식 8.8로 파속을 계산할 수 있다. 압력이 배관 벽의 항복응력 이상으로 상승하여 소성 스트레칭되면 이 과도한 압력은 상당히 낮은 속도로 전파되고 상당히 급속하게 약화된다. 다음 식으로 다양한 압력수준의 파속을 계산할 수 있다.

$$c = \sqrt{\frac{1}{\rho\left[\frac{1}{K} + \frac{D}{e(E+2\sigma)}\right]}} \tag{8.24}$$

여기서 D : 순간 배관 반경

e : 순간 벽 두께

E : 덕트 벽 재료의 탄젠트 계수

σ : 실제 부분 응력

배관이 파괴되지 않지만 소성변형이 발생하면 통상적으로 압력파가 매우 급속하게 약화된다[Thorley and Twyman (1976)]. 수 미터를 이동한 후 부정류 리딩에지 뒤의 압력은 해당 덕트의 탄성한계와 관련된 압력으로 감소한다.

설명을 위한 특별한 예제에 대한 자료는 그림 8.11과 같다. 이 경우 배관은 당초 비원형이고, 초기 파속은 주로 배관의 측벽의 굽힘처짐(bending deflection)에 의해 영향을 받는다. 압력이 증가하면서 배관은 원형 형상을 취하고 파속은 증가한다. 압력이 약 12㎫ 이상으로 증가하여 배관 벽의 항복이 발생하면 파속은 초기에는 구석에서, 이후 전체에서 극단적으로 감소한다. 24㎫ 정도의 압력에서 부정류가 시작되는 위치에서 배관 벽이 파괴되면 압력이 가장 높은 이 위치에서 파속은 0이 된다. 이 위치로부터 더욱 먼 곳에서 덕트의 탄성 변형과 관련된 크기를 갖는 압력파는 통상적인 방법으로 전파된다.

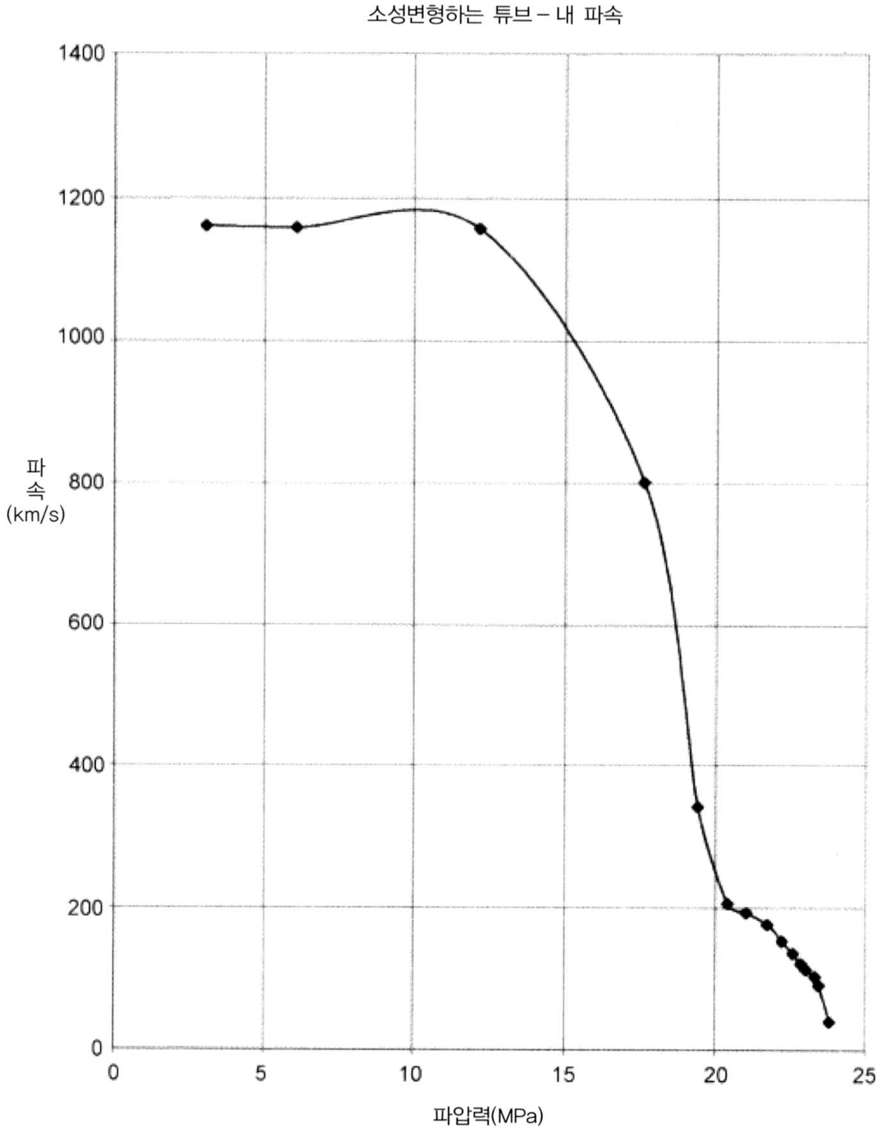

그림 8.11 배관 벽의 소성변형에 따른 파속변화

※ 배관 벽의 가소성 개시가 합금강 내 포획된 물을 통한 매우 큰 크기 압력파의 전파속도에 어떻게 영향을 미치는지를 보여주는 예

파속을 결정하기 위해 배관 벽 재료에 대한 정확한 부하-인장(load-extension) 및 응력-변형율 곡선을 얻어 재료의 탄젠트 계수, 진응력변형율, 진변형율(true strain)을 구해 식 8.24에 대입할 필요가 있다. 압력이 재료를 물리적으로 항복시키는 압력보다 작으면 식 8.24는 식 8.8로 감소된다는 사실에 유의하여야 한다.

8.3.8 플렉시블 호스

근해 선적시스템에서 사용되는 플렉시블 호스 내 파속은 시스템 압력, 재료 특성, 호스 벽 구조에 의해 영향을 받으며 이는 다양한 재료 및 강 보강 와이어 등이 포함되어 상당히 복잡해질 수 있다. 공칭 직경 500mm 배관에 대한 시험결과 호스 내 물을 통과하는 파속 범위는 340~440m/s인 것을 보여준다. 이론적 추정을 위해 동적 재료 특성이 필요하고 배관의 유연도(flexibility)는 예측 불확도를 증가시킬 수 있다는 사실에 유의하여야 한다.

8.3.9 파속 추정을 위한 자료

표 8.1~8.3 및 이와 동반된 선도는 파속 추정을 위한 자료를 제공하며 이는 Chaudhry (1987), Kaye and Laby (1966), Tennant (1979)가 수행하였던 여러 자문 프로젝트로부터 발췌된 것이다.

수로에 대한 공칭 치수는 물론 이와 같은 대표적인 수치를 더 자주 사용 가능하다. 또한 일부 액체 특히, 물의 경우 가스 함량에 대한 추정도 요구된다. 앞에 주어진 식 또는 선도로 구할 수 있는 파속은 순수 액체의 경우에서도 약 ±8% 이상의 불확도를 가지므로 신중을 기하는 것이 좋다.

표 8.1 대기압에서 액체의 물리적 특성

액체	온도(℃)	체적계수 $K(GN/m^2)$	밀도 $\rho(kg/m^3)$
벤젠	20	1.1	879
에틸알콜	20	1.32	789
등유	20	1.32	805
메탄올	20	1.0	791
미네랄 오일	25	1.5~1.9	860~888
인산 에스테르	25	0.9~0.95	1265~1315
해수	15	2.27	1025
나트륨	400	4.8	856
황산	30	2.7	1330
물	20	2.19	998

표 8.2 배관 재질의 물리적 특성

재료	영계수 $E(GN/m^2)$	전단계수 $K(GN/m^2)$	포아송비
알루미늄	69	27.6	0.33
알루미늄 합금	69~75	26~28	0.33
석면 시멘트	24	-	-
주철	90~160	40~50	0.25
콘크리트	20~30	8.5~13	0.15
덕타일주철	172	83	0.30
유리	78	3	0.24
GRP*	50	3.9	0.35
연강	200~210	80~84	0.28
인청동	120	43	0.38
플라스틱 -ABS -나이론 -Perspex -uPVC(at 20℃)	 1.7 1.4~2.8 6.2 3.3	 0.65 0.45~0.90 2.3 1.1	 0.33 0.50 0.33 0.5
보강 콘크리트	30~60	-	-
스테인레스스틸	200~215	80~85	0.28
티타늄	103	45	0.34

* 적용시에는 제작사로부터 자료를 얻어야 한다. 여기에 인용된 수치는 일반적인 지침이다. 영계수 $20GN/m^2$ 인 파이버의 체적분율 $V_f = 0.7$로 가정한다. 영계수 $3.5GN/m^2$인 접합재가 나머지 체적분율 $V_f = 0.3$을 차지한다.

표 8.3 액체 음속

액체	음속 c(m/s)	온도(℃)
아세트 산	1581	50
아세톤	1190	20
아세틸렌 테트라클로라이드	1155	28
암모이아	1715~2000	-33~-77
n-아밀 알콜	1224	29
아닐린	1660	20

벤젠	1326	20
n-부탄올	1265	20
i-부탄올	1220	20
n-부틸 알콜	1260	20
염소	850	20
클로로벤젠	1300	25
o-크레졸	1540	20
m-크레졸	1500	20
시클로헥산	1280	20
시클로헥사놀	1620	30
디에틸렌 글리콜	1535	30
에탄올	1156	20
에틸 알콜	1162	20
에틸 벤젠	1340	20
에틸렌 글리콜	1670	20
n-헵탄	1130	20
헵탄	1080	30
헥산	1200	20
메탄	1320	-160
메탄올	1123	20
메틸 알콜	1120	20
나프탈렌	1250	100
니트로벤젠	1460	24
노난올(nonanol)	1390	20
옥탄올	1360	20
n-옥탄	1190	20
올레산(oleic acid)	1440	20
펜탄(pentane)	1010	20
페놀	1275	100
n-페놀	1220	20
n-프로필 알콜	1225	20

나트륨	2500	150
염화나트륨	1990	850
톨루엔	1330	20
크리클로로 에틸렌	1050	20
증류수	1483	20
해수	1490	10
o-크실렌(xylene)	1360	20

8.4 압력파 반사와 전파

많은 경우 배관접합부에서 전파되거나 반사되는 압력파의 크기를 추정할 수 있으면 상당히 유익하다. 앞에서 압력파는 저수지 내부로는 전파되지 않고 100% 반사되는 것을 알고 있다. 이제 간략하게 직렬관로 접합부와 티 접합부에서의 압력파의 전파와 반사 특성을 살펴본다.

8.4.1 직렬관로 접합부

접합부에서 질량보전식과 선형모멘텀보존식을 적용하여 수두증가 $\triangle H$를 나타낼 수 있다. 그 순간 $\triangle H_1$은 접합부를 통과하고 $\triangle H - \triangle H_1$는 반사된다. 그림 8.12는 압력파가 접합부 도달 전후의 $EL - HGL$을 보여주고 있다. 해석결과 다음과 같은 전파식과 반사식을 작성할 수 있으며 여기서 A는 배관 유동 단면적이다.

$$\triangle H_1 = \frac{2c_1 A_2}{c_2 A_1 + c_1 A_2} \triangle H \tag{8.25}$$

파속 c가 거의 같으면 다음 식을 얻을 수 있으며 이 식으로부터 A_1이 크면 $\triangle H_1$이 $\triangle H$보다 작아지고, A_2가 크면 $\triangle H_1$은 $\triangle H$보다 커지는 것을 알 수 있다.

$$\triangle H_1 = \frac{2A_2}{A_1 + A_2} \triangle H \tag{8.26}$$

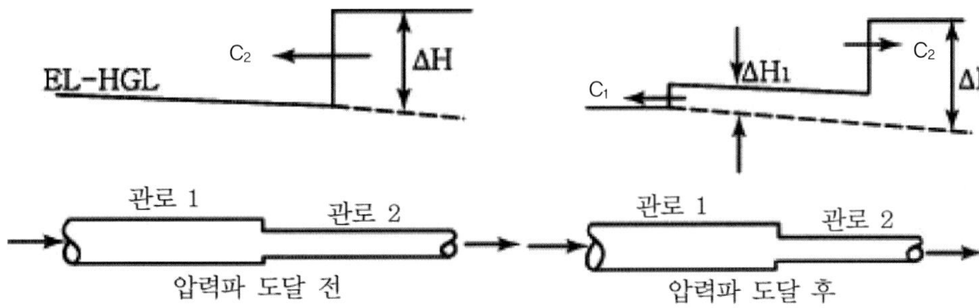

그림 8.12 직렬관로 접합부에서의 압력파 전파와 반사

식 8.26에 따라 $D_2/D_1 = 0.01 \sim 20$ 범위에서 구한 $\Delta H_1/\Delta H$는 그림 8.13과 같다. 이 그림에서 $D_1 \gg D_2$이 되어 $D_2/D_1 = 0.01$이면 관로 2에서의 압력파는 거의 100% 반사되어 관로 1에서의 압력변화는 없어 $\Delta H_1/\Delta H \approx 0$이 되는 반면 $D_1 \ll D_2$이 되어 $D_2/D_1 = 20$이면 관로 1에서의 압력변화는 관로 2에서의 압력변화의 2배가 되어 $\Delta H_1/\Delta H \approx 2$가 되는 것을 알 수 있다. 직경이 작은 분지관은 후자가 되어 본관에서의 압력변화의 2배가 되는 것을 알 수 있다.

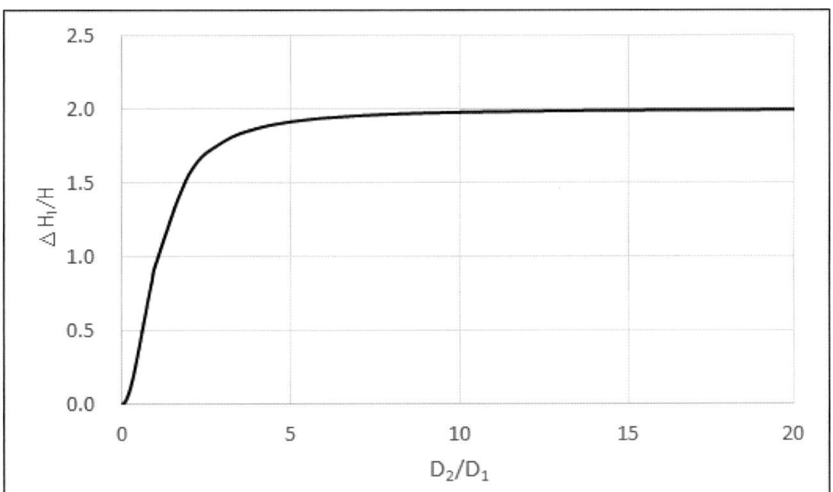

그림 8.13 직렬관로 직경변화비율에 따른 압력변화비율

예제 8.1

파속 $c = 1005m/s$, 직경 0.6m 관로에서 파속 $c = 1128m/s$, 직경 0.15m 관로로 축소된다. 직경 0.6m 관로에서 유속은 $V = 0.3m/s$이며 직경 0.15m 관로에서 유속은 $V = 4.8m/s$이다. 직

경 0.15m 관로 내 급작스런 유속 정지시 수두차는 $\triangle H = 560m$ 이다. 이때 접합부를 통과하여 전파되는 압력파의 크기를 계산하라.

➡ **풀이**

각 배관의 단면적은 다음과 같다.

$$A_1 = 3.14 \times 0.6^2/4 = 0.2826m^2, \qquad A_2 = 3.14 \times 0.15^2/4 = 0.01766m^2$$

식 8.25로부터

$$\triangle H_1 = \frac{2 \times 1005 \times 0.01766}{1128 \times 0.2826 + 1005 \times 0.01766} 560 = 59m$$

상류측 관로로 전파된 수두차이는 약 10% 정도이므로 상류측 관로는 저수지와 같은 역할을 하는 것으로 보인다.

8.4.2 티 접합부

그림 8.14는 티 접합을 보여주며 상기와 유사한 방법으로 다음 식을 유도할 수 있다.

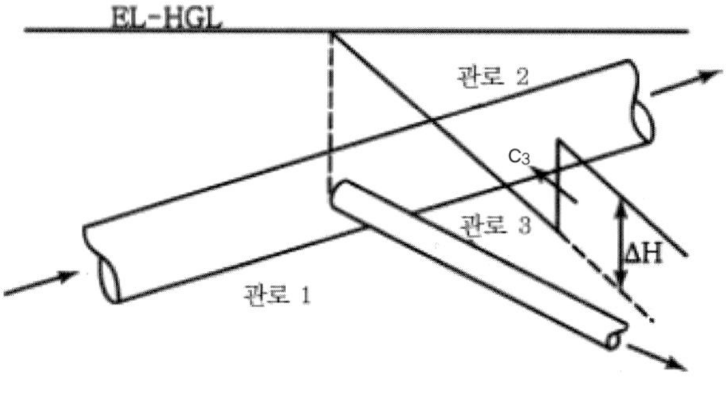

그림 8.14 티 접합부에서 압력파 전파와 반사

$$\triangle H_1 = \triangle H_2 = \frac{2c_1c_2A_3}{c_2c_3A_1 + c_1c_3A_2 + c_1c_2A_3} \triangle H \tag{8.27}$$

파속은 거의 같다고 가정하면

$$\triangle H_1 = \triangle H_2 = \frac{2A_3}{A_1 + A_2 + A_3} \triangle H \tag{8.28}$$

예제 8.2

그림 8.14와 유사하게 직경 0.6m 본관에서 직경 0.15m 관으로 분지되고 분지관 내 유속은 $V=3.0m/s$이다. 분지되기 전 본관에서의 유속은 $V=1.22m/s$이고 분지된 후 유속은 $V=1.16m/s$이다. 직경 0.15m 분지관로에서 유속이 정지되어 수두차는 $\triangle H=351m$이 된다. 모든 관로 내 파속은 유사하다고 가정하고 직경 0.6m 본관으로 반사된 압력파의 크기를 구하라.

➡ **풀이**

식 8.28로 전파된 압력파의 크기를 계산할 수 있다.

$$\triangle H_1 = \triangle H_2 = \frac{2 \times 0.01766}{0.2826 + 0.2826 + 0.01766} 351 = 21.2m$$

티 접합부에서 압력파의 6%만이 직경 0.6m 본관으로 전파되기 때문에 관망에서 부정류가 급속히 흡수되는 이유를 쉽게 알 수 있다.

8.4.3 관 사수부(Dead-End)

유체가 통과하지 않는 요소가 관로에 포함되거나 또는 관로 말단부에 맹 플랜지 또는 밸브가 설치되면 이와 같은 사수부에서는 예상치 못한 높은 압력이 발생한다. 사수부는 실질적으로 전술한 티 접합부의 특별한 경우에 해당된다. 높은 압력파가 관의 말단부에 연결된 접합부를 통과하면서 일부 압력파는 사수부 배관으로 전파되어 사수부를 향한 유속 $\triangle V_1$을 유발시켜 압력을 $\triangle H_1$만큼 증가시킨다. 압력파가 사수부에 도달하면 유발된 유속은 급작스럽게 정지되어 압력수두는 $2\triangle H_1$로 증가한다. 사수부에서는 식 8.26에서 관로 1의 유동 단면적 $A_1 = 0$이 되므로 $\triangle H_1 = 2\triangle H$가 되는 것을 알 수 있다.

이와 같은 사수부는 관로의 기하학적 형상, 배관 규격, 마찰손실의 크기에 따라 다르지만 전체적인 압력증가에 영향을 미치며, 사수부 배관이 본관과 비교하여 매우 작을 때 영향이 최대가 된다. 이러한 조건에서 마찰손실이 미소하면 압력수두증가는 접합부를 최초로 통과하는 $\triangle H$의 수치의 최대 2배가된다. 다음 예제는 두 극한 상황에서 사수부 배관의 영향을 예증한다.

예제 8.3

직경 0.25m 주관로로부터 직경 0.025m, 길이 $L=1000m$의 사수관로가 분지되었다.

(1) 주관로에서의 유속 $V=1.5m/s$가 급속히 정지될 때 사수관로에서 최대 압력수두증가를 구하라. 모든 관로에서 파속은 $c=1000m/s$이고 마찰은 무시한다.

(2) (1)에서 사수관로의 마찰계수 $f=0.02$를 고려할 때 최대압력수두를 구하라.

(3) 3개 배관의 직경이 모두 0.25m이고 마찰을 무시할 때 최대압력수두를 구하라.

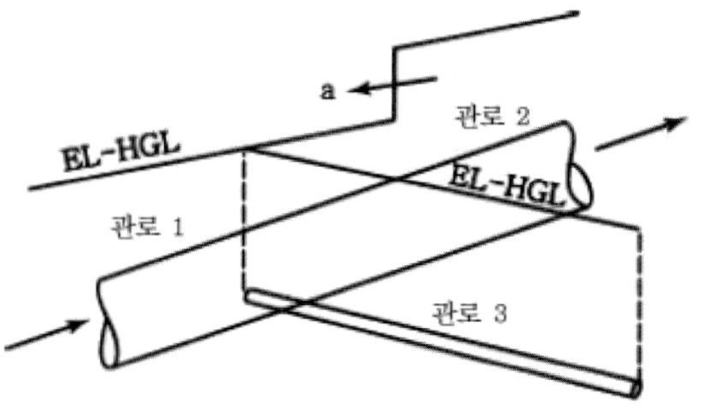

➡ 풀이

(1) 식 8.3으로부터 주관로에서의 수두증가는

$$\triangle H=-(-1.5)\frac{1000}{9.8}=153m$$

식 8.28로부터 사수부 배관에서의 수두증가는 다음과 같다.

$$\triangle H_3=\frac{2A_2}{A_1+A_2+A_3}=\frac{2\times 0.049}{0.049+0.049+0.00049}153=152.3m$$

앞에서 예측한 바로 계산하면 최대수두증가는 $2\times 152.3=304.6m$가 되며 전산해석결과와도 일치하므로 앞에서 내린 결론이 증명되었다.

(2) 주관로에서 수두증가는 $153m$가 되고, 사수관로에서 수두증가는 $152.3m$가 된다. 이때 사수관로에서의 최대 압력수두증가는 $304.6m$로 유지되지만 전산해석결과 마찰 영향으로 $234m$로 감소된다.

(3) 식 8.28로 사수관로에서 수두증가를 계산하면 다음과 같고 최대 수두증가는 $2\times 94.4=188.8m$가 되며 전산해석결과와도 일치한다.

$$\triangle H_3=\frac{2A_2}{A_1+A_2+A_3}\triangle H=\frac{2\times 0.049}{3\times 0.049}153=102m$$

상기 예제를 통해 사수부 배관에서 마찰이 없으면 수두증가는 2배가 되는 것으로 증명되었다. 마찰이 있으면 수두증가는 감소되므로 사수부 수두증가 평가시 마찰을 무시하면 보수적인 결론에 도달하는 사실에 주의하여야 한다.

8.5 압력파 소멸과 갇힘(Locked) 현상

관로에서 밸브 폐쇄시 밸브 상류측에서 업서지가 발생하여 관로 내 압력을 상승시키고 업서지는 관로 반대쪽의 말단부 경계에서 반사되어 관로주기 후 다시 밸브에 도착한다. 이후 밸브는 폐쇄되어 있으므로 밸브에 도달한 업서지는 다운서지가 되어 관로 내 압력을 하강시키고 관로 반대쪽의 말단부 경계에서 반사되어 관로주기 후 다시 밸브에 도착한다. 이와 같이 밸브에서 업서지와 다운서지가 모두 발생하는 주기를 부정류주기(transient period)라 하며 $T_t = 4L/c$가 된다.

이러한 상황에서 관로주기의 절반인 시간 $T/2 = L/c$ 이후 관로 내 압력은 경계의 압력보다 크기 때문에 유동방향이 역전된다. 이때 유속은 관로 내 마찰이 없는 경우 정상유동시 유속 V_0가 되어 시간이 경과하여도 압력파의 크기는 감소되지 않고 계속 유지된다. 그러나 실제 관로에서는 마찰손실이 발생하므로 식 8.4의 마찰손실수두 만큼 유속이 감소되어 $V < V_0$가 된다. 따라서 부정류주기가 경과하면서 그림 8.3과 같이 업서지와 다운서지 크기가 점차적으로 감소 및 소멸되어 궁극적으로는 정수두로 유지된다. 이와 같은 압력파 소멸현상은 관로 내 마찰손실수두, 분지관 등에서 반사파의 완화, 실제 상수도시스템에서 저장탱크에서 압력파의 전파 등에 의해 결정된다.

관로가 짧아 마찰손실이 적은 경우 또는 부정류 발생 후에도 펌프 등과 같이 에너지원이 지속적으로 작용하면 압력파가 관로 내에 갇히고 정상유동시 유속 V_0이 유지되어 업서지와 다운서지가 감쇄되지 않고 긴 시간 또는 무한 반복되는 현상이 발생하며 이러한 현상을 "압력파 갇힘"현상이라 부른다.

그림 8.15는 직경 0.6m, 길이 10000m, $f = 0.014$인 관로 상류측 말단부에는 펌프가 설치되고 하류측 말단부에 밸브가 설치된 상태에서 밸브는 폐쇄되지만 펌프가 지속적으로 운영되는 조건에서 부정류를 해석한 결과이다. 이 그림에서 압력파는 펌프와 하류측 폐쇄된 밸브 사이 관로에 "압력파 갇힘"현상이 발생하여 압력파가 소멸되지 않는 사실을 보여주며 그림 8.16에서 H1과 H6는 펌프와 하류측 밸브에서 수두를 나타낸다.

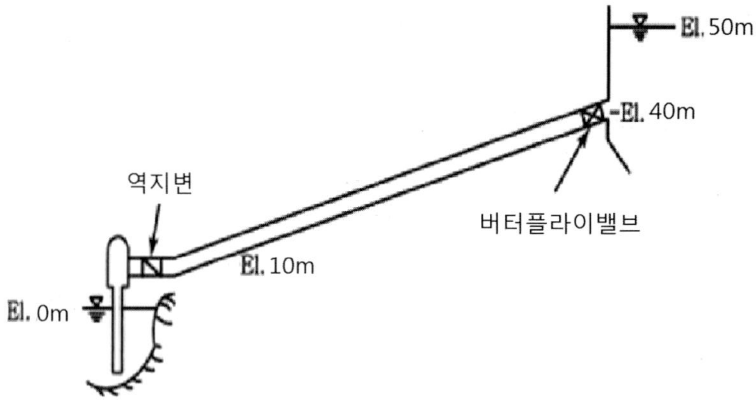

그림 8.15 "압력파 갇힘" 현상이 발생하는 관로

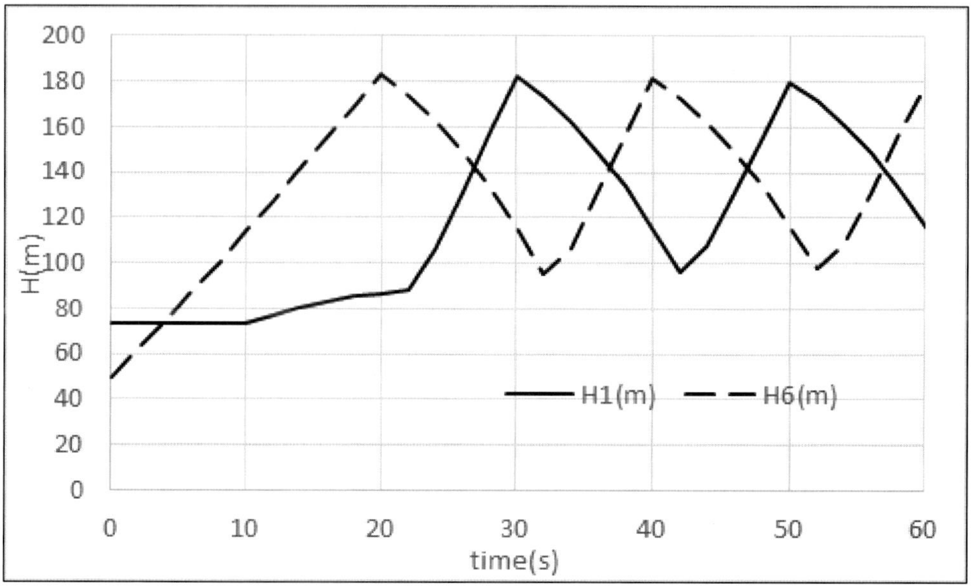

그림 8.16 그림 8.15 관로 부정류 해석 결과

8.6 반사파 완화효과

그림 1.2에서 관로 하류측 말단부 밸브를 관로주기보다 짧게 폐쇄하면 즉, 급폐쇄하면 첫 번째 관로주기 동안 업서지로 인해 밸브 상류측에서 압력은 자이코프스키수두만큼 상승되고, 두 번째 관로주기 동안에는 다운서지로 인해 자이코프스키수두만큼 하강한다. 그러나 밸브를 관로주기보다 길게 폐쇄하면 즉, 밸브를 완폐쇄하면 1차 압력파의 업서지가 반사되어 밸브에 도달하여 다운서지파가 될 때에도 밸브는 계속해서 폐쇄되

므로 2차 압력파의 업서지가 발생한다. 따라서 밸브를 완폐쇄하면 1 관로주기에 밸브에서는 1차 다운서지와 2차 업서지가 상호작용하여 압력파의 크기가 완화되는 현상이 발생하며 이와 같은 현상을 “반사파 완화효과”라 한다. 밸브를 완폐쇄하면 식 8.3에서 유속변화 크기 ΔV가 감소하여 자이코프스키수두상승 ΔH도 감소하는 동시에 상기 완화효과로 인해 더욱 감소하게 된다. 이와 같은 반사파의 완화효과는 복잡한 관로와 요소로 구성된 지방상수도관망에서 현저하게 나타난다.

다음 그림은 그림 8.2 관로에서 관로 하류측 말단부에 설치된 밸브를 관로주기인 10초와 관로주기의 2배인 20초 동안 폐쇄할 때 밸브에서의 압력변화를 보여주며 관로주기 2배로 폐쇄하는 경우 반사파 완화효과로 인해 수두변화가 337m에서 242m로 크게 감소한 것을 보여준다.

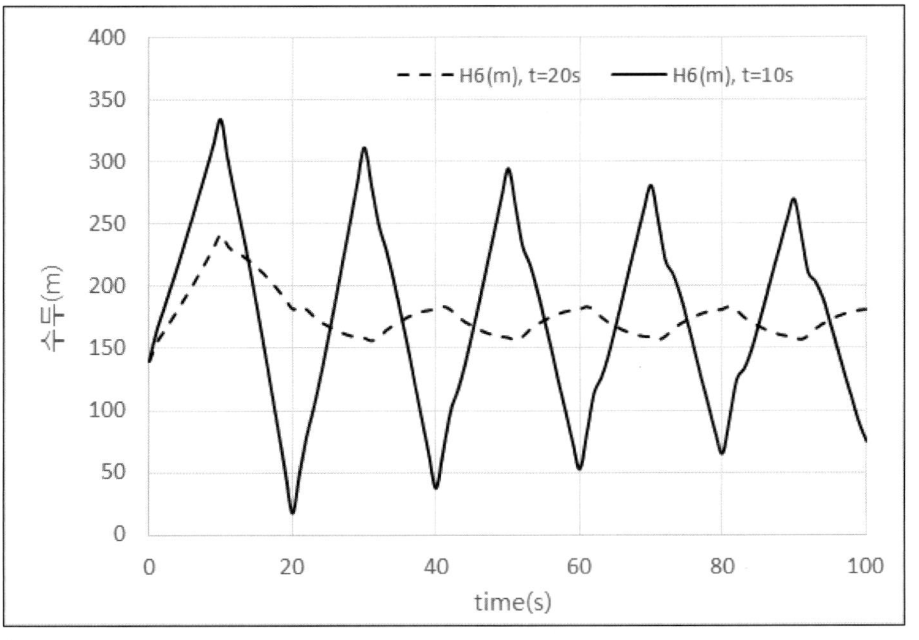

그림 8.17 그림 8.2 관로에서 반사파 완화효과

8.7 라인 패킹과 파정면 약화

그림 4.18과 같이 긴 오일수송관로에서는 특성법을 사용하여 관로에서 발생하는 부정류 조건을 충분히 해석하고 예측할 수 있으며 이때 발생하는 파정면 약화(wavefront attenuation), 라인패킹(line packing), 희박화(rarefaction) 현상을 완벽하게 고려할 수 있다. 짧

은 관로와 비교할 때 직렬 또는 병렬로 운전되는 여러 펌프장으로 구성된 오일수송관로는 극단적으로 높거나 낮은 수두를 방지하기 위해 다른 경계조건을 갖는다. 대부분의 펌핑 수두는 유체 마찰을 극복하기 위해 사용되기 때문에 유체 특성 본질에 유의하여야 하고 또한 시스템 전반에 걸치 다양한 분지관로로부터 발생하는 복잡성을 반드시 검토하여야 한다.

본 절에서는 긴 오일수송관로에서 발생하는 상기 현상을 설명하고 이 현상을 해석하기 위한 연산법과 경계조건 처리방법에 대해서는 기술하지 않는다.

둘 이상의 펌프장이 동일한 관로에 설치될 때 펌핑 유량이 약간 다르면 펌프장 사이 수력구배선이 상승되거나 또는 저하될 수 있다. 하류측 펌프장에서 유량이 증가하면 이 펌프장의 수두가 증가하고 상류측 펌프장의 수두가 감소되어 유량 균등화를 형성하기 때문에 부정류는 다소 펌프에 의해 자기-조절된다. 이와 같은 과정에도 부정류가 발생하며 다양한 오일 배치(batches)가 통과하면서도 부정류가 발생한다. 사실 체적탄성계수가 변화하면 수력구배선이 이동될 뿐만 아니라 파속도 변화된다.

흡입 수두에 의해 제어되는 가변속 펌프와 같은 자동 제어장치는 정상적인 운전 동안에도 부정류를 발생시킨다. 즉, 비상 상황에서 과도한 수두는 펌프장을 정지시키도록 제어한다. 펌프장이 정전되면 펌프장 하류측에서는 큰 다운서지파가 발생하고 상류측에서는 큰 업서지가 발생한다. 밸브도 또한 악조건에서 급속하게 폐쇄 또는 개방되어 원하지 않는 부정류를 발생시킬 수 있다. 또 다른 심각한 조건은 배관 파열 또는 펌프 기동 전 시스템 내 공기 포획을 포함한다.

실제 유체 시스템의 부정류에서 발생하는 현상을 오일 산업분야에서는 특별한 용어로 기술한다. 이 용어 중 중요한 것은 파정면 약화(wavefront attenuation), 라인 패킹(line packing), 잠재적 서지(potential surge), 피라미드(pyramiding), 희박화(rarefaction)이다.

급속한 정지에 의해 발생하는 순간적 수두상승을 잠재적 서지(또는 자이코프스키 수두)라 부른다. 이 잠재적 서지의 크기는 식 8.3으로부터 $\Delta H_0 = cV_0/g$로서 여기서 V_0는 정상유동시 유속이다. 펌프장들 사이 관로길이가 상당히 길기 때문에 잠재적 서지는 펌프장 사이 수력구배선의 고도의 변화와 비교하여 작을 수 있다.

마찰이 없는 관로에서 밸브가 폐쇄되면 밸브에서 형성된 압력파는 소멸되지 않고 상류측으로 이동하고 파가 전파되면서 유속은 0으로 감소한다. 그림 8.18은 이와 같은 이상적인 단순한 시스템, 압력파의 형상, 폐쇄 30초 후 관로 내 유속 그리고 폐쇄 10초와 20초 후 압력파의 위치와 형상을 보여준다. 잠재적 서지 ΔH_0는 순수하게 왼쪽으로 이동하고 초기 수력구배선에 중첩되는 것을 볼 수 있다. 그러나 실제 유체 시스템에서는 수력구배선은 수평이 아니다. 압력펄스가 수력구배선 위로 올라 갈 때 관로 내 다른 조건이 존재하여 배관 내 라인 패킹과 파정면(wavefront)의 약화로 이어진다. 이 현상은 모든 실제 유체 시스템에도 존재하며 특성법으로 고려된다. 특히, 긴 관로에서 라인 패킹과 파정면 약화 특성이 현저하게 나타나며 따라서 특별한 정의와 토론이 필요하다.

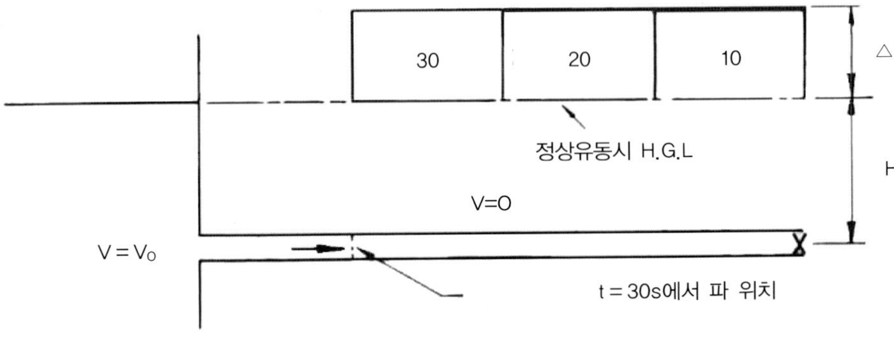

그림 8.18 마찰이 없는 관로에서 자이코프스키수두상승

긴 관로에서 밸브 폐쇄 후 무슨 일이 일어나고 있는지 선명한 그림을 얻기 위해서는 먼저 압력파가 당초 수력구배선으로 올라가는 비현실적인 상황을 가시화하는 것이 최상이며 이 오류를 인식하면 올바른 가시화가 분명해진다.

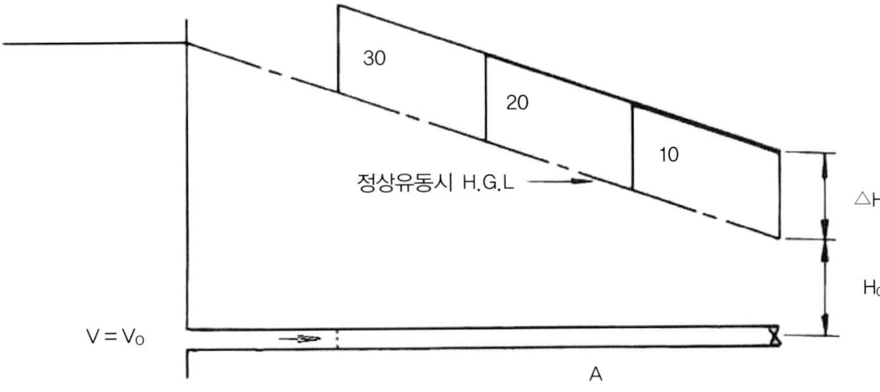

그림 8.19 긴 관로에서 수력구배선

그림 8.19와 같이 먼저 밸브에서 초기 수두 상승은 단순히 당초 수력구배선까지 상승하는 것으로 상상한다. 파가 통과한 후에 유동은 밸브에서는 완벽하게 정지된다. 그러나 상승된 수력구배선 때문에 밸브 상류측은 정적인 상태로 유지될 수 없어 그림 8.19에서 폐쇄 10초 후 A 지점에서 유속은 0은 아니고 0과 V_0 사이 수치를 갖는다. A 지점에서

전방을 향한 유속이 존재하고 관로 말단부에 있는 밸브는 폐쇄되었으므로 A 지점을 통과하는 유량은 반드시 배관 내 저장되어야 하며 이를 라인 패킹(line packing)이라 부른다. 밸브에서 유동은 정지되므로 밸브에서 수두는 계속해서 상승한다. 배관 벽의 추가 확장과 액체의 압축으로 저장공간이 증가된다. 실제 유체 유동 상황에서는 그림 8.18과 8.19 모두 올바르지 않고 실제 조건은 그림 8.20과 같다.

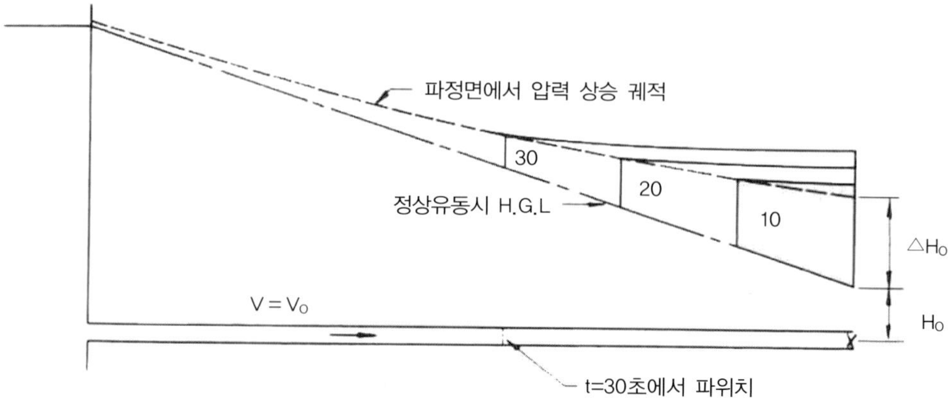

그림 8.20 긴 관로에서 파정면 약화(attenuation)현상

밸브에서 초기 수두상승은 $\triangle H_0 = cV_0/g$ 관계로부터 올바르게 연산되지만 시간이 경과하면서 패킹으로 인해 밸브에서 수두는 계속해서 상승한다. 급격한 유동 정지로 인한 잠재적 서지는 최종 최대 수두상승과 비교하여 빈번하게 상당히 작다.

파가 상류측으로 이동하면서 파 뒤에서 유속은 0으로 감소하지 않기 때문에 파정면에 걸친 유속변화는 작아지게 된다. 따라서 밸브 폐쇄 10초 후 파정면(wavefront)에서 수두상승은 $\triangle H = c\triangle V/g$이고 $\triangle V$는 V_0보다 작다. 유사하게 20초와 30초에서 파정면에서 $\triangle H$는 그림 8.20과 같이 더욱 감소된다. 이와 같은 파정면에서 압력상승의 감소를 파정면 약화(wavefront attenuation)라 부른다. 파정면에서 압력상승의 궤적은 그림 8.20에서 점선으로 표현되고 무한히 긴 관로에서 당초 수력구배선에 점근적으로 접근하는 것을 볼 수 있다. 대부분 실제 상황에서 약화된 파의 반사는 상류측 경계에서 발생하며 상대적으로 긴 관로에서는 반사된 파는 작아서 탐지되지 않을 수 있다. 상류측 경계에서 수두상승궤적이 당초 수력구배선과 일치한 후에도 새로운 구배선은 계속해서 상승하고, 관로 내 전방을 향한 유속을 완만하게 0으로 감소시킨다.

전술한 파정면 약화는 마찰효과로 직접 발생하는 것이 아니라 파정면에서 모멘트 조건이 반드시 만족되어야 한다는 사실에서 발생한다. 그러나 마찰효과가 없는 시스템의 경우 수력구배선은 수평이 되고 라인 패킹과 약화 현상은 존재하지 않는다.

긴 관로 내 비정상유동을 표현하는 미분식의 특성법 해는 자동으로 이러한 새로운 효과를 포함하며 완벽하게 식을 해결한다. 그림 8.21은 직경 30인치, 길이 125마일의 단순 관로에서 급속한 밸브 폐쇄시 부정류 유동식을 이용한 전산해석 결과를 보여준다. 초기 정상유동시 유속은 4.25ft/s, 파속은 3300ft/s이다. 실선은 당초 수력구배선과 밸브 폐쇄 후 여러 시간에서 구배선을 보여준다. 밸브 폐쇄 200초 후 약화된 파는 상류측 경계에 도착하여 반사된다. 파선(dashed line)은 구배선이 계속해서 상승하면서 반사파에 의해 영향을 받는 관로 범위를 나타낸다. 밸브 폐쇄 9분 후 수력구배선은 최대에 도달하며 전방을 향한 유속은 0으로 감소된다. 역구배선은 유동 방향을 역전시킨다. 서지 조건은 시스템 내 마찰 손실이 유동을 정지시킬 때까지 계속된다. 그림 8.21에서 점선(dot line)은 파정면이 교란되지 않은 유동 내부로 이동하면서 당초 파정면의 크기를 보여주며 파정면 약화가 분명하게 나타난다.

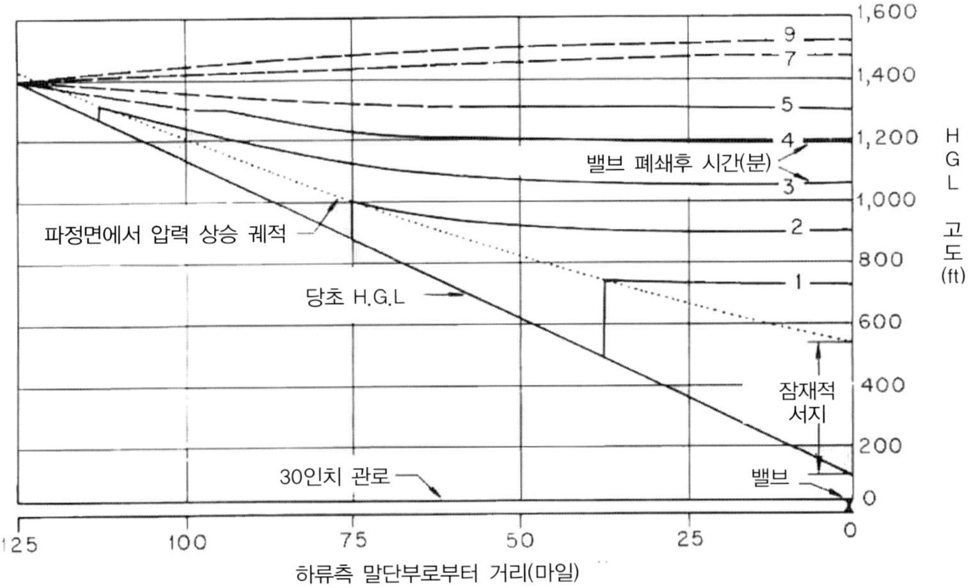

그림 8.21 긴 관로에서 밸브 폐쇄시 전산해석결과

한 부정류에 또 다른 부정류가 중첩되는 현상을 피라미드효과(pyramidal effect)라 부른다. 예를 들어 밸브 폐쇄로 인해 라인 패킹이 발생할 때 펌프가 기동되면 상류측에서 수두가 상승되어 결과적으로 하나의 부정류는 또 다른 부정류에 중첩된다.

반사파 완화효과라고 불리는 희박 제어(rarefaction control)는 피라미드효과의 반대로서 펌프 정지 또는 밸브 폐쇄에 의해 상류측에서 다운 서지파가 생성되는 것이다. 이것이 수력구배선으로 전달되는 서지파와 만날 때 이들은 수두 변화를 부분적으로 무효화하는 경향이 있다. 만일 경계조건을 타당하게 조정하면 전산해석으로 후자 두 효과를 쉽게 증명할 수 있다.

8.8 강성주이론

진정한 부정류를 해석하기 위해서는 반드시 유체의 관성은 물론 유체와 관로의 압축성과 탄성을 포함시켜야 한다. 그러나 강성주이론에서는 단면적이 일정한 배관 내의 유체와 배관의 압축성과 탄성을 무시하며 이는 이론상으로 관로 전체에 걸쳐 유속이 동시에 변화한다고 가정하는 것이다. 더욱이 정상유동시 질량보존식을 관로 전체에 걸쳐 적용하면 관로 내 어디서든지 유속은 항상 같다. 두 경우 모두 부정류를 해석하기 위해서 뉴튼의 제2법칙을 적용하여 오일러식을 유도하여야 한다.

그림 8.22에서 배관 중심부 유체의 조그만 원통형 검사체적에 뉴튼 제2법칙을 적용하여 오일러식을 유도할 수 있다. 단면에서의 유동 특성 또는 유체의 변화를 무시하면 관로의 1차원 유동에 결과식을 적용할 수 있다. 더욱이 이 식은 유체의 밀도 변화와 관계없이 적용할 수 있으므로 강성주유동과 수격(water hammer) 모두에 유효하다. 유선 방향 s에 따른 뉴튼 제2법칙은 다음과 같으며 여기서 m은 원통형 유체의 질량이다. dv/dt 항은 통상적으로 유체 유속의 상미분 또는 본질적으로 도함수가 된다.

$$\sum F_s = ma_s = m\frac{dv}{dt} \tag{8.29}$$

작용하는 힘을 상기 식에 대입하고 질량을 밀도와 체적으로 표현하면 다음과 같이 된다.

$$pdA - \left(p + \frac{\partial p}{\partial s}ds\right)dA - dW sin\theta - \tau\pi d(ds) = \frac{dW}{g}\frac{dv}{dt} \tag{8.30}$$

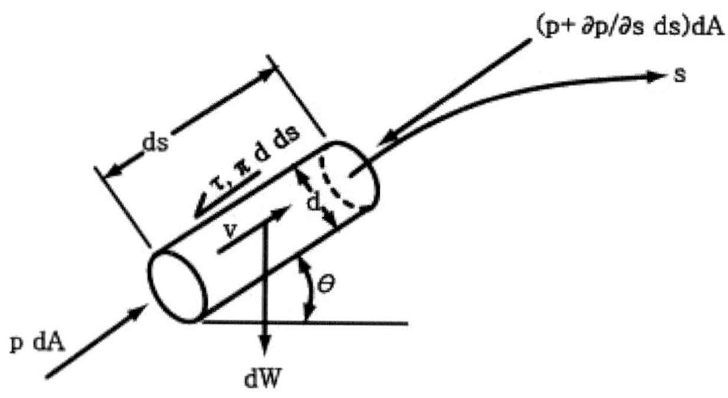

그림 8.22 모든 힘들을 보여주는 원통형 유체 요소

단위 중량으로 표현되는 무차원의 식으로 만들기 위해 상기 식을 $dW\left(\gamma\frac{\pi}{4}d^2ds\right)$로 나누고 관로의 경사를 길이와 고도의 항 $sin\theta = \partial z/\partial s$로 표현하면 다음과 같은 1차원 오일러식에 도달한다.

$$-\frac{1}{\gamma}\frac{\partial p}{\partial s}-\frac{\partial z}{\partial s}-\frac{4\tau}{\gamma d}=\frac{1}{g}\frac{dv}{dt} \tag{8.31}$$

유체부분의 단면적을 배관 단면적의 크기로 확대하고 평균 유속 V를 도입하면 다음과 같이 더욱 유용한 식이 되며 여기서 τ_0는 배관 벽에서의 전단응력이다.

$$-\frac{1}{\gamma}\frac{\partial p}{\partial s}-\frac{\partial z}{\partial s}-\frac{4\tau_0}{\gamma D}=\frac{1}{g}\frac{dV}{dt} \tag{8.32}$$

대부분 원통형 배관에 대해 고찰하기 때문에 관 벽에서의 전단응력은 중요한 관심사가 아니며 달시-바하 마찰계수 f를 다음과 같이 표현할 수 있다.

$$\tau_0 = \frac{1}{8}f\rho V|V| \tag{8.33}$$

전단응력은 유체 유동방향과 반대 방향으로 작용하는 것으로 간주하는 것이 타당하기 때문에 상기 식과 같이 유속의 형태로 표현하는 것이 바람직하다. 식 8.33을 8.32에 대입하고, 위치 s의 단독 함수로 관로의 임의 부분의 고도를 표현할 수 있으므로 다음과 같은 오일러식을 얻을 수 있다.

$$\frac{1}{g}\frac{dV}{dt}+\frac{1}{\gamma}\frac{\partial p}{\partial s}+\frac{dz}{ds}+\frac{f}{D}\frac{V|V|}{2g}=0 \tag{8.34}$$

피에조미터수두 H를 $p=\rho g(H-z)$로 표현하고 전미분식(total derivative)의 형태로 확장 표현하면 다음과 같다.

$$\frac{dV}{dt}=\frac{\partial V}{\partial t}+V\frac{\partial V}{\partial s} \tag{8.35}$$

전미분식은 유동장(flow field)에서 유체 입자의 가속을 표현하는 특별 미분식으로 유동장에서 이동하는 유체입자는 다음 두 원인 중 하나로 인해 가속을 하게 된다. 유체입자는 공간에서 유속이 빠르거나 또는 느린 영역으로 이동(convect)되면서 가속 또는 감속되며 노즐을 통한 정상유동은 대표적인 사례이다. 정상유동은 시간의 함수가 아니기 때문에 속도장(velocity field)도 시간의 함수가 아니다. 유체 입자는 유속이 높은 영역인 노즐로 이동하면서 가속된다. 만일 유동장이 비정상유동일 경우 속도장(velocity field)은 시간의 함수이기 때문에 유체입자는 추가적인 부분 가속도(local acceleration)가 발생된다. 3차원 전미분식의 실질적인 의미는 다음과 같다.

$$\overline{a_p} = \frac{d\overline{V}}{Dt} = u\frac{\partial \overline{V}}{\partial x} + v\frac{\partial \overline{V}}{\partial y} + w\frac{\partial \overline{V}}{\partial z} + \frac{\partial \overline{V}}{\partial t} \tag{8.36}$$

상기 식에서 두 번째 항인 $d\overline{V}/Dt$는 전체 가속도, 3~5째 항은 위치변화에 따른 가속도, 마지막 항은 시간변화에 따른 가속도를 나타낸다. 이제 오일러식을 다음과 같은 형태로 표현할 수 있다.

$$\frac{1}{g}\frac{\partial V}{\partial t} + \frac{\partial}{\partial s}\left(H + \frac{V^2}{2g}\right) + \frac{f}{D}\frac{V|V|}{2g} = 0 \tag{8.37}$$

상기 식 중간 항인 피에조미터수두(정압 수두)와 속도수두의 합은 통상적으로 에너지선 EL로 표시된다.

8.8.1 수주분리 미발생시

단순관로로 제한하여도 식 8.37에 대한 폐쇄된 형태의 해법은 상대적으로 거의 없다. 이러한 해법들 중 하나는 그림 8.23과 같이 수위가 일정한 저수지로부터 수평 관로를 통해 유동이 정지된 상태로부터 안정된 상태에 도달하기까지 소요되는 시간에 대해 기술한다.

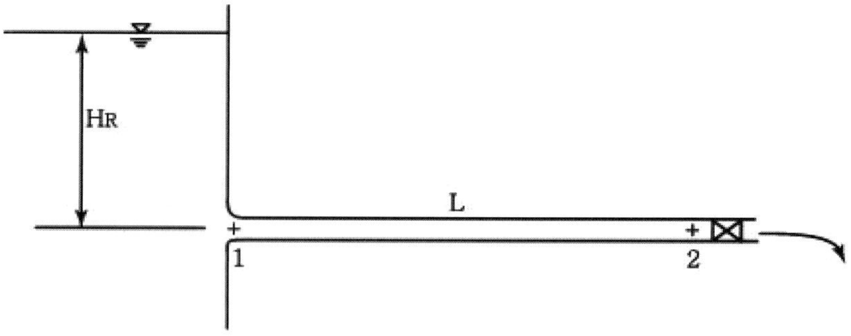

그림 8.23 하류측에 밸브가 설치된 수평관로

유동 안정화 문제의 간단한 예로 유체가 비점성 즉, 마찰이 없다고 가정하면 식 8.37의 마지막 항을 생략할 수 있고 따라서 오직 유체의 관성력만이 중요하게 된다. 먼저 거리 s와 관련한 적분 범위를 정하여 식 8.37의 풀이를 시작한다. 비록 이 부분에서의 압력이 급변하고 유속은 사실 등류가 아니라도 관로의 상류측 말단부를 1로 지정하고 밸브의 직 상류부를 2라고 지정하고 저수지 상류 1 지점으로부터 밸브 2 지점까지 거리 s에 관해 적분한다.

$$\frac{1}{g}\int_1^2 \frac{\partial V}{\partial t}ds = -\int_1^2 \frac{\partial}{\partial s}\left(H + \frac{V^2}{2g}\right)ds \tag{8.38}$$

연속식으로부터 관로 내 모든 유체의 가속도는 동일하므로 상기 식을 다음과 같이 표현할 수 있으며 여기서 가속도 항(좌측 항)은 유체의 단위 중량당 에너지(우측 항)의 차이며 두 말단 지점사이의 에너지선 적분 수치의 차이다.

$$\frac{L}{g}\frac{\partial V}{\partial t} = -\left(H + \frac{V^2}{2g}\right)_2 + \left(H + \frac{V^2}{2g}\right)_1 \tag{8.39}$$

유체의 마찰과 미소손실이 존재하는 곳에서 유동 안정화를 고려하는 것이 더욱 현실적이므로 이 문제에 대해 기술하기로 한다. 간략화하기 위해 마찰계수는 상수라고 가정한다. 배관의 마찰을 고려한 경우 식 8.37을 적분하면 다음과 같이 되며 V는 항상 (+) 부호를 갖는다.

$$\frac{L}{g}\frac{\partial V}{\partial t} = -\left(H + \frac{V^2}{2g}\right)_2 + \left(H + \frac{V^2}{2g}\right)_1 - f\frac{L}{D}\frac{V^2}{2g} \tag{8.40}$$

지점 1과 저수지 사이에 에너지 식을 작성하면 지점 1에서 항의 합으로 $H_R - K_E V^2/2g$가 된다. 다른 표현으로 저수지의 에너지는 유량이 유입 지점 1를 통과하면서 발생되는 손실수두에 의해 감소된다. 하류 유출 지점과 지점 2 사이에서 손실수두는 밸브에서 발생되며 수두는 기준선보다 $H_2 = K_v V^2/2g$ 만큼 상부에 위치한다. 이러한 것을 대입하여 다시 정리하면 다음과 같이 된다.

$$\frac{L}{g}\frac{\partial V}{\partial t} = H_R - \left(1 + K_E + K_v + f\frac{L}{D}\right)\frac{V^2}{2g} = H_R - C\frac{V^2}{2g} \tag{8.41}$$

여기서 $C = 1 + K_E + K_v + f\dfrac{L}{D} = K_i + f\dfrac{L}{D}$

식 8.41을 사용하여 그림 8.23과 같은 관로시스템의 유동의 정지를 모의하는 것은 밸브 급개방하는 조건으로 유동의 시작을 모의하는 것보다 더욱 어렵다. 유동정지 모의시 주된 애로 사항은 밸브가 폐쇄되면서 변화하는 밸브의 손실 계수 K_v을 정확하게 나타내는 것이다. 배관에 설치된 밸브를 폐쇄하기 시작하면 이 밸브의 손실계수와 손실수두가 점차적으로 증가하고 궁극적으로는 밸브가 완전 폐쇄되면서 유동은 정지하게 된다.

동일한 유속에서 정상유동에서 비정상유동(unsteady-flow)으로 변할 때 모든 손실계수들은 변하지 않는 것으로 가정한다. 식 8.41의 달시-바하식으로 관로시스템에서 발생하는 제반 손실수두를 나타내었다. 시간에 따라 사전에 결정된 방법으로 밸브 개도와 K_v가 변화하므로 식 8.41의 상미분식에 대한 폐쇄형태 해를 구하는 것은 불가능하다. 따라서 반드시 수치해석법으로 비선형식을 해결하여야 한다. 배관 내 마찰손실과 미소손실을 고려하면 식 8.39의 점 1과 2에서 다음의 관계가 성립되고,

$$\left(H+\frac{V^2}{2g}\right)_1 = H_R - K_E\frac{V^2}{2g}, \qquad H_2 = \frac{p_2}{\gamma} \tag{8.42}$$

상기 식을 식 8.39에 대입하면 다음과 같다.

$$\begin{aligned}\frac{L}{g}\frac{dV}{dt} &= \left(H_R - K_E\frac{V^2}{2g}\right) - \left(\frac{p_2}{\gamma} + \frac{V^2}{2g} + K_v\frac{V^2}{2g} + f\frac{L}{D}\frac{V^2}{2g}\right) \\ &= H_R - \frac{p_2}{\gamma} - C\frac{V^2}{2g}\end{aligned} \tag{8.43}$$

상기 식으로부터 점 2에서의 압력수두를 유도하면 다음과 같으며 이 식으로부터 밸브에서의 유속이 감소되면서 압력수두가 증가하며 밸브 폐쇄 순간($V=0$) 압력은 최대가 된다.

$$\frac{p_2}{\gamma} = -\frac{L}{g}\frac{dV}{dt} + H_R - C\frac{V^2}{2g} \tag{8.44}$$

예제 8.4

그림 8.2의 관로 하류측 말단부에 설치된 밸브를 10초 동안 폐쇄시 유속이 선형적으로 변화할 때 발생하는 부정류를 강성주이론으로 해석하고 강성주이론 적용 타당성에 대해 논하라. 단, $D=0.5m$, $L=5000m$, $f=0.02$, $c=1000m/s$ 이며 관 마찰손실만을 고려한다.

➡ 풀이

관 마찰손실만을 고려하고, 정수두 $H_0=30m$가 작용할 때 관로 내 유속은 다음과 같다.

$$V_0 = \sqrt{\frac{2gH_0}{fL/D}} = \sqrt{\frac{2\times 9.81\times 30}{0.02\times 5000/0.5}} = 1.71m/s$$

밸브 10초 동안 폐쇄시 유속이 선형적으로 변화하는 것으로 가정하면 식 8.44를 직접 적용할 수 있지만 실제 밸브 폐쇄시 유속은 비선형으로 변화하므로 식 8.44를 직접 적용할 수 없다.

$$\triangle H = -\frac{5000}{9.81}\frac{(-1.71)}{10} + 30 - 0.02\frac{5000}{0.5}\frac{1.71^2}{2\times 9.81} = 87.4m$$

$$H = \triangle H + H_{res} = 87.4 + 170 = 257.4m$$

그림 8.24는 특성법을 이용하여 밸브를 관로주기 $T = 2L/c$의 1, 2, 4, 6, 8, 10배인 10, 20, 40, 60, 80, 100초 동안 폐쇄시 유속이 선형적으로 감소하는 조건으로 해석한 결과를 보여준다. 이 그림으로부터 강성주이론으로 구한 수두 $H = 257.4m$에 가장 근접하는 결과는 관로주기의 2배인 20초 동안 폐쇄한 경우인 것을 알 수 있다. 폐쇄시간을 $2t_c$ 이상으로 연장하면 수주의 관성이 점차적으로 감소하여 압력변화크기가 감소하여 궁극적으로 정수두 $H = 170m$로 안정화된다.

또한 그림 8.24로부터 급폐쇄 조건인 밸브폐쇄시간 $1t_c$에서는 최대수두가 $H_{10s} = 337m$이지만 $2t_c$에서는 반사파 완화효과로 인해 최대수두가 $H_{20s} = 230m$로 크게 감소한 것을 알 수 있다.

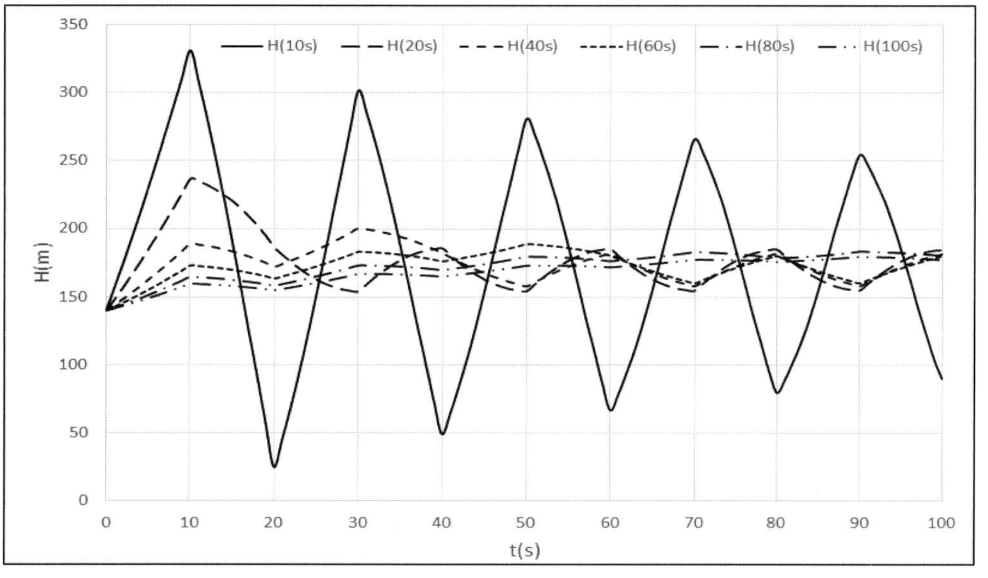

그림 8.24 관로주기 1, 2, 4, 6, 8, 10배 밸브 폐쇄시 수두변화

8.8.2 수주분리 발생시

이론적 부정류모델은 정확한 결과를 얻기 위해 반드시 액체의 탄성 거동을 포함하여야 한다. 그러나 이로 인한 합병증 없이 수용 가능한 근사치를 유도할 수 있는 경우가 가끔 발생한다. 강성주이론에서는 액체는 비압축성이고, 액체는 곡관부 둘레로 이동할 수 있지만 고체로 거동하는 것으로 가정한다.

이와 같은 접근법이 유효하려면 유동변화시간은 관로주기 $T = 2L/c$ 보다 상당히 길어야 한다. 대부분의 경우 수주의 길이는 관로의 길이와 동일하다. 예제는 수주분리가 발생할 때 그리고 심정펌프가 수직관로 내 공기/물 경계면으로 기동될 때를 포함한다. 다음 상황에는 강성주모델을 채택할 수 있다.

(a) 밸브 폐쇄/개방 또는 펌프트립/기동 시간이 관로주기의 50배 이상 그리고 유속이 선형으로 변화할 때는 2배 이상으로 확장된 경우(예제 11.4 참조)
(b) 펌프트립 후 시스템 내 압력저하로 인해 높은 관로 지점에서 증기기포가 개방(open)되고 수주는 두 개로 분리된다. 빈번하게 하류측 수주는 정수두와 마찰작용으로 인해 상대적으로 완만하게 감속한다. 강성주이론으로 공기 또는 증기 공동의 크기, 공동이 폐쇄(close)되면서 충돌시 수주의 역류속도와 이와 관련된 압력상승을 추정할 수 있다.
(c) 시스템 내 부정류 압력변화를 억제하기 위해 공급탱크 또는 진공파괴밸브를 고려할 수 있다. 이와 같이 장치가 동작할 때 수주 하류측은 상대적으로 완만하게 감속한다. 강성주이론은 설계를 확정하거나 또는 개선하기 위해 필요한 공급탱크 또는 진공파괴밸브용량을 추정할 수 있다.
(d) 서지 샤프트와 대형 에어챔버는 부정류 이벤트를 질량동요(mass oscillation)로 변화시키고, 이벤트의 시간 스케일을 상당히 길게 연장시킨다. 강성주모델은 시스템 거동을 아주 잘 설명할 수 있다.

그림 8.25는 그림 8.2의 밸브 절점에 유입과 유출이 자유로운 직경 150mm 연결배관과 함께 에어챔버를 설치하고 밸브를 1초 동안 완전 폐쇄시 발생하는 압력변화를 보여준다. 에어챔버의 원래 목적은 다운서지를 완화하기 위한 것이기 때문에 밸브 폐쇄시 업서지를 제어하는 것은 적당하지 않지만 그래도 어느 정도 업서지를 제어할 수 있고, 또한 에어챔버는 전술한 것과 같이 부정류 이벤트를 질량동요로 변화시켜 부정류주기를 상당히 길게 연장시키는 것을 보여준다. 즉, 에어챔버가 없을 때는 부정류주기는 관로주기의 2배인 20초이지만

$$t = \frac{4L}{c} = \frac{4 \times 5000}{1000} = 20s$$

에어챔버가 있으면 그림 8.25로부터 부정류주기는 100초에 두 번 나타나므로 $t = 50s$가 되어 시간 스케일이 2.5배로 연장된 것을 알 수 있다.

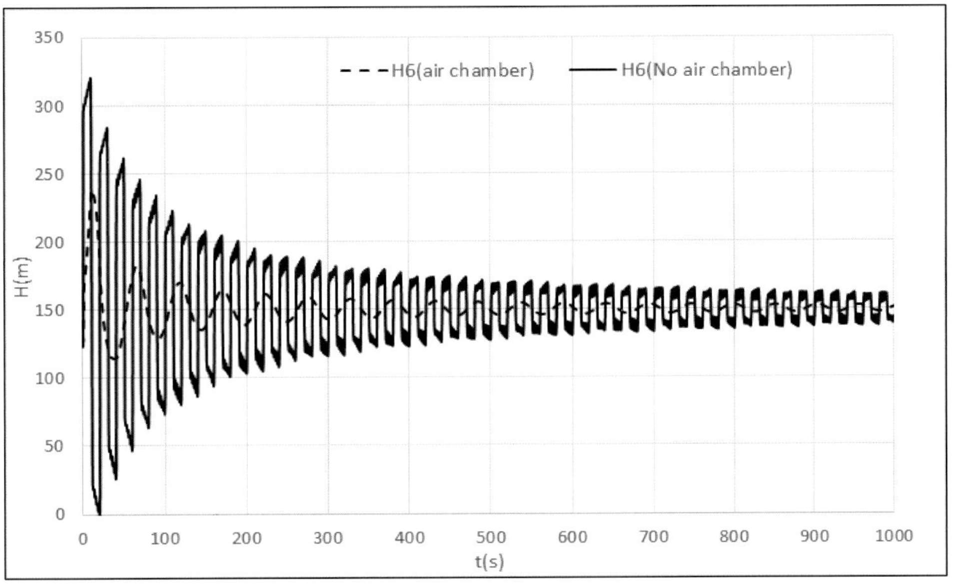

그림 8.25 에어챔버가 있을 때와 없을 때 시간 스케일

운동식

본 절의 강성주모델의 개요는 전술한 상황 (a)~(c)에서 주의하여 사용할 수 있는 일부 단순한 식을 유도하기 위한 것이다. 사례 (d)와 서지 샤프트 설계는 본서 범위를 벗어나므로 기술하지는 않는다.

유효 정수두 S, 직경 D, 마찰 압력수두 h_L을 받는 상태에서 길이 L인 비압축성 수주에 대한 뉴튼 운동 제2법칙은 다음 형태를 취한다.

$$S + h_L = -\frac{L}{g}\frac{dv}{dt} \tag{8.45}$$

난류유동의 경우 다음과 같이 마찰수두를 표현할 수 있으며 여기서 C_f는 다음과 같고, f는 달시-바하 마찰계수로서 상수로 가정한다.

$$h_L = C_f v^2 \tag{8.46}$$

$$C_f = \frac{fL}{2gD}$$

식 8.45와 8.46을 조합하면 다음과 같다.

$$dt = -\frac{L}{g}\frac{dv}{\left(S + C_f v^2\right)} \tag{8.47}$$

유속 v_1으로부터 v_2로 변화하는 시간 간격 t에 걸쳐 적분하면 다음과 같다.

$$t = \frac{L}{g\sqrt{C_f S}}\left(tan^{-1} v_1 \sqrt{\frac{C_f}{S}} - tan^{-1} v_2 \sqrt{\frac{C_f}{S}}\right) \tag{8.48}$$

Kephart and Davis (1961) 방식 이후 식 8.48을 추가로 적분하여 정리한 다음 식으로 초기 유속 v_0가 정지될 때까지 수주가 이동한 거리 X를 근사화할 수 있다.

$$X = \frac{Lv_0^2}{2gh_L} ln\left(1 + \frac{h_L}{S}\right) \tag{8.49}$$

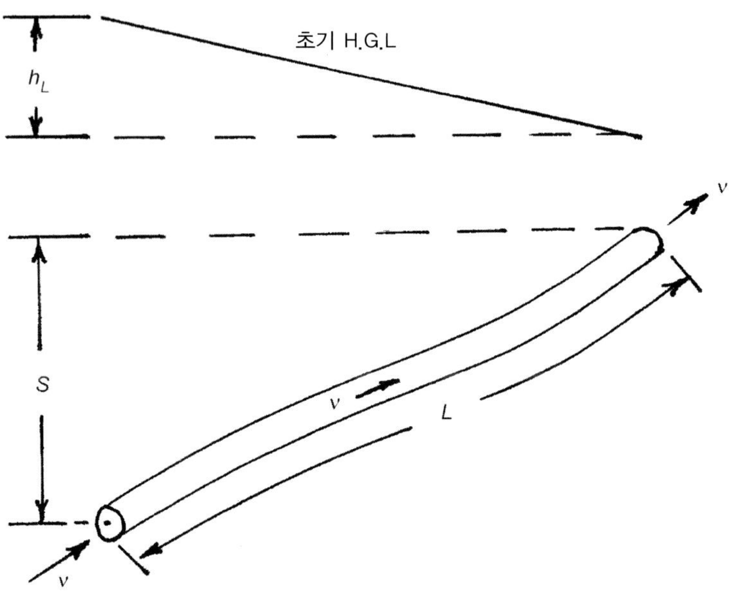

그림 8.26 마찰과 유효한 정수두 또는 순수 배압수두 S 작용에 의해 감속되는 액체의 강성주 표현

상승 주관로 내 공동 형성과 붕괴

만일 상승 주관로가 증기공동의 형성 또는 공기의 유입으로 인해 수주분리가 발생할 수 있는 뚜렷한 니(knee), 또는 정점을 가지면 두 개의 독립 수주가 발생한다. 그림 8.27과 8.28은 이러한 상황을 설명하고 후속 식에서 사용할 기호를 정의하며 두 수주의 운동을 고려하면 유용한 결과를 얻을 수 있다.

그림 8.27 시스템에서 펌프트립 후 화살표 위치에서 증기공동이 형성되는 것으로 가정한다. 두 수주의 길이는 L_1과 L_2, 공동 내 증기압수두를 고려한 유효 정수두는 S_1과 S_2

이다. 상류측 수주 L_1은 정지되고 펌프에 설치된 논리턴체크밸브에 의해 역류가 방지된다. 또한 하류측 수주 L_2도 정지된 후 역류되어 순간 압력상승으로 공동이 붕괴된다.

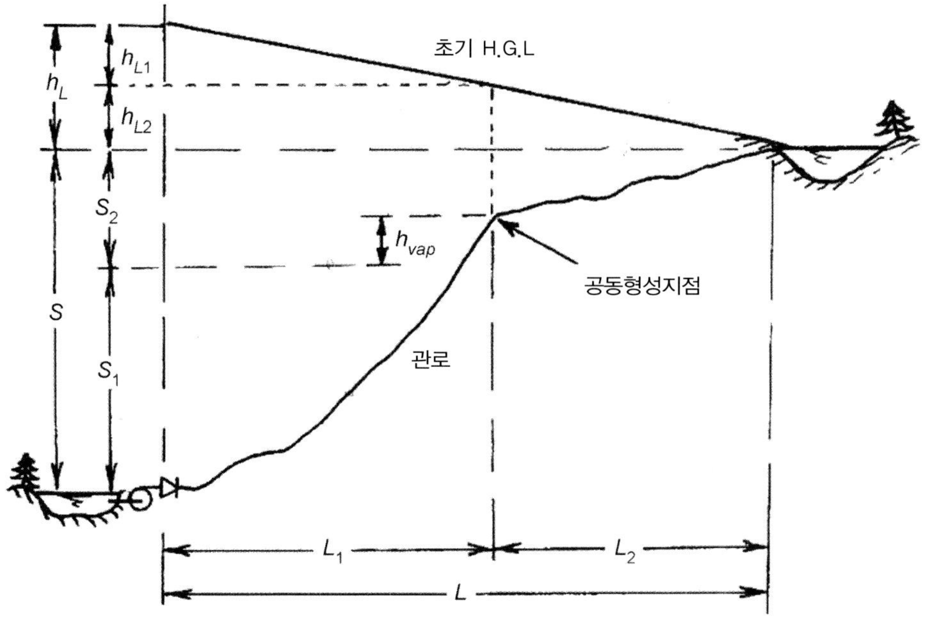

그림 8.27 펌프장 정전 후 증기공동이 형성될 수 있는 전형적인 상승 주관로 프로파일

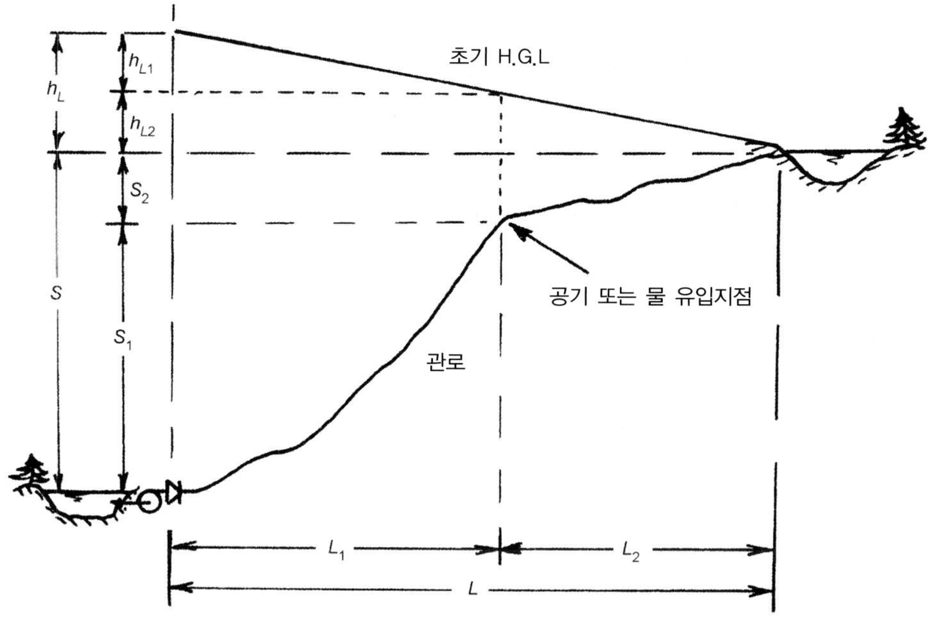

그림 8.28 그림 8.27에서 대기압 이하 압력이 처음 발생하는 경향이 있는 정점에 에어챔버 또는 공급탱크가 설치된 관로

두 수주 사이 개방된 공간 길이 X_E는 다음과 같으며 여기서 X_D와 X_U는 하류측과 상류측 수주가 정지될 때까지 이동한 거리이다.

$$X_E = X_D - X_U \tag{8.50}$$

식 8.49로부터 X_D와 X_U를 평가하여 다음 식을 유도할 수 있으며 계산 결과 X_E 또는 B가 (-) 이면 수주는 실제로 분리되지 않는다는 것을 의미한다.

$$X_E = B\frac{v_0^2}{2g} \tag{8.51}$$

여기서

$$B = \left[\frac{L_2}{h_{L2}} ln\left(1 + \frac{h_{L2}}{S_2}\right) - \frac{L_1}{h_{L1}} ln\left(1 + \frac{h_{L1}}{S_1}\right)\right] \tag{8.52}$$

역류 후 충돌 직전 하류측 수주의 최대 유속 v_E은 다음과 같다.

$$v_E = v_0\sqrt{\frac{S_2}{h_{L2}}\left(1 - e^{-(Bh_{L2}/L_2)}\right)} \tag{8.53}$$

이때 수두상승 $\triangle H$는 다음과 같다.

$$\triangle H = \frac{cv_E}{2g} \tag{8.54}$$

충돌 후 재결합된 수주의 합성유속 v_E는 이동하는 수주와 정지된 수주의 동적 에너지가 충돌하는 지점에서 유속 v_E로부터 $v_E/2$로 감소되어 공유되기 때문에 충돌 유속의 절반이 된다. 결과적인 압력변화는 수주가 재결합되는 지점으로부터 양쪽으로 전파된다. 하류측 개방된 말단부에서 압폭파는 다운서지로서 반사되는 반면 상류측 말단부에서는 사수부역활을 하는 펌프 토출측의 폐쇄된 논리턴체크밸브와 만나면서 압렵변화는 두 배가 된다. 논리턴체크밸브에서 부분압력은 당분간 다음과 같으며 여기서 M은 상류측 저수지 상부 논리턴체크밸브의 고도이다. 또한 펌프 토출측에서 압력은 역류와 관련된 마찰수두가 추가되면서 약간 더 상승할 수 있다.

$$H = S - M + \frac{cv_E}{g} \tag{8.55}$$

만일 상승 주관로의 기울기가 상대적으로 균일하고, 펌프트립 후 펌프 토출측에 압력 저하가 충분하여 증기공동이 형성되면 즉, 펌프 토출측에서 수주가 하나로 분리되면 식 8.53은 다음과 같이 단순화되며 여기서 S는 시스템에 대한 정수두와 증기압 수두의 합이다.

$$v_E = v_0 \sqrt{\frac{S}{S + h_L}} \tag{8.56}$$

이때 펌프 토출측에서 자이코프스키수두변화는 다음과 같다.

$$\triangle H = \frac{cv_E}{g} \tag{8.57}$$

상기 압력변화는 압력파가 하류측으로 전파되면서 정수두와 일부 마찰수두가 추가되면서 상승한다.

예제 8.5

그림 8.27 관로에서 다음 사례에서 펌프 트립시 강성주이론으로 부정류를 해석하라. 단, $f = 0.013,\ D = 0.5m,\ Q = 0.2m^3/s, c = 1000m/s$ 이다.

표 1 사례별 관로자료

구분	사례 1	사례 2	사례 3	사례 4
$L_1(m)$	4000	4000	9000	9000
$L_2(m)$	9000	9000	4000	4000
$S_1(m)$	60	20	60	55
$S_2(m)$	20	60	20	25

➡ 풀이사례 1

문제에 주어진 자료로부터 정상유동시 유속 v_0와 손실수두 h_L를 구한다.

$$v_0 = \frac{0.2}{0.196} = 1.02m/s$$

$$h_{L1} = 0.013 \frac{4000}{0.5} \frac{1.02^2}{2 \times 9.81} = 5.5m$$

$$h_{L2} = 0.013 \frac{9000}{0.5} \frac{1.02^2}{2 \times 9.81} = 12.4m$$

정상운영시 펌핑수두는 다음과 같다.

$$H_0 = S + h_L = 80 + 17.9 = 97.89m$$

상기 수치를 식 8.52에 대입하면 $B > 0$ 이므로 정점부에서 공동이 형성된다.

$$B = \left[\frac{9000}{12.4} ln \left(1 + \frac{12.4}{20}\right) - \frac{4000}{5.5} ln \left(1 + \frac{5.5}{60}\right)\right] = 286.4$$

식 8.51로부터 두 수주가 정지될 때까지 이동한 거리를 구한다.

$$X_E = 286.4 \frac{1.02^2}{2 \times 9.81} = 15.16m$$

식 8.53으로부터 하류측 수주가 역류 후 충돌 직전 최대유속을 구한다.

$$v_E = 1.02 \sqrt{\frac{20}{12.4}(1 - e^{-286.4 \times 12.4/9000})} = 0.74m/s$$

식 8.54로부터 충돌시 수두상승을 구한다.

$$\triangle H = \frac{1000 \times 0.74}{2 \times 9.81} = 37.7m$$

정점부에서 수두는 다음과 같다.

$$H_{peak} = S_1 + \triangle H = 60 + 37.7 = 97.7m$$

식 8.55로부터 체크밸브에 작용하는 수두는 다음과 같다.

$$H_{check} = S - M + \frac{cv_0}{g} = 80 - 0 + \frac{1000 \times 1.02}{9.81} = 183.9m$$

➡ 풀이사례 2

8.52로부터 B를 구하면 $B < 0$이므로 정점부에서 공동이 형성되지 않는다.

$$B = \left[\frac{9000}{12.4} ln \left(1 + \frac{12.4}{60}\right) - \frac{4000}{5.5} ln \left(1 + \frac{5.5}{20}\right)\right] = -40.3$$

식 8.56으로부터 하류측 수주의 역류 최대유속을 구한다.

$$v_E = 1.02 \sqrt{\frac{80}{80 + 17.9}} = 0.92m/s$$

식 8.57로부터 충돌시 수두상승을 구한다.

$$\triangle H = \frac{1000 \times 0.92}{9.81} = 93.9m$$

체크밸브에 작용하는 수두는 다음과 같다.

$$H_{check} = S + \triangle H = 80 + 93.9 = 173.9m$$

상기와 동일한 방법으로 사례 3과 4에 대한 계산결과는 다음 표와 같다.

표 1 사례별 해석결과

구분	사례 1	사례 2	사례 3	사례 4
$L_1(m)$	4000	4000	9000	9000
$L_2(m)$	9000	9000	4000	4000
$S_1(m)$	60	20	60	55
$S_2(m)$	20	60	20	25
$S(m)$	80	80	80	80
$h_{L1}(m)$	5.5	5.5	12.4	12.4
$h_{L2}(m)$	12.4	12.4	5.5	5.5
$h_L(m)$	17.9	17.9	17.9	17.9
$H_0(m)$	97.89	97.89	97.89	97.89
B	286.44	-40.31	40.31	-2.97
$X_E(m)$	15.16		2.13	
$V_E(m/s)$	0.74	0.92	0.45	0.92
$\triangle H(m)$	37.67	93.91	23.00	93.91
$H_{peak}(m)$	97.7		83.0	
$H_{check}(m)$	183.9	173.9	183.9	173.9

낮은 압력 지점에서 공기 또는 물의 유입

관로 내 압력이 과도하게 대기압 이하로 떨어지는 문제를 방지하기 위해 그림 8.27의 화살표 위치에서 관로 내 공기 또는 물의 유입을 허용할 수 있다. 여러 지점에서 공기가 유입될 수 있지만 주로 관로 프로파일에 의해 결정된다. 빈번하게 제작사의 선도를 이용하여 공기유입밸브의 규격과 수량을 결정하고 이에 대해서는 11.3절에서 상세하게 기술한다.

공급탱크는 일반적인 표준 구성요소로서 생산되지 않고 개별적으로 규격이 결정된다. 초기 추정과 전산해석을 위한 초기 자료를 제공하기 위해 앞 절의 결과를 사용하여 대략적으로 필요한 용량을 계산할 수 있다.

앞 절에서 주된 가정을 채택하지만 공급탱크는 부분압력을 대기압으로 유지하기 위해 관로 내부로 물을 공급하도록 배치된 것으로 가정한다는 사실에 유의하여야 한다. 이는 S_1과 S_2는 이제 두 수주에 작용하는 실제 정수두인 것을 의미한다.

두 수주가 분리되는 최대 거리 X_E는 재차 식 8.51과 8.52에 의해 주어지지만 개선된 S_1과 S_2 수치를 사용하여야 한다. 만일 공급탱크의 물이 이 공동을 채우면 이때 필요한 체적 V_{FT}를 다음과 같이 추정할 수 있으며 여기서 A는 배관 단면적이다.

$$V_{FT} = AX_E \tag{8.58}$$

공급탱크가 비게 되는 것을 방지하기 위해 그리고 이론 전개시 가정한 이상화를 고려하여 V_{FT}를 약 15~20% 증가시켜야 한다.

9장 에어챔버용량결정

부정류 압력을 억제하기 위한 에어챔버와 에어쿠션서지챔버의 역할을 2.3.1절에서 기술하였다. 이들은 이러한 목적으로 사용되는 공통적인 장비에 속하며, 시스템 설계자가 설계시 직면하는 주된 문제는 만족스런 보호수준을 제공하기 위해 초기공기체적과 전체에어챔버체적을 결정하는 것이다.

정확한 에어챔버의 동적 거동의 이론적 표현은 열전달효과를 고려할 때 극도로 복잡해진다. 그러나 명시된 보호 수준을 제공하기 위해 필요한 용량을 타당하게 추정할 수 있도록 설계선도가 고안되었다. 그러나 이는 오직 추정일 뿐이고 확인 및 최적화를 위해서는 반드시 전산해석을 수행하여야 한다는 사실을 강조한다.

9.1 상승 주관로

상승 주관로에서 통상적인 에어챔버위치는 펌프 토출측 체크밸브의 직하류이다. 소형 및 중간 규격 침버는 펌프장 내부에 설치되는 반면 대형 챔버는 외부에 설치된다. 그러나 이들은 실제로 관로 하류측을 보호하기 때문에 가능하면 펌프장 인근에 설치되어야 하며 그림 9.1은 대표적인 상승 주관로 사례를 보여준다.

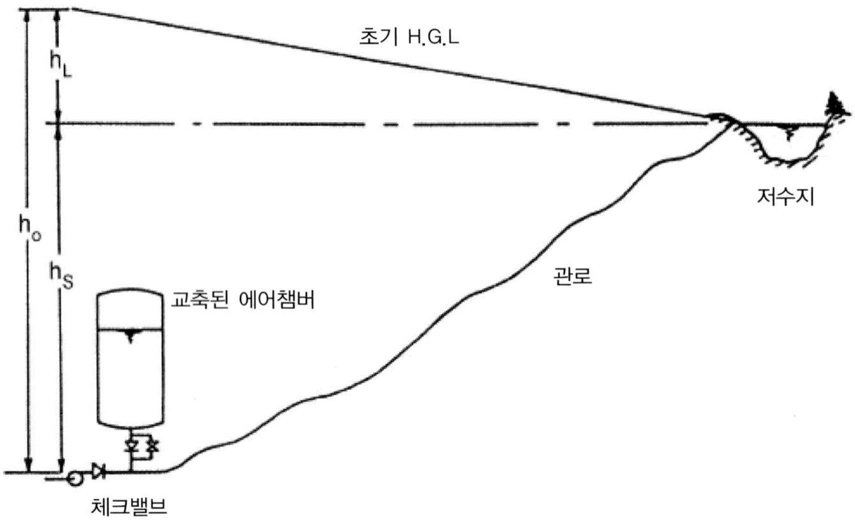

그림 9.1 펌프트립 후 에어챔버에 의해 보호되는 전형적인 상승 주관로

지난 60년 동안 에어챔버규격결정을 돕기 위해 여러 근사법이 개발되어 왔지만 본 장에서는 Graze and Horlacher (1989)와 Graze (1989)가 작성한 일련의 선도를 설명하며 이전 설계선도보다 우수한 장점은 다음과 같다.

(a) 가정된 폴리트로픽지수에 대한 설계 민감도를 확인할 수 있다.

(b) 유입 오리피스 손실의 최적화가 가능하다. 이는 시스템 내 과도한 압력을 제한할 필요가 있을 때 적절한 교축으로 전체에어챔버체적을 감소시킬 수 있는 장점을 갖는다.

Graze and Horlacher 선도는 에어챔버규격결정을 위한 선도 이외에 관로종단도에 걸친 극단적인 압력 포락선을 표시한다.

9.1.1 교축되지 않은 에어챔버

Graze and Horlacher 설계선도는 그림 9.2~9.11과 같이 무차원 형태이고 다음 매개변수를 사용한다.

마찰 매개변수

$$\overline{h}_f = \frac{h_L}{h_j} \tag{9.1}$$

자이코프스키수두

$$h_j = \frac{cv_0}{g} \tag{9.2}$$

$$\overline{h}_0 = \frac{h_0^*}{h_j} = \frac{h_0 + h_{atm}}{h_j} = \frac{h_S + h_L + h_{atm}}{h_j} \tag{9.3}$$

최대수두비

$$HR_{max} = \frac{h_{max} - h_S}{h_j} \tag{9.4}$$

최소수두비

$$HR_{min} = \frac{h_{min} - h_S}{h_j} \tag{9.5}$$

에어챔버와 관로의 복합매개변수 K

$$K = \frac{cC_0}{nAv_0L} \tag{9.6}$$

여기서 A : 관로 단면적

c : 파속

C_0 : 에어챔버 내 초기공기체적

g : 중력가속도

h_{atm} : 대기압 수두

h_L : 관로 마찰손실수두

h_0 : 정수두와 마찰수두의 합으로 빈번하게 펌프토출수두로 근사화된다.

h_S : 펌프 토출측에서 정수두

L : 관로 길이

n : 폴리트로픽지수

v_0 : 정상유동시 유속

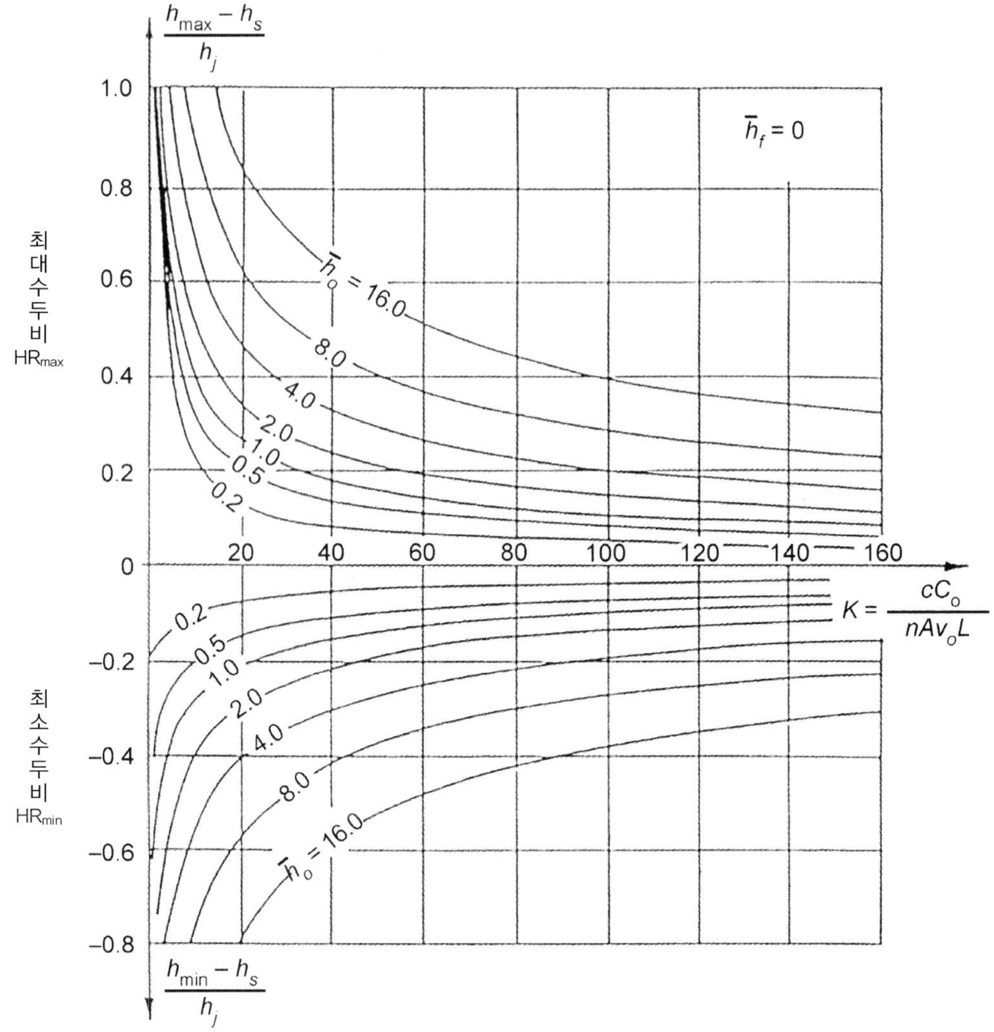

그림 9.2a 비교축, 마찰 매개변수 $\overline{h}_f = 0$일 때 최대, 최소압력수두비

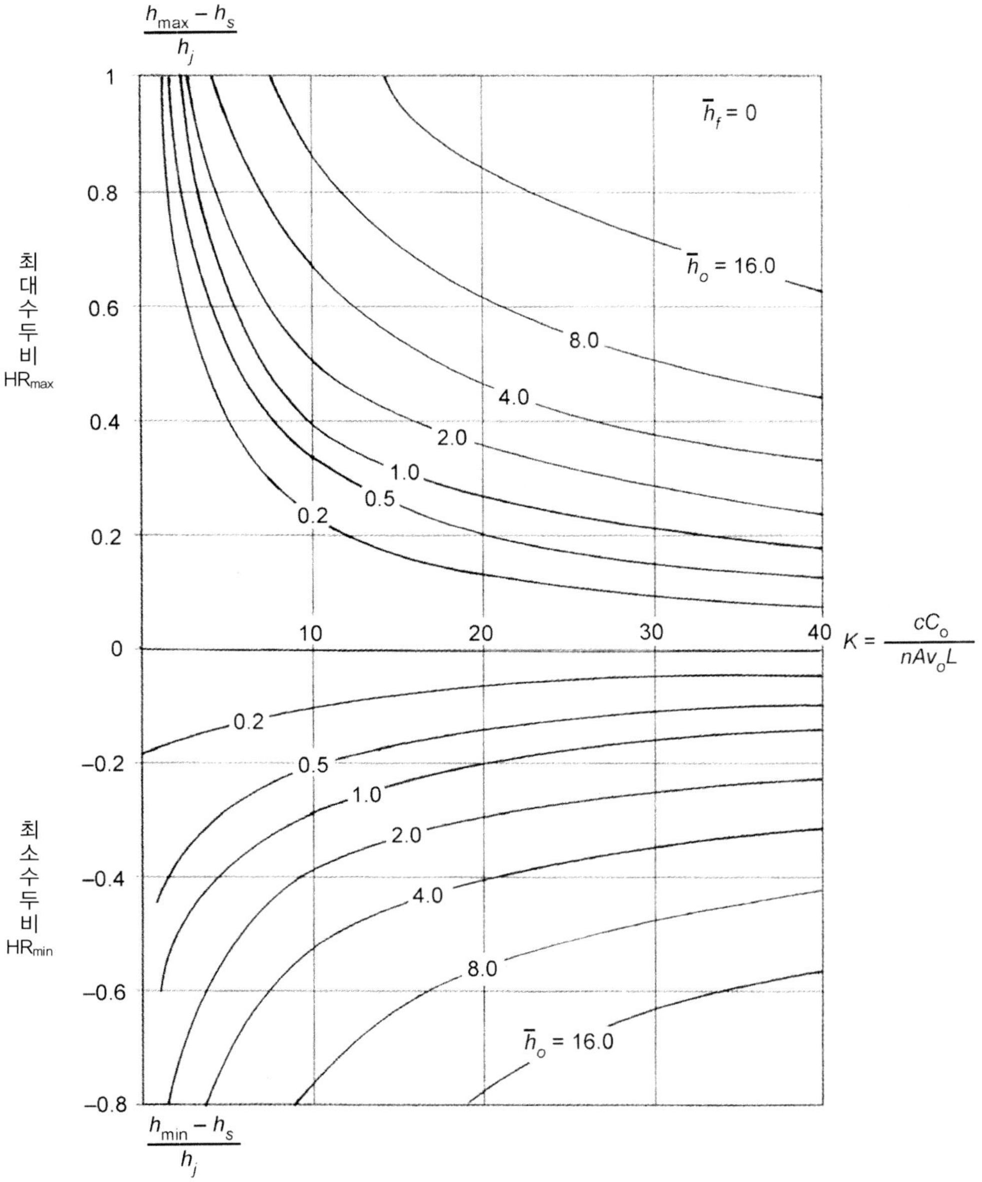

그림 9.2b 부분 확장된 그림 9.2a

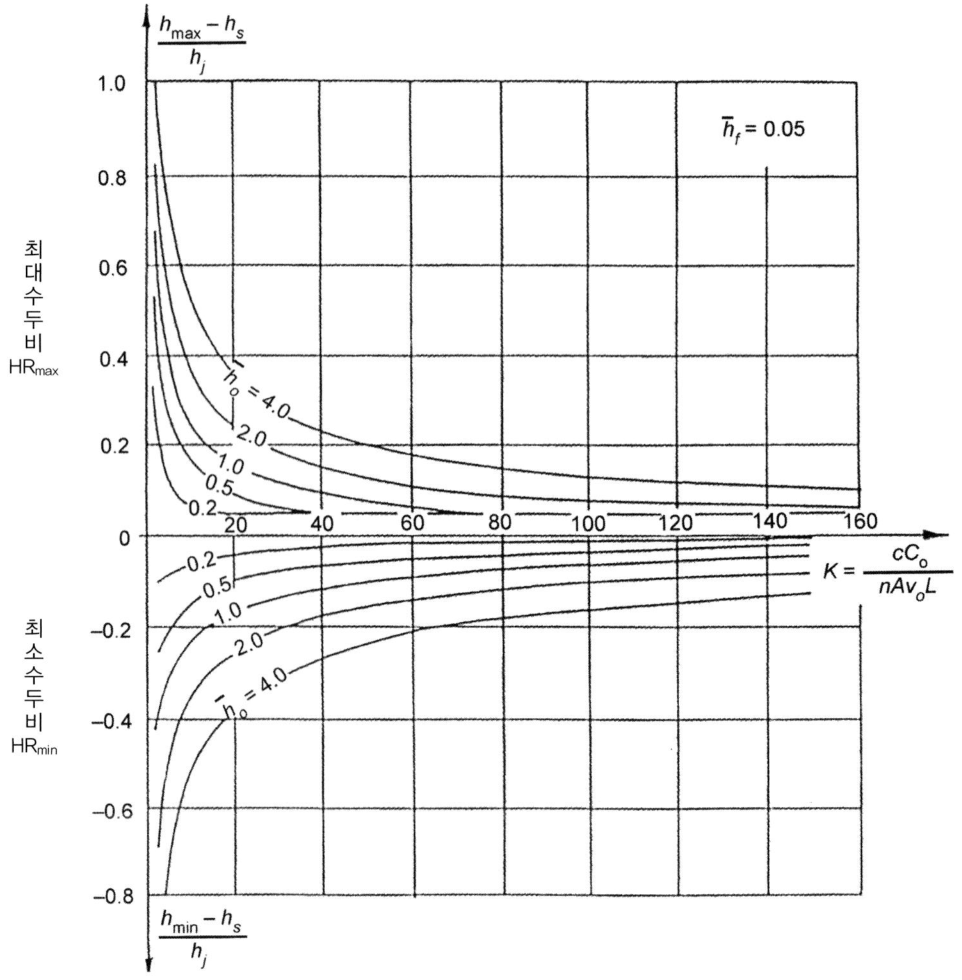

그림 9.3a $\overline{h_f}=0.05$일 때 최대 및 최소압력수두비

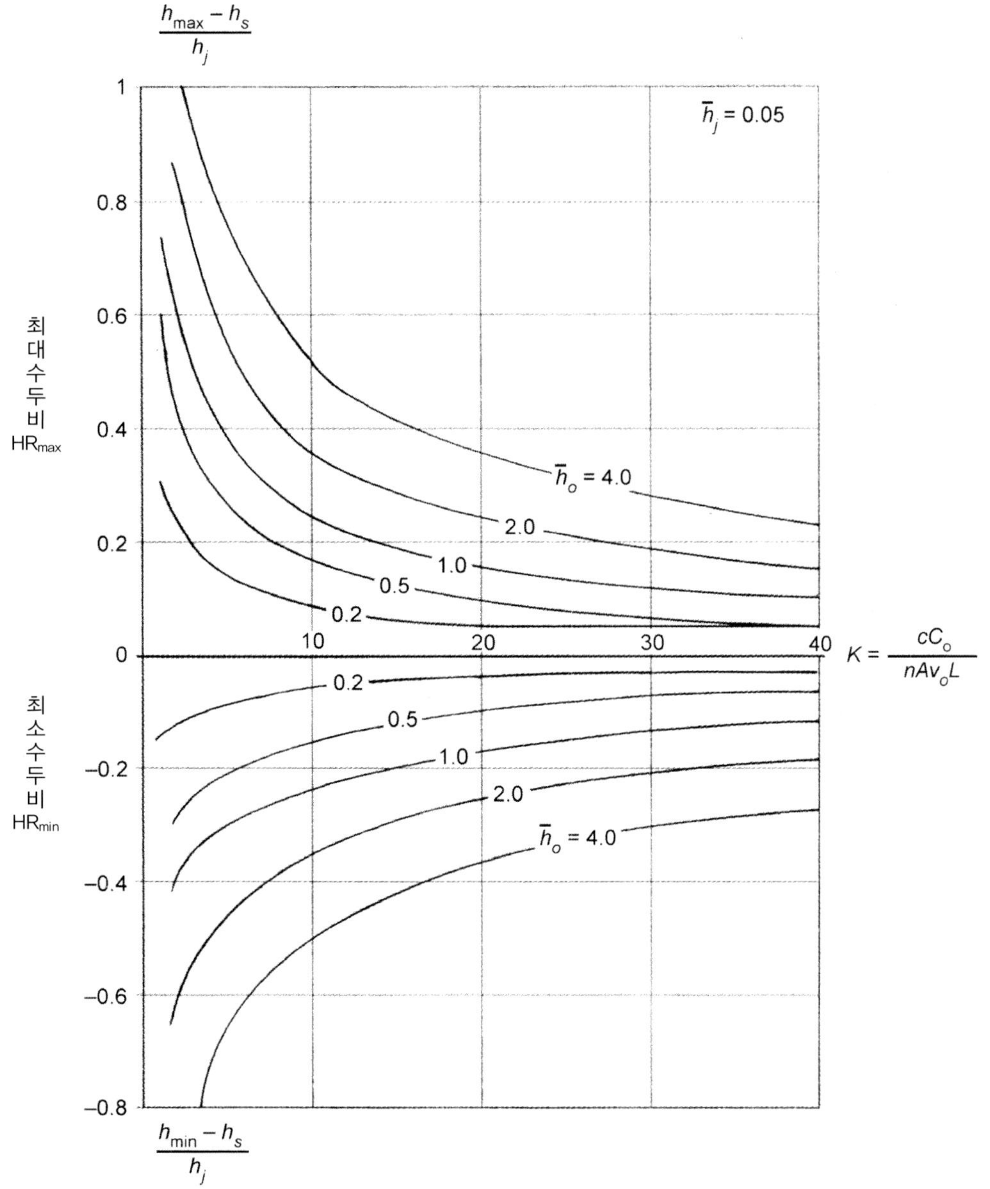

그림 9.3b 부분 확장된 그림 9.3a

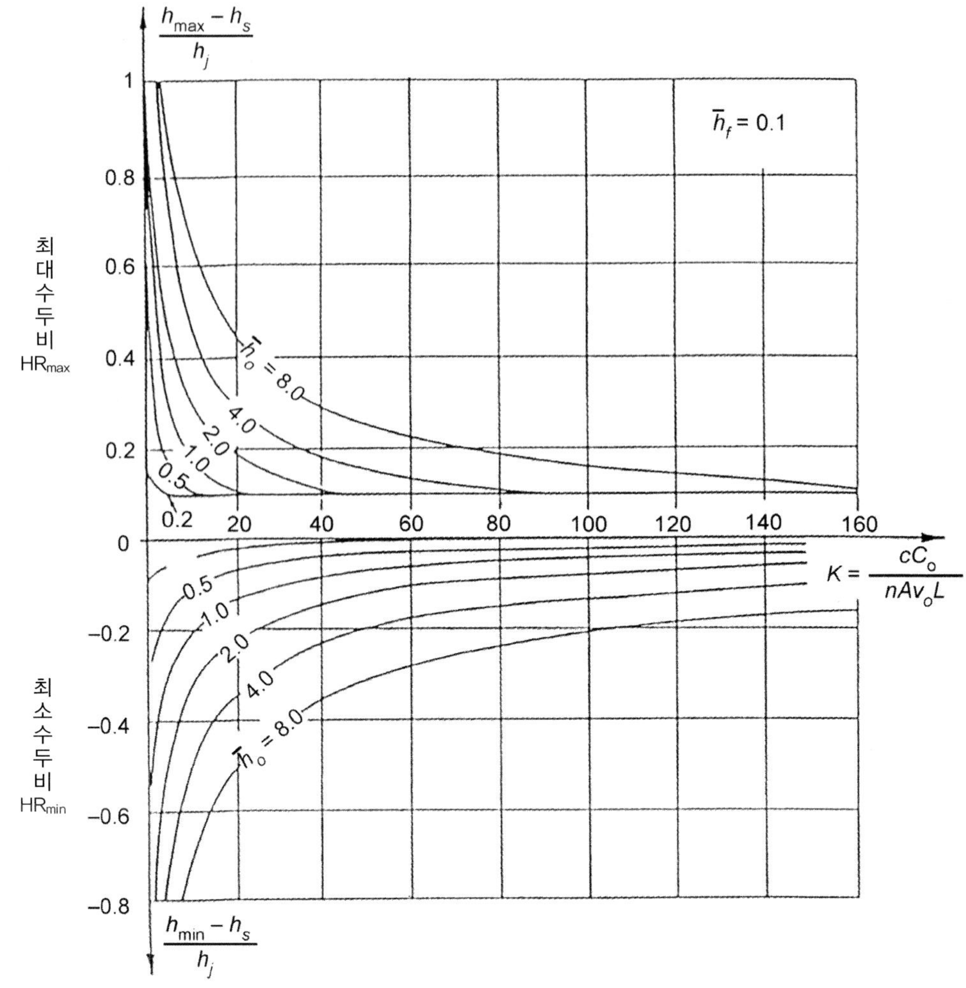

그림 9.4a $\overline{h_f} = 0.1$일 때 최대 및 최소압력수두비

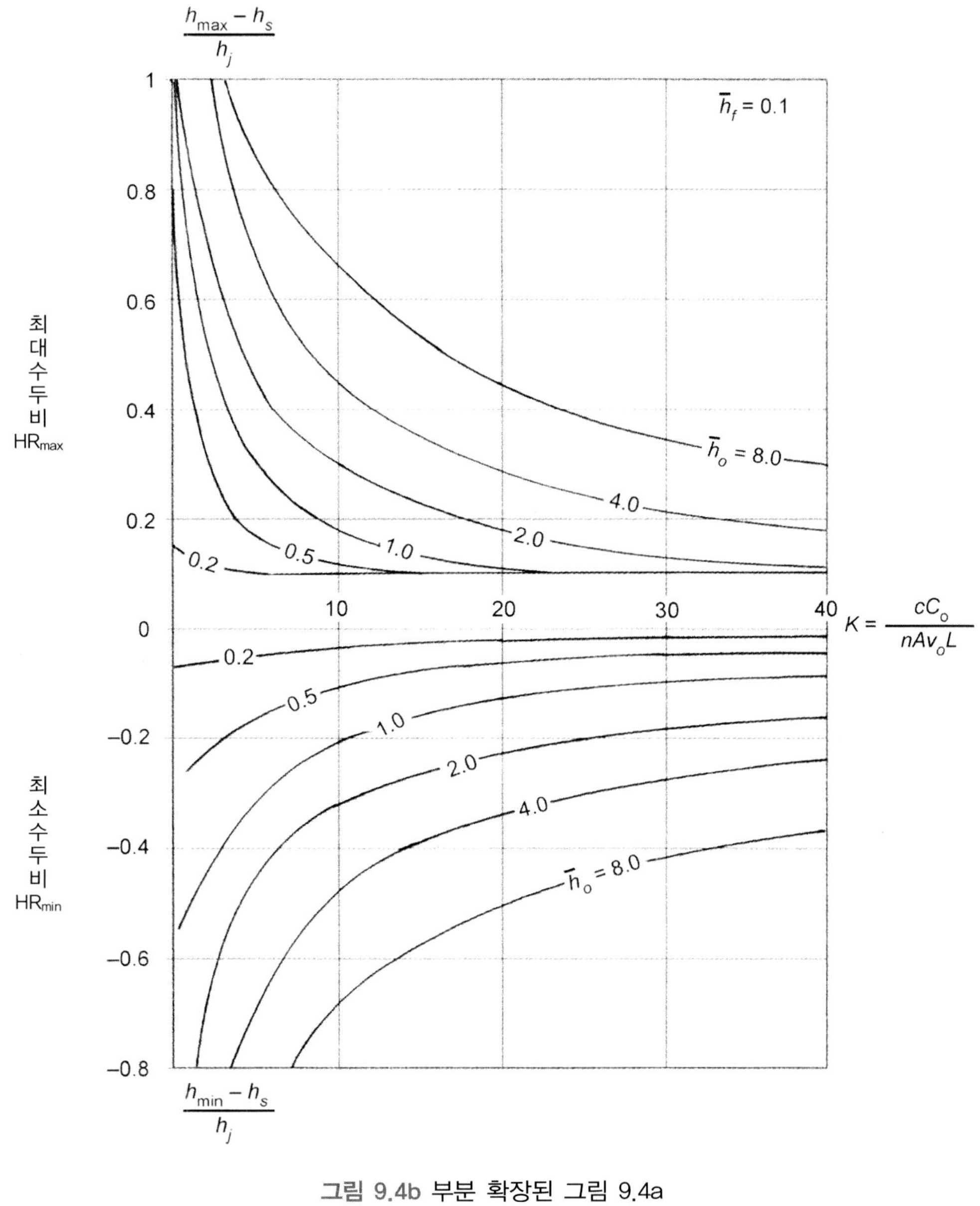

그림 9.4b 부분 확장된 그림 9.4a

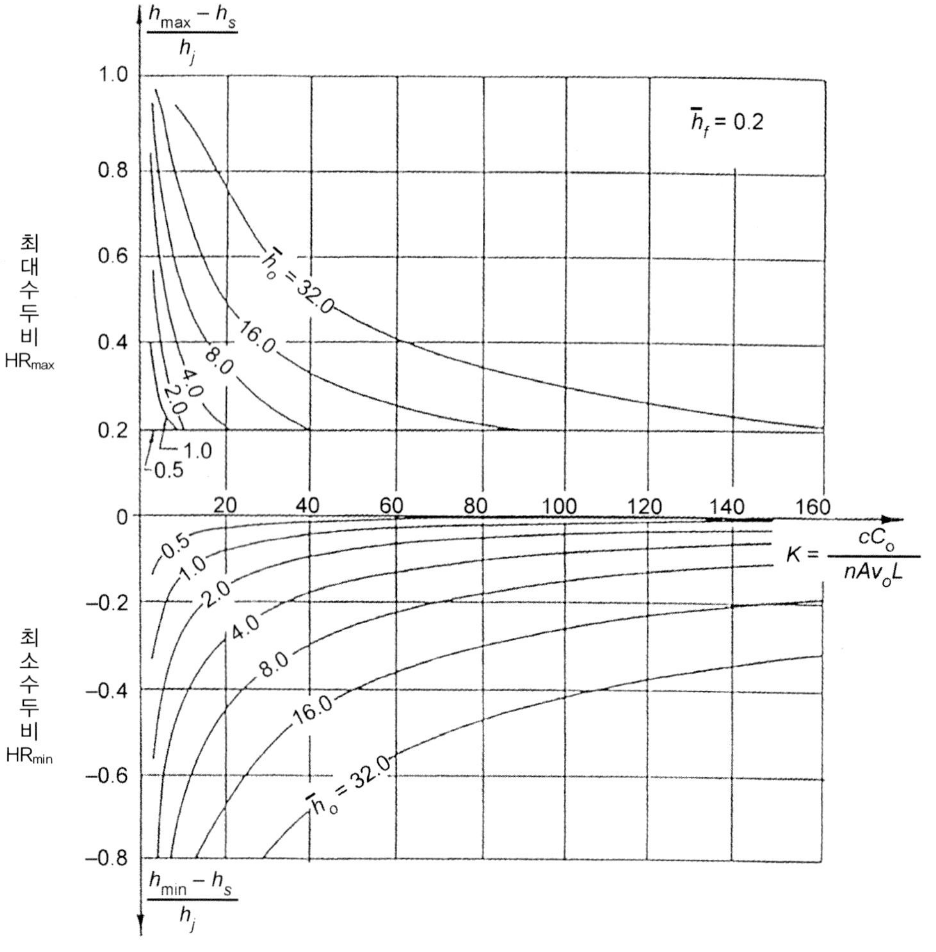

그림 9.5a $\overline{h_f} = 0.2$일 때 최대 및 최소압력수두비

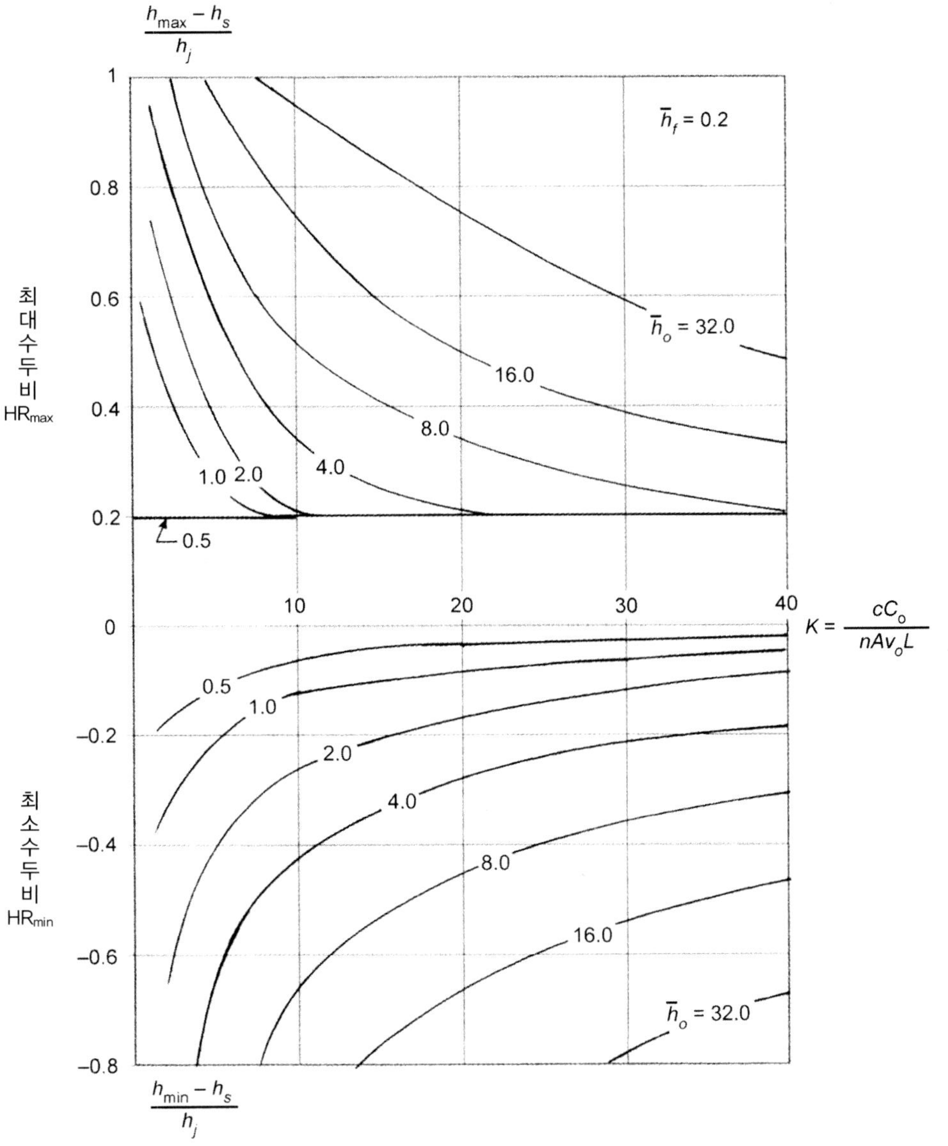

그림 9.5b 부분 확장된 그림 9.5a

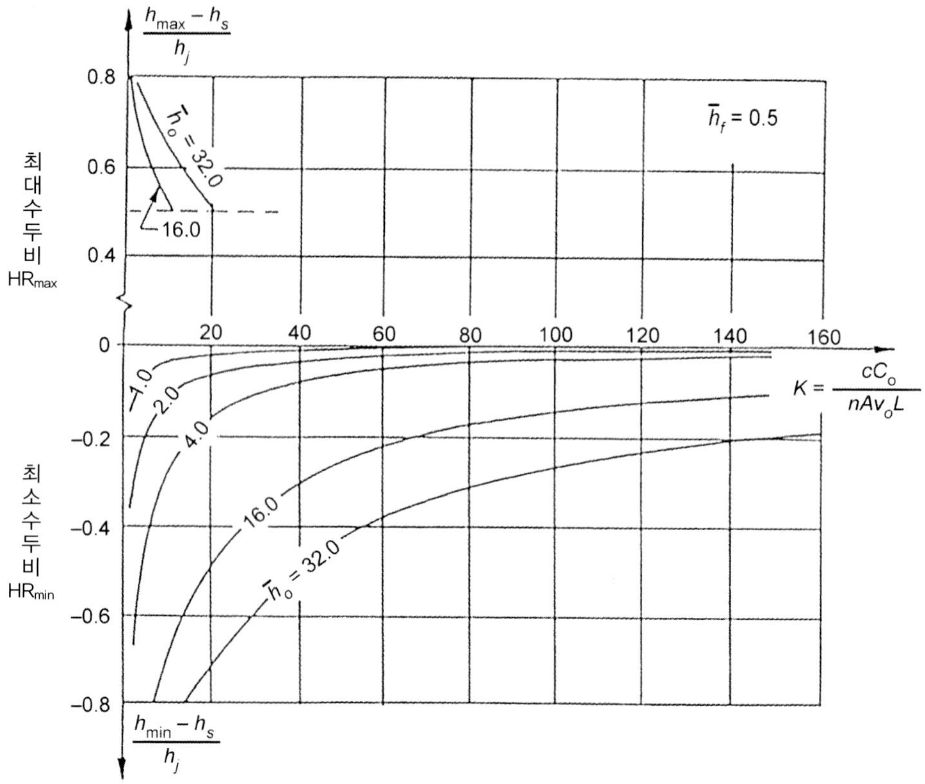

그림 9.6a $\overline{h_f} = 0.5$일 때 최대 및 최소압력수두비

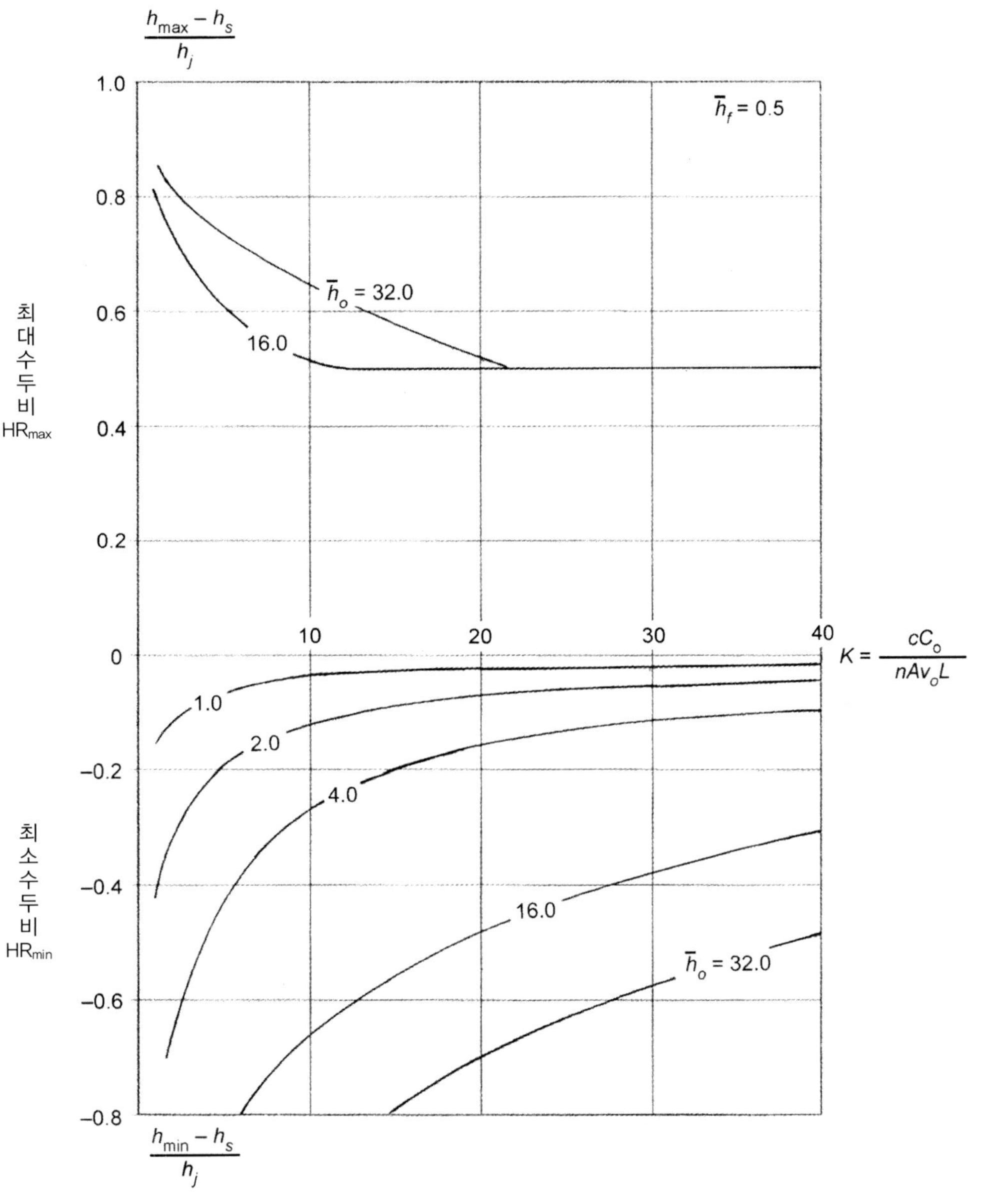

그림 9.6b 부분 확장된 그림 9.6a

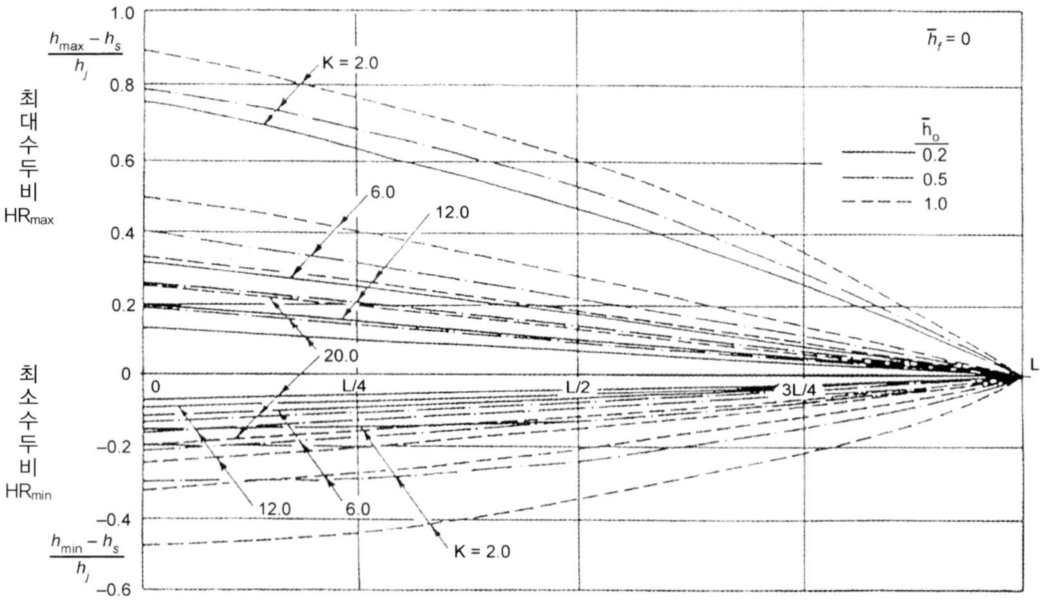

그림 9.7 $\overline{h_f}=0$일 때 관로 길이에 따른 최대, 최소압력수두비 포락선

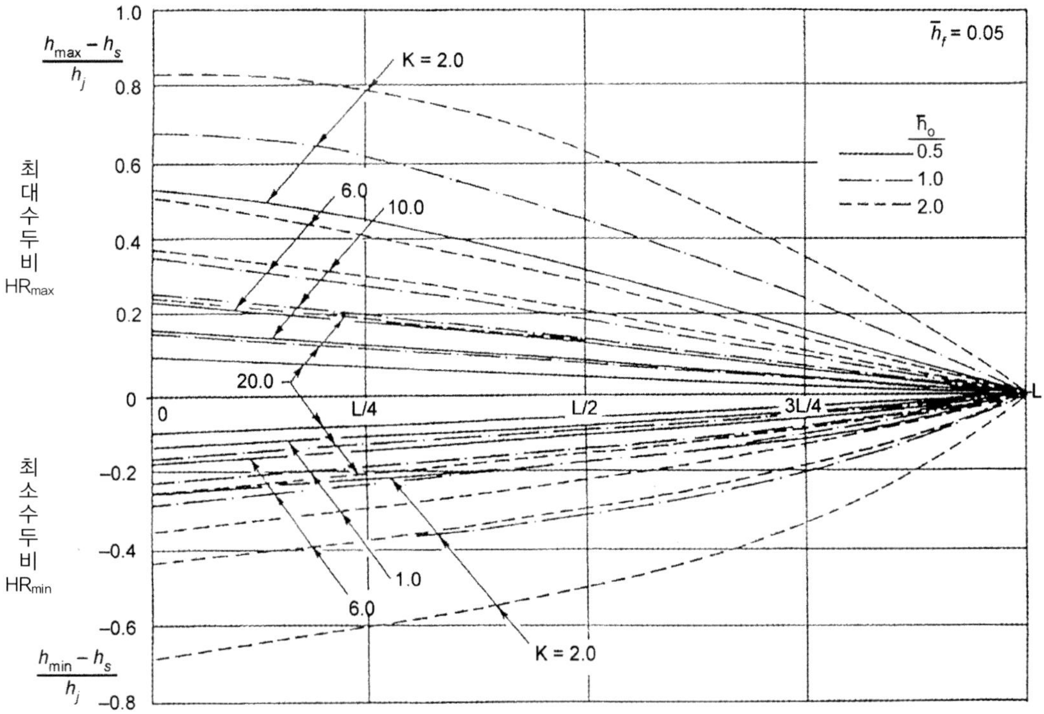

그림 9.8 $\overline{h_f}=0.05$일 때 관로 길이에 따른 최대, 최소압력수두비 포락선

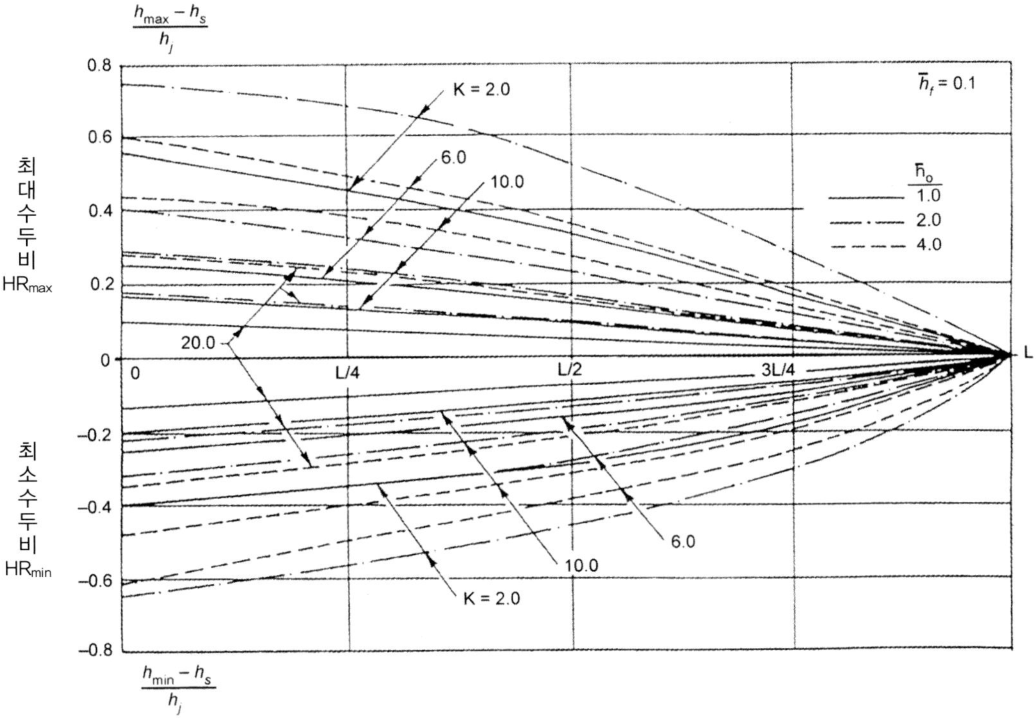

그림 9.9 $\overline{h_f}=0.1$일 때 관로 길이에 따른 최대, 최소압력수두비 포락선

매개변수 h_{max}와 h_{min}은 에어챔버가 연결된 관로 내 허용된 최대 및 최소 압력수두로서 통상적으로 시스템 설계자가 명시한다. 식 9.3에서 사용한 별표는 절대압력을 나타낸다.

통상적인 평균 폴리트로픽 지수 n의 범위는 1~1.4이다. 에어챔버 내 동적 조건에서 n은 상수가 아니므로 평균을 사용한다. 대표적인 설치와 관련된 압력범위 4~13bar와 온도 범위 -45~+50℃에서 n은 0.6~2.0에서 변화하는 것으로 나타났다.

n 수치는 상당한 열전달이 있는 등온변화시에는 1.05~1.1, 열전달이 없는 것으로 예상되면 1.3~1.4 범위가 적정한 것으로 간주되며 초기 타협안으로 1.175~1.2 범위 수치를 사용하는 것이 좋다.

그림 9.2~9.6 선도는 아무것도 가정하지 않고 관로 내 에어챔버 인근에서 극단적인 압력수두를 구하기 위한 것이다. 주어진 용도에서 사용할 적절한 근사 선도는 식 9.1의 마찰 매개변수 $\overline{h}_f$에 의해 결정된다. 정상유동시 에어챔버 내 초기공기체적을 추정하기 위해 이 선도를 사용한다.

그림 9.7~9.9는 상기에 정의된 무차원 매개변수 $\overline{h}_f$에 기초하여 관로에 따른 최대 및 최소수두포락선을 나타낸다. 관로에서의 높은 지점과 낮은 지점이 수용할 수 없는

낮거나 높은 압력을 경험하지 않는 것을 확인하기 위해 이 선도를 사용할 수 있으며 사용에 적합한 선도는 식 9.1의 마찰 매개변수 $\overline{h}_f$가 문제 관로의 $\overline{h}_f$에 가장 근접한 것이다.

초기공기체적 C_0를 결정하면 다운서지시 팽창하는 최대공기체적 C'를 계산하여 전체에어챔버체적 V_T를 평가할 수 있다. 선도작성시 가정 그리고 취득 가능한 기본 시스템 자료의 품질, 챔버가 비게 되는 것의 방지 등을 고려하여 반드시 안전율을 추가하여야 한다.

챔버 내 공기의 폴리트로픽 거동을 가정하여 다음 식으로 공기 팽창시 체적 C'을 구할 수 있다.

$$C' = C_0 \left(\frac{h_0^*}{h_{min}{}^*} \right)^{1/n} \tag{9.7}$$

여기서 $h_0^* = h_S + h_L + h_{atm}$

$h_{min}^* = h_{min} + h_{atm}$

대표적인 안전율은 추정된 최대 공기체적을 20～25% 증가시키는 것으로 이에 따라 전체에어챔버체적은 다음과 같다.

$$V_T = C' \times \text{안전율} \tag{9.8}$$

V_T 추정치를 구하는 목적은 더욱 정확하게 부정류 거동을 모델링하는 전산 프로그램에게 기본자료를 제공하기 위한 것임을 강조한다. 전산해석을 수행할 때 전체 시스템에 걸친 최대와 최소압력수두 포락선 모두를 포착하기 위해 충분히 길게 해석을 수행하는 것이 중요하다.

에어챔버가 보호하는 시스템 내 압력변동의 시간-스케일은 그림 8.25와 같이 에어챔버가 없을 때 보다 상당히 길게 된다. 그림 9.10과 9.11은 적정한 손실수두를 갖는 시스템 내에서 최대수두와 최소수두가 발생하는 시간을 추정할 수 있도록 해준다. 만일 시스템 내 마찰이 없으면 다음 시간에 최대 및 최소압력수두가 발생한다.

$$t_{hmin} = \frac{T}{4} \quad and \quad t_{hmax} = \frac{3T}{4} \tag{9.9}$$

여기서 진동시간 T는 다음과 같으며 K는 식 9.6에 의해 정의된다.

$$T = \frac{2\pi L}{c}\sqrt{\frac{K}{h_0}} \qquad (9.10)$$

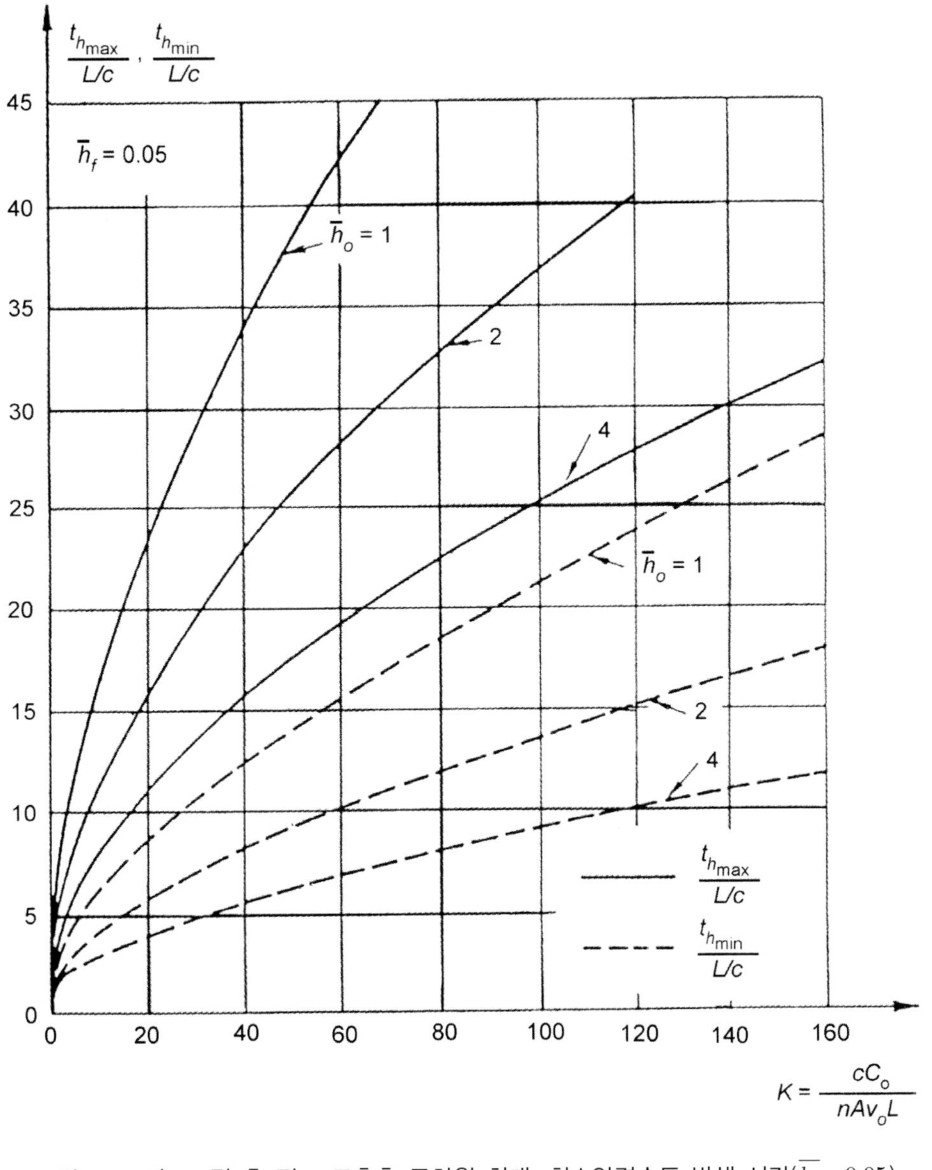

그림 9.10 펌프트립 후 펌프 토출측 무차원 최대, 최소압력수두 발생 시간($\overline{h_f}$= 0.05)

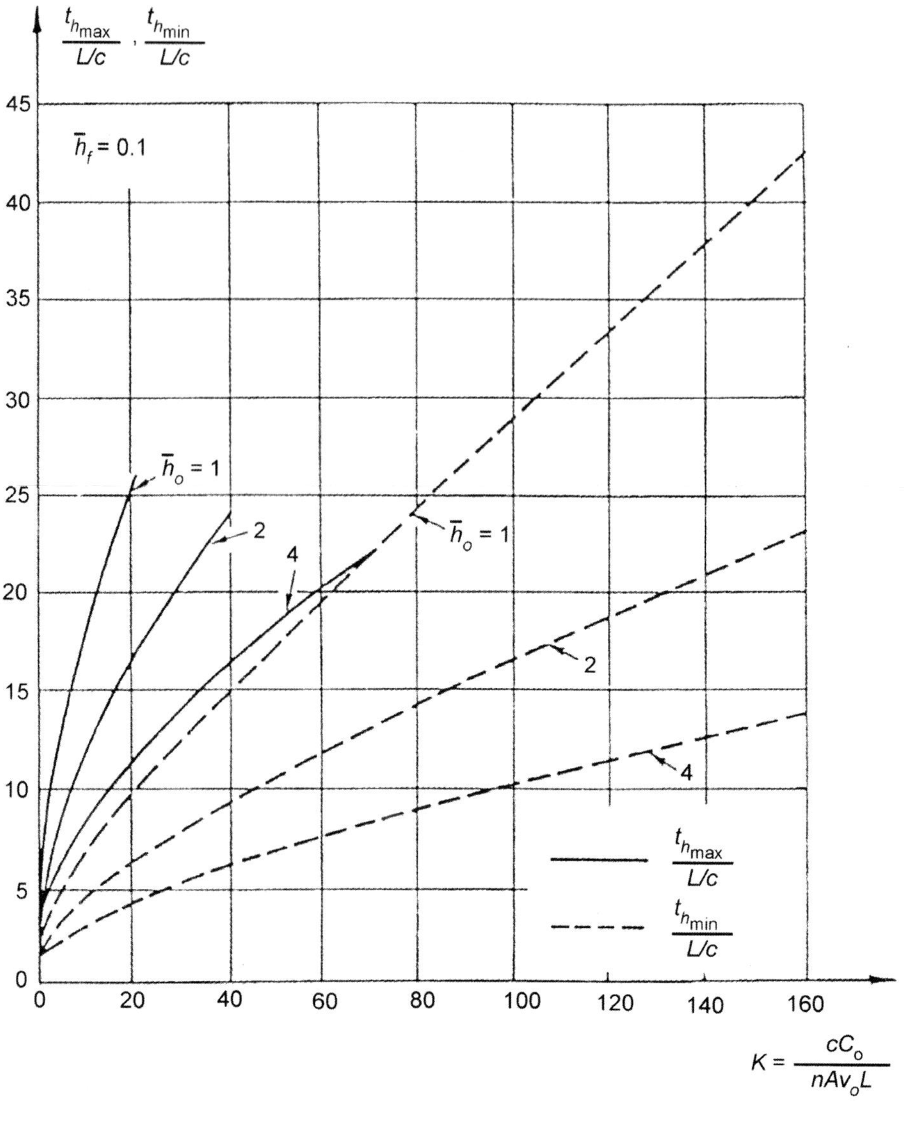

그림 9.11 펌프트립 후 펌프 토출측 무차원 최대, 최소압력수두 발생 시간($\overline{h_f} = 0.1$)

9.1.2 교축된(바이패스) 에어챔버

공동화 및 대기압 이하 압력 발생의 위험을 최소화하기 위해 가능하면 에어챔버 유출은 자유롭고 제약되지 않아야 한다. 그러나 빈번하게 교축으로 유입유동을 제약하는 것이 이로울 때가 있다.

물리적인 배치는 그림 2.4 및 9.1과 같다. 교축의 주된 이점은 특정 상황에서 시스템 내 전체 압력변동 시간 스케일과 필요한 챔버규격(비용)을 감소시킬 수 있고, 매우 큰 챔버가 필요할 때 특히 유용하며 추가 이점은 그림 9.12와 같이 시스템 내 최대압력을 감소시킬 수 있다는 것이다.

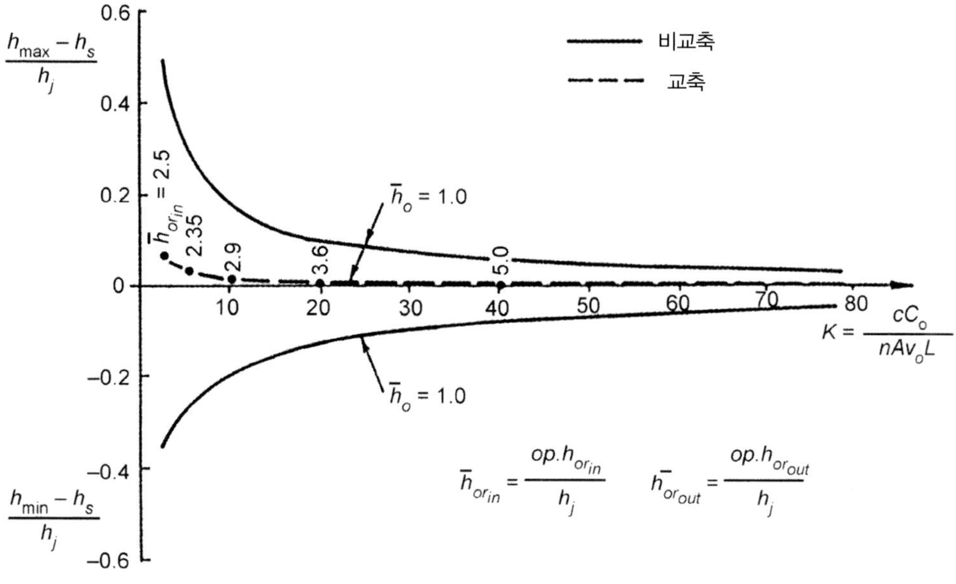

그림 9.12 교축, 비교축시 에어챔버 인근 압력수두 비교

교축에 따른 손실수두는 다음 식으로 주어지며 여기서 ξ은 무차원 손실계수이다.

$$h_{or} = \xi \frac{v^2}{2g} \tag{9.11}$$

Graze and Horlacher (1989)는 광범위한 전산 프로그램 모의 후 최대 손실계수에 기반한 설계선도를 고안한 결과는 그림 9.13과 9.14와 같다.

$$\bar{h}_{or\_in} = \frac{h_{or\_in}}{h_j} \tag{9.12}$$

그리고

$$h_{or\_in} = \xi \frac{v_0^2}{2g} \tag{9.13}$$

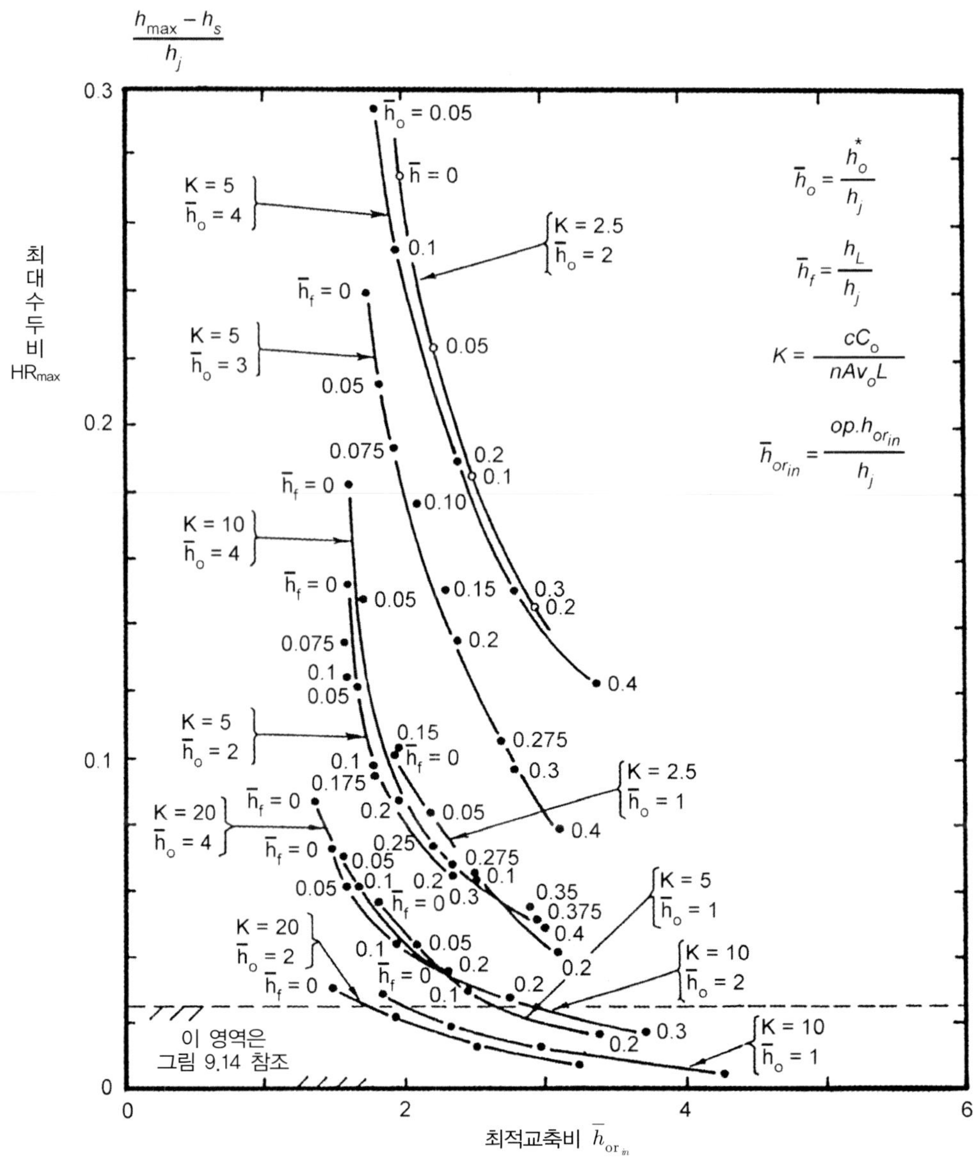

그림 9.13 최적 유입 교축시 에어챔버규격결정을 위한 일반화된 선도

※ 최대압력수두비가 큰 경우

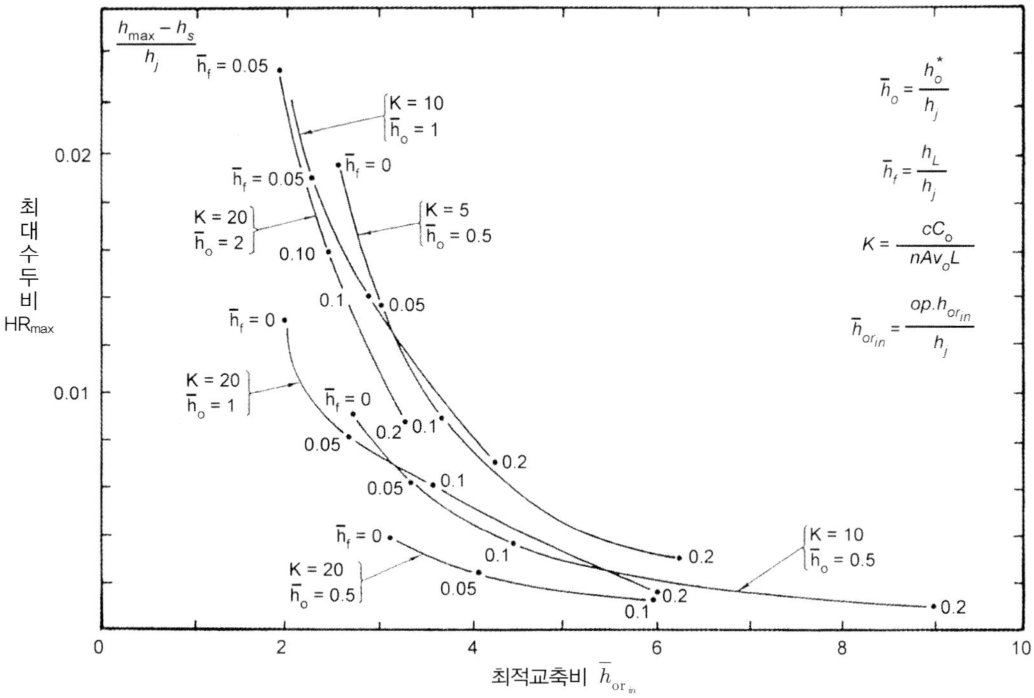

그림 9.14 최적 유입 교축시 에어챔버규격결정을 위한 일반화된 선도

※ 최대압력수두비가 작은 경우

9.1.3 에어챔버용량 결정 절차

물을 수송하는 상승 주관로의 자료는 다음과 같으며 에어챔버를 사용하여 펌프트립 후 과도한 압력변화로부터 관로를 보호하려한다.

- 관로 길이 L 3800m
- 단면적 A 0.16㎡
- 정수두 h_S 130m
- 마찰손실수두 h_L 8m
- 초기 정상유동 유속 v_0 0.6m/s
- 대기압 수두 h_{atm} 10m
- 부정류 파속 c 1200m/s

펌프 토출측 과도한 압력과 저압을 방지하기 위해 최대허용수두와 최소허용수두는 $h_{max} = 162m$ 및 $h_{min} = 103m$이다. 먼저 다음 예비 계산을 수행한다.

1. 식 9.2로부터 자이코프스키수두 $h_j = \dfrac{1200 \times 0.6}{9.81} = 73.4m$

2. 식 9.1로부터 마찰 매개변수 $\overline{h}_f = \dfrac{8}{73.4} = 0.109 ≒ 0.1$

3. 식 9.3으로부터 $\overline{h}_0 = \dfrac{130+8+10}{73.4} = 2.016(≒ 2.0)$

4. 식 9.4로부터 최대수두비 $HR_{max} = \dfrac{162-130}{73.4} = 0.436(≒ 0.44)$

5. 식 9.5로부터 최소수두비 $HR_{min} = \dfrac{103-130}{73.4} = -0.368(≒ -0.37)$

6. 식 9.6으로부터 에어챔버와 관로의 복합 매개변수 K

$$K = \frac{1200 \times C_0}{n \times 0.16 \times 0.6 \times 3800} = 3.29\frac{C_0}{n}$$

7. 이제 2의 마찰 매개변수 $\overline{h}_f = 0.1$에 가장 적합한 선도인 그림 9.4a 또는 9.4b를 선택한다.

8. 상부 선도와 하부 선도 중간에서 $\overline{h}_0 = 2.0$ 곡선 참조

9. 상부 선도 y축 최대수두비 $HR_{max} = 0.44$로부터 수평선을 그어 $\overline{h}_0 = 2$와 교차점으로부터 수직선을 내려 $K = 5$를 구한다.

10. 유사하게 하부 선도 y축 최소수두비 $HR_{min} = -0.37$로부터 수평선을 그어 $\overline{h}_0 = 2$와 교차점으로부터 수직선을 올려 $K = 7.5$를 구한다.

11. 9단계와 10 단계로부터 구한 두 수치 중 큰 것을 사용하여 초기공기체적을 계산한다. 본 예제에서는 $K = 7.5$가 되며 이를 6 단계에서 계산한 공식에 대입한다.

$$7.5 = 3.29\frac{C_0}{n}$$

12. 이는 가장 신중한 초기공기체적이므로 약간의 열전달이 있다고 가정하여 $n = 1.175$로 설정하여 초기공기체적 C_0를 구할 수 있다.

$$C_0 = \frac{7.5}{3.29}n = 2.28n = 2.28 \times 1.175 = 2.68m^3$$

13. 식 9.7로부터 이 초기공기체적이 확장하는 최대공기체적 C'를 다음과 같이 구할 수 있다.

$$C' = 2.68\left(\frac{130+8+10}{103+10}\right)^{1/1.175} = 3.37m^3$$

14. 20% 여유율을 감안하면 최종 전체에어챔버체적은 $V_T = 4.0m^3$이 된다.

그림 9.9로부터 교축 없이도 업서지시 펌프에서 최대압력수두비는 허용할 수 있는 0.44 수준 안에 들어온다.

본 예제에서 낮은 압력조건은 에어챔버규격결정을 위한 임계설계사례이다. 즉, 상기 에어챔버체적은 낮은 압력을 만족시키기 위한 것으로 높은 압력제어시 여유 용량이 크다. 그러나 펌프 토출측에서 최대허용압력수두를 142m로 설정하면 높은 압력조건이 임계설계사례가 된다. 비교축된 챔버의 경우 식 9.4로부터

$$HR_{max} = \frac{142-130}{73.4} = 0.1635$$

그림 9.4b의 상부 선도 y축 $HR_{max} = 0.1635$와 $\overline{h}_0 = 2$의 교차점으로부터 수직선을 내리면 $K = 24$가 되고, 이를 식 9.6에 대입하여 C_0를 구하면 다음과 같다.

$$C_0 = \frac{24}{3.29}1.175 = 8.57m^3$$

최대공기체적 C'에 상응하는 최소압력을 구하기 위해 그림 9.4b 하부선도에서 x축 $K = 24$와 $\overline{h}_0 = 2$ 곡선의 교차점으로부터 수평선을 그어 y축 HR_{min}의 교차점에서 $HR_{min} = -0.2$를 구하고 이를 식 9.5에 대입하면 다음을 구할 수 있다.

$$h_{min} = h_j \times HR_{min} + h_S = 73.4 \times (-0.2) + 103 = 88.32m$$

$$h^*_{min} = 88.32 + 10 = 98.32m$$

식 9.7로부터 C'를 구하면 다음과 같고, 안전율을 고려하면 전체에어챔버체적은 $V_T = 15m^3$ 이 된다.

$$C' = 8.57\left(\frac{130+8+10}{98.32}\right)^{1/1.175} = 12.14m^3$$

이는 최소압력수두를 제한하는 13 단계에서의 $C' = 3.37$ 보다 상당히 크므로 유입교축을 고려할 수 있다.

그림 9.13과 9.14의 선도상에 작도된 4개의 K 수치 2.5, 5.0, 10, 20 각각에 대해 적합한 h_0 수치를 구하기 위해 곡선을 선택 또는 보간한다.

각 곡선에서 마찰 매개변수 $\overline{h}_f = 0.1$에 상응하는 점을 보간하고, x축과 y축으로부터 $\overline{h}_f = 0.1$과 $K = 2.5,\ 5, 10,\ 20$ 에서 $\overline{h}_{or_in}$과 HR_{max}를 구하여 표로 작성하면 다음과 같다.

표 9.1 그림 9.13과 9.14로부터 구한 자료

K	$\overline{h_f}$	$\overline{h_0}$	HR_{max}	$\overline{h_{or\_in}}$
2.5	0.1	2	0.18	2.5
5	0.1	2	0.11	1.85
10	0.1	2	0.045	2.0
20	0.1	2	0.016	2.5

이 자료를 이용하여 최대 수두비와 최적 교축비를 구하기 위해 x축을 K, y축을 HR_{max}와 $\overline{h}_{or_in}$으로 한 그림 9.15를 작도한다.

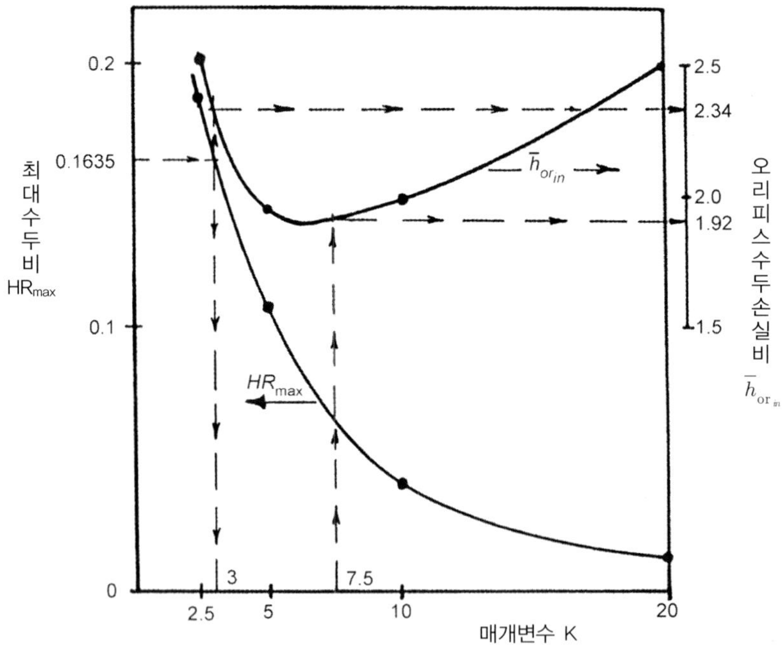

그림 9.15 최대 수두비와 무차원 최적 교축비 곡선

본 예제에서 최대허용수두비 $HR_{max} = 0.1635$로 명시되었다. 그림 9.15에서 $HR_{max} = 0.1635$으로부터 수평선을 그어 HR_{max} 곡선과의 교차점으로부터 수직선을 내리면 $K = 3$이 되고, 수직선을 올려 $\overline{h}_{or_in}$과의 교차점으로부터 오른쪽으로 수평선을 그어 $\overline{h}_{or_in} = 2.34$를 구한다. $K = 3$에 상응하는 초기공기체적은 다음과 같으며 이는 초기 다운서지에 대해 시스템을 보호하기 위해 필요한 체적보다 적으므로 임계설계사례로서 전술한 $K = 7.5$, $C_0 = 2.28m^3$, $V_T = 4m^3$을 사용하여야 한다.

$$C_0 = \frac{3}{3.29} \times 1.175 = 1.07m^3$$

다시 정리하면 다운서지시 에어챔버 내 압축된 공기가 챔버 내 물을 유출시키면서 공기가 팽창되는 반면 업서지시에는 에어챔버 내 팽창된 공기가 챔버 내로 유입되는 물에 의해 공기가 다시 압축된다. 그림 1.40a와 같이 공기 특성상 팽창비보다 압축비가 크기 때문에 업서지로 인해 에어챔버용량이 커지게 되는 경우 유입부를 교축하여 챔버 내 유입유량을 감소시켜 에어챔버용량을 감소시킬 수 있으며 공기가 압축되면서 업서지 압력이 감소되어 최대압력을 설계압력이하로 제한할 수 있다. 결론적으로 챔버용량은 다운서지제어에 필요한 최소 용량 이상이 되어야 하고, 업서지제어에 필요한 용량이 다운서지제어에 필요한 용량보다 클 경우 유입부 교축을 통해 챔버용량을 감소시킬 있다는 점을 강조한다.

그림 9.15로부터 $K = 7.5$에서 이 챔버에 대한 최적 오리피스 수두비를 구하면 $\overline{h}_{or\_in} = 1.92$ 가 된다. 이를 식 9.12와 9.13에 대입하면 다음과 같다.

$$h_{or\_in} = \overline{h}_{or\_in} \times h_j = 1.92 \times 73.4 = 141m$$

$$\xi = (141 \times 2 \times 9.81)/0.6^2 = 7680$$

최대 유입량은 이 보다 상당히 적게 되고, 관로와 에어챔버 사이 상응하는 손실수두 또한 상당히 작게 된다.

9.2 심정펌프 기동

많은 용수공급시스템은 심정펌프를 사용한다. 그림 9.16은 지하에 설치된 펌프가 정수장 또는 저수지로 펌핑하는 대표적인 개략도를 보여준다. 펌프가 정지될 때 심정 내 수직배관 상단부에 설치된 체크밸브에 의해 역류가 방지된다.

펌프 흡입측에 풋밸브가 설치되어도 수직배관 내 수주는 통상적으로 어느 정도 저하하여 상단부에 증기공동이 형성된다. 시스템이 노후화되면서 공기가 유입될 위험이 있고, 따라서 안전측면에서 펌프는 수직배관 내 물이 없는 상태에서 기동할 수 있다고 가정하는 것이 현명하며 공기배출밸브를 포함한 일부 보호장치가 필요하다.

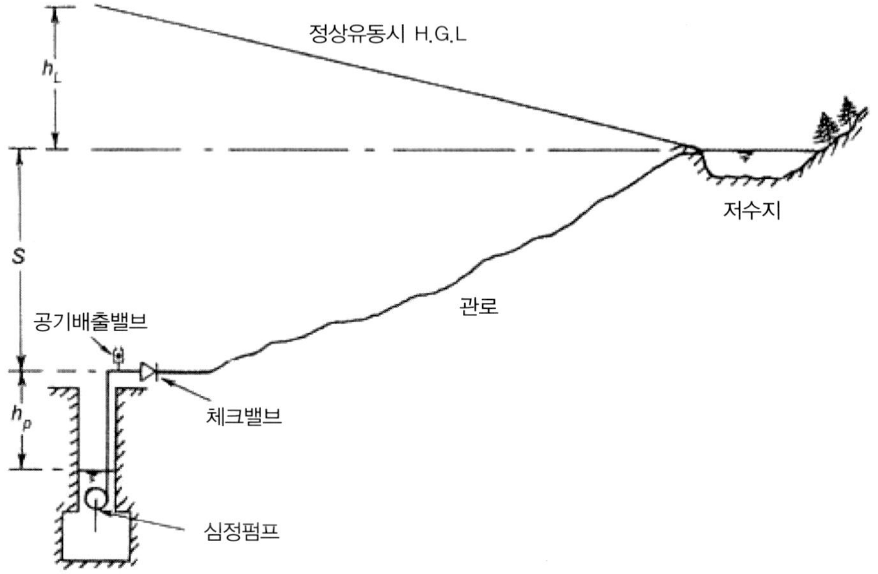

그림 9.16 심정 관로시스템 개략도

본 절에서는 이러한 목적의 에어챔버사용을 다루지만 공기배출밸브(2.3.5절 참조) 및 수력적으로 제어된 압력완화밸브(11.4절 참조)와 같은 다른 전략도 사용할 수 있다. 이 밸브는 초기에 유량을 시스템 외부로 유출시키고, 완만하게 폐쇄되어 체크밸브가 완만하게 개방될 때까지 수직배관 내 압력을 가하는 원리로 동작한다. 보호전략과는 무관하게 체크밸브가 개방되어 유동이 주관로 유입되기 전까지 수직배관 내 모든 공기를 배출시키는 것이 중요하다. 운영상 도전과제는 신속한 공기배출과 동시에 유동을 부드럽게 개시하는 것이다.

펌프기동 초기에는 그림 9.17과 같이 펌프는 $H-Q$ 곡선에서 0 수두에서 동작하여 운전점으로 점프한다. 수직배관이 충수되면서 주관로로 유입되는 것을 방지하기 위해 급속하게 그리고 완벽하게 공기를 배출하는 것으로 가정하면 그림의 하부 시스템 곡선은 상승하며 수직배관이 완전 충수되는 순간 정수두는 h_P이지만 유량은 Q_S이다.

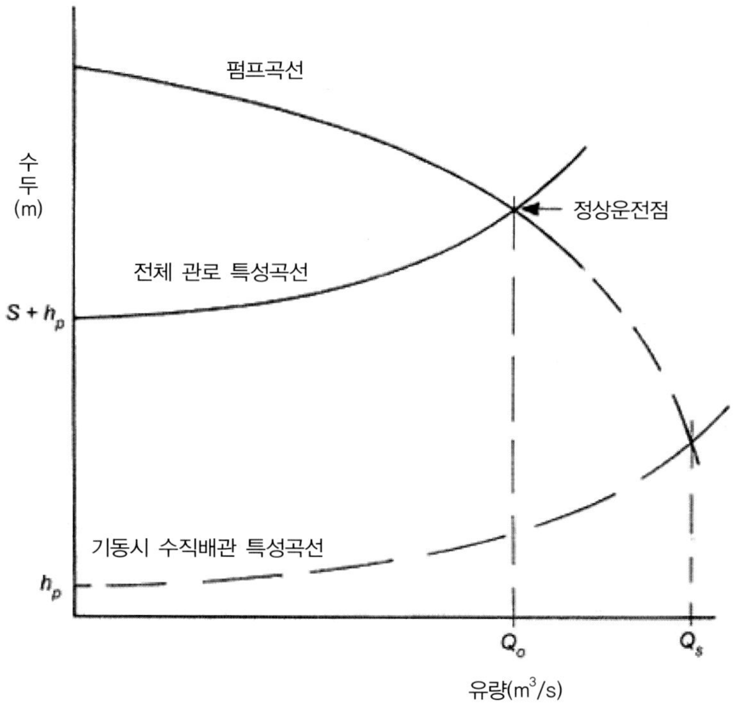

그림 9.17 심정 관로시스템의 펌프와 시스템 특성

이제 표준 대형-오리피스 공기배출밸브가 폐쇄되고, 이 수직관로 내 수주는 주 관로 내 체크밸브에 의해 유지되는 수주 내부로 슬램한다. 계속되는 빠른 감속은 자이코프스키수두상승으로 이어지며 이는 충격 지점 즉, 체크밸브로부터 양 방향으로 전파한다.

수주가 슬램할 때 자이코프스키식을 이 상황에 적용하여 체크밸브의 상류와 하류로 전파된 압력상승크기 $\triangle H$를 다음과 같이 추정할 수 있다.

$$\triangle H = \frac{c}{g}\frac{Q_S}{2A} \tag{9.14}$$

체크밸브에서 발생하는 피크압력은 $S + \triangle H$가 된다. 자이코프스키수두변화는 양 방향으로 전파되므로 부분 유속은 오직 절반이 되지만 0으로 감소되지는 않는다.

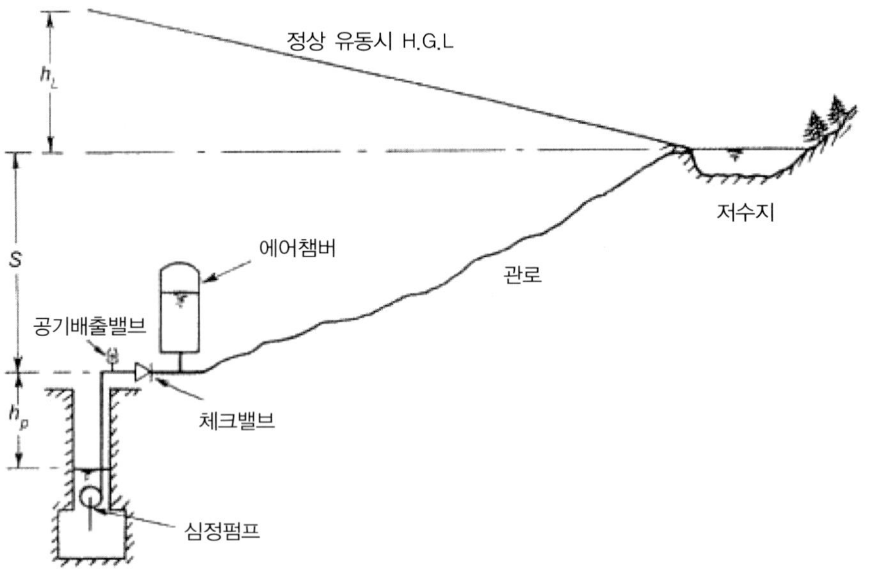

그림 9.18 에어챔버와 공기배출밸브로 보호되는 심정 관로시스템

만일 배관 지지물이 피크 압력 또는 충격 부하를 허용하지 않으면 반드시 제어 및 억제전략을 고려하여야 하며 그림 9.18과 같이 에어챔버를 설치할 수 있다.

에어챔버가 효과적이기 위해 반드시 적절한 규격이어야 하고 적절한 공기체적을 포함하여야 한다. 이를 추정하기 위해 Tucker and Young (1960)이 개발한 단순한 설계선도를 사용할 수 있다. 이 선도작성시 사용된 가정은 다음과 같다.

(a) 체크밸브가 개방될 때 수직배관 내 모든 공기는 완벽하게 배출된다.

(b) 체크밸브가 개방될 때 유동은 일정한 Q_S 상태를 유지한다. 이는 낮은 수두 영역 내 관로 $H-Q$ 특성곡선은 매우 가파르다는 것을 의미한다.

(c) 또한 이는 에어챔버유입부에서 마찰손실이 없는 것을 의미한다.

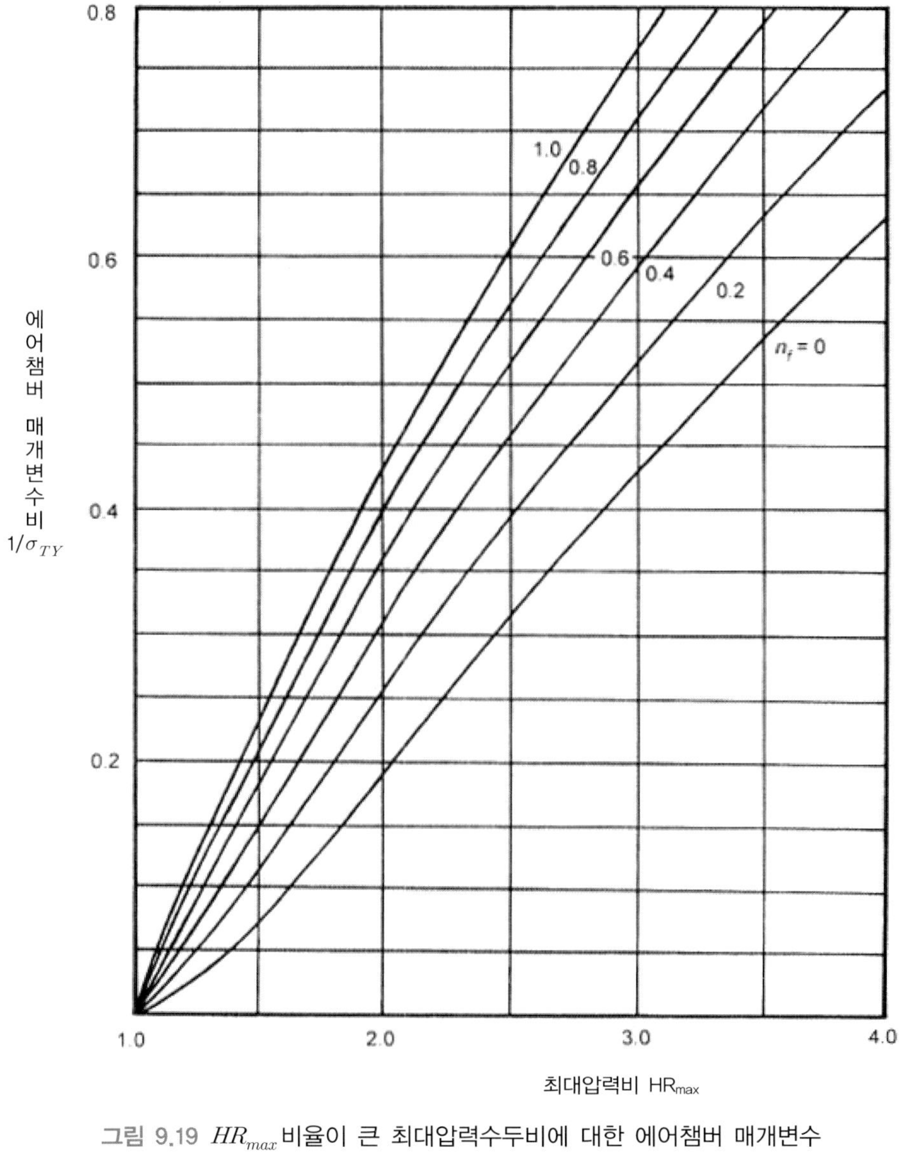

그림 9.19 HR_{max} 비율이 큰 최대압력수두비에 대한 에어챔버 매개변수

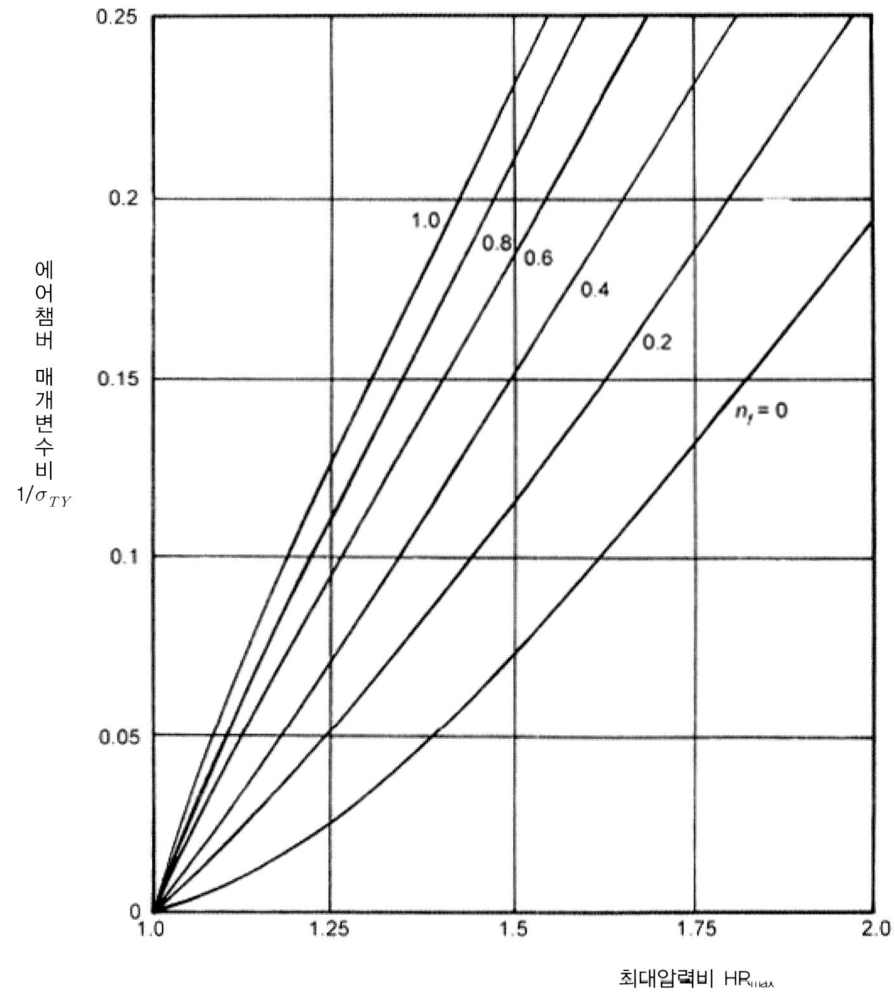

그림 9.20 HR_{max} 비율이 작은 최대압력수두비에 대한 에어챔버 매개변수

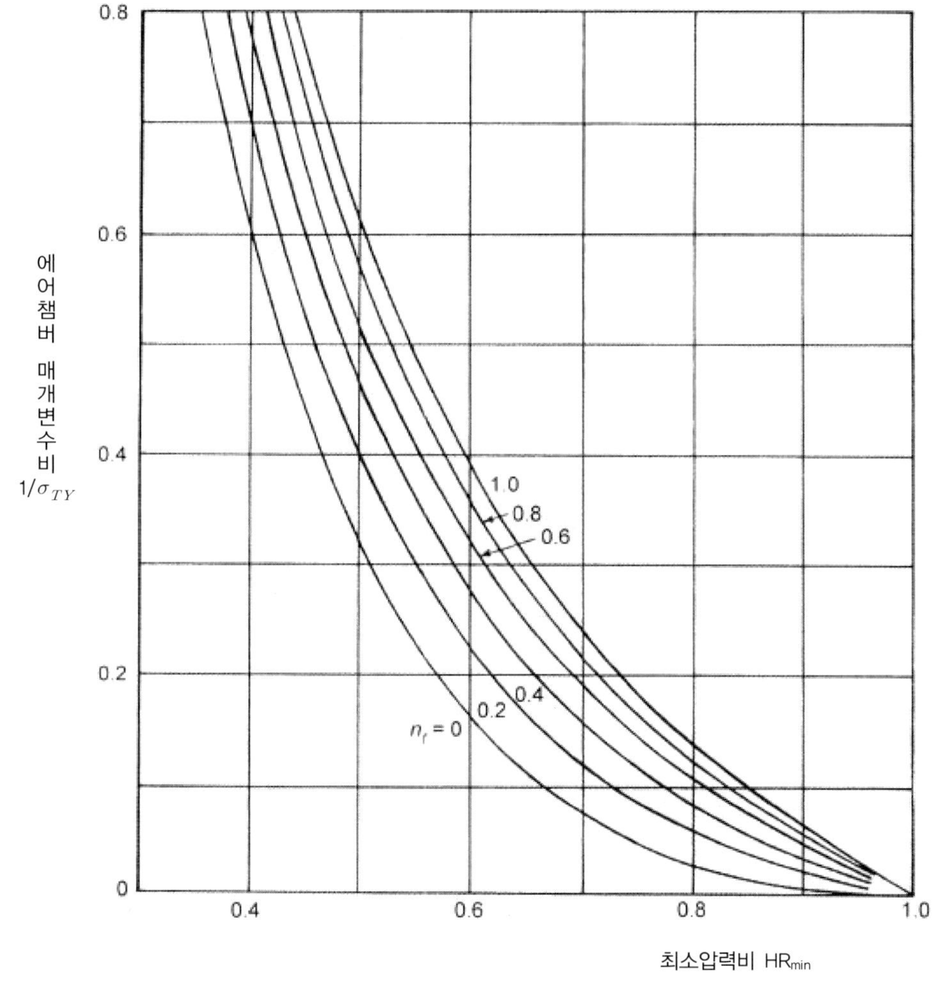

그림 9.21 최소압력수두비에 대한 에어챔버 매개변수

그림 9.19 및 부분 확대된 그림 9.20은 압력상승제한에 필요한 공기체적의 추정을 가능하게 한다. 그림 9.21은 최소압력과 최대공기체적을 추정하여 필요한 전체에어챔버체적을 결정할 수 있도록 허락한다. 그림 9.19~9.21에서의 매개변수는 다음과 같이 정의된다.

에어챔버 매개변수

$$\frac{1}{\sigma_{TY}} = \frac{LQ_0}{2AgS^* C_0} \tag{9.15}$$

최대수두비

$$HR_{max} = \frac{H^*_{max}}{S^* + h_L} \tag{9.16}$$

최소수두비

$$HR_{min} = \frac{H^*_{min}}{S^* + h_L} \tag{9.17}$$

마찰 매개변수

$$n_f = \frac{h_L}{S^*} \tag{9.18}$$

최대 공기체적

$$C' = C_0 \left(\frac{S^*}{H^*_{min}} \right)^{1/1.2} \tag{9.19}$$

그림 9.18에 표기되지 않은 기호는 다음과 같다.

L : 수직관로 길이

A : 관로 단면적

C_0 : 기동 전 0 유량에서 필요한 초기공기체적

*는 압력과 체적변화를 관련시키는 가스법칙을 사용하기 때문에 절대압력(즉, 게이지 압력에 대기압을 더한)을 사용하여야 한다는 것을 나타낸다.

9.2.1 선도사용 절차

선도사용절차는 다음과 같다.

1. 정수두 S를 결정하고 이를 절대압력수두 S^*로 변환한다.
2. 정상유동시 유량 Q_0와 관련된 마찰손실수두 h_L를 평가하고 식 9.18로 마찰 매개변수 n_f를 계산한다.
3. 체크밸브에서 최대허용수두(절대) H^*_{max}를 결정한다.

4. 식 9.16으로 최대수두비 HR_{max}를 계산한다.
5. 그림 9.19 또는 9.20에서 가장 적합한 마찰 매개변수 n_f에 대한 곡선을 보간하고, 앞에서 계산된 최대수두비 HR_{max}로부터 마찰 매개변수와 교차점을 읽어 에어챔버 매개변수 $1/\sigma_{TY}$를 구한다.
6. 식 9.15로 필요한 챔버 내 초기공기체적 C_0를 계산한다.
7. 그림 9.21에서 최소수두비를 구하기 위해 마찰 매개변수 n_f 곡선을 보간하고, 5 단계에서 구한 에어챔버 매개변수 $1/\sigma_{TY}$를 사용하여 마찰 매개변수 n_f와의 교차점으로부터 수직으로 내려 최소수두비 HR_{min}를 구하고, 식 9.17로 절대 최소압력수두 H^*_{min}를 계산한다.
8. 식 9.19로 다운서지시 공기가 팽창하는 최대공기체적 C'을 계산한다.
9. 다운서지시 챔버가 비게 되는 위험을 방지하기 위해 적합한 안전계수(20~25% 추가)를 사용하여 전체에어챔버체적을 결정한다.

상기 선도사용절차는 선도작성 및 펌프거동의 가정조건에서 필요한 에어챔버규격 결정을 위한 대략적인 수치만을 제공한다. 그러나 대부분 사례에서 이 수치는 보수적이며 전산해석을 위한 양호한 시작점을 제공한다.

이 절차는 오직 펌프의 기동에만 적용된다는 사실에 유의하여야 한다. 펌프트립시는 9.1.3절의 절차를 사용하여야 한다.

9.2.2 증명 예제

그림 9.16의 시스템에서 펌프기동시 발생하는 피크 압력을 결정하고, 압력을 정격압력 16bar 이하로 유지하기 위해 필요한 에어챔버규격을 추정하라. 시스템의 상세 자료는 다음과 같다.

- 관로 길이 L 5000m
- 배관 직경 D 400mm
- 단면적 A $0.1257m^2$
- 달시바하 마찰계수 f 0.0124
- 정수두 S 40m
- 건조 수직배관 길이 h_P 10m
- 설계 유량 Q_0 $0.2m^3/s$
- 파속 c 1150m/s

제작사가 제공한 펌프성능특성은 그림 9.22의 실선과 같으며 보간하여 점선의 곡선을 구한다. 이 펌프성능특성은 전형적인 원심펌프의 $Q-H$ 곡선으로 통상적으로 정격 유량의 130~150% 에서는 정격 유량에서 보다 가파르게 저하하여 0수두와 교차한다.

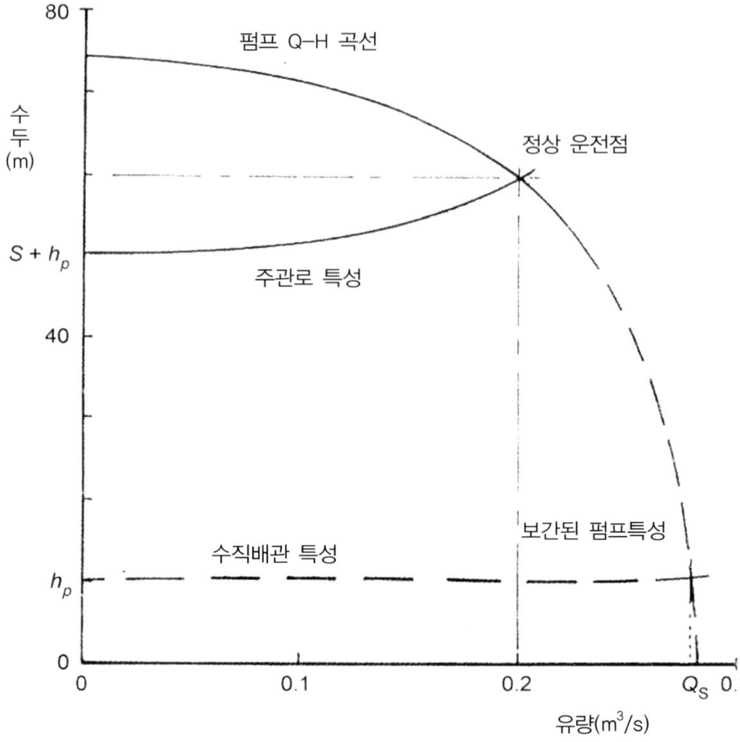

그림 9.22 예제에 대한 펌프와 관로 특성곡선

그림 9.22에는 정상유동시 $S+h_P$에서 시작하는 주 관로시스템 특성곡선 그리고 h_P에서 시작하는 단독 수직관로 특성곡선 두 개 곡선이 작도되었다.

그림에서 수직배관 내 마찰손실수두는 상당히 작아 완전 충수될 때 유량은 $Q_S=0.28m^3/s$인 것을 알 수 있다.

식 9.14로부터 수직배관 내 수주가 급작스럽게 감소되면서 체크밸브에서 형성되는 최대수두를 다음과 같이 구할 수 있다.

$$H=S+\frac{cQ_S}{2gA}=40+\frac{1150\times 0.28}{2\times 9.81\times 0.1257}=170.6m$$

수직배관 상단부에서의 압력수두를 160m로 제한하기 위한 챔버 내 초기공기체적과 전체에어챔버체적을 추정하기 위해 상기에 기술된 절차를 따른다. 대기압을 10m 수두로 가정한다.

1. 절대 정수두

$$S^* = 40 + 10 = 50m$$

2. 마찰손실수두

$$h_L = \frac{8fLQ_0^2}{g\pi^2 D^5} = 20m$$

식 9.18로부터 마찰 매개변수 n_f를 구한다.

$$n_f = \frac{20}{50} = 0.4$$

3. 최대허용수두 $H_{max}^* = H_{max} + 10 = 160 + 10 = 170m$

4. 식 9.16으로부터 최대수두비 HR_{max}를 구한다.

$$HR_{max} = \frac{170}{50 + 20} = 2.429 (\fallingdotseq 2.43)$$

5. 그림 9.19의 $n_f = 0.4$ 곡선과 $HR_{max} = 2.43$의 교차점으로부터 수평선을 그어 에어챔버 매개변수 $1/\sigma_{TY} = 0.436$를 구한다(그림 9.23 참조).

6. 식 9.15의 에어챔버 매개변수로부터 챔버 내 초기공기체적 C_0를 계산한다.

$$C_0 = \frac{LQ_0^2}{(1/\sigma_{TY})2AgS^*} = \frac{5000 \times 0.2^2}{0.436 \times 2 \times 0.1257 \times 9.81 \times 50} = 3.72m^3$$

7. 그림 9.21을 사용하여 에어챔버 내 최소압력수두를 구하여야 하며 그림 9.24 참조한다. $1/\sigma_{TY} = 0.436$과 $n_f = 0.4$의 교차점으로부터 수직선을 내려 $HR_{min} = 0.514$를 구한다. 식 9.17로부터 최소수두 H_{min}^*를 구한다.

$$H_{min}^* = 0.514 \times (S^* + h_L) = 0.514 \times (50 + 20) = 35.98m$$

8. 식 9.19로부터 최대공기체적 C'를 구한다.

$$C' = 3.72 \times \left(\frac{50}{35.98}\right)^{0.833} = 4.89m^3$$

9. 20%의 안전율을 고려하면 전체에어챔버체적은 다음과 같고, 만일 챔버 내 공기가 등온으로 팽창되면 이론적인 공기체적 C'는 약 $0.28m^3$ 커진다.

$$V_T = 5.87m^3 (\fallingdotseq 6.0m^3)$$

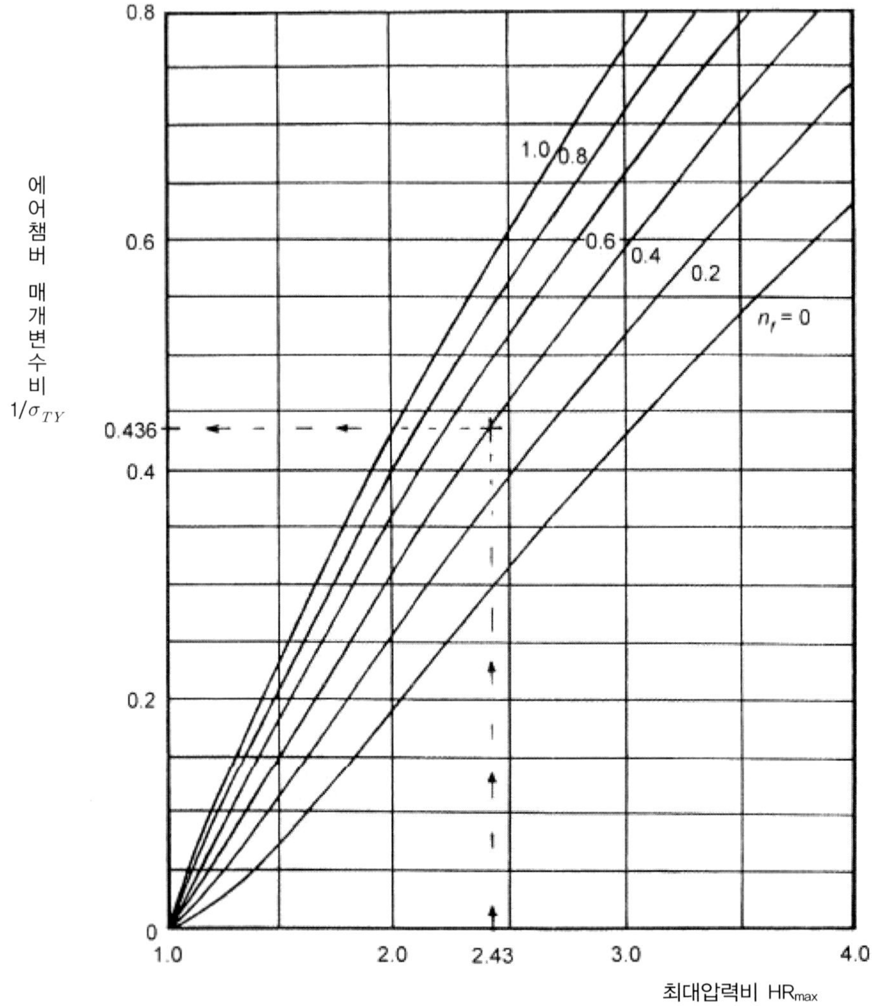

그림 9.23 예제에 대한 에어챔버 매개변수 결정

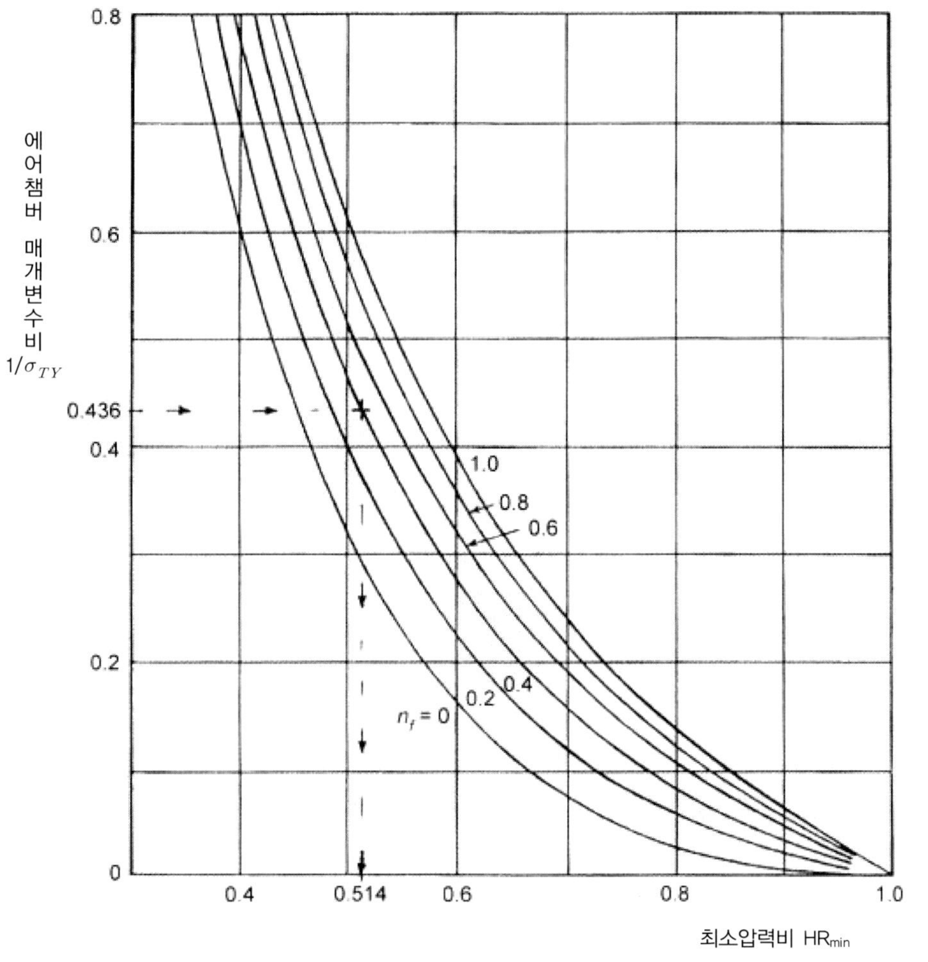

그림 9.24 예제에 대한 최소수두비 결정

10장 펌프관련 부정류

액체와 고체 또는 가스의 혼합물을 포함하는 액체를 수송하는 대부분 관로시스템은 펌프를 포함한다. 펌프가 압력과 유량을 변화시키지 않더라도 부정류유동시 변화하는 조건에 대한 시스템의 반응 평가시 반드시 펌프거동을 인지하여야 한다. 예를 들어 펌프 하류측에 설치된 비상정지밸브가 양호하게 동작하는 시스템에서도 펌프 운전점이 성능특성곡선에 따라 이동하면서 유량과 압력이 변화한다.

부정류 위험 사전평가시 펌프의 설계 운영점 이외는 알 수 있는 경우가 거의 없다. 이는 시스템 초기 평가시 충분할 수 있지만 설계변경 및 이와 같이 제한된 자료를 완화하기 위해 제안할 수 있는 운영전략은 통상적으로 전산해석으로 부정류제어/억제전략을 최적화하기에는 불충분하다.

특히, 전산해석을 명시할 시점에 가장 필요한 펌프자료는 펌프성능특성 및 회전체의 관성이다. 또한 발생할 수 있는 수두, 유량, 회전속도의 변화는 취득 가능한 자료의 정상적인 범위를 벗어날 수 있다. 본 장에서는 이러한 문제해결에 도움이 되는 방법에 대해 기술한다.

10.1 펌프장 정전시 수리적 과도현상

그림 10.1과 같이 펌프가 상류측 저수지에서 하류측 저수지로 송수 도중 정전이 되면 펌프를 통한 유동형태를 다음과 같이 분류할 수 있다. 펌프는 정방향으로 회전하고 물은 펌프를 통해 하류측으로 유동하는"펌프영역", 짧은 기간 동안 펌프는 정방향으로 회전하지만 물은 역류하는"제동영역", 펌프는 역방향으로 회전하고 물은 역류하는"수차영역"이 되며 이와 같은 과도현상은 펌프 토출측에 체크밸브의 설치 유무에 따라 다르다.

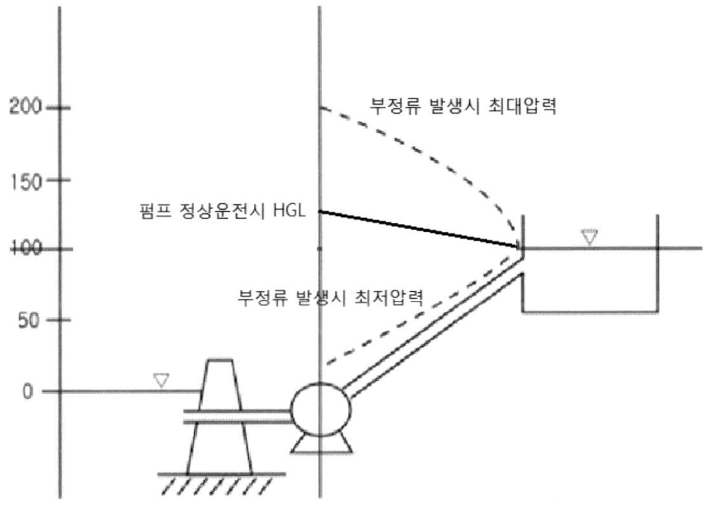

그림 10.1 펌프를 이용한 통상적인 급수시스템

10.1.1 체크밸브가 설치된 경우

그림 10.2는 체크밸브가 설치된 경우 정전시 펌프에서 발생하는 수리적 과도현상을 보여준다. 체크밸브가 없는 경우 제동영역에서 물은 역류를 시작하지만 체크밸브가 있으면 유동이 정지하는 순간에 체크밸브가 곧바로 닫히므로 역류는 거의 발생하지 않는다.

펌프는 물이 차단된 상태에서 회전을 계속하지만 점차 에너지를 잃고 나중에는 정지한다. 체크밸브가 닫히는 순간부터 관로 내 압력은 상승하기 시작한다. 유동이 멈추는 순간에 체크밸브가 즉시 닫히면 폐쇄지연에 따른 부가적인 압력상승은 방지되지만 체크밸브가 닫히기까지의 펌프영역에서 생긴 다운서지가 토출 저수지에서 반사해서 체크밸브에 되돌아오면 동일한 크기의 업서지가 되어 정상상태에서 감소한 크기만큼 압력이 상승한다. 그러나 실제로 체크밸브는 역류가 시작되고 잠시 후에 닫히므로 이와 같은 역류가 체크밸브에서 급격히 차단되면 더욱 큰 압력상승이 발생한다. 따라서 체크밸브의 상태가 나빠서 역류 유량이 상당히 커진 후 급폐쇄되면 압력상승은 상당히 커진다. 체크밸브가 닫힌 후 관로 내 압력은 관로주기로 상승과 하강을 반복하면서 점차 감소한다.

이와 같이 펌프토출측에 체크밸브가 설치된 경우 정전시 부정류를 해석하기 위해서는 그림 10.4와 같은 펌프의 정상적인 운영범위인 펌프영역에서 펌프 운전점의 변화를 나타내는 “펌프특성곡선”이 필요하며 이에 대해서는 10.2절에서 기술한다.

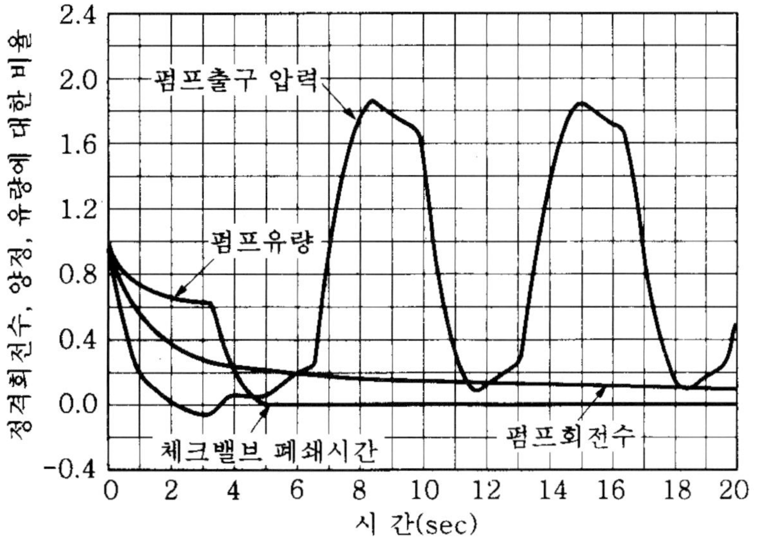

그림 10.2 체크밸브가 있는 경우 펌프에서의 과도현상

10.1.2 체크밸브가 설치되지 않은 경우

그림 10.3은 체크밸브가 없는 경우 정전시 펌프에서 발생하는 수리적 과도현상을 보여주며 이 과도현상을 다음과 같이 세 영역으로 구분할 수 있다.

- **펌프영역**(임펠러 정회전, 유동 정류상태) 운전 중 펌프가 구동력을 잃어도 회전체의 관성에 의해 회전이 지속되지만 회전을 지속시키는 힘은 물을 송수하는데 필요한 에너지에 비해 작을 뿐만 아니라 시간이 경과함에 따라 에너지가 소비되어 회전속도가 급격하게 저하하여 송수량이 감소한다. 한편 관로 내 물은 관성력에 의해 송수상태를 지속하지만 펌프 토출구 부근의 압력은 급격하게 감소한다. 펌프의 회전속도가 더욱 감소하게 되면 펌프가 정방향으로 회전함에도 불구하고 토출측 압력에 대해 송수불

능으로 되어 유동은 정지한다.

- **제동영역**(임펠러 정회전, 유동 역류상태) 일단 정지한 유동은 다음 순간부터 역류를 시작한다. 정회전하고 있는 회전체는 역류하는 물의 저항이 되기 때문에 역류량이 증가함에 따라 압력이 상승하기 시작한다. 한편 관성에 의한 펌프의 정방향 회전속도는 역류하는 물의 제동력에 의해 점차 감소하여 결국에는 0이 되어 정지한다.
- **수차영역**(임펠러 역회전, 유동 역류상태) 다음 순간부터 펌프는 역류하는 물에 의해 수차로서 역회전을 시작하고 점차 가속되어 결국에는 무부하의 수차로서 일정한 무구속속도의 상태로 안정화 된다. 무부하의 수차로서 안정된 상태로 도달하는 도중에 역류량과 회전속도는 일시적으로 증가하지만 최종 상태에서 역류량은 정격유량의 60~80%, 회전속도는 정격회전속도의 110~130%가 된다.

이와 같이 펌프토출측에 체크밸브가 설치되지 않으면 정전시 펌프운전점은 펌프영역, 제동영역, 수차영역으로 이동한다. 이 경우 부정류를 해석하기 위해서는 상기 3개 영역에 대한 펌프의 특성곡선을 나타내는"펌프완전특성곡선"이 필요하며 이에 대해서는 10.3절에서 기술한다.

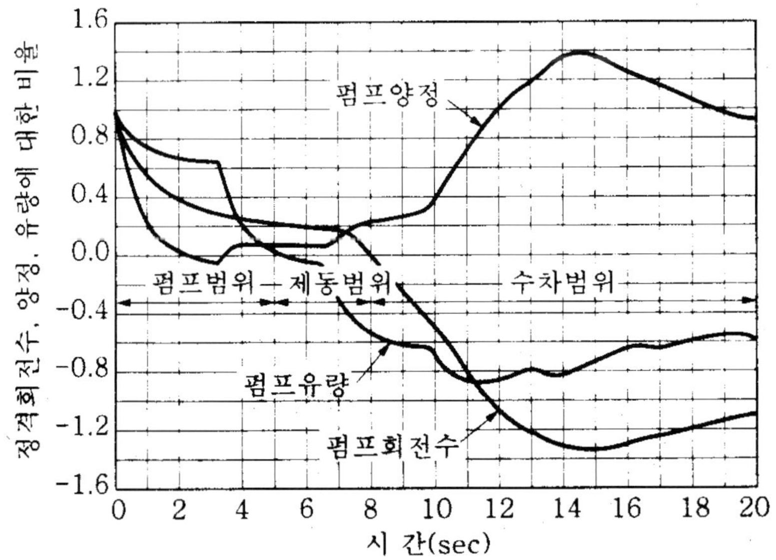

그림 10.3 체크밸브가 없는 경우 펌프에서의 과도현상

10.2 펌프특성곡선

예상치 못한 정전이나 운전자가 실수로 전원이 차단되면 펌프에 공급되는 에너지가 급작스럽게 차단되고 인라인 가압펌프의 경우 펌프 임펠러의 회전속도와 펌프 토출측 압력은 감소하는 반면 흡입측 압력은 상승한다. 그 결과 수주분리현상이 발생하면 부정류를 예측하기 어렵게 되며 때로는 체크밸브의 폐쇄로 인하여 과도하게 높은 압력이 발생하거나 또는 공동이 파괴된다. 이와 같이 위험한 압력의 발생 여부를 결정하기 위해서 수주분리현상을 다소 평범한 현상으로 모의 가능하도록 하는 것이 매우 중요하다.

정전으로 펌프회전속도가 감소하면 펌프의 $Q-H$와 $Q-T$ 특성이 변화한다. 상사법칙을 이용하면 펌프회전속도 변화시 그 회전속도에서의 펌프특성을 알 수 있다. 펌프토크 변화는 펌프 정지 절차에서 중요하므로 먼저 펌프 토출 유량에 따라 토크가 어떻게 변화하는지 중점적으로 고찰한다.

그림 10.4는 여러 회전속도에서의 펌프특성곡선을 보여준다. N_0로 명명된 실선은 정격회전속도로 운전시 펌프특성곡선이고, 유사한 형상의 점선은 상사법칙을 이용하여 구한 다른 회전속도에서의 펌프특성곡선이다. 상사법칙을 이용하여 정격회전속도의 펌프특성곡선으로부터 점선으로 나타낸 다른 회전속도에서의 펌프특성곡선의 위치를 계산할 수 있다. 펌프 임펠러 직경이 동일한 경우 다음 식의 상사법칙을 적용할 수 있다.

$$Q_1 = Q_0\left(\frac{N_1}{N_0}\right),\quad H_1 = H_0\left(\frac{N_1}{N_0}\right)^2,\quad P_1 = P_0\left(\frac{N_1}{N_0}\right)^3,\quad T_1 = T_0\left(\frac{N_1}{N_0}\right)^2 \qquad (10.1)$$

정속펌프가 정격회전속도 N_0로 운전시 특성곡선 상 일련의 점 C_0, C_1, · · C_{-3} 중 C_0(그림 10.4에서 Q_{C0}로 표기됨)에서의 Q_0와 H_0 수치를 선정하고 식 10.1에 따라 회전속도를 N_1으로 변경시 이에 상응하는 상사점 Q_1과 H_1을 계산하여 변경된 펌프특성곡선을 작성할 수 있다. 이 상사점은 좌표의 원점과 C_0을 통과하는 포물선에 놓인다. 같은 절차로 정속펌프의 특성곡선의 다른 점에 대해 상사법칙을 적용하면 임의 회전속도에서의 펌프특성곡선을 작도할 수 있으며 그림 10.4는 좌표의 원점을 통과하는 일련의 포물선을 보여준다.

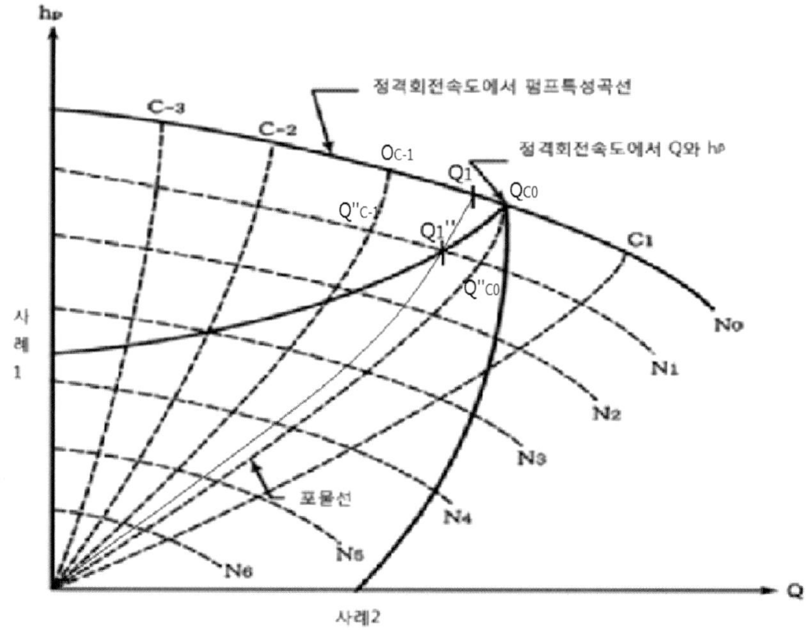

그림 10.4 펌프 회전속도변화에 따른 $Q-H$특성곡선

펌프의 회전속도가 감소되면 이에 따른 펌프의 유량과 수두 변화의 궤적을 추적할 수 있는 포물선을 특성곡선에 작성할 수 있다. 그러나 펌프 운전점은 실제로 특정 포물선을 따르지 않으며 펌프와 전동기의 관성모멘트 그리고 펌프의 임펠러와 배관에 있는 물에 의해 작용하는 배압(back pressure)에 의해 결정된다. 그림 10.4는 대표적인 두 사례를 보여준다.

- **사례 1** : 이 사례는 관로의 실수두(또는 정수두)가 높고 관로가 비교적 짧아 관로의 손실수두가 작은 경우에 해당된다. 이 경우 관로 내 물의 관성은 상대적으로 작고 중력으로 인해 유량은 감소한다. 따라서 정전시 펌프를 통과하는 물은 (+) 수두이지만 토출 유량은 급속하게 0이 된다. 이때 관로 내 체크밸브가 설치되어 있지 않으면 물은 펌프를 통해 역류한다.
- **사례 2** : 관로가 상대적으로 길고 펌프에 의해 형성된 대부분의 수두가 마찰손실인 경우이다. 이 경우 정전이 되면 이동하는 유체의 관성이 커서 유속은 완만하게 감소된다. 또한 펌프를 통한 수두가 0이 되어도 펌프의 회전속도는 더욱 완만하게 감소되고 유동은 지속된다. 이는 펌프 흡입측 수위가 토출측 수위 보다 높아 적은 유량에서는 중력에 의해 유동이 형성되지만 큰 유량에서는 마찰손실이 커서 펌프로 가압하는 경우에 해당된다. 그 후에 유동은 펌프에 에너지를 주어 펌프는 수차역할을 하며, 유동은 펌프를 통해 계속 역류하던지 아니면 바이패스관로를 통해 펌프를 우회한다.

그림 10.4의 사례 1과 사례 2에서 펌프가 정격회전속도 N_0로 운전되면 상기 두 사례의 운전점은 모두 C_0가 된다. 그러나 회전속도가 N_1으로 감소되면 사례 1의 경우 펌프 운전점은 C_0과 C_{-1} 사이에 위치한다. 이 경우 이 운전점 또는 상사점을 $Q_1^{''}$으로 표기하면 이 상사점에 상응하는 원점에서 유량 Q_1을 구하기 위해서는 다음 선형보간식을 사용하여야 하며 사례 2에는 물론 원점에서 토크 T를 구할 때도 유사하게 적용할 수 있다.

$$Q_1 = Q_{C-1} + (Q_{C0} - Q_{C-1}) \frac{Q_1^{''} - Q_{C-1}^{''}}{Q_{C0}^{''} - Q_{C-1}^{''}} \tag{10.2}$$

다음 식으로 펌프의 동력과 토크의 관계를 표현할 수 있다.

$$T = 974.5 \frac{P}{N} (kg_f \cdot m) \tag{10.3}$$

여기서 P : 전동기 동력(kW)

N : 전동기 회전속도(rpm)

다음 식으로 정전시 펌프의 회전속도변화를 나타낼 수 있다.

$$N_1 = N_0 - \frac{60}{2\pi I} T(t) \triangle t \tag{10.4}$$

여기서 I : 회전체의 관성모멘트($kg \cdot m^2$)

예제 10.1 상사법칙 적용 펌프특성곡선 작성

펌프의 특성자료가 표 1과 같고 펌프의 정격회전속도 $N_0 = 1775rpm$에서 운전도중 회전속도 $N_1 = 1500rpm$으로 변경되었을 때 상사법칙을 이용하여 $Q - h_P$와 $Q - T$ 특성곡선을 작성하라.

표 1 펌프자료

No	$Q(m^3/s)$	$h_P(m)$	$P(kW)$
1	0.0000	87.00	200
2	0.1667	85.00	309
3	0.3333	78.00	340
4	0.5000	67.80	391

➡ 풀이

먼저 식 10.3을 사용하여 전동기 동력을 토크로 환산한다. 예를 들어 두 번째 운전점에 대해 적용하면 다음과 같다.

$$T = 974.5\frac{309}{1775} = 169.6kg_f \cdot m$$

식 10.1에 따라 두 번째 운전점에 대해 유량과 수두의 상사법칙을 적용하면 다음과 같다.

$$Q_1 = Q_0\left(\frac{N_1}{N_0}\right) = 0.1667\left(\frac{1500}{1750}\right) = 0.1409m^3/s$$

$$H_1 = H_0\left(\frac{N_1}{N_0}\right)^2 = 85\left(\frac{1500}{1750}\right)^2 = 60.7m$$

상기 절차에 따라 전체 운전점에 대해 상사법칙을 적용한 결과는 다음 표 2 그리고 그림 1 및 2와 같다.

표 2 상사법칙 적용결과

운전점	$Q(m^3/s)$	$h_P(m)$	$T(kg_f \cdot m)$
1	0.0000	62.1	78.4
2	0.1409	60.7	121.2
3	0.2817	55.7	133.3
4	0.4225	48.4	153.3
5	0.5634	39.3	201.1

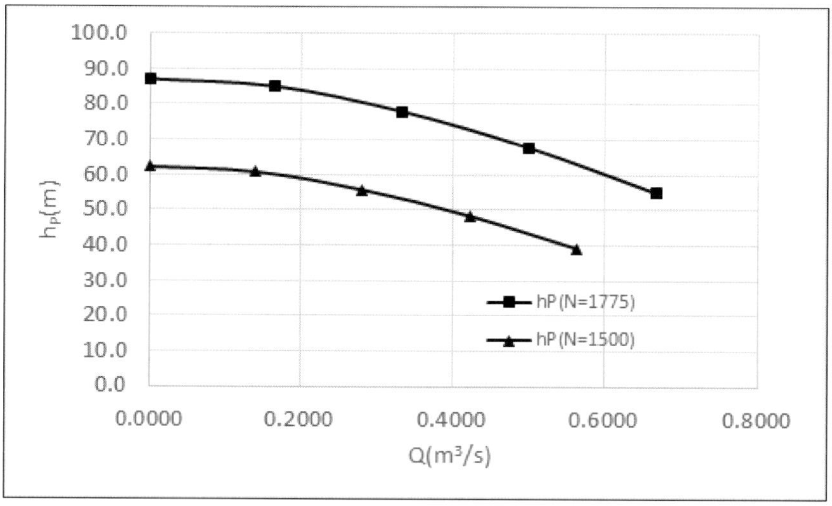

그림 1 상사법칙을 적용한 $Q-h_P$ 곡선

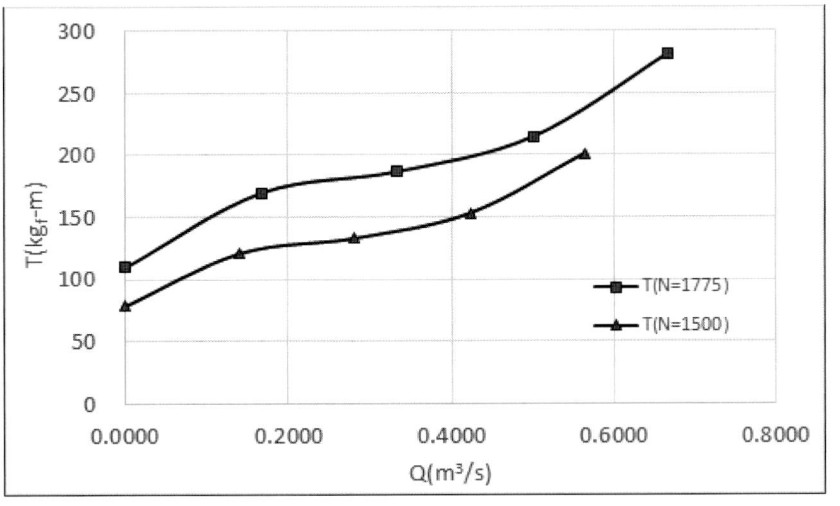

그림 2 상사법칙을 적용한 $Q-T$ 곡선

표 2의 운전점(또는 상사점) 2의 $Q=0.1409m^3/s$의 원점은 표 1의 운전점 2에서 $Q=0.1667m^3/s$이 되며 나머지 운전점에도 동일하게 적용된다. 예를 들어 정상운전시 펌프의 운전점인 원점이 점 4와 5 사이에 위치하지만 정전 후 운전점인 상사점이 점 3과 4 사이에 위치하면 상사법칙이 위배된다. 따라서 이 경우 식 10.4에서 토크 T를 정상운전시 점 4와 5 사이가 아닌 점 3과 4 사이에서 식 10.2로 보간하여 구한 수치를 식 10.4에 대입하여야 하며 상세한 내용은 예제 10.5를 참조한다.

10.3 펌프완전특성곡선

펌프가 정속으로 계속 운영되는 경우 부정류 이벤트가 다른 곳에서 시작될 때 통상적으로 압력수두와 유량은 정상적인 운영 영역 내 남는다. 펌프가 정상적인 운전영역 내 유지되는 것으로 예상될 때 다음 형태의 식으로 $Q-H$ 특성을 충분히 표현할 수 있으며 여기서 a, b, c는 $Q-H$ 곡선에 의해 정의되는 상수이다.

$$H=a^2+bQ+cQ^2 \tag{10.5}$$

펌프 기동 및 정지와 관련된 부정류 이벤트를 해석하는 전산모델링은 반드시 회전속도와 유량의 변화(역류 포함), 상류측과 하류측 사이 급변하는 압력수두를 제공하여야 한다. 이러한 목적으로 개발되고 개선된 많은 방법 중 전산코드를 이용하는 부정류 해석가가 가장 선호하는 방법은 Suter [Marchel et al. (1965)] and Suter (1966)가 고안한 것이다. 그러나 이 방법의 주된 어려움은 4개의 펌프 운영 영역(± 회전속도와 ± 유량) 표현에 필요한 자료를 제공하는 것이다. 오랜 동안 오직 4개의 완벽한 자료만이 문헌에 기술되었으나 최근에는 더욱 확장되어 14개가 되었고 이는 다양한 형식수의 펌프의 범위를 다룬다[Thorley and Chaudhry (1996)]. 본 절에서 이 자료를 표와 그래프 형태로 제공한다.

자료 표현 양식을 설명하기 위해 Suter 방법의 핵심 특징을 요약하면 다음과 같다.

통상적인 펌프의 무차원 유량, 수두 및 동력계수 형식은 다음과 같으며 여기서 D는 임펠러 직경, N은 회전속도, P는 동력, g는 중력가속도, ρ_l은 유체 밀도이다.

$$\frac{Q}{ND^3} = const. \qquad \frac{gH}{N^2D^2} = const. \qquad \frac{P}{\rho_l N^3 D^5} = const. \tag{10.6}$$

동력 P는 토크 T와 회전속도 N의 곱이므로 동력계수를 다음과 같이 표현할 수 있다.

$$\frac{P}{\rho_l N^3 D^5} = \frac{TN}{\rho_l N^3 D^5} = \frac{T}{\rho_l N^2 D^5} = const. \tag{10.7}$$

동력을 토크와 회전속도의 곱으로 대체하는 이유는 전산코드 내 펌프 경계조건에 대한 전체 식을 해결하기가 더욱 유용하기 때문이다. 즉, 코드는 펌프 임펠러의 감속을 펌프의 관성과 토크를 관련시키는 펌프 운동식을 포함한다.

분모의 상수 N을 상기 식 우변의 "const"로 이동하여 다음과 같이 특정 형식의 기계에 대한 단순화된 유량, 수두 및 동력계수 형식을 얻을 수 있다.

$$\frac{Q}{N} = const. \qquad \frac{gH}{N^2} = const. \qquad \frac{T}{N^2} = const. \tag{10.8}$$

통상적으로 상기 식을 상사법칙이라 부르며 다음과 같이 성격 조건에서의 석성한 매개변수로 나누어 무차원화 할 수 있다.

$$h = \frac{H}{H_R}, \qquad q = \frac{Q}{Q_R}, \qquad \alpha = \frac{N}{N_R}, \qquad \beta = \frac{T}{T_R} \tag{10.9}$$

이제 식 10.6의 상사법칙을 다음과 같이 표현할 수 있다.

$$\frac{q}{\alpha} = const. \qquad \frac{h}{\alpha^2} = const. \qquad \frac{\beta}{\alpha^2} = const. \tag{10.10}$$

일부 초기 전산코드는 이 매개변수를 다음과 같이 관련시켰다.

$$\frac{h}{\alpha^2}\ vs\ \frac{q}{\alpha} \qquad and \qquad \frac{\beta}{\alpha^2}\ vs\ \frac{q}{\alpha} \tag{10.11}$$

상기 식 형태의 큰 단점은 부정류 해석시 유량과 회전속도가 0를 통과할 때 분모가 0이 되면서 불연속이 발생한다는 것이다.

Suter가 작성한 식의 핵심 장점은 통상적으로 유량과 회전속도는 동시에 역전되지 않는다는 사실을 이용하는 것이었다. 수두와 토크 식의 분모에 무차원 유량과 회전속도 모두를 포함시켜 0로 나누는 것을 방지하는 것이 가능하였고 다음과 같이 무차원 항을 수정하여 제안하였다(Suter의 표기법 유지).

$$W(h)=\sqrt{\frac{|h|}{\alpha^2+q^2}} \tag{10.12}$$

$$W(m)=\sqrt{\frac{|\beta|}{\alpha^2+q^2}} \tag{10.13}$$

$W(h)$와 $W(m)$은 수정된 무차원 수두와 토크이고 Suter는 다음 식으로 정의되는 θ에 대해 $W(h)$와 $W(m)$를 작도하였다.

$$\theta = tan^{-1}\left(\frac{\alpha}{q}\right) \tag{10.14}$$

상기 식의 장점은 다음 식으로 정의되는 모든 운영 영역 범위 $0 \le \theta \le 2\pi$로 펌프의 수두와 토크 특성을 그림 10.5~10.10과 같이 부드러운 연속적인 선으로 표현할 수 있다는 것이다.

$$\begin{array}{ll} Q+\ N+ & 0 \le \theta \le \pi/2 \\ Q-\ N+ & \pi/2 \le \theta \le \pi \\ Q-\ N- & \pi \le \theta \le 3\pi/2 \\ Q-\ N- & 3\pi/2 \le \theta \le 2\pi \end{array}$$

작은 수치에서의 결과를 정확히 표현하기 위해 $W(h)$와 $W(m)$의 제곱근을 사용한다. 그러나 일부 문헌[예를 들어 Chaudhry (1987), Swaffield and Boldy(1993) 그리고 Wylie and Streeter (1993)은 이 방법을 따르지 않고 이 방법을 부정류유동코드에 용이하게 포함시키기 위해 제곱근을 생략하였다. 또한 일부 해석가는 식 10.14의 역으로서 θ를 정의하지만 본서에서는 Suter의 당초 정의를 사용한다.

$$\theta = tan^{-1}\left(\frac{q}{\alpha}\right) \tag{10.15}$$

전술한 것과 같이 14개 자료 세트를 본서에 포함시켰다. 그러나 특정 프로젝트에 대한 펌프의 자료를 구할 수 없으면 이들 중 어떤 자료를 선택하여야 하나? 형식수로 알려진 매개변수를 사용하여 이들 자료를 상관시키며 형식수는 원리적으로 펌프 형식을 원심, 사류, 축류로 정의한다.

만일 다른 자료를 사용할 수 없고 유일하게 이 곡선을 얻을 수 있으면 사용할 펌프의 형식수(Shape Number)를 결정하고, 이에 가장 적합한 일련의 곡선을 선택하며 여기서 인용한 무차원 형식의 형식수 K_n은 다음과 같다.

$$K_n = \frac{\omega Q^{1/2}}{(gH)^{3/4}} \tag{10.16}$$

새로운 항은 각가속도 $\omega\,(rad/s)$이다. 일부 저자와 펌프 제작사는 중력가속도를 생략하고 회전속도 r/min을 사용하여 다음과 같이 단순화된 비속도 N_S를 사용한다.

$$N_S = \frac{N\sqrt{Q}}{H^{3/4}} \tag{10.17}$$

상기 식은 무차원이 아니며 사용하는 단위에 따라 결과는 상당히 다르게 나타난다. 본서의 모든 자료는 식 10.16에 주어진 형식을 사용하며 K_n 수치가 작으면 원심펌프와, 크면 축류 펌프와 관련된다.

자료를 대조하기 위해 필요한 비용과 시간으로 인해 실제 펌프에 대한 양호한 자료의 취득은 극단적으로 어렵다. 그러나 Thorley and Chaudry (1996)는 형식수 범위 0.46～4.94에 걸친 14개 펌프에 대한 일련의 완벽한 자료를 제공하였다.

사용 편의를 위해 표와 그래프 형태로 제공되며 표 형태에서 자료는 0～360° 범위에 걸쳐 5°간격으로 주어진다.

그래프 형식에서는 14 세트의 수두와 토크 특성 자료를 각각 6 세트를 포함하는 3개 그래프로 작성된다. 이는 전체 범위에 걸쳐 연속으로 선명한 선도의 필요를 조정하기 위한 것이다.

곡선의 전반적인 이동 추이와 형식수 사이 상관관계가 더욱 명백하게 개선되길 희망하여 왔다. 비록 상관관계는 정상적인 운영 영역 내에서는 상당히 양호하지만 이 영역 이외에서는 상당히 불량하므로 추가 연구가 필요하다. 이 자료 사용자는 반드시 해당 기계에 가장 근접한 형식수를 갖는 일련의 자료를 사용하거나 또는 곡선 사이 보간하는 것 중 하나를 포함하여 유용한 자원을 찾아야 한다.

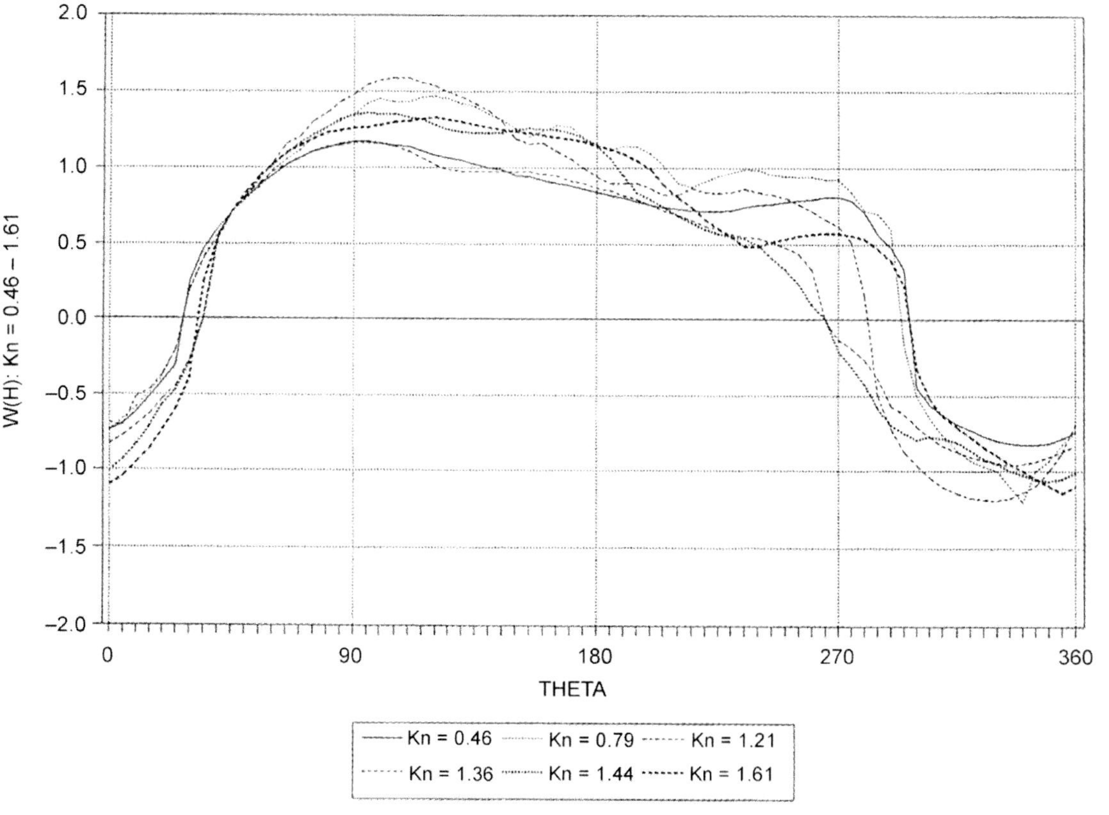

그림 10.5 형식수 0.46~1..61 펌프의 수두특성

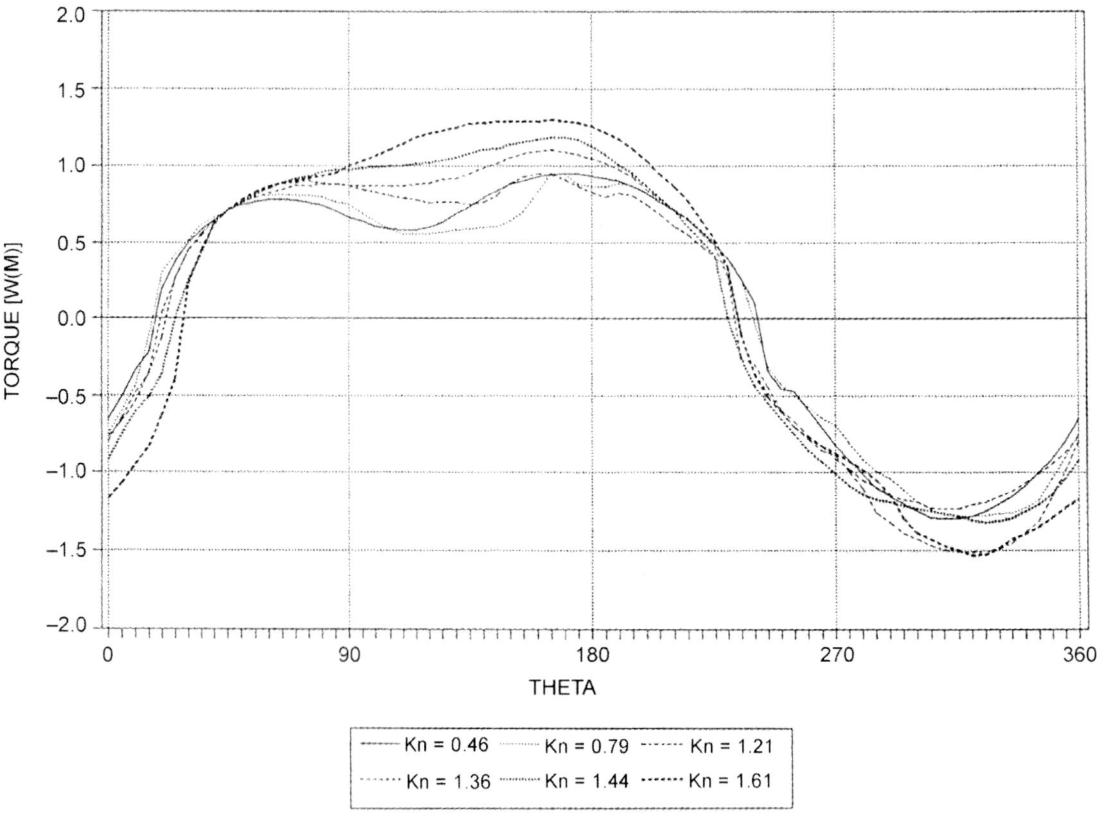

그림 10.6 형식수 0.46~1..61 펌프의 토크특성

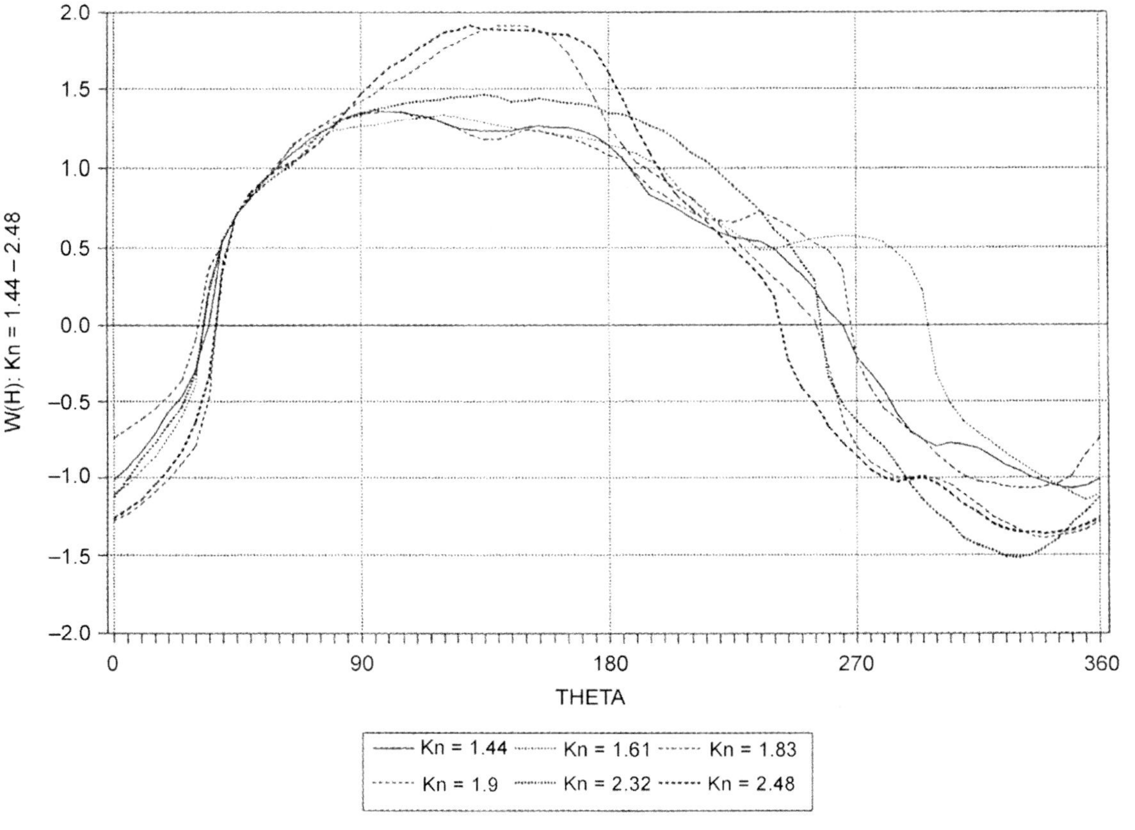

그림 10.7 형식수 1.44~2.48 펌프의 수두특성

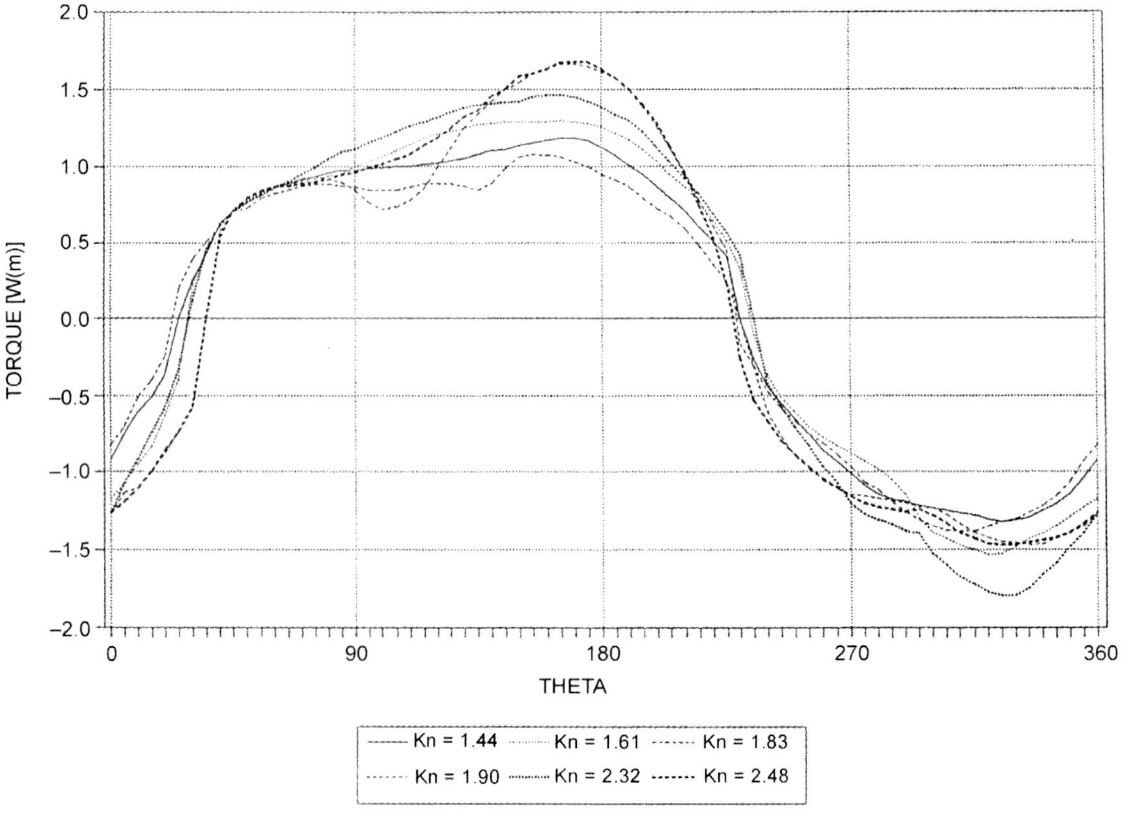

그림 10.8 형식수 1.44~2.48 펌프의 토크특성

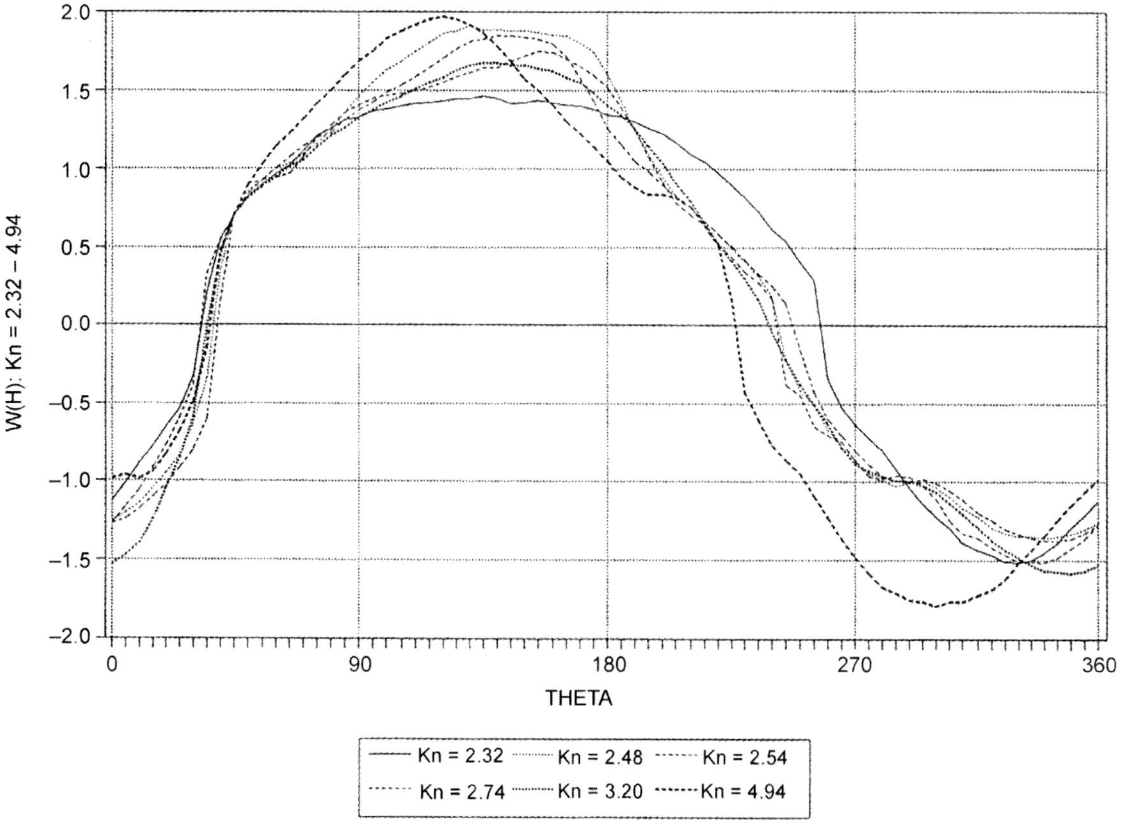

그림 10.9 형식수 2.32~4.94 펌프의 수두특성

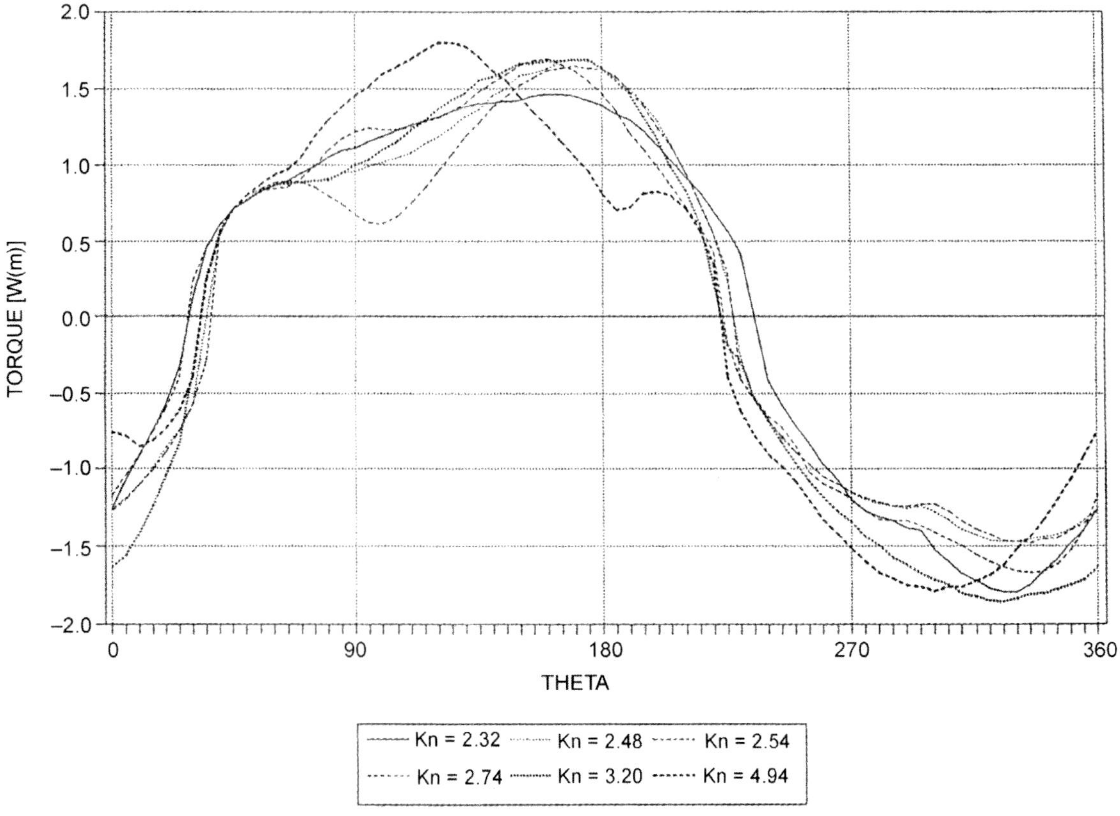

그림 10.10 형식수 2.32~4.94 펌프의 토크특성

표 10.1a 형식수 범위 0.46~1.83 펌프의 수두와 토크 특성자료 1(Suter 형식)

θ	Kn=0.48		Kn=0.79		Kn=1.21		Kn=1.36		Kn=1.44		Kn=1.61		Kn=1.83	
	WH	WB	WH	WB	WH	WB	WH	WB	WH	WB	WH	WB	WH	WB
0	-0.74	-0.66	-0.74	-0.75	-0.69	-0.80	-0.83	-0.76	-1.01	-0.92	-1.10	-1.16	-0.74	-0.82
5	-0.69	-0.51	-0.66	-0.60	-0.71	-0.65	-0.77	-0.67	-0.93	-0.75	-1.03	-1.07	-0.68	-0.70
10	-0.62	-0.33	-0.58	-0.45	-0.52	-0.49	-0.71	-0.54	-0.83	-0.61	-0.95	-0.95	-0.62	-0.51
15	-0.52	-0.22	-0.49	-0.11	-0.46	-0.36	-0.63	-0.35	-0.71	-0.51	-0.86	-0.83	-0.55	-0.40
20	-0.41	0.20	-0.38	0.30	-0.37	-0.13	-0.54	0.04	-0.56	-0.36	-0.73	-0.63	-0.46	-0.25
25	-0.3	0.37	-0.20	0.42	-0.21	0.27	-0.44	0.27	-0.47	0.00	-0.60	-0.39	-0.36	0.20
30	0.24	0.50	0.18	0.52	0.19	0.45	-0.27	0.46	-0.29	0.25	-0.39	0.22	-0.10	0.40
35	0.47	0.58	0.40	0.62	0.41	0.56	0.00	0.55	0.00	0.42	0.24	0.46	0.37	0.51
40	0.61	0.65	0.54	0.66	0.57	0.65	0.56	0.65	0.54	0.62	0.54	0.62	0.54	0.61
45	0.71	0.71	0.71	0.71	0.71	0.71	0.71	0.71	0.71	0.71	0.71	0.71	0.71	0.71
50	0.80	0.74	0.79	0.75	0.81	0.78	0.81	0.76	0.82	0.76	0.84	0.77	0.81	0.73
55	0.88	0.77	0.87	0.80	0.92	0.82	0.89	0.79	0.93	0.81	0.94	0.83	0.93	0.79
60	0.95	0.78	0.98	0.81	1.03	0.85	0.97	0.82	1.01	0.86	1.02	0.86	1.01	0.82
65	1.01	0.78	1.05	0.81	1.15	0.88	1.02	0.84	1.09	0.88	1.09	0.89	1.14	0.85
70	1.06	0.77	1.11	0.81	1.20	0.89	1.07	0.87	1.16	0.92	1.14	0.90	1.19	0.87
75	1.10	0.76	1.19	0.81	1.30	0.90	1.10	0.87	1.21	0.94	1.18	0.92	1.25	0.88
80	1.13	0.74	1.25	0.80	1.36	0.89	1.13	0.88	1.25	0.96	1.22	0.93	1.28	0.88
85	1.15	0.71	1.30	0.77	1.43	0.88	1.15	0.88	1.31	0.97	1.24	0.95	1.3	0.87
90	1.16	0.66	1.35	0.76	1.48	0.87	1.16	0.87	1.34	0.98	1.25	0.99	1.33	0.86
95	1.17	0.64	1.42	0.69	1.54	0.85	1.16	0.87	1.36	0.98	1.26	1.03	1.34	0.85
100	1.16	0.61	1.45	0.64	1.57	0.83	1.15	0.87	1.35	0.99	1.28	1.06	0.35	0.85
105	1.14	0.59	1.43	0.58	1.59	0.81	1.14	0.87	1.35	0.99	1.29	1.10	1.34	0.85
110	1.13	0.58	1.43	0.56	1.59	0.79	1.10	0.87	1.33	1.00	1.30	1.14	1.31	0.86
115	1.10	0.58	1.46	0.56	1.56	0.78	1.07	0.88	1.31	1.01	1.32	1.18	1.30	0.89
120	1.08	0.6	1.47	0.56	1.53	0.76	1.02	0.88	1.28	1.02	1.32	1.20	1.27	0.89
125	1.06	0.63	1.45	0.57	1.49	0.77	0.98	0.91	1.24	1.03	1.31	1.22	1.24	0.89
130	1.04	0.69	1.42	0.58	1.46	0.77	0.98	0.92	1.23	1.06	1.30	1.25	1.20	0.87
135	1.02	0.73	1.40	0.59	1.42	0.75	0.97	0.95	1.22	1.08	1.28	1.27	1.17	0.85
140	0.99	0.79	1.35	0.60	1.37	0.75	0.98	0.98	1.22	1.10	1.26	1.28	1.17	0.89
145	0.98	0.84	1.31	0.61	1.29	0.81	0.98	1.02	1.22	1.11	1.25	1.28	1.20	0.98
150	0.95	0.88	1.25	0.64	1.18	0.89	0.97	1.06	1.24	1.13	1.23	1.29	1.23	1.05
155	0.94	0.91	1.20	0.70	1.15	0.93	0.97	1.07	1.25	1.15	1.22	1.29	1.22	1.08
160	0.92	0.93	1.24	0.83	1.16	0.95	0.96	1.08	1.24	1.16	1.21	1.29	1.20	1.07
165	0.91	0.94	1.28	0.95	1.10	0.94	0.95	1.1	1.24	1.18	1.19	1.29	1.18	1.06
170	0.89	0.95	1.27	0.95	1.06	0.91	0.92	1.08	1.22	1.18	1.18	1.29	1.16	1.03
175	0.87	0.95	1.20	0.88	1.00	0.86	0.9	1.07	1.19	1.16	1.16	1.28	1.12	1.00
180	0.84	0.94	1.15	0.86	0.94	0.83	0.87	1.05	1.14	1.13	1.14	1.25	1.08	0.95

표 10.1b 형식수 범위 0.46~1.83 펌프의 수두와 토크 특성자료 2(Suter 형식)

θ	Kn=0.48		Kn=0.79		Kn=1.21		Kn=1.36		Kn=1.44		Kn=1.61		Kn=1.83	
	WH	WB	WH	WB	WH	WB	WH	WB	WH	WB	WH	WB	WH	WB
185	0.82	0.92	1.11	0.86	0.90	0.80	0.86	1.02	1.06	1.07	1.12	1.22	1.05	0.91
190	0.81	0.91	1.14	0.89	0.90	0.82	0.82	0.97	0.95	1.01	1.09	1.17	0.97	0.86
195	0.78	0.86	1.13	0.87	0.90	0.81	0.80	0.93	0.84	0.95	1.05	1.11	0.89	0.79
200	0.76	0.82	1.09	0.82	0.87	0.75	0.76	0.84	0.80	0.87	0.99	1.04	0.84	0.73
205	0.74	0.77	1.02	0.78	0.83	0.69	0.73	0.79	0.75	0.80	0.89	0.95	0.78	0.68
210	0.73	0.71	0.90	0.71	0.83	0.61	0.69	0.72	0.69	0.71	0.81	0.87	0.73	0.59
215	0.73	0.65	0.88	0.66	0.87	0.55	0.66	0.65	0.64	0.61	0.74	0.77	0.69	0.49
220	0.72	0.57	0.91	0.58	0.85	0.48	0.63	0.56	0.60	0.52	0.66	0.65	0.67	0.36
225	0.72	0.49	0.95	0.50	0.84	0.40	0.60	0.47	0.57	0.41	0.61	0.52	0.66	0.24
230	0.73	0.40	0.97	0.39	0.85	0.35	0.57	0.28	0.55	0.00	0.55	0.33	0.69	-0.01
235	0.74	0.25	0.99	0.26	0.86	-0.10	0.55	-0.25	0.54	-0.25	0.49	-0.10	0.74	-0.30
240	0.75	0.10	0.98	-0.02	0.85	-0.35	0.54	-0.30	0.49	-0.44	0.49	-0.36	0.69	-0.47
245	0.77	-0.35	0.96	-0.31	0.83	-0.48	0.52	-0.45	0.40	-0.55	0.52	-0.51	0.65	-0.58
250	0.78	-0.46	0.95	-0.42	0.81	-0.60	0.48	-0.59	0.32	-0.65	0.54	-0.61	0.59	-0.67
255	0.79	-0.47	0.94	-0.50	0.77	-0.70	0.43	-0.67	0.23	-0.75	0.56	-0.70	0.53	-0.75
260	0.80	-0.59	0.94	-0.57	0.72	-0.78	0.33	-0.76	0.10	-0.86	0.57	-0.77	0.49	-0.81
265	0.81	-0.71	0.93	-0.65	0.66	-0.86	-0.01	-0.83	0.00	-0.94	0.57	-0.83	0.37	-0.89
270	0.81	-0.82	0.93	-0.69	0.62	-0.89	-0.13	-0.91	-0.21	-1.01	0.57	-0.88	-0.22	-0.97
275	0.79	-0.92	0.85	-0.81	0.52	-0.99	-0.19	-0.97	-0.31	-1.09	0.56	-0.93	-0.41	-1.06
280	0.71	-1.01	0.73	-0.91	0.15	-1.10	-0.26	-1.05	-0.42	-1.14	0.54	-0.98	-0.55	-1.11
285	0.57	-1.10	0.70	-0.99	-0.50	-1.25	-0.38	-1.09	-0.59	-1.17	0.47	-1.05	-0.62	-1.19
290	0.48	-1.15	0.60	-1.04	-0.72	-1.32	-0.57	-1.14	-0.70	-1.19	0.39	-1.14	-0.70	-1.25
295	0.33	-1.20	-0.16	-1.11	-0.87	-1.39	-0.63	-1.17	-0.75	-1.21	0.22	-1.29	-0.75	-1.31
300	-0.45	-1.25	-0.50	-1.19	-0.96	-1.43	-0.70	-1.19	-0.79	-1.23	-0.32	-1.39	-0.85	-1.34
305	-0.56	-1.28	-0.65	-1.23	-1.04	-1.47	-0.78	-1.22	-0.77	-1.24	-0.52	-1.43	-0.92	-1.37
310	-0.62	-1.29	-0.76	-1.27	-1.10	-1.49	-0.83	-1.23	-0.78	-1.25	-0.63	-1.47	-0.98	-1.38
315	-0.69	-1.29	-0.86	-1.28	-1.14	-1.51	-0.87	-1.23	-0.81	-1.28	-0.71	-1.5	-1.02	-1.38
320	-0.73	-1.28	-0.93	-1.28	-1.17	-1.51	-0.90	-1.20	-0.88	-1.30	-0.77	-1.53	-1.03	-1.38
325	-0.77	-1.25	-0.97	-1.27	-1.18	-1.50	-0.93	-1.19	-0.92	-1.31	-0.84	-1.53	-1.05	-1.32
330	-0.8	-1.20	-1.00	-1.27	-1.19	-1.49	-0.94	-1.15	-0.95	-1.31	-0.89	-1.48	-1.06	-1.3
335	-0.81	-1.15	-1.10	-1.25	-1.17	-1.45	-0.96	-1.12	-0.99	-1.29	-0.95	-1.43	-1.06	-1.26
340	-0.82	-1.09	-1.20	-1.22	-1.13	-1.38	-0.95	-1.07	-1.02	-1.24	-1.00	-1.40	-1.05	-1.21
345	-0.82	-1.00	-1.00	-1.17	-1.09	-1.31	-0.94	-1.01	-1.05	-1.20	-1.05	-1.34	-1.03	-1.15
350	-0.81	-0.91	-0.93	-1.04	-1.00	-1.15	-0.9	-0.94	-1.06	-1.13	-1.10	-1.28	-0.98	-1.06
355	-0.78	-0.80	-0.82	-0.90	-0.88	-0.99	-0.87	-0.87	-1.05	-1.04	-1.14	-1.22	-0.85	-0.93
360	-0.74	-0.66	-0.74	-0.75	-0.69	-0.80	-0.83	-0.76	-1.01	-0.92	-1.1	-1.16	-0.74	-0.82

표 10.2a 형식수 범위 1.90~4.94 펌프의 수두와 토크 특성자료 1(Suter 형식)

θ	Kn=1.9		Kn=2.32		Kn=2.48		Kn=2.54		Kn=2.74		Kn=3.2		Kn=4.94	
	WH	WB	WH	WB	WH	WB	WH	WB	WH	WB	WH	WB	WH	WB
0	-1.28	-1.27	-1.12	-1.26	-1.25	-1.25	-1.27	-1.27	-1.27	-1.17	-1.53	-1.64	-0.98	-0.75
5	-1.23	-1.13	-1.01	-1.07	-1.19	-1.19	-1.24	-1.19	-1.16	-1.04	-1.47	-1.56	-0.96	-0.78
10	-1.16	-1.10	-0.88	-0.91	-1.13	-1.11	-1.18	-1.10	-1.05	-0.91	-1.39	-1.41	-0.98	-0.85
15	-1.09	-0.99	-0.77	-0.74	-1.04	-0.99	-1.09	-1.01	-0.91	-0.75	-1.24	-1.24	-0.94	-0.81
20	-1.01	-0.88	-0.66	-0.57	-0.94	-0.85	-1.01	-0.89	-0.77	-0.61	-1.04	-1.04	-0.82	-0.73
25	-0.9	-0.73	-0.53	-0.33	-0.82	-0.73	-0.91	-0.75	-0.59	-0.40	-0.84	-0.83	-0.68	-0.62
30	-0.79	-0.57	-0.32	0.13	-0.64	-0.57	-0.79	-0.58	-0.37	0.24	-0.58	-0.35	-0.49	-0.39
35	-0.48	0.00	0.21	0.48	-0.34	0.00	-0.60	-0.28	0.33	0.47	0.00	0.27	-0.14	0.24
40	0.41	0.58	0.65	0.62	0.35	0.54	0.16	0.56	0.56	0.61	0.45	0.58	0.49	0.55
45	0.71	0.71	0.71	0.71	0.71	0.71	0.71	0.71	0.71	0.71	0.71	0.71	0.71	0.71
50	0.83	0.79	0.82	0.78	0.85	0.79	0.84	0.79	0.9	0.77	0.81	0.77	0.89	0.8
55	0.94	0.84	0.90	0.82	0.93	0.84	0.92	0.84	0.93	0.82	0.89	0.82	1.03	0.87
60	1.04	0.87	0.96	0.86	1.00	0.86	1.01	0.88	0.94	0.84	0.95	0.86	1.14	0.94
65	1.13	0.89	1.02	0.9	1.04	0.87	1.07	0.90	0.96	0.85	1.01	0.88	1.22	0.97
70	1.20	0.91	1.11	0.95	1.09	0.88	1.14	0.89	1.07	0.91	1.06	0.89	1.32	1.05
75	1.25	0.93	1.20	0.99	1.16	0.89	1.19	0.85	1.19	0.99	1.14	0.89	1.41	1.18
80	1.31	0.92	1.25	1.05	1.25	0.91	1.22	0.80	1.28	1.10	1.20	0.90	1.50	1.29
85	1.36	0.89	1.31	1.09	1.36	0.94	1.31	0.74	1.36	1.17	1.25	0.94	1.59	1.37
90	1.42	0.85	1.32	1.11	1.46	0.96	1.38	0.67	1.41	1.21	1.33	1.00	1.68	1.45
95	1.47	0.77	1.36	1.15	1.55	0.99	1.42	0.62	1.45	1.24	1.37	1.03	1.75	1.51
100	1.53	0.72	1.38	1.18	1.63	1.02	1.48	0.62	1.47	1.23	1.43	1.10	1.82	1.59
105	1.57	0.73	1.39	1.22	1.69	1.04	1.53	0.66	1.48	1.23	1.46	1.15	1.87	1.64
110	1.63	0.77	1.42	1.25	1.75	1.08	1.59	0.75	1.49	1.24	1.51	1.22	1.92	1.68
115	1.69	0.86	1.42	1.28	1.80	1.13	1.65	0.85	1.52	1.28	1.55	1.28	1.95	1.74
120	1.75	0.99	1.43	1.31	1.86	1.18	1.71	0.96	1.55	1.30	1.58	1.36	1.97	1.80
125	1.80	1.11	1.45	1.35	1.88	1.24	1.77	1.06	1.59	1.35	1.63	1.42	1.95	1.80
130	1.85	1.24	1.45	1.38	1.9	1.32	1.81	1.18	1.61	1.40	1.66	1.47	1.92	1.77
135	1.87	1.33	1.46	1.39	1.89	1.36	1.83	1.27	1.64	1.47	1.68	1.55	1.86	1.70
140	1.90	1.42	1.46	1.41	1.89	1.45	1.85	1.38	1.65	1.53	1.68	1.57	1.78	1.61
145	1.90	1.49	1.42	1.42	1.88	1.50	1.85	1.45	1.69	1.59	1.66	1.61	1.69	1.55
150	1.90	1.54	1.42	1.42	1.88	1.58	1.84	1.52	1.72	1.65	1.66	1.66	1.57	1.45
155	1.87	1.60	1.44	1.46	1.87	1.60	1.83	1.56	1.75	1.68	1.64	1.66	1.50	1.35
160	1.83	1.63	1.42	1.46	1.85	1.63	1.80	1.61	1.74	1.69	1.62	1.68	1.40	1.25
165	1.73	1.66	1.41	1.46	1.84	1.67	1.72	1.63	1.70	1.65	1.58	1.68	1.30	1.15
170	1.58	1.66	1.40	1.46	1.80	1.67	1.58	1.65	1.66	1.62	1.55	1.69	1.22	1.05
175	1.43	1.64	1.38	1.42	1.74	1.67	1.43	1.63	1.59	1.55	1.48	1.69	1.13	0.96
180	1.24	1.61	1.34	1.39	1.61	1.63	1.25	1.62	1.52	1.47	1.40	1.63	1.04	0.81

표 10.2b 형식수 범위 1.90~4.94 펌프의 수두와 토크 특성자료 2(Sute 형식)

θ	Kn=1.9		Kn=2.32		Kn=2.48		Kn=2.54		Kn=2.74		Kn=3.2		Kn=4.94	
	WH	WB	WH	WB	WH	WB	WH	WB	WH	WB	WH	WB	WH	WB
185	1.14	1.56	1.34	1.34	1.44	1.57	1.15	1.58	1.39	1.36	1.34	1.55	0.95	0.70
190	1.04	1.49	1.30	1.29	1.23	1.50	1.05	1.49	1.24	1.20	1.26	1.47	0.88	0.72
195	0.98	1.39	1.25	1.22	1.10	1.40	0.98	1.39	1.07	1.10	1.14	1.32	0.84	0.81
200	0.93	1.26	1.22	1.12	0.95	1.28	0.89	1.25	0.92	0.98	1.04	1.17	0.84	0.82
205	0.87	1.12	1.17	1.03	0.84	1.14	0.83	1.13	0.79	0.86	0.91	0.98	0.82	0.8
210	0.82	0.96	1.08	0.92	0.75	0.94	0.75	0.95	0.71	0.73	0.80	0.83	0.76	0.71
215	0.72	0.79	1.05	0.82	0.67	0.75	0.67	0.75	0.64	0.60	0.67	0.62	0.64	0.57
220	0.65	0.61	0.98	0.70	0.59	0.54	0.59	0.55	0.53	0.42	0.53	0.21	0.51	0.35
225	0.57	0.48	0.90	0.57	0.50	0.22	0.51	0.29	0.44	-0.17	0.42	-0.19	0.17	-0.39
230	0.48	-0.16	0.82	0.42	0.41	-0.25	0.42	-0.41	0.35	-0.41	0.3	-0.30	-0.42	-0.62
235	0.39	-0.31	0.74	0.00	0.32	-0.53	0.33	-0.55	0.28	-0.53	0.17	-0.54	-0.61	-0.78
240	0.3	-0.60	0.62	-0.42	0.19	-0.67	0.25	-0.68	0.17	-0.66	-0.04	-0.69	-0.77	-0.90
245	0.23	-0.77	0.54	-0.57	-0.23	-0.80	0.14	-0.79	-0.37	-0.73	-0.23	-0.83	-0.86	-0.98
250	0.12	-0.9	0.41	-0.71	-0.42	-0.89	-0.15	-0.88	-0.45	-0.85	-0.38	-0.96	-0.95	-1.08
255	0.03	-0.98	0.28	-0.83	-0.52	-0.97	-0.43	-0.97	-0.65	-1.01	-0.51	-1.08	-1.09	-1.21
260	-0.26	-1.04	-0.34	-0.97	-0.67	-1.05	-0.60	-1.05	-0.70	-1.10	-0.63	-1.18	-1.23	-1.32
265	-0.63	-1.10	-0.53	-1.07	-0.78	-1.11	-0.70	-1.10	-0.74	-1.14	-0.78	-1.28	-1.36	-1.42
270	-0.80	-1.14	-0.63	-1.20	-0.85	-1.16	-0.80	-1.15	-0.87	-1.20	-0.88	-1.34	-1.48	-1.52
275	-0.90	-1.15	-0.72	-1.27	-0.94	-1.19	-0.88	-1.19	-0.97	-1.27	-0.93	-1.44	-1.58	-1.59
280	-0.95	-1.16	-0.80	-1.31	-1.00	-1.22	-0.96	-1.21	-0.98	-1.32	-0.96	-1.49	-1.67	-1.67
285	-0.99	-1.18	-0.92	-1.34	-1.02	-1.23	-1.00	-1.23	-0.96	-1.33	-0.99	-1.57	-1.71	-1.71
290	-0.99	-1.20	-1.04	-1.38	-1.01	-1.25	-1.00	-1.24	-0.97	-1.33	-1.00	-1.62	-1.75	-1.75
295	-0.98	-1.22	-1.14	-1.40	-1.00	-1.24	-0.98	-1.23	-1.02	-1.36	-1.03	-1.68	-1.76	-1.76
300	-1.01	-1.23	-1.22	-1.52	-1.03	-1.23	-1.00	-1.23	-1.11	-1.41	-1.06	-1.72	-1.79	-1.79
305	-1.04	-1.27	-1.30	-1.60	-1.09	-1.32	-1.05	-1.27	-1.24	-1.45	-1.13	-1.75	-1.76	-1.76
310	-1.10	-1.33	-1.39	-1.68	-1.16	-1.39	-1.11	-1.34	-1.32	-1.49	-1.21	-1.80	-1.76	-1.76
315	-1.17	-1.39	-1.44	-1.72	-1.22	-1.43	-1.19	-1.39	-1.36	-1.56	-1.30	-1.83	-1.72	-1.72
320	-1.24	-1.42	-1.47	-1.77	-1.29	-1.46	-1.25	-1.42	-1.42	-1.59	-1.37	-1.86	-1.69	-1.69
325	-1.30	-1.44	-1.51	-1.79	-1.33	-1.47	-1.30	-1.46	-1.47	-1.63	-1.44	-1.86	-1.62	-1.62
330	-1.34	-1.46	-1.51	-1.79	-1.35	-1.47	-1.34	-1.47	-1.51	-1.66	-1.48	-1.84	-1.52	-1.52
335	-1.37	-1.47	-150	-1.75	-1.35	-1.45	-1.36	-1.48	-1.51	-1.67	-1.53	-1.82	-1.44	-1.44
340	-1.39	-1.46	-1.46	-1.66	-1.36	-1.44	-1.38	-1.45	-1.52	-1.66	-1.57	-1.80	-1.34	-1.33
345	-1.38	-1.43	-1.39	-1.58	-1.35	-1.42	-1.37	-1.44	-1.49	-1.62	-1.57	-1.78	-1.25	-1.21
350	-1.36	-1.39	-1.30	-1.47	-1.33	-1.39	-1.36	-1.40	-1.43	-1.53	-1.58	-1.75	-1.15	-1.07
355	-1.33	-1.35	-1.21	-1.39	-1.30	-1.33	-1.33	-1.35	-1.36	-1.39	-1.57	-1.72	-1.06	-0.92
360	-1.28	-1.27	-1.12	-1.26	-1.25	-1.26	-1.27	-1.27	-1.27	-1.17	-1.53	-1.64	-0.98	-0.75

예제 10.2 완전특성곡선작성

정전 후 시간에 따른 펌프의 회전속도비 α, 유량비 q, 수두비 h 및 토크비 β가 표 1과 같이 변화할 때 이 자료를 이용하여 Suter선도 및 $\alpha - q$의 관계를 나타내는 와 Knapp 선도를 작성하라.

표 1 시간에 따른 α, q, h, β 변화

t $(2L/a)$	α (N/N_0)	q (Q/Q_0)	h (H/H_0)	β (T/T_0)	t $(2L/a)$	α (N/N_0)	q (Q/Q_0)	h (H/H_0)	β (T/T_0)
0.00	1.00	1.00	1.00	1.00	5.00	0.31	-0.86	0.75	0.91
0.25	0.93	0.94	0.86	0.88	5.50	0.17	-0.97	0.80	1.10
0.50	0.88	0.89	0.75	0.77	6.00	0.00	-1.04	0.83	1.22
0.75	0.83	0.86	0.66	0.69	6.50	-0.17	-1.10	0.88	1.30
1.00	0.78	0.82	0.58	0.63	7.00	-0.36	-1.15	0.91	1.33
1.25	0.74	0.69	0.56	0.56	7.50	-0.54	-1.17	0.96	1.30
1.50	0.70	0.58	0.52	0.49	8.00	-0.72	-1.18	1.01	1.23
1.75	0.67	0.49	0.49	0.43	8.50	-0.88	-1.17	1.06	1.13
2.00	0.64	0.41	0.45	0.38	9.00	-1.03	-1.13	1.11	1.00
2.25	0.62	0.26	0.42	0.30	9.50	-1.16	-1.07	1.18	0.81
2.50	0.60	0.12	0.40	0.23	10.00	-1.26	-0.99	1.24	0.64
2.75	0.59	0.01	0.38	0.17	10.50	-1.33	-0.88	1.27	0.42
3.00	0.57	-0.10	0.36	0.14	11.00	-1.38	-0.77	1.27	0.21
3.25	0.56	-0.25	0.38	0.16	11.50	-1.40	-0.65	1.26	0.04
3.50	0.55	-0.38	0.42	0.24	12.00	-1.39	-0.56	1.21	-0.08
3.75	0.53	-0.47	0.48	0.34	12.50	-1.38	-0.48	1.15	-0.17
4.00	0.50	-0.56	0.55	0.43	13.00	-1.35	-0.43	1.08	-0.21
4.50	0.42	-0.75	0.70	0.74					

➡ 풀이

$t = 0$일 때 표에 주어진 자료와 식 10.12~10.14를 사용하여 다음과 같이 θ, $W(h)$, $W(m)$를 구한다.

$$\theta = tan^{-1}\left(\frac{1}{1}\right)\frac{180}{3.14} = 45^{\circ}$$

$$W_h = \sqrt{\frac{1}{1^2+1^2}} = 0.707$$

$$W_m = \sqrt{\frac{1}{1^2+1^2}} = 0.707$$

동일한 방법으로 다른 시간 간격에서 구한 결과는 표 2 그리고 그림 1 및 2와 같다. 그림 2로부터 펌프가 정전이 되면 α와 q가 모두 (+)인 펌프영역, α는 (+) 이지만 q는 (−)인 제동영역, 그리고 α와 q가 모두 (−)인 수차영역으로 이동하는 것을 알 수 있다.

표 2. 펌프특성자료 $W(h)$ 및 $W(m)$ 계산결과

t $(2L/a)$	$\theta(^\circ)$	$W(h)$	$W(m)$	t $(2L/a)$	$\theta(^\circ)$	$W(h)$	$W(m)$
0.00	45.0	0.707	0.707	5.00	160.4	0.948	1.044
0.25	44.8	0.700	0.708	5.50	170.3	0.910	1.067
0.50	44.4	0.692	0.701	6.00	179.8	0.877	1.063
0.75	44.0	0.684	0.699	6.50	188.9	0.841	1.022
1.00	43.5	0.673	0.701	7.00	197.2	0.793	0.958
1.25	46.8	0.739	0.739	7.50	204.7	0.757	0.883
1.50	50.3	0.790	0.767	8.00	211.2	0.727	0.802
1.75	53.6	0.841	0.788	8.50	217.0	0.701	0.726
2.00	57.6	0.882	0.810	9.00	222.3	0.688	0.653
2.25	67.4	0.968	0.818	9.50	227.3	0.690	0.572
2.50	78.4	1.034	0.784	10.00	231.9	0.697	0.501
2.75	88.9	1.054	0.705	10.50	236.7	0.707	0.407
3.00	99.7	1.030	0.642	11.00	240.8	0.716	0.291
3.25	114.1	0.997	0.647	11.50	245.0	0.728	0.130
3.50	124.6	0.969	0.733	12.00	248.0	0.732	0.188
3.75	131.7	0.975	0.821	12.50	250.7	0.736	0.283
4.00	138.1	0.983	0.869	13.00	252.3	0.733	0.323
4.50	150.8	0.969	0.996				

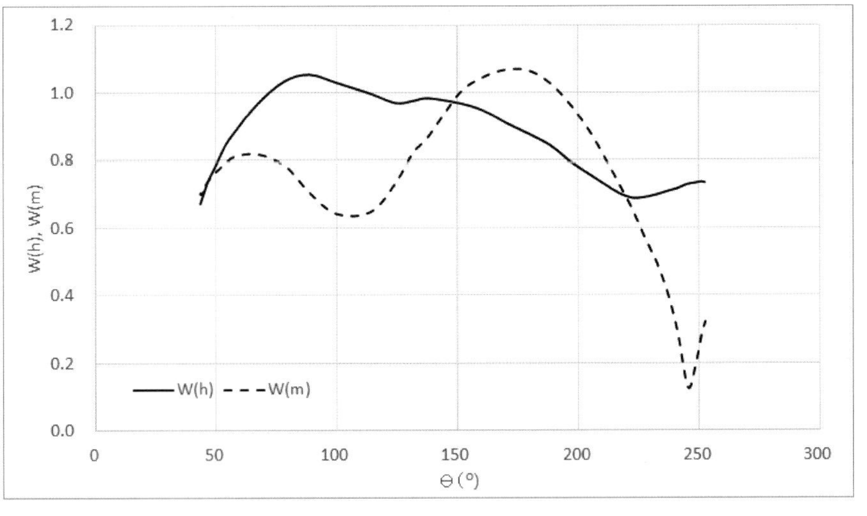

그림 1 Suter의 펌프완전특성곡선

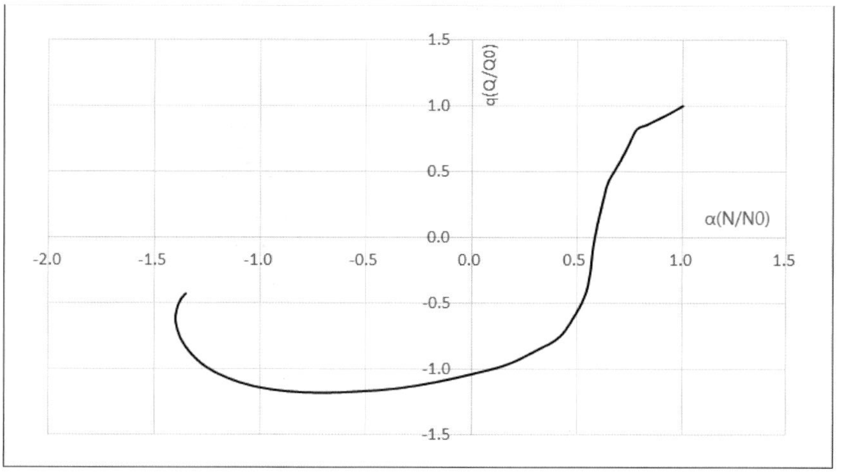

그림 2 펌프의 $\alpha - q$ 관계를 나타내는 Knapp 선도

10.4 펌프 및 전동기의 관성모멘텀

펌프의 기동 및 정지시 부정류를 전산해석할 때 펌프와 전동기에 연결된 축과 커플링을 포함한 펌프와 전동기의 조합된 관성이 필요하다. 불행하게도 부정류 해석을 수행할 때 신뢰성 있는 관성모멘트에 대한 정보를 얻을 수 없다.

본 절에 기술된 선도와 식의 목적은 정확한 자료를 얻을 수 없을 때 타당한 관성수치를 제공하기 위한 것이다.

10.4.1 펌프 관성

여러 펌프 제작사로부터 얻은 관성모멘트자료를 그림 10.11에 작도하였다. 이 그림은 상수, 하수, 공정 및 석유화학분야에서 사용된 수평 스핀들, 편흡입과 양흡입, 분할 케이싱은 물론 수직 스핀들 시추공(borehole) 및 흡수정 펌프 등 광범위한 범위의 펌프를 포함한다.

대부분 임펠러의 형식은 원심펌프와 사류펌프이다. 다른 자료 점들과 명확하게 분리되는 특이 자료점 그룹은 매우 강력한 원심방향 유동인 상당히 슬림한 형식의 펌프에 적용되며 이는 가벼운 임펠러를 사용하는 최신 설계에서 진화하는 경향을 보여주며 적절한 경우 주목된다.

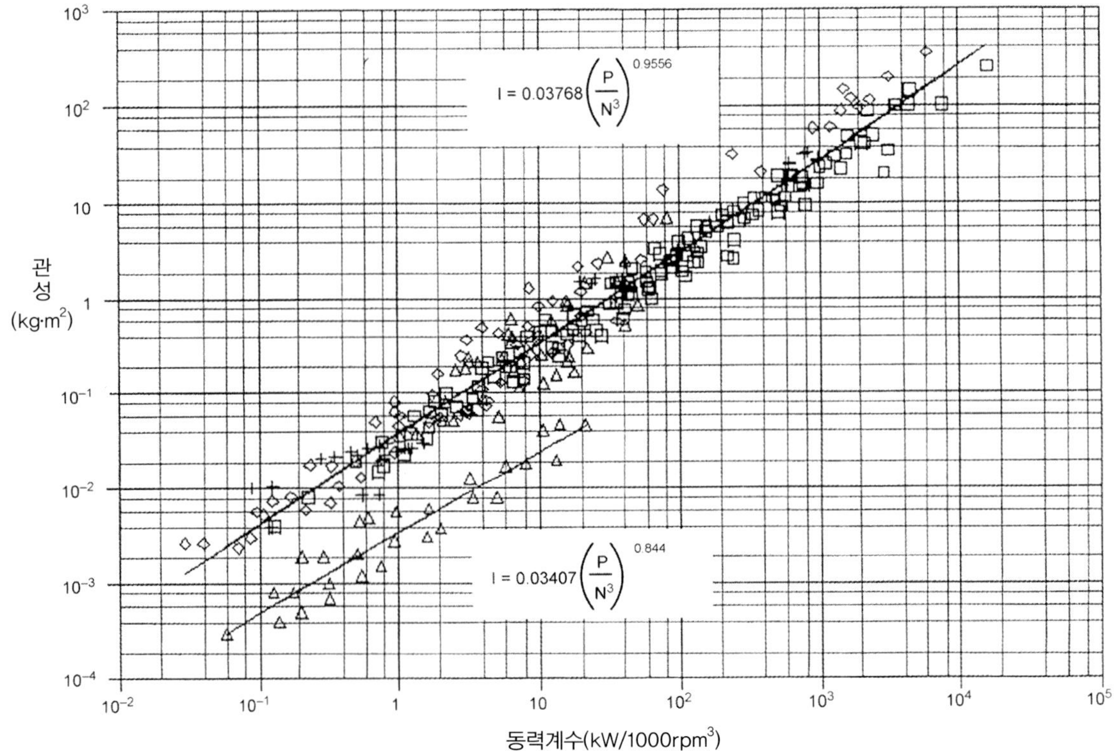

그림 10.11 포획된 물을 포함한 원심 및 사류 임펠러 관성모멘트

※ 상부 선상 자료는 편흡입과 양흡입 임펠러, 단단 및 다단, 수평 및 수직형 펌프를 하부 선상 자료는 상대적으로 작고 경량의 편흡입 및 원심 임펠러를 포함한다.

그림 10.11의 300개 자료점은 포획된 물을 포함하는 동력계수와 관성모멘트의 관계를 보여주며 여기서 동력계수는 P/N^3 으로 정의되며 P는 정격 조건과 최대 효율에서 펌프에 공급된 축동력 kW이고, N은 회전속도/1000이다.

이 상관관계에 대한 이론적 근거는 전술한 펌프의 상사법칙 그리고 관성은 동력과 관련된다는 가정에 따른다. 식 10.6으로부터 무차원 동력계수는 다음과 같다.

$$\frac{P}{\rho_l N^3 D^5} = const. \qquad (10.18)$$

관성 I는 다음과 같이 회전체의 질량 m과 회전반경 k로 정의된다.

$$I = mk^2$$

기하학적 상사법칙에 따라 다음과 같이 상관관계를 표현할 수 있으며 여기서 ρ_m은 임펠러 재료의 밀도이다.

$$I \propto \left(\rho_m D^3\right) \times D^2, \quad \text{즉}, I \propto \rho_m D^5 \tag{10.19}$$

식 10.18에서 D를 대체하기 위해 식 10.19를 사용하고 두 밀도를 상수로 가정하면 다음과 같이 되며 여기서 $N = rpm/1000$을 사용하는 유일한 이유는 그래프와 식을 편리한 숫자로 표현하기 위해서다.

$$I \propto \frac{P}{N^3} \tag{10.20}$$

임펠러가 설치된 축 그리고 포획된 물을 포함하여 펌프 임펠러의 관성 I를 추정하기 위해 그림 10.11의 자료점들을 선형회귀분석하여 다음 식을 전개할 수 있다.

(a) 5개 펌프 제작사가 제공한 약 284개 자료점으로 구성된 그리고 전술한 다양한 펌프 형식을 포괄하는 대부분 자료점으로부터 다음 식을 유도할 수 있다.

$$I = 0.03768 \left[\frac{P}{\left(\frac{N}{1000} \right)^3} \right]^{0.9556} \tag{10.21}$$

(b) 한 제작사로부터 얻은 특정 형식의 펌프에 대한 28개 자료점은 통상적인 자료군으로부터 분리되며 이들은 다음 별도 식으로 표현된다.

$$I = 0.03407 \left[\frac{P}{\left(\frac{N}{1000} \right)^3} \right]^{0.844} \tag{10.22}$$

식 10.22는 최대 관성이 오직 $I = 0.0465 kg \cdot m^2$인 상대적으로 작은 가벼운 펌프 설계에 적용된다. 그러나 이는 형식수로 인해 관성에 대한 2차 영향이 존재한다는 것을 암시한다.

식 10.21과 10.22는 로그 그래프의 선형 회귀해석으로 구한 것이며 상관계수는 각각 0.960과 0.903이다. 여러 제작사와 펌프 형식을 고려할 때 이 상관계수는 고무적으로 상당히 높다.

명백한 상관관계에도 불구하고 그래프에서 평균선 상부와 하부의 실제 관성범위는 +100과 −50% 수준인 점을 확인할 수 있다. 그러나 이는 펌프 회전속도변화비가 큰 관망 또는 5km 이하 짧은 관로시스템에서만 중요하며 이때는 예측된 관성 그리고로 이 예측된 관성을 두 배로 증가시켜 해석하여 쉽게 확인할 수 있다.

특정 용도에 대한 펌프 관성을 추정하기 위해 축동력과 회전속도를 추정할 필요가 있으며 축동력 P는 효율식을 통한 운영 수두 H 및 유량 H와 관련된다.

$$\eta = \frac{\rho_l g Q H}{P} \tag{10.23}$$

축동력은 다음과 같다.

$$P = \frac{\rho_l g Q H}{\eta} \tag{10.24}$$

이상적인 운전 조건 H_0와 Q_0은 정격 조건 H_R과 Q_R이다. 주어진 용도에서 설계 조건 H_0 와 Q_0은 기저이지만 펌프 효율을 가정할 필요가 있다. 최신 펌프의 경우 통상적으로 효율은 70~85%이고, 큰 펌프의 효율은 높은 반면 고형물을 수송하는 하수 및 작은 펌프의 효율은 낮다.

펌프 회전속도와 관련하여 더 많은 판단이 필요하다. 그림 10.11의 자료점들로 표현된 펌프의 회전속도는 대표적으로 590, 740, 980, 1450, 2900rpm이며 이로 인해 자료가 분산된다. 가장 공통적인 회전속도는 1450 및 2900rpm이며 다음으로 공통적인 것은 740rpm이다. 만일 회전속도가 불확실하면 특정 사례에 대해 둘 또는 세개의 유망한 회전속도에 대한 관성을 고려하는 것이 현명할 수 있다.

예제 10.3 펌프 관성모멘트 추정

다음과 같은 조건에서 펌프의 관성모멘트를 추정하라.

설계 유량 Q_0	0.25m^3/s
운영 수두 H_0	70m
추정 효율 η	0.72
추정 회전속도 N	1450rpm

➡ 풀이

식 10.24로부터

$$P = \frac{1000 \times 9.81 \times 0.25 \times 70}{0.72 \times 1000} = 238.44kW$$

식 10.21로부터

$$I = 0.03768\left(\frac{238.44}{1.45^3}\right)^{0.9556} = 2.428kg \cdot m^2$$

따라서 펌프의 관성모멘트를 $I = 2.45kg \cdot m^2$으로 추정할 수 있다.

10.4.2 전동기 관성

펌프 관성 그래프와 유사하게 전동기 관성 그래프를 작도할 수 있다.

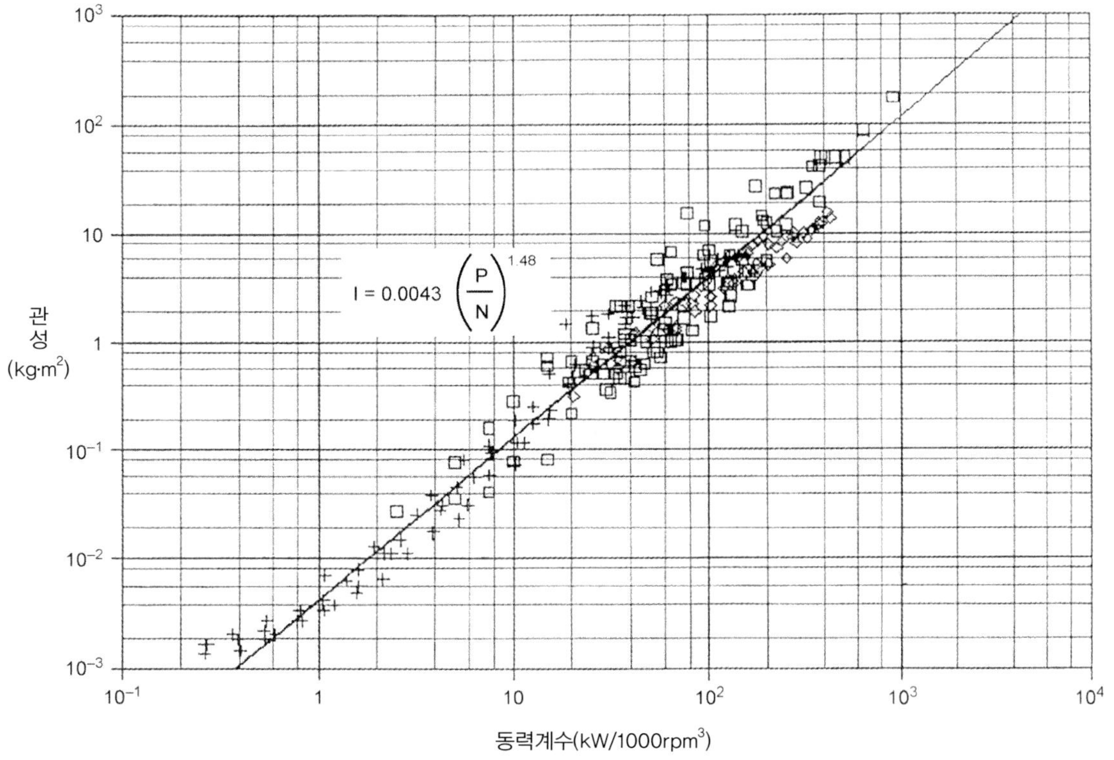

그림 10.12 여러 다른 제작사가 제공한 다양한 형식의 전동기 관성모멘트

272개 자료점을 선형회귀분석하여 다음 식을 유도할 수 있으며 여기서 P는 축동력이고 N은 회전속도이고 상관계수는 0.97이다.

$$I = 0.0043\left[\frac{P}{\left(\frac{N}{1000}\right)}\right]^{1.48} \tag{10.25}$$

상기와 같이 자료는 선형회귀식을 상당히 양호하게 따른다. 그러나 전동기가 아주 작은 경우 즉, $I = 0.002 \sim 0.005 kg \cdot m^2$인 경우 관성모멘텀은 회귀선으로부터 이탈하는 경향이 있다는 것을 알 수 있다.

이 일련의 자료에 대한 흥미로운 점은 Linton (1972)이 당초 수집한 자료 이외에 약 60%의 자료점은 최신 전동기로부터 수집되었다는 것이다. 이는 자료 범위를 확장할 뿐만 아니라 널리 알고 있는 것과 대조적으로 구식과 최신 설계의 전동기 관성은 크게 다르지 않다는 것이다.

부정류 해석을 위한 자료수집관점에서 통상적으로 펌프 제작사는 빈번하게 펌프 관성자료 제공에 어려움을 갖는 반면 전동기 제작사는 동력과 회전속도가 주어지면 관성자료를 제공할 수 있다는 사실을 주목할 수 있다.

예제 10.4 전동기 관성모멘트 추정

상기 예제 전동기의 관성모멘트를 추정하라.

➡ 풀이

식 10.25를 사용하여 상기 예제와 관련하여 추정된 전동기의 관성모멘트를 추정하면 다음과 같고, 이 펌프 전동기에 대한 추정된 전체 관성은 $I = 10.65kg \cdot m^2$ 범위가 되며 커플링을 고려하여 반올림하여 $I = 11kg \cdot m^2$로 설계한다.

$$I = 0.0043\left[\frac{238.44}{1.45}\right]^{1.48} = 8.2kg \cdot m^2$$

전술한 것과 같이 실제 자료를 사용할 수 있을 때까지 상기 식은 오직 추정을 위한 것이라는 점을 유의하여야 한다. 만일 관성 크기가 중요하면 추정된 수치를 두배 및 절반으로 하였을 때 실제 수치의 타당한 범위에 들어오는지 확인한다. 부정류 영향을 최소화하기 위해서는 임계설계 및 운영 조건은 최악 사례 시나리오에 기초하여야 한다. 이는 통상적으로 펌프 효율이 높아 동력이 작아져 관성모멘트가 낮은 경우에 해당된다.

$$P = \frac{\rho_l g Q H}{\eta} = \frac{1000 \times 9.81 \times 0.25 \times 70}{0.85 \times 1000} = 228.9kW$$

10.5 펌프경계처리와 역류발생시간

10.5.1 펌프경계처리

그림 10.1과 같은 관로시스템에서 펌프 토출측 관로만을 고려하면 제6장에서 기술한 것과 같이 펌프에 적용할 수 있는 호환식은 두 개의 미지수 Q_P와 H_P를 포함하는 하나의 C^- 특성식이다. 따라서 이 식을 해결하기 위해서는 펌프 운전점에서의 Q_P와 H_P를 포함하는 하나의 식이 추가로 필요하다. 펌프 운전점은 정상운영시에는 펌프의 $Q-H$ 곡선과 관로의 $Q-H$ 곡선의 교차점이 되며, 정전시에는 상사법칙에 따라 변화하는 펌프의 $Q-H$ 곡선과 관로의 $Q-H$ 곡선의 교차점이 된다.

이제 두 개의 비선형식과 두 개의 미지수가 있으므로 해를 구할 수 있다. 그러나 경계에서 두 개의 미지수 Q_P와 H_P 중 어느 것을 먼저 구하여야 할까? 이는 상황에 따라 달라진다. 예를 들어 경계조건이 저수지인 경우 통상적으로 저수량이 큰 저수지의 수위는 짧은 시간 동안에는 변화하지 않으므로 알고 있는 저수지 수위로 미지수 H_P를 대체할 수 있어 이 H_P를 호환식에 대입하여 Q_P를 구할 수 있다. 그러나 펌프, 밸브 등과 같은 경계조건에서는 미지수 Q_P를 먼저 구하여 이를 호환식에 대입하여 H_P를 구하여야 한다.

본 절에서는 지금까지 기술한 내용과 예제를 통해 펌프장 정전시 펌프 운전점을 찾아 Q_P를 구하는 절차에 대해 설명하며, 펌프 토출측에 체크밸브가 설치된 경우와 설치되지 않은 경우 펌프장 정전시, 수차 운전도중 부하차단시, 관로 내 에어포켓 형성시 부정류해석방법에 대한 상세한 내용은 "박한영 (2018)"를 참조한다.

예제 10.5 상사법칙적용 펌프운전점 찾기

예제 10.1의 관로와 펌프의 유량-수두자료는 다음 표와 같다. 펌프가 정격회전속도 $N_0 = 1775rpm$으로 운전 도중 정전시 $\Delta t = 0.5s$ 후 운전점을 구하라. 단 펌프의 제동력 $P = 300kW$으로 가정한다.

표 1. 펌프와 관로자료

No	$Q(m^3/s)$	펌프 $h_P(m)$	관로 $H_{pipe}(m)$
1	0.0000	87.00	50.0
2	0.1667	85.00	51.5
3	0.3333	78.00	55.0
4	0.5000	67.80	62.0
5	0.6667	55.00	73.0

펌프가 정상적으로 운전될 경우 운전점을 구하기 위해 표 1에 주어진 자료 그리고 엑셀의 차트기능과 추세선기능을 이용하여 펌프와 관로의 $Q-H$ 곡선인 h_P와 h_{pipe}에 대한 추세식을 유도하면 다음과 같다.

$$h_P = -63.75Q^2 - 6.2169Q + 87.258 \quad (1)$$

$$h_{pipe} = 57.84Q^2 - 4.6626Q + 50.214 \quad (2)$$

펌프의 운전점은 상기 펌프수두와 관로수두 차이가 0이 되는 점이므로 이를 하나의 식으로 표현하면 다음과 같다.

$$F_1 = -63.75Q^2 - 6.2169Q + 87.258 - (57.84Q^2 - 4.6626Q + 50.214) = 0 \quad (3)$$

엑셀의 해찾기 기능을 이용하여 상기 식을 만족시키는 $Q_0 = 0.5455m^3/s$를 구할 수 있으며 이 운전점은 그림 1과 표 1로부터 4~5번 구간에 위치하는 것을 알 수 있다.

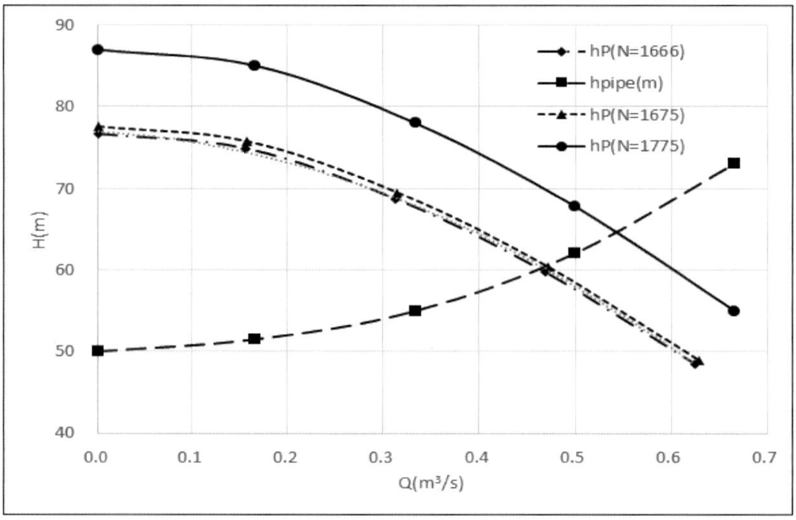

그림 1 펌프상사법칙을 적용한 운전점의 이동

식 10.21과 10.25로부터 다음과 같이 펌프와 전동기 관성모멘트를 구하고, 전체 관성모멘트는 $I = 1.69 + 8.53 = 10.22 kg \cdot m^2$이 된다.

$$I_P = 0.03768 \left[\frac{300}{\left(\frac{1775}{1000} \right)^3} \right]^{0.9556} = 1.69 kg \cdot m^2$$

$$I_M = 0.0043 \left[\frac{300}{\left(\frac{1775}{1000} \right)} \right]^{1.48} = 8.53 kg \cdot m^2$$

식 10.2과 유사하게 정격회전속도 $N_0 = 1775 rpm$의 $Q_0 = 0.5455 m^3/s$에서의 토크 T_0를 구하면 다음과 같다.

$$T_0 = 214.7 + (281.6 - 214.7) \frac{0.5455 - 0.50}{0.6667 - 0.50} = 233 kg_f \cdot m \quad (4)$$

이제 식 10.4를 사용하여 $\triangle t = 0.5 s$ 후 회전속도 N_1를 구하면 다음과 같다.

$$N_1 = 1775 - \frac{60 \times 233 \times 0.5}{2 \times 3.14 \times 10.22} = 1666 rpm \quad (5)$$

식 10.1의 상사법칙을 적용하여 회전속도 $N_1 = 1666 rpm$에서의 상사점을 구하면 표 2의 세 번째 칸과 같고 이때 펌프 h_P의 추세식 (6)을 전술한 식 (3)과 같이 h_{pipe}와 등치시키고 해찾기기능을 이용하면 $N_1 = 1666 rpm$에서의 운전점 $Q_1 = 0.4636 m^3/s$를 구할 수 있다.

$$h_P = -63.75 Q^2 - 5.8363 Q + 76.903 \quad (6)$$

표 2. 펌프상사법칙적용

No	$N_0 = 1775rpm$			$N_1 = 1666rpm$		$N_1 = 1675rpm$		$N_1 = 1675rpm$	
	Q (m^3/s)	h_P (m)	T $(kg_f \cdot m$	Q (m^3/s)	h_P (m)	Q (m^3/s)	h_P (m)	Q (m^3/s)	h_P (m)
1	0.0000	87.00	109.8	0.0000	76.7	0.0000	77.5	0.0000	77.5
2	0.1667	85.00	169.6	0.1565	74.9	0.1573	75.7	0.1573	75.7
3	0.3333	78.00	186.7	0.3129	68.7	0.3146	69.5	0.3145	69.3
4	0.5000	67.80	214.7	0.4694	59.8	0.4719	60.4	0.4718	60.4
5	0.6667	55.00	281.6	0.6259	48.5	0.6293	49.0	0.6291	49.0

정상운전시 펌프운전점의 원점은 표 2의 두 번째 칸과 그림 1로부터 $N_0 = 1775rpm$에서 $Q_1 = 0.5455m^3/s$는 4~5번 구간에 위치한다. 그러나 표 2의 세 번째 칸으로부터 $N_0 = 1666rpm$에서 상사점 $Q_1 = 0.4636m^3/s$는 3~4구간에 위치하게 되어 상사법칙이 위배된다. 따라서 표 2의 두 번째 칸의 T 자료와 식 10.2를 이용하여 $N_1 = 1666rpm$의 상사점에 상응하는 $N_0 = 1775rpm$의 원점에서의 토크를 다음과 같이 구할 수 있다.

$$T_1 = 186.7 + \frac{0.4636 - 0.3129}{0.4694 - 0.3129}(214.7 - 186.7) = 213.6kg_f \cdot m$$

식 10.4를 사용하여 $\Delta t = 0.5s$ 후 회전속도 N_1를 구하면 다음과 같다.

$$N_1 = 1775 - \frac{60 \times 213 \times 0.5}{2 \times 3.14 \times 10.22} = 1675rpm$$

식 10.1의 상사법칙을 적용하여 회전속도 $N_1 = 1675rpm$에서의 상사점을 구하면 표 2의 네 번째 칸과 같고 이때 펌프 h_P의 추세식 (7)을 전술한 식 (3)과 같이 h_{pipe}와 등치시켜 해찾기 기능을 이용하면 $N_1 = 1675rpm$에서의 운전점 $Q_1 = 0.4708m^3/s$를 구할 수 있으며 펌프는 이 유량을 송수하게 된다.

$$h_P = -63.75Q^2 - 5.8679Q + 77.737 \tag{7}$$

더욱 정확한 운전점을 구하기 위해 상기 절차를 한 번 더 반복한 결과는 표 2의 다섯 번째 칸과 같다. 이때 $N_1 = 1675rpm$은 앞에서 구한 수치와 동일하므로 이는 원점과 상사점이 상사법칙을 준수한다는 것을 의미한다. 즉 정상운전시 $Q_0 = 0.5455m^3/s$, $T_0 = 233kg_f \cdot m$ 운전점은 표 1의 두 번째 칸에서 점 4와 5사이에 위치하지만 정전 $\Delta t = 0.5s$ 후 $Q_1 = 0.4708m^3/s$ 운전점은 표 2의 다섯 번째 칸으로부터 점 3과 4 사이에 위치한다. 이 운전점에 상응하는 원점에서의 $T_0 = 213.6kg_f \cdot m$는 표 2의 두 번째 칸에서 점 3과 4 사이에 위치하므로 상사법칙을 준수한다. 따라서 C^- 특성식에 $Q_1 = Q_P$로 대입하여 H_P를 구하면 경계조건을 완전히 해결할 수 있으며 상세한 계산 과정은 엑셀파일을 exam 10_5를 참조한다.

10.5.2 역류발생시간

펌프장 정전이 되면 전술한 것과 같이 펌프는 펌프영역, 제동영역, 수차영역으로 수리적 과도현상을 겪는다. 제동영역에서는 펌프 토출측에 체크밸브가 없으면 펌프는 정방향으로 계속 회전하지만 펌프 토출수두가 정수두보다 작으면 펌프로의 역류가 시작된다. 이때 펌프에는 그림 10.13과 같이 정수두에서 손실수두를 감한 수두가 작용하며 역류 유량이 증가할수록 이 수두는 감소한다. 그러나 펌프는 유량이 0이 되는 체절수두에서 임의 회전속도로 정방향으로 회전 도중 역류(예제 10.2에서 역류시작 3.0초)가 발생하면서 회전속도가 급격히 감소하기 시작하여 잠시 후 역회전(예제 10.2에서 역회전시작 6.0초)하기 시작한다,

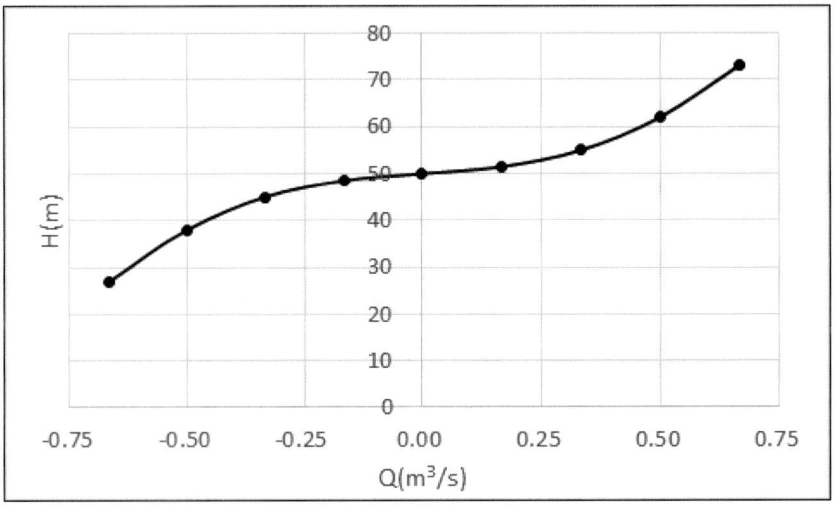

그림 10.13 정상유동과 역류시 관로 $Q-H$ 곡선

역류는 그림 10.14에서 펌프 $Q-H$ 곡선인 h_{pump} 곡선의 체절수두가 관로 $Q-H$ 곡선인 h_{pipe} 곡선의 정수두 이하로 될 때 즉, $H_d \le 0$일 때 발생하기 시작한다. 통상적으로 h_{pump} 곡선의 기울기는 비속도 N_S에 의해 결정되며 비속도 N_S가 클수록 곡선 기울기가 가파르고 비속도가 작으면 완만하게 되어 100이하가 되면 산형곡선이 되어 서징현상이 발생한다. 또한 h_{pipe} 곡선도 역류시간에 영향을 미친다. 즉, 오일수송관로에서와 같이 관로길이가 길어 정수두에 비해 손실수두가 상당히 큰 경우 h_{pipe} 곡선의 기울기가 가파르게 되고, 반대로 관로길이가 짧은 경우에는 손실수두에 비해 정수두가 큰 경우 h_{pipe} 곡선의 기울기가 완만하게 된다. 결론적으로 그림 10.14에서 펌프 비속도가 크고 관로 손실수두가 큰 경우 H_d가 커서 역류발생시간이 길게 되고, 반대로 펌프

비속도가 작고 관로 손실수두가 작은 경우 H_d가 작아 역류발생시간이 짧게 된다.

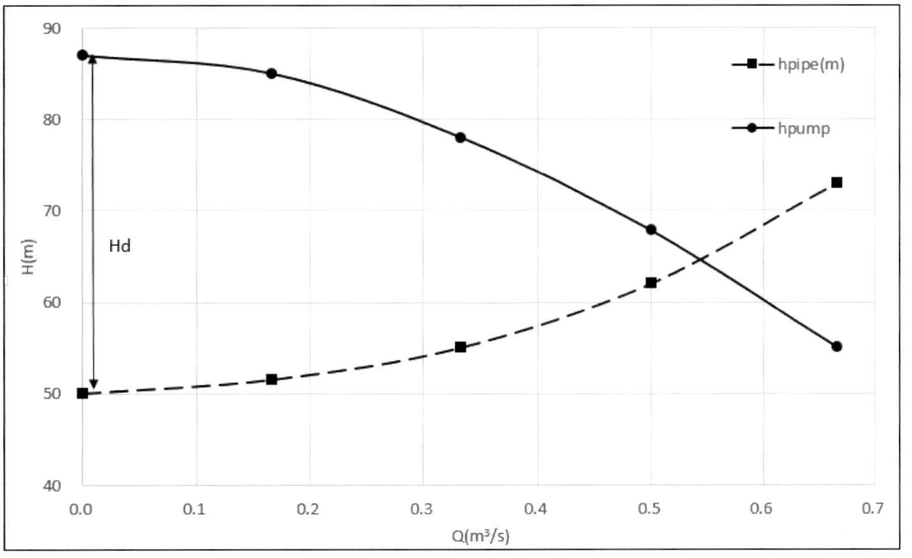

그림 10.14 펌프와 관로 $Q-H$ 곡선

통상적으로 펌프장 정전시 체크밸브의 슬래밍현상으로 인해 가장 심각한 부정류가 발생한다. 따라서 그림 2.2와 같이 역류발생 순간에 체크밸브가 폐쇄되면 체크밸브의 슬래밍현상을 방지할 수 있다. 또한 펌프 정전시 펌프 토출측에서 발생한 다운서지가 하류측 경계에서 반사되어 되돌아와서 펌프에서 업서지로 변화되므로 이와 같은 업서지와 다운서지를 중첩시켜 압력변화 크기를 감소시키는 반사파 완화효과를 얻기 위해서는 역류발생시간이 관로주기보다 길어야 한다. 이러한 목적으로 역류발생시간을 파악하는 것이 중요하므로 본 절에서는 전술한 펌프 상사법칙과 식 2.1의 관성모멘트 식에 기초한 예제를 통해 펌프와 전동기의 관성모멘트를 증가시켜 부정류를 완화시킬 수 있는지 여부를 판단하고 역류발생시간을 구하는 방법에 대해 기술한다.

예제 10.6 펌프장 정전시 역류발생시간

예제 10.5의 관로시스템에서 펌프장 정전시 역류발생시간과 플라이휠 효과에 대해 검토하라. 단, 관로길이 $L=1000m$, 관로 직경 $D=0.5m$, 물 밀도 $\rho=1000kg/m^3$, 파속 $c=1000m/s$이다.

➡ 풀이

식 2.1로부터 플라이휠을 추가하여 관성모멘트를 증대시켜 반사파 완화효과로 부정류 발생시 급격한 수두변화를 완화시킬 수 있는지 여부를 판단할 수 있다.

$$\frac{IN^2}{\rho ALH_0^2} \geq 0.01$$

상기 식에서 모든 자료는 주어지지만 펌핑수두는 예제 10.5의 식 (1) 또는 (2)에 유량 $Q_0 = 0.5455m^3/s$를 대입하여 다음과 같이 구할 수 있다.

$$H_0 = -63.75 \times 0.5455^2 - 6.2169 \times 0.5455 + 87.258 = 64.9m,$$

이제 식 2.1에 자료를 대입하여 계산한 결과는 다음과 같고, 이는 펌프장 정전시 다운서지가 문제가 되면 플라이휠을 추가하면 반사파 완화효과로 다운서지를 효과적으로 감소시킬 수 있다는 것을 의미한다.

$$\frac{IN^2}{\rho ALH_0^2} = \frac{10.22 \times 1775^2}{1000 \times 0.1963 \times 1000 \times 64.9} = 0.039 \geq 0.01$$

본 예제에서는 상기 식을 사용하지 않고도 관로주기는 $T = 2L/c = 2.0s$ 이고, 통상적으로 펌프 정전시 3초 이상 경과한 후 펌프로의 역류가 발생하므로 반사파 완화효과를 얻을 수 있다는 결론에 도달할 수 있다.

예제 10.5의 상사법칙을 사용하여 계산한 결과는 다음 그림과 같으며 이 그림에서 펌프의 체절수두가 관로 정수두 이하로 떨어지는 시간은 약 2.5s가 된다. 따라서 정전이 되면 펌프 토출측에서 다운서지가 발생하여 압력은 약 2.5초 동안 저하하지만 관로주기인 2.0초 후에는 반사파가 업서지가 되어 다운서지를 중화시켜 압력저하를 완화시키며 상세한 계산 과정은 엑셀파일 exam 10_6을 참조한다.

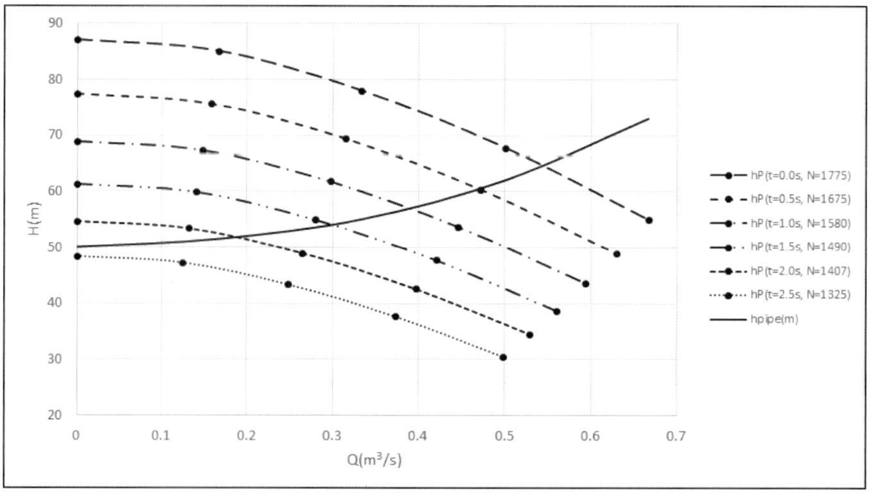

그림 1 펌프장 정전시 펌프 역류발생시간

11장 밸브관련 부정류

11.1 유량제어밸브 특성

현실적인 모델개발을 보장하기 위해서는 관로시스템 내 사용되는 모든 밸브 및 유사한 구성요소의 운영 그리고 손실수두 자료를 얻기 위해 모든 노력을 다하여야 한다. 초기 설계단계 동안 통상적인 사례와 같이 이러한 자료 취득이 불가능한 것으로 판단되면 대표적인 수치에 의지하여야 한다. 본 장에 수록된 밸브선도는 확실한 수치가 없을 때 사용하기 위한 지침으로 제공된다. 많은 선도와 함께 다양한 밸브형식의 개략도가 포함되었지만 이 개략도는 제작사가 아닌 밸브형식을 나타내기 위한 것임을 강조한다.

11.1.1 손실계수

그림 11.1～11.10은 관로시스템에서 많이 사용되는 다양한 제어밸브와 차단밸브의 손실계수 K 자료를 제공하며 이 손실계수는 다음 식으로 정의된다.

$$K = \frac{h_L}{v^2/2g} \tag{11.1}$$

여기서 h_L : 밸브 통과시 손실수두

v : 평균 유속

상기 식은 손실계수 K가 무차원이고 사용된 단위와는 독립적인 장점을 갖는다. 밸브제작사는 빈번하게 다음과 같은 유량계수식을 사용한다.

$$C_v = Q\sqrt{\frac{s}{\triangle p}} \tag{11.2}$$

여기서 C_v : 유출계수

Q : 체적 유량

s : 유체의 상대 밀도(비중량)

$\triangle p$: 밸브를 통한 압력저하

이 경우 C_v는 여러 단위로 표현되며 무차원이 아니다. 많은 밸브제작사는 항상 동일한 단위를 사용하지 않고 그들 자체 식을 사용하는 경향이 있다는 사실을 명심하여야 한다.

손실계수 K와 유출계수 C_v는 밸브 위치 즉, 밸브개도에 따라 변화한다. 이들은 스핀들의 이동거리 또는 밸브의 개방된 면적과 관련되며, 완전 개방된 위치에 상응하는 K_0 또는 C_{v0}와의 관계는 다음과 같다.

$$\begin{aligned} C_v &= C_{v0}\left(\frac{A}{A_0}\right) \quad or \quad C_v = C_{v0}\left(\frac{L}{L_0}\right) \\ K_v &= K_{v0}\left(\frac{A}{A_0}\right) \quad or \quad K_v = K_{v0}\left(\frac{L}{L_0}\right) \end{aligned} \tag{11.3}$$

밸브가 부정류를 발생시킬 때 스핀들 위치와 개방면적은 시간에 따라 변화하므로 손실계수도 시간의 함수가 된다.

$$A = A_0(t) \quad or \quad L = L_0(t)$$

그림 11.11~11.19는 식 11.1로 정의되는 손실계수 K와 함께 다양한 체크밸브에 대한 유사한 자료를 보여준다. 이 선도의 자료는 주로 유럽과 북미 소재 밸브제작사가 발

행한 문헌 및 시험 보고서로부터 발췌한 것이다. 비교 목적으로 레이놀즈수 Re에 따라 체크밸브의 손실계수를 작도하였다. 대부분의 경우 손실계수를 체크밸브의 개도와 직접 연계하는 정보는 거의 없다.

$$Re = \frac{vD}{\nu} \tag{11.4}$$

여기서 v :평균유속

D :공칭 직경

ν :유체의 동점성계수

대부분 설계에서 체크밸브 손실계수곡선의 전반적인 형태는 밸브가 개방되면서 손실계수가 급격하게 감소하고 완전 개방 위치에 도달하면서 일정한 수치를 갖는 경향이 있다.

체크밸브규격이 손실계수에 미치는 영향은 명백하고 그림 11.14와 11.19가 보여주는 것과 같이 밸브형식도 영향을 미친다. 손실계수는 폐쇄를 돕기 위해 부착된 평형추와 강한 스프링으로 인해 개방 동안 악영향을 받을 수 있다. 유사하게 'recoil'설계는 손실이 큰 경향이 있다. 날렵한 웨이퍼(wafer) 형식의 밸브는 상대적으로 높은 손실을 유발하며 그 이유는 짧은 설계는 높은 난류를 유발하고, 이 난류는 하류에서 양호한 압력 회복을 방해하고 공동화를 개시할 수 있기 때문이다.

특정 체크밸브형식의 손실계수를 추정하기 위해 공칭 직경과 설계 유속에 기초한 레이놀즈수를 계산한다. 유체 특성에 관한 문헌으로부터 동점성계수를 얻을 수 있으며 대기 온도에서 물의 동점성계수는 표 11.1과 같다.

표 11.1 대기온도에서 물의 동점성계수

온도(℃)	5	10	15
동점성계수$(m^2/s) \times 10^{-6}$	1.519	1.308	1.141

예제 11.1 스윙체크밸브 손실계수

수온 10℃, 유속 1.9m/s로 물을 수송하는 관로에 설치된 직경 600㎜ 스윙체크밸브의 손실계수를 구하라.

➡ 풀이

식 11.4로부터 레이놀즈수는 다음과 같다.

$$Re = \frac{1.9 \times 0.6}{1.308 \times 10^{-6}} = 8.716 \times 10^5$$

그림 11.11의 단순한 스윙체크밸브선도로부터 손실계수는 약 1.5가 된다.

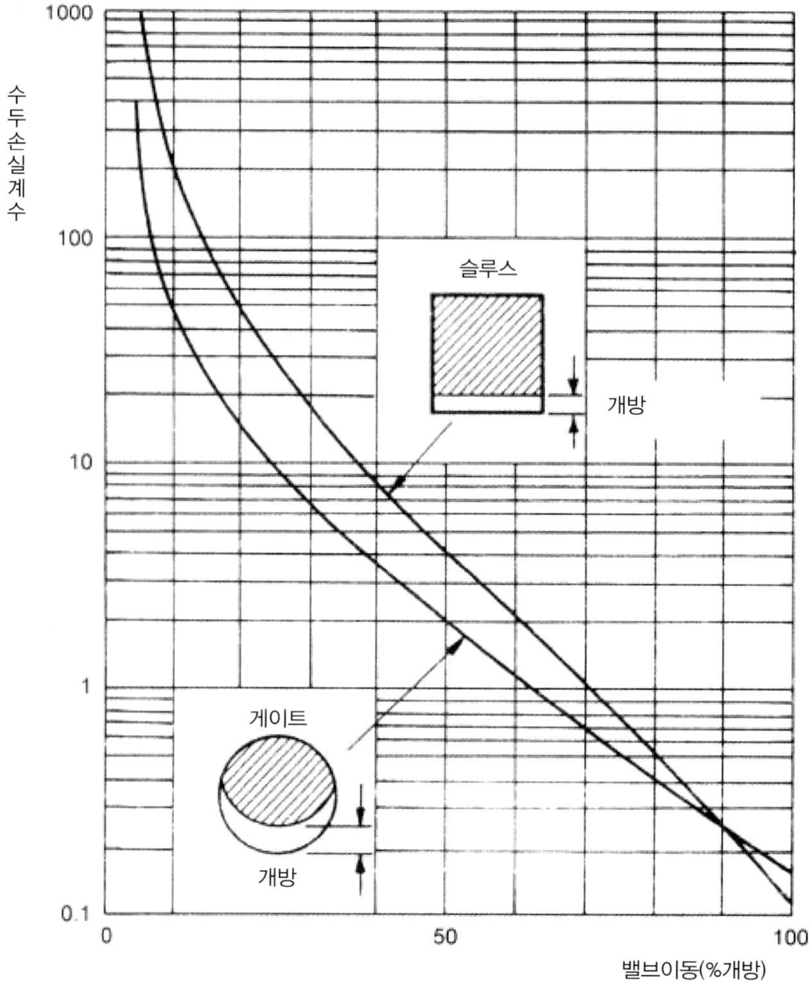

그림 11.1 전형적인 원형 및 사각 게이트밸브의 개도에 따른 손실계수

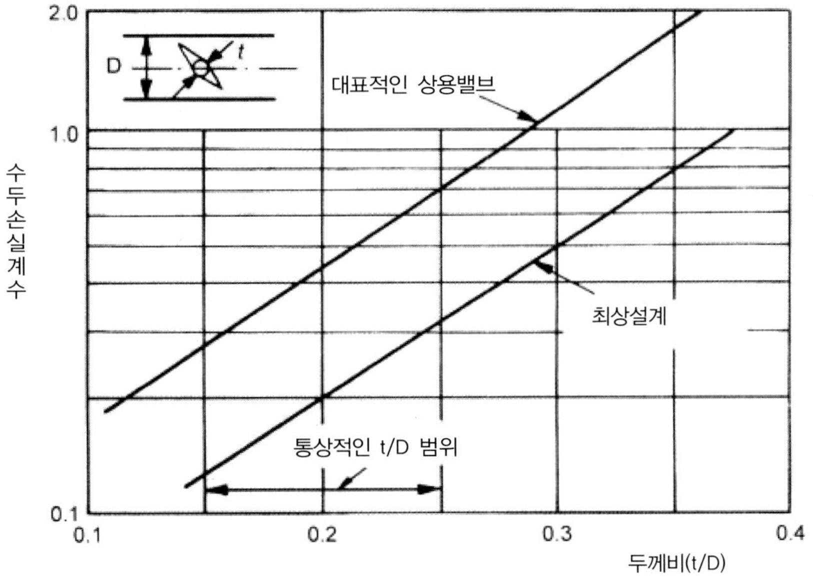

그림 11.2 전형적인 버터플라이밸브의 손실계수

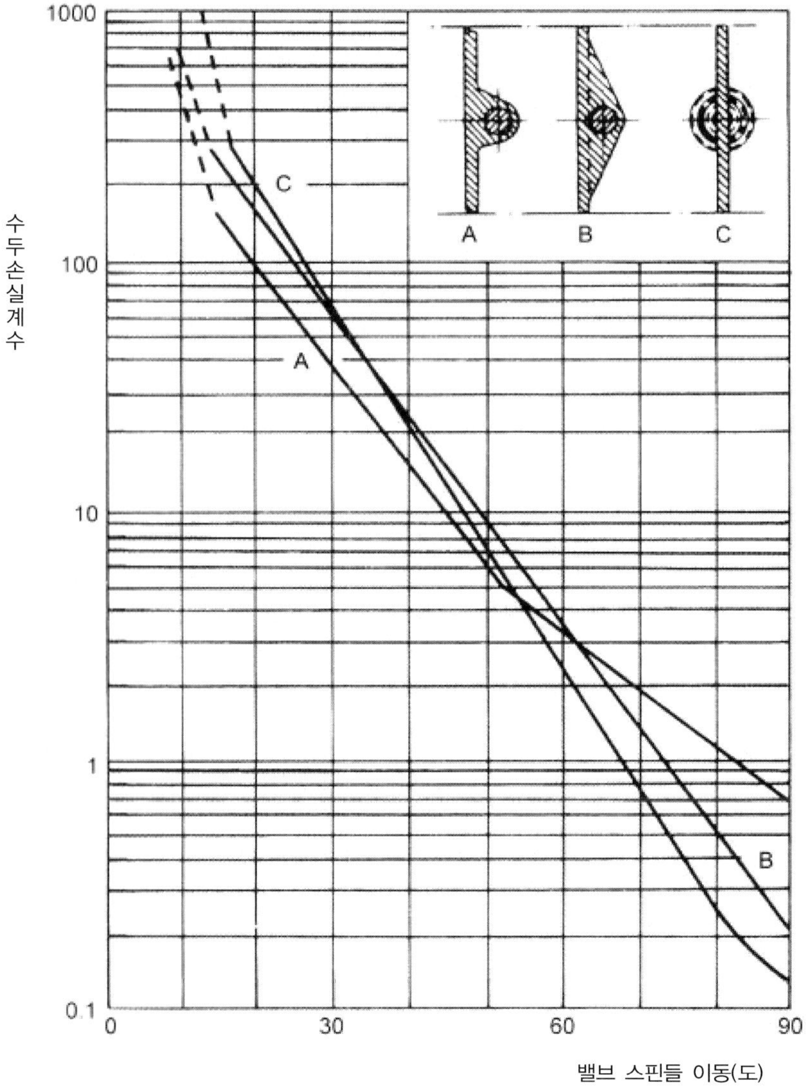

그림 11.3 개도에 따른 손실계수(버터플라이밸브)

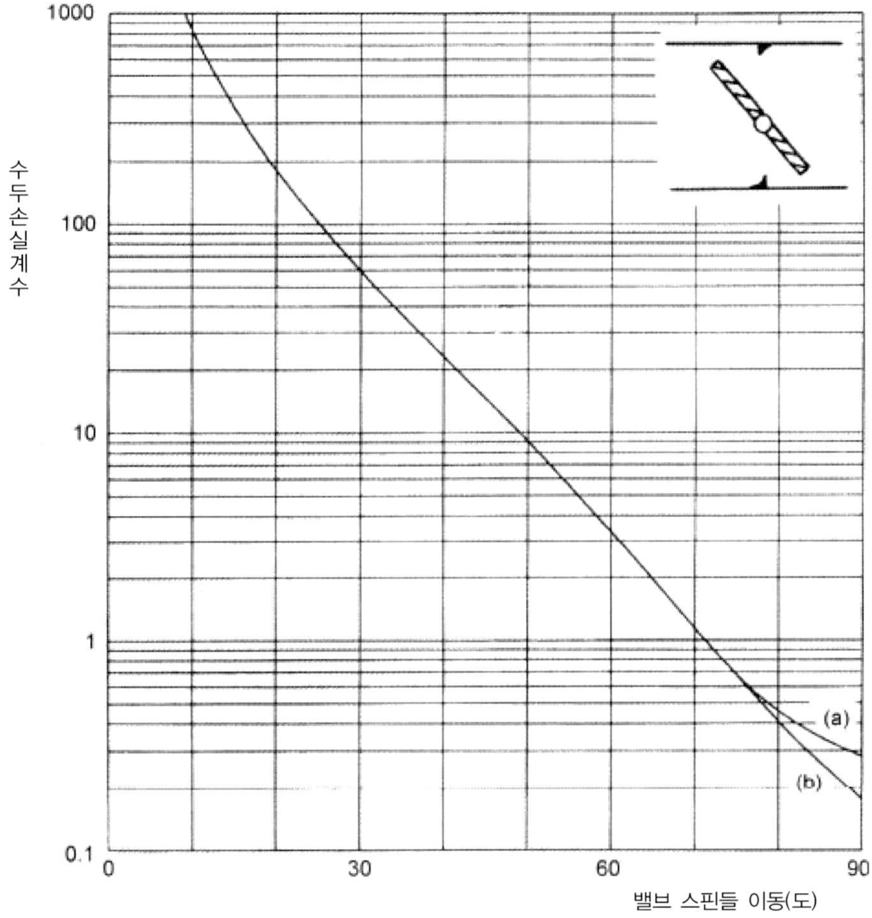

그림 11.4 Glenfield사가 제공한 버터플라이밸브 손실계수 규격 (a)350～1140mm, (b)1200～1800mm

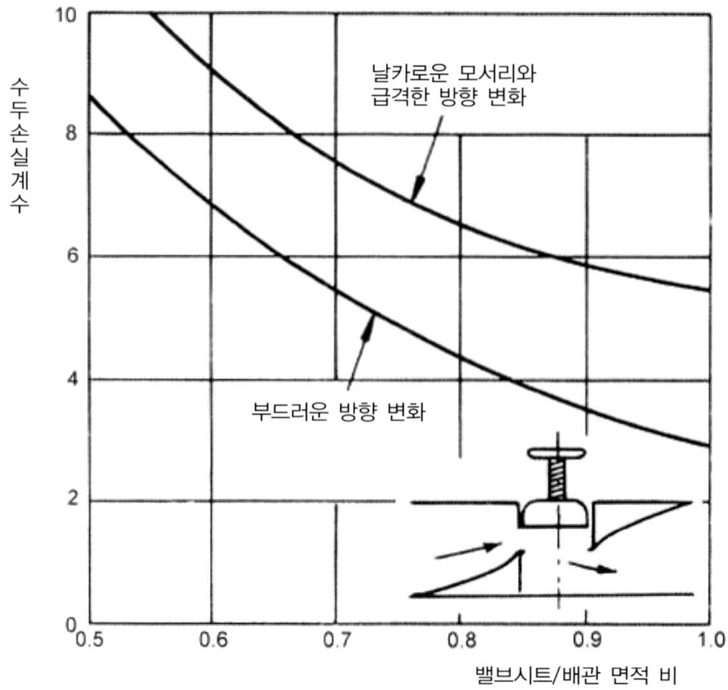

그림 11.5 완전개방시 손실계수(글로브밸브)

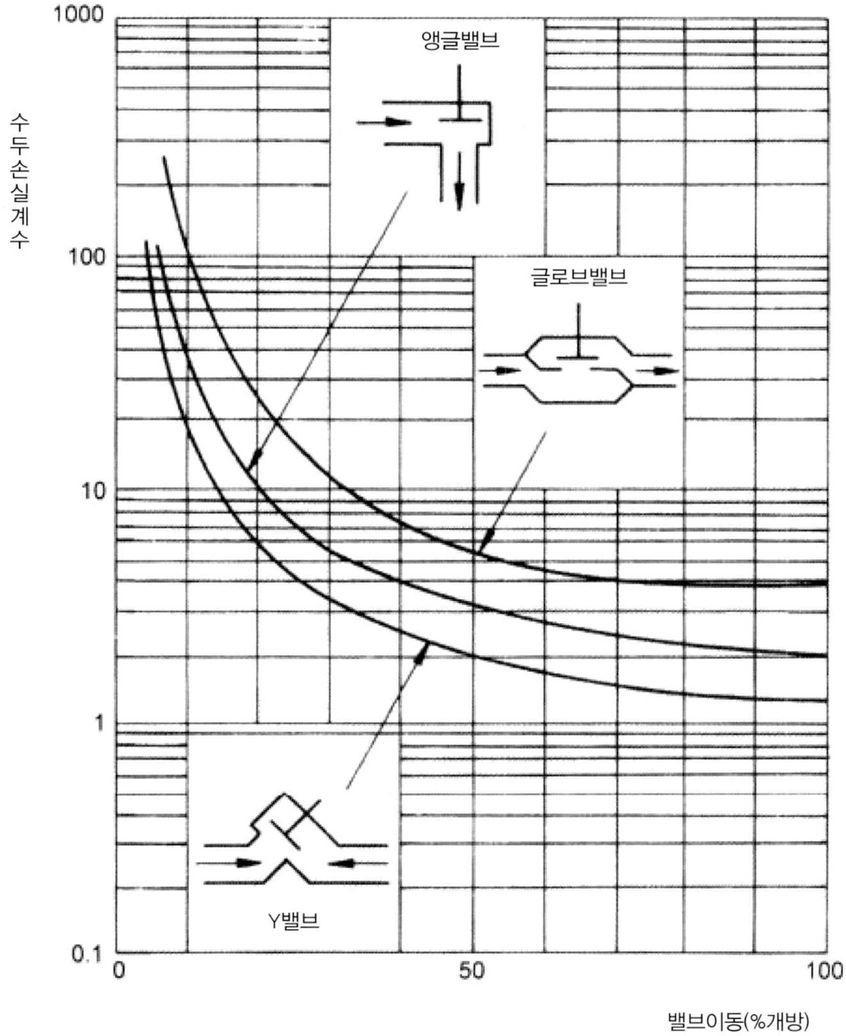

그림 11.6 개도에 따른 손실계수(글로브, Y, 앵글밸브)

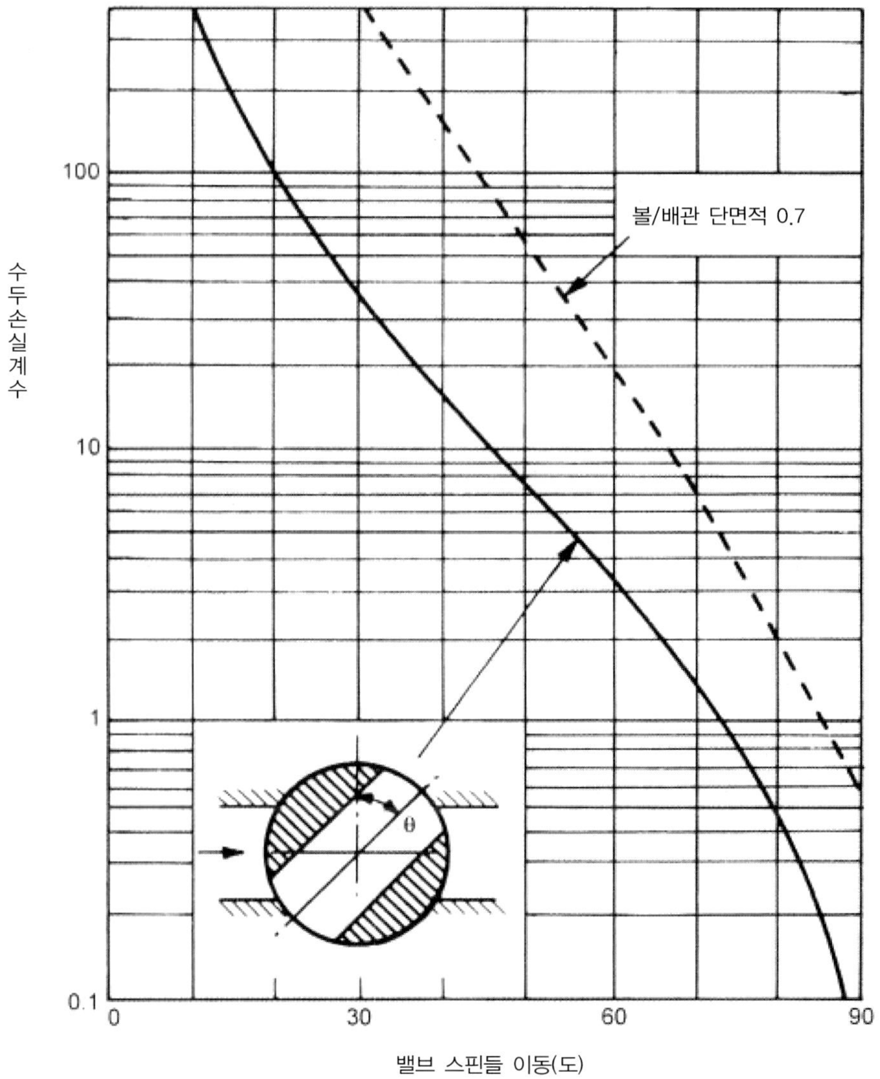

그림 11.7 개도에 따른 손실계수(볼밸브)

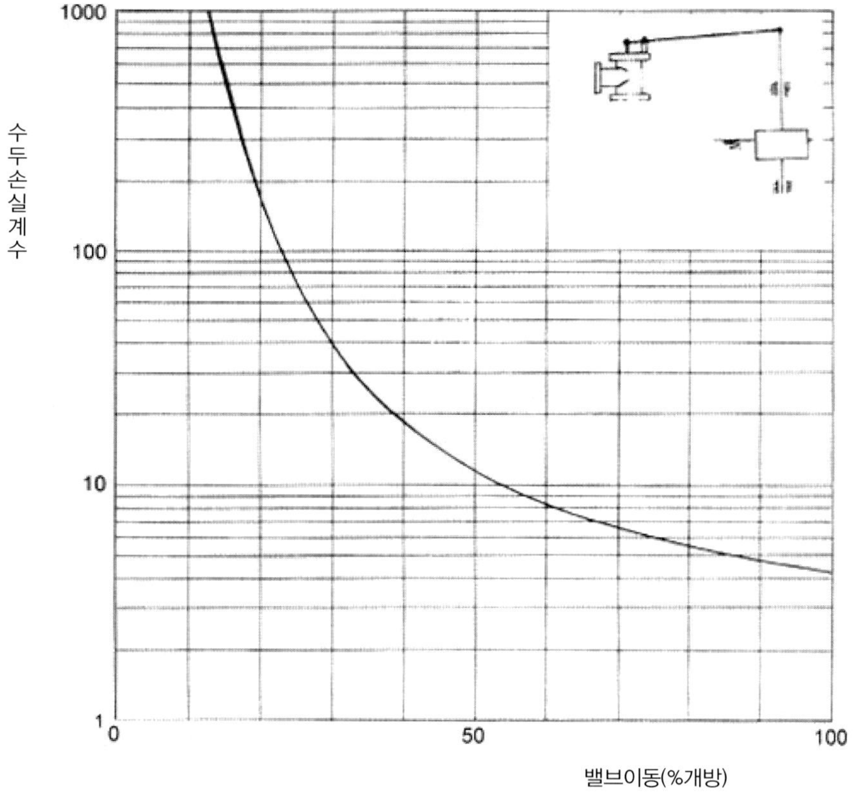

그림 11.8 개도에 따른 손실계수(직각 플로트밸브) 규격 50～300mm

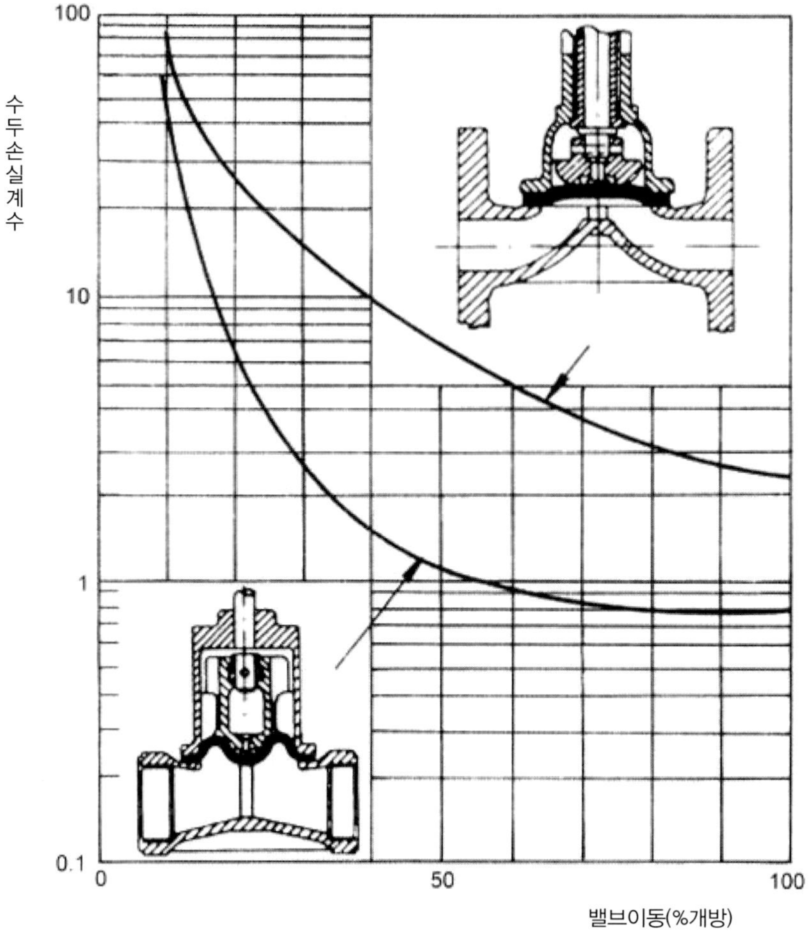

그림 11.9 개도에 따른 손실계수(다이아프램밸브)

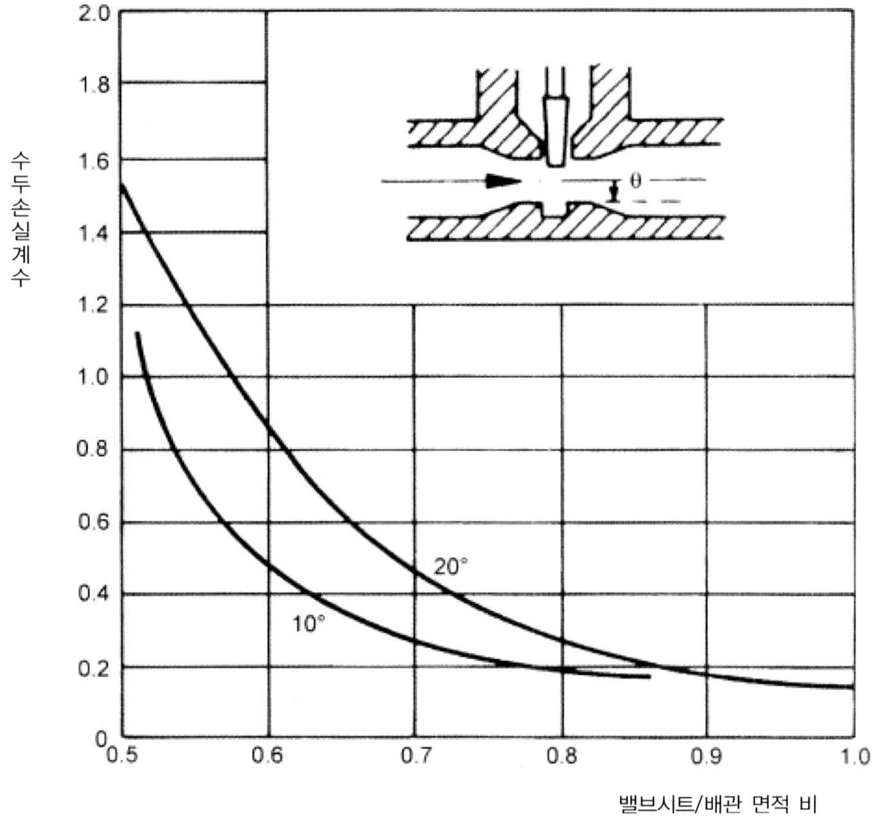

그림 11.10 개도에 따른 손실계수

※ 완전 개방 및 유입부가 경사진 원형게이트밸브

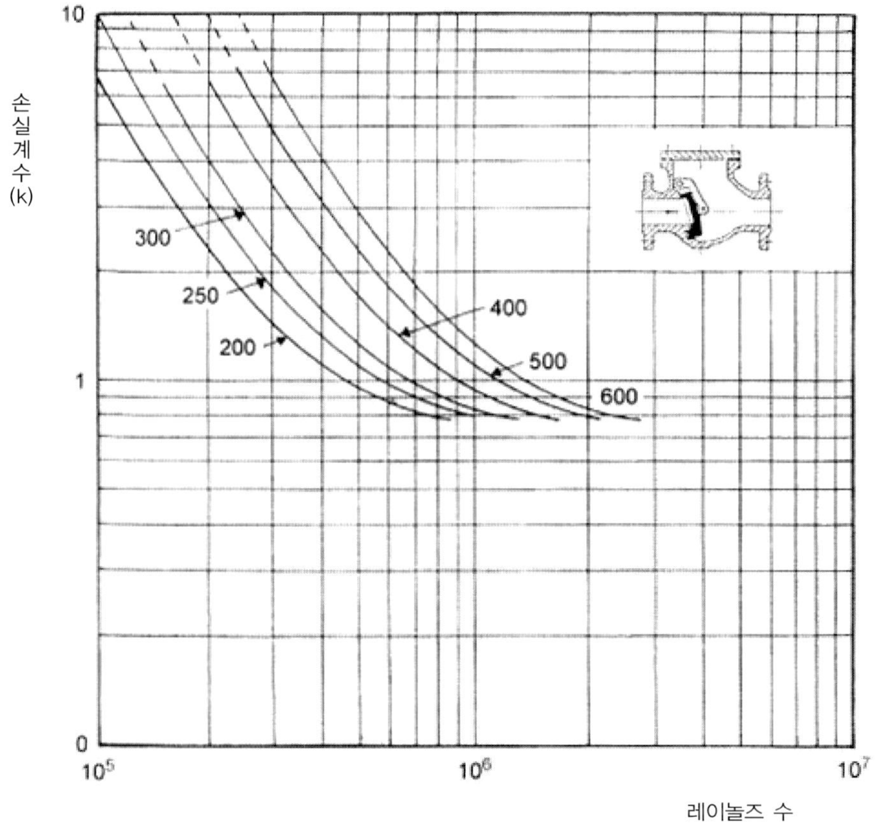

그림 11.11 단순 스윙체크밸브 손실계수(규격 200~600mm)

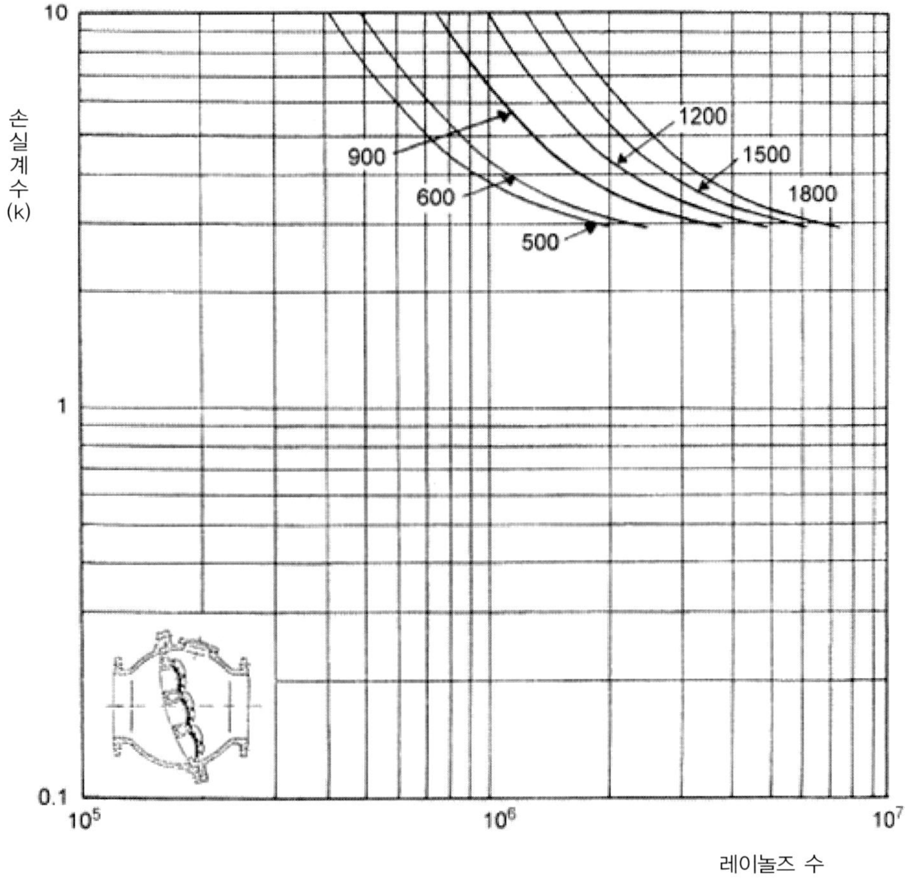

그림 11.12 이중 및 다중 도어 스윙체크밸브 손실계수(규격 500~1800mm)

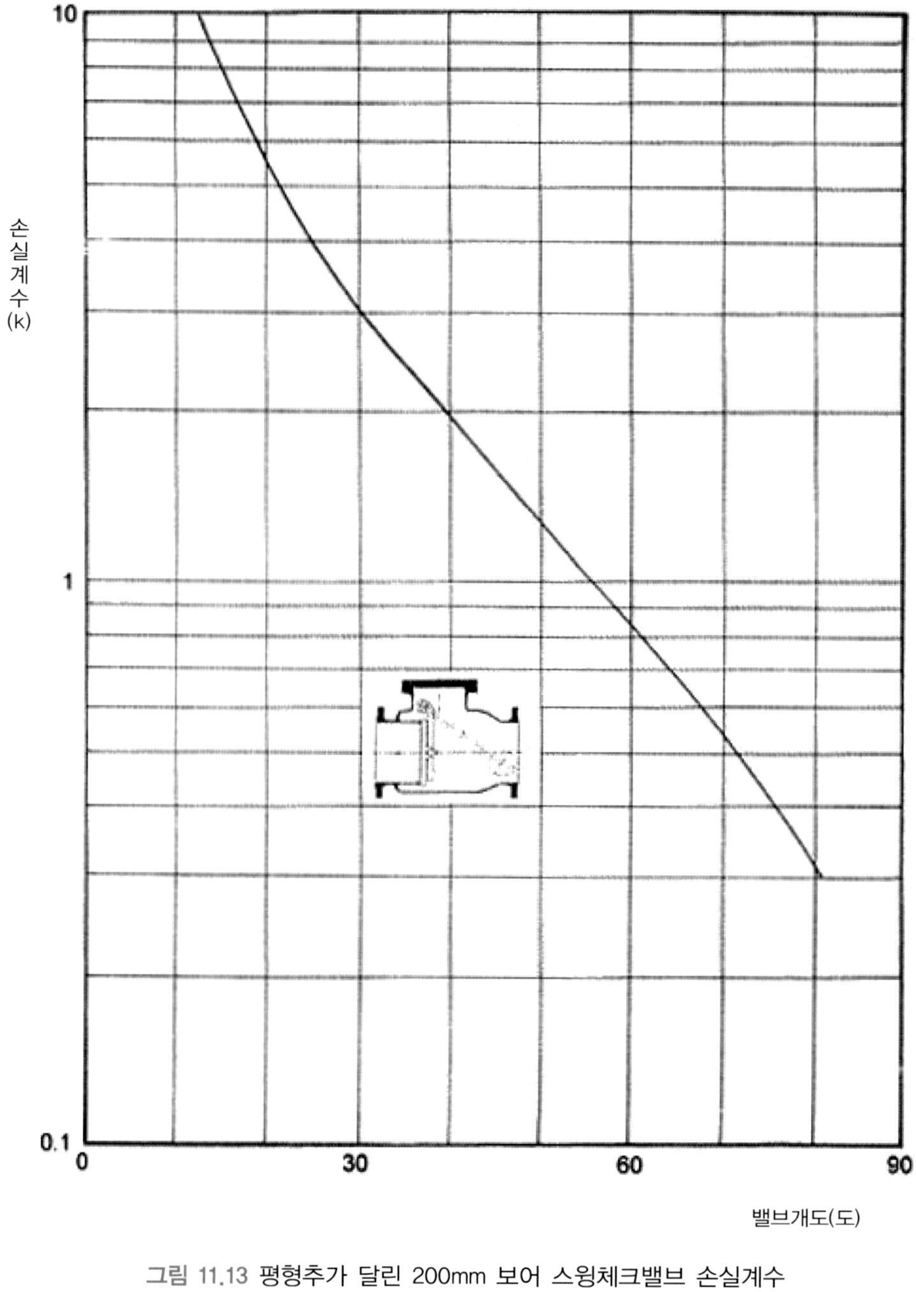

그림 11.13 평형추가 달린 200mm 보어 스윙체크밸브 손실계수

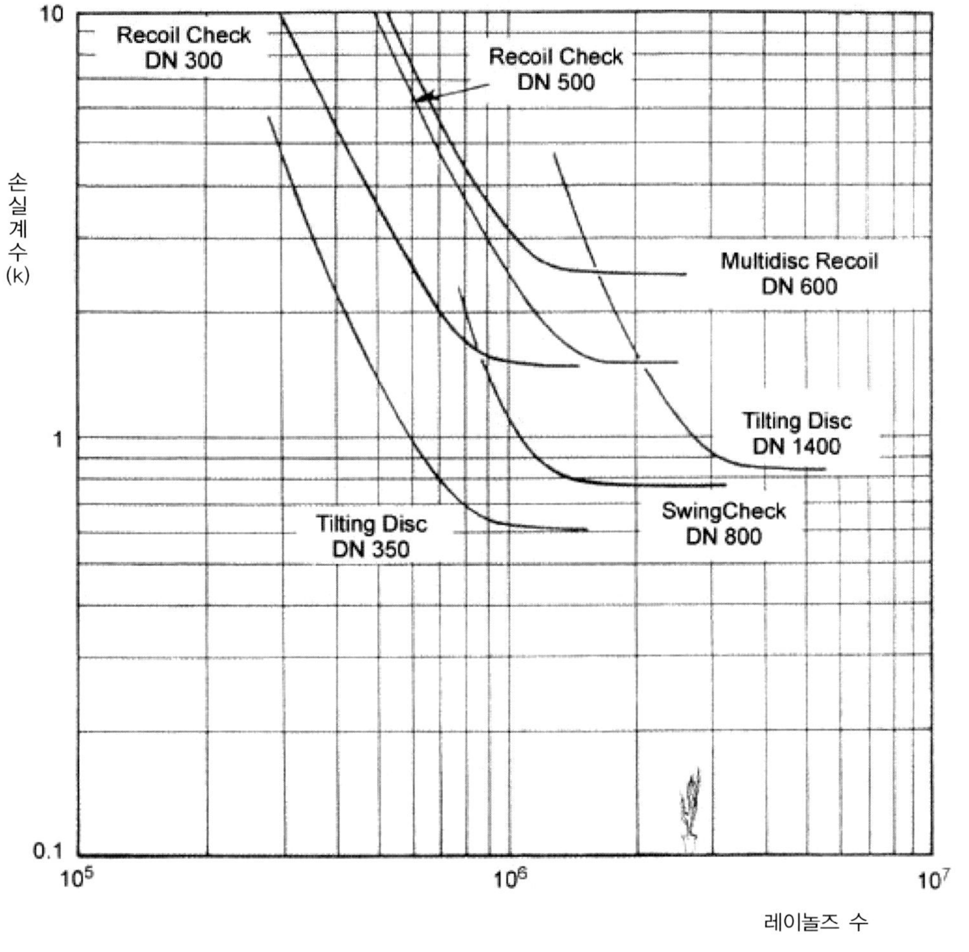

그림 11.14 단순스윙체크밸브와 틸팅 디스크 체크밸브 선정을 위한 손실계수 비교

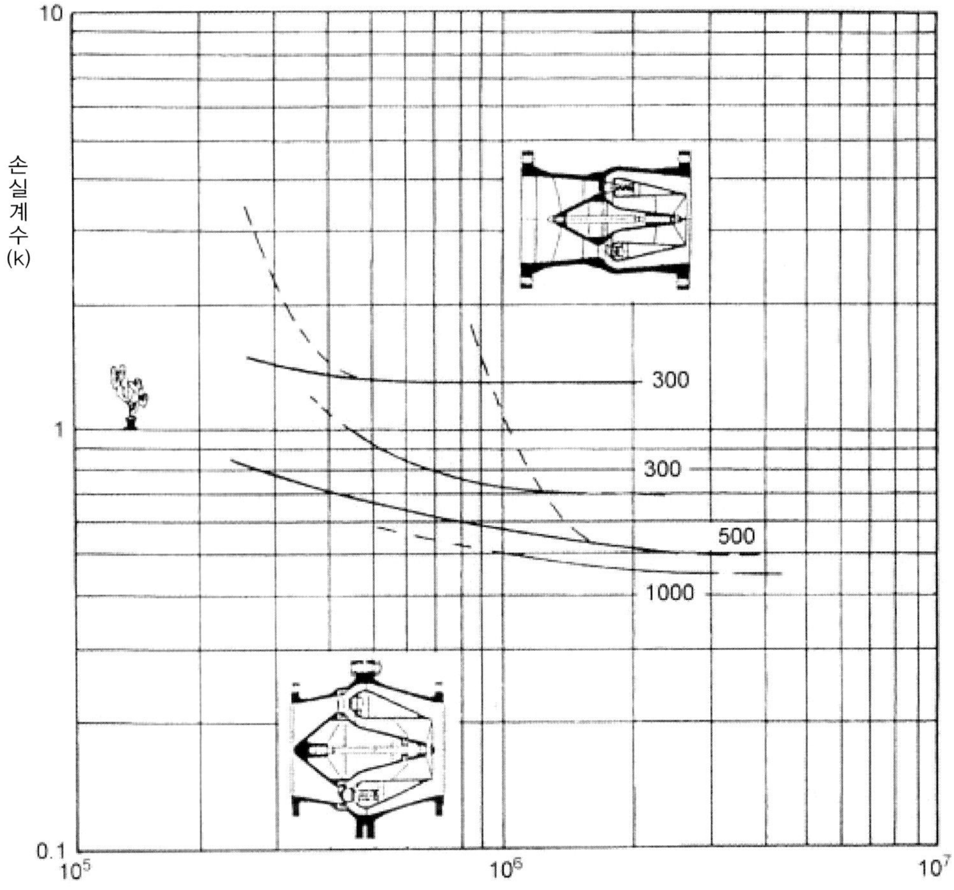

그림 11.15 노즐형 체크밸브 손실계수

※ 300mm와 500mm의 점선은 상대적으로 강한 복귀 스프링이 취부된 효과를 보여준다.

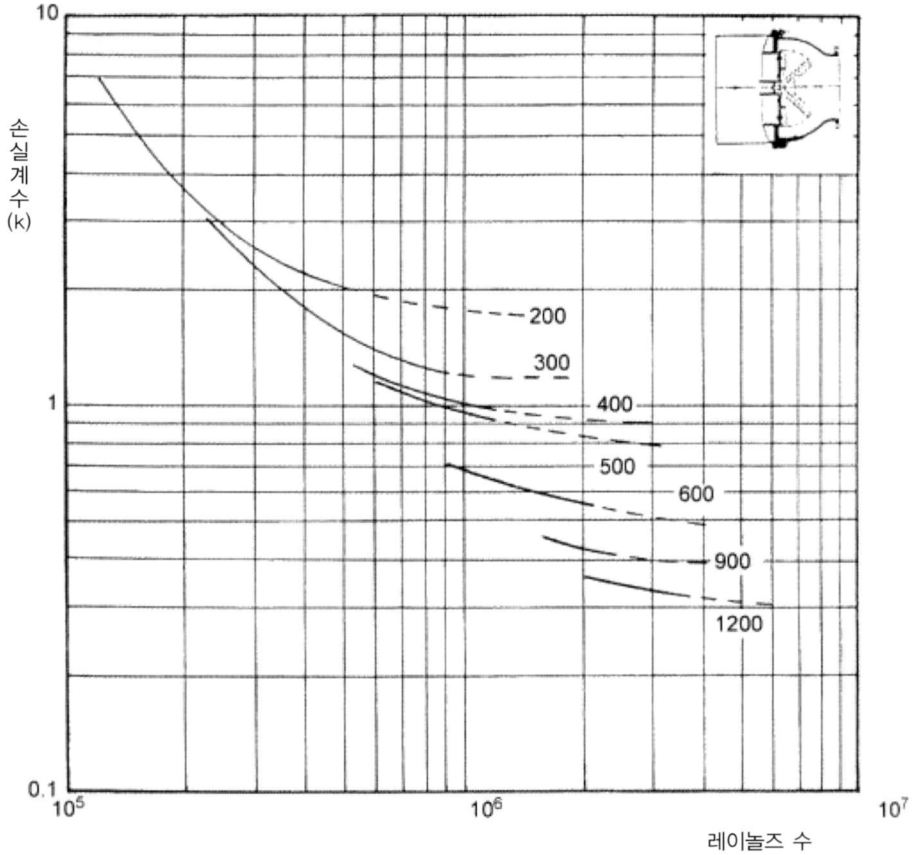

그림 11.16 손실계수(스플릿 디스크 체크밸브, 규격 200～1200mm)

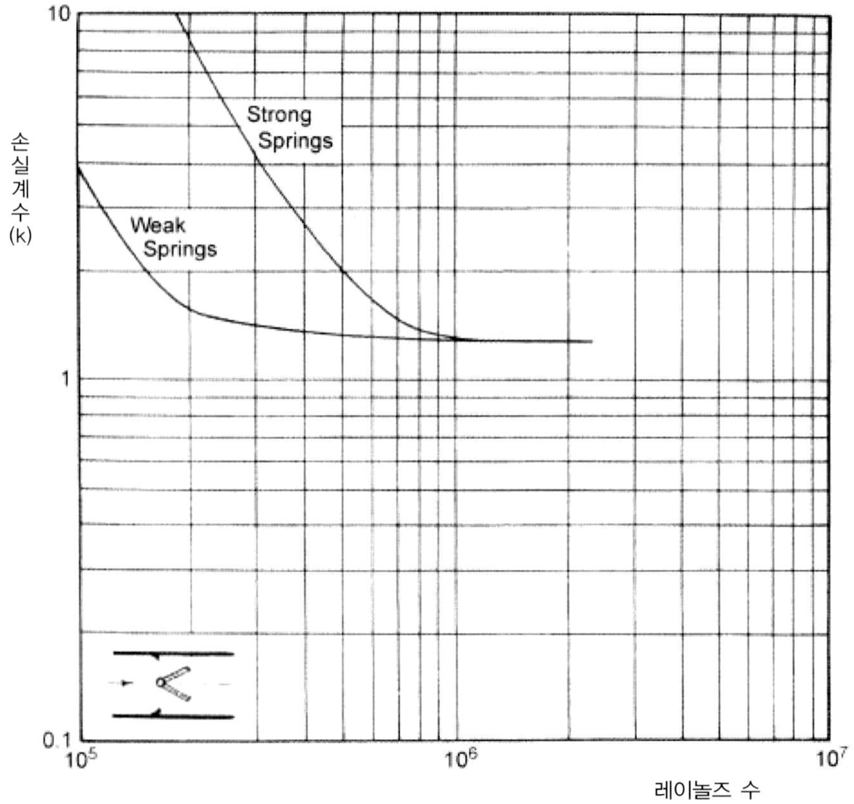

그림 11.17 손실계수 비교

※ 스프링이 취부된 200mm 스플릿 디스크 밸브

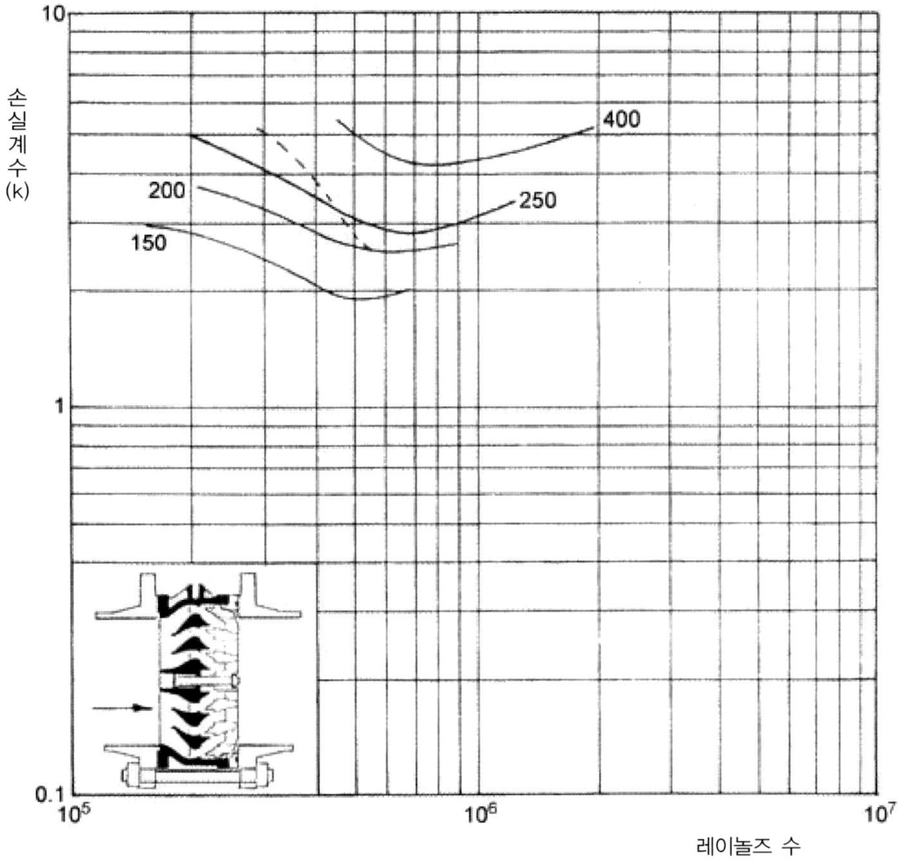

그림 11.18 웨이퍼형식 플레이트 체크밸브 손실계수

※ 200mm 밸브에서와 같이 높은 유속에 도달할 때까지 강한 스프링은 완전개방을 지연시킨다.

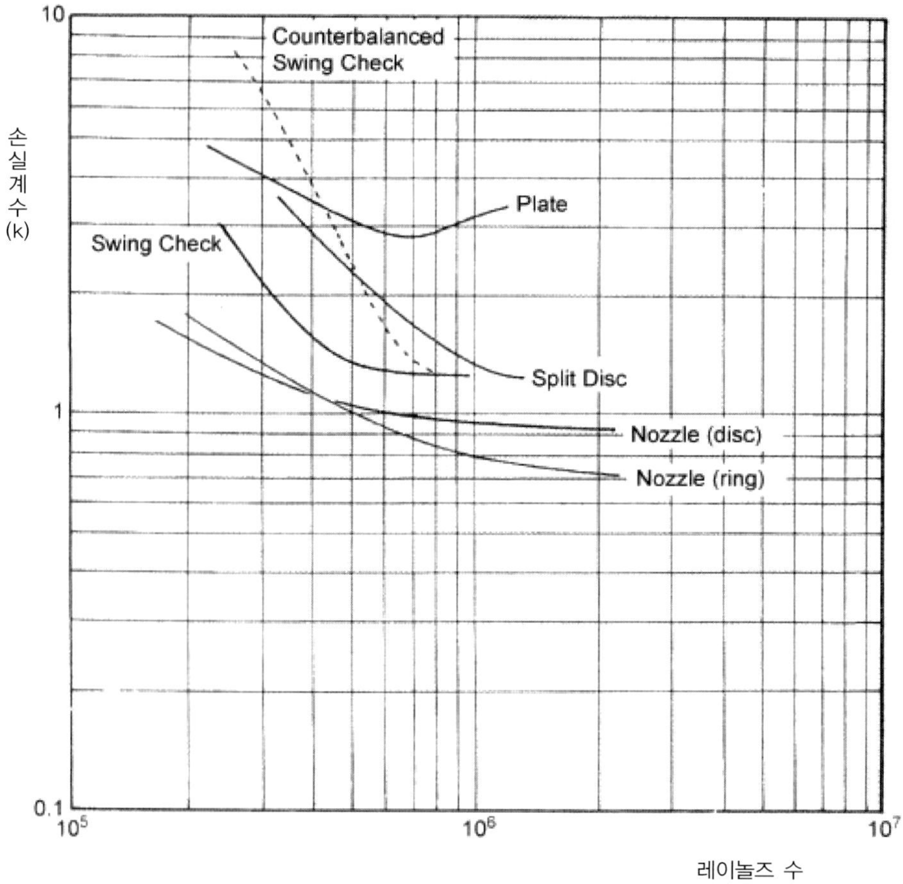

그림 11.19 250mm 다양한 형식의 보어 체크밸브 손실계수 비교

※ 스윙체크밸브에서 평형추는 다른 설계에서 강한 스프링 취부와 유사하다.

11.1.2 유량계수

펌프 토출유량이 과도해져 발생하는 공동화현상을 방지하거나 또는 관로에 연결된 수용가의 유량을 조정하는 등의 목적으로 빈번하게 밸브개도를 교축한다. 이때 사용하는 밸브를 유량제어밸브라 부르며 다양한 형식의 밸브를 사용하고 있다. 또한 현장에서 유량을 조정할 때 밸브의 유량제어범위를 벗어나면 밸브에서 공동화현상이 발생한다. 그러나 현장에서는 유량제어용도에 적합한 밸브의 형식과 공동화현상 발생여부에 대해서는 기술적인 검토 없이 거의 직관적으로 판단하여 설치·운영하고 있는 것이 현실이다. 본 절에서는 밸브형식별 고유유량계수와 유효유량계수에 대해 기술한다.

11.1.2.1 밸브 고유유량계수

밸브의 고유유량계수란 각 밸브개도에서 밸브 전·후단에서의 수두차 즉, 밸브를 통과하면서 발생하는 손실수두를 $dH = 10m$로 유지할 때 1 시간 동안 통과하는 유량이다. 각 밸브회사가 제시하는 개도별 손실계수는 이와 같은 고유유량계수의 시험조건에서 구한 것으로 밸브의 손실계수는 밸브형식마다 다르며 그림 11.1~11.10 그래프 중 일부 밸브 형식의 손실계수를 표로 작성하면 표 11.2와 같다.

표 11.2 밸브형식별 대표적인 손실계수

개도(%)	K_v(B/F)	K_v(Gate)	K_v(Ball)	K_v(Globe)
100	0.17	0.30	0.10	0.10
90	0.30	0.33	0.13	0.12
80	0.64	0.37	0.17	0.16
70	1.80	0.46	0.25	0.20
60	4.20	0.59	0.36	0.28
50	10.90	0.81	0.57	0.40
40	29.00	1.22	1.07	0.63
30	101.00	2.12	2.42	1.11
20	724.00	4.69	7.75	2.50
10	13549.00	18.57	54.08	10.00
0	5.E+08	5.E+08	5.E+08	5.E+08

표 11.2와 같은 밸브의 손실계수는 실험을 통해 얻을 수 있는 수치로서 표 11.2의 버터플라이밸브 전개시 밸브를 통과하면서 발생하는 손실수두 $dH = 10m$를 유지하기 위해 필요한 유속은 다음과 같으며

$$V = \sqrt{\frac{2gH}{K_v}} = \sqrt{\frac{2 \times 9.8 \times 10}{0.17}} = 34m/s$$

이와 같은 밸브실험장치의 배관 및 수조 등에서 발생하는 관로손실계수 $K_L = 2.0$, 버터플라이밸브 100% 개방시 밸브손실계수 $K_v = 0.18$을 고려하여 상기 유속을 유지하기 위해 필요한 수조의 높이는 다음과 같다. 최근에는 펌프의 정밀제어로 이와 같은 높은 수조를 대체하기도 한다. 국내 밸브회사의 현실을 고려할 때 밸브의 손실계수를 구하기 위해 이와 같이 높은 수조로 구성된 실험설비를 구성하는 것은 거의 불가능하기 때문에 외국 문헌을 주로 인용하고 있다.

$$H = (K_v + K_L)\frac{V^2}{2g} = 2.18\frac{34^2}{2 \times 9.8} = 128m$$

밸브개도와 유량과의 관계를 표시한 것을 밸브의 유량특성이라 하며 다음 두 방법으로 표현된다. 첫째는 밸브 상·하류의 압력차 또는 손실수두 $dH = 10m$로 일정하게 유지하고 관로손실을 무시한 상태에서 밸브개도별 밸브를 통과하는 시간 당 유량과의 관계를 나타낸 것을 고유유량계수라 하며 여기서 A는 밸브 상류측 배관 단면적(m^2), dH는 밸브에 작용하는 수두차, K_v는 밸브 손실계수, K_L은 관로 손실계수(fL/D), g는 중력가속도이다.

$$C_{Vin} = 3600A\sqrt{\frac{2gdH}{K_v + K_L}}\ m^3/hr \tag{11.5}$$

직경 0.4m 배관에 설치된 표 11.2의 밸브형식과 밸브개도별 K_v 수치를 식 11.5에 대입하여 구한 고유유량계수는 표 11.3의 두 번째 칸과 같고 이 수치를 각 밸브형식별 최대수치로 나누어 정규화(normalizing)한 결과는 표 11.3의 세 번째 칸 및 그림 11.20와 같으며 여기서는 고유유량계수의 정의에 따라 $K_L = 0$이다.

표 11.3 $D = 0.4m$인 관로의 밸브형식별 고유유량계수 C_{Vin}

개도 (%)	$C_{Vin}(m^3/hr)$				정규화된 $C_{Vin}(\%)$			
	버터플라이	게이트	볼	글로브	버터플라이	게이트	볼	글로브
100	15,353	11,557	20,018	20,018	100	100	100	100
90	11,557	11,020	17,557	18,006	75	95	88	90
80	7,913	10,407	15,176	16,002	52	90	76	80
70	4,718	9,333	12,660	14,005	31	81	63	70
60	3,089	8,241	10,550	12,006	20	71	53	60
50	1,917	7,034	8,385	10,009	12	61	42	50
40	1,175	5,731	6,120	8,007	8	50	31	40
30	630	4,348	4,069	6,008	4	38	20	30
20	235	2,923	2,274	4,004	2	25	11	20
10	54	1,469	861	2,002	0	13	4	10
0	0	0	0	0	0	0	0	0

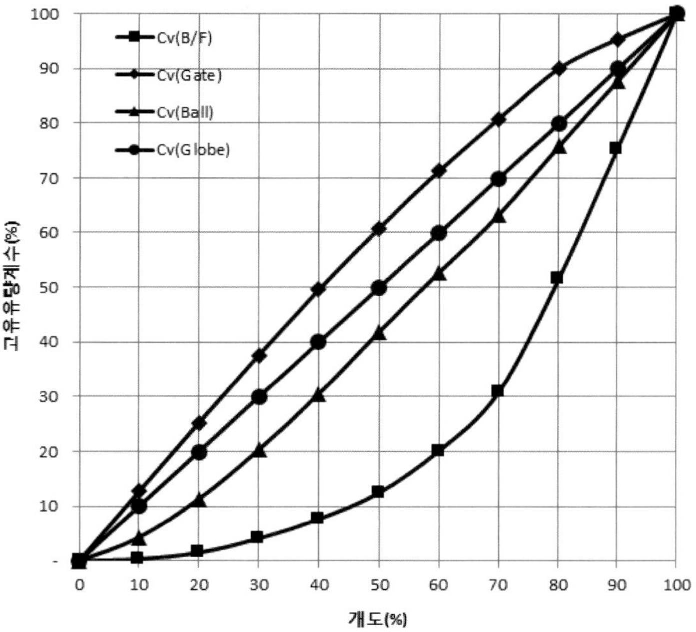

그림 11.20 밸브형식별 고유유량계수

고유유량계수는 밸브 구조에 따라서 개도와 유량과의 관계가 등간격눈금 도표상에서 직선이 되는 선형특성, 로그 도표상에서 직선이 되는 등비특성, 유량이 개도의 제곱근의 형태로 나타나는 제곱근 특성 그리고 밸브개도에 따른 유량이 제곱근 특성보다 더욱 큰 급개방특성이 있다.

- **선형특성** : 개도와 유량이 비례하는 특성이며 글로브밸브가 이 특성을 갖는다.
- **등비특성** : 이 특성은 개도 동일 증가분에 대하여 유량증가비율, 즉 유량계수의 변화율이 같게 되어 적은 개도에서는 유량변화가 비교적 작고 큰 개도에서는 유량변화가 크다. 유량의 광범위한 제어에 적합하며 버터플라이밸브 및 볼밸브가 여기에 해당된다.
- **급개방특성** : 이 특성은 전폐로부터 중간 개도부분까지는 개도의 변화량에 대하여 유량변화의 비율이 제곱근 특성보다 크고 그 이상의 개도부분에서는 유량변화비율이 매우 작게 된다. 게이트밸브 및 니들밸브가 여기에 해당된다.

11.1.2.2 밸브 유효유량계수

고유유량계수는 밸브의 각 개도에 있어서 전후의 압력차를 $dH=10m$로 일정하게 유지하고 관로손실을 무시하여 얻은 것이다. 그러나 실제 관로에서는 밸브에 작용하는 수두차가 10m가 아닌 경우가 빈번하고 또한 관로손실수두를 고려하기 때문에 밸브의 고유유량계수와 일치하지 않는다. 이와 같은 조건을 고려하여 밸브개도별 밸브를 통과하는 시간 당 유량과의 관계를 나타낸 것을 유효유량계수라 한다.

직경 0.4m 배관에 설치된 표 11.3의 밸브형식과 관로손실 $K_L = 45$, $dH = 10m$로 가정하고, 밸브개도별 K_v 수치를 식 11.5에 대입하여 구한 유효유량계수의 수치는 표 11.4의 두 번째 칸과 같고 각 밸브형식별 최대수치를 기준으로 정규화(normalizing)한 결과는 표 11.4의 세 번째 칸 및 그림 11.21과 같다.

표 11.4　$D = 0.4m$, $dH = 10m$, $K_L = 45$인 관로의 밸브형식별 유효유량계수 C_{Ve}

개도 (%)	$C_{Ve}(m^3/hr)$				정규화된 C_{Ve}(%)			
	버터플라이	게이트	볼	글로브	버터플라이	게이트	볼	글로브
100	942	941	943	943	100	100	100	100
90	941	940	942	942	100	100	100	100
80	937	940	942	942	99	100	100	100
70	925	939	941	942	98	100	100	100
60	902	938	940	941	96	100	100	100
50	847	935	938	939	90	99	99	100
40	736	931	933	937	78	99	99	99
30	524	922	919	932	56	98	98	99
20	228	898	872	918	24	95	92	97
10	54	794	636	854	6	84	67	91
0	0	0	0	0	0	0	0	0

표 11.4에서 볼 수 있듯이 관로에서 발생하는 손실계수 K_L을 고려하면 밸브를 통과하는 유량은 밸브의 손실계수 K_v만을 고려할 때 통과하는 표 11.3의 유량보다는 상당히 적다. 또한 유량은 밸브의 교축으로 인한 K_v의 영향보다는 관로 K_L에 의해 영향을 많이 받으며 이는 관로가 길수록 밸브 교축으로 조정할 수 있는 유량범위가 그림의 좌측 상단으로 좁아지는 사실을 표 11.4와 그림 11.21로부터 알 수 있으며 버터플라이밸브가 유량제어용 밸브로 가장 적합한 것을 알 수 있다.

그림 11.21로부터 관로길이가 1000m인 경우 유량제어범위는 버터플라이밸브는 0~60% 개도이고 기타 형식의 밸브는 0~20% 개도가 된다. 그러나 광역관로와 같이 관로길이가 수백 km가 되는 경우 버터플라이밸브의 유량조정범위는 10% 내외가 되며 기타

형식의 밸브의 유량조정범위는 5% 이하가 된다. 이와 같은 경우 밸브로 유량을 조정하게 되면 매우 좁은 개도구간에서 빈번하게 밸브가 동작하게 되어 기어가 급속하게 마모되어 동작이 불가능하게 되는 것은 물론 공동화현상이 발생하므로 주의하여야 한다.

또한 관로가 긴 경우 밸브의 최종 개도 5%에서 유량변화가 발생하여 밸브의 급폐쇄로 인한 부정류가 발생하므로 이에 대한 대책을 강구하여야 한다.

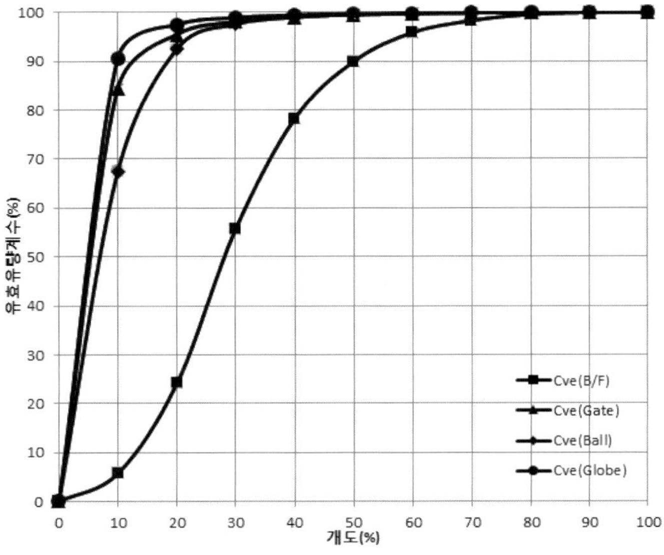

그림 11.21 밸브형식별 유효유량계수

11.2 유량제어밸브폐쇄시 압력상승

11.2.1 선도를 이용한 부정류 해석

관로 하류측 말단부에 설치된 밸브가 관로주기 $T = 2L/c$ 보다 짧은 시간에 폐쇄되면 자이코프스키식 1.1로 밸브에서 압력상승을 쉽게 구할 수 있다. 이 압력상승이 밸브로부터 상류측으로 얼마나 멀리 전파되는지는 관로주기의 분율로서 실제 폐쇄 기간에 종속된다. 밸브폐쇄시간을 반사파가 밸브로 되돌아오는 시간인 관로주기 보다 길게 연장하면 최대압력은 밸브형식과 밸브가 폐쇄되는 방식에 따라 결정된다.

문헌으로부터 많은 식들을 사용하여 압력변화를 추정할 수 있지만 통상적으로 이는 부정확하므로 주의하여야 한다. 대안적 방법은 통상적으로 사용되는 다양한 밸브형식에 대한 선도를 사용하는 것이다. 주된 밸브형식은 개략적으로 그림 11.22와 같다.

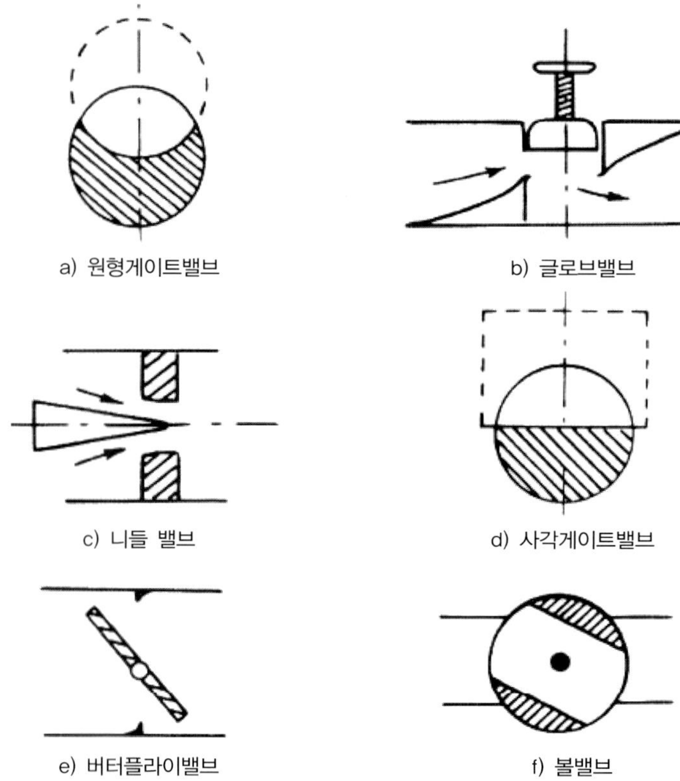

그림 11.22 밸브형식의 개략도

이 선도의 사용은 마찰손실수두를 무시할 수 있는 단일관로에 제한된다. 실제 관로시스템 내 발생하는 마찰을 고려하기 위해 예측된 부정류의 최대압력변화에 손실수두를 추가하면 전체 피크 압력의 궤적을 개선시킬 수 있다. 또한 최종적으로 밸브 상류측에서 최종 압력수두는 정수두(저수지 수두 또는 계속해서 운전되는 펌프의 체절수두)가 된다는 점을 명심하여야 한다.

실제로 이 선도는 상류측 수원은 일정한 수두 저수지로 가정하여 작성되었다. 그러나 만일 펌프의 $H-Q$ 특성곡선이 운전점과 체절수두 사이에서 상당히 평탄하면 펌프가 공급하는 관로에도 이 선도를 적용할 수 있다.

그림 11.24~11.30의 곡선은 무차원 밸브폐쇄시간 t_C에 대해 다음과 같이 정의되는 무차원 최대수두변화비 $\triangle H_m$와 압력변화비 $\triangle p_m$을 보여주며 여기서 H_{max}와 p_{max}는 밸브 상류측에서 최대수두 또는 최대압력이다.

$$\triangle H_m = \frac{gH_{max}}{cv_0} \qquad \triangle p_m = \frac{p_{max}}{\rho c v_0} \tag{11.6}$$

다음과 같이 실제 밸브폐쇄시간 T_C를 무차원 형태로 변환시킬 수 있다.

$$t_C = \frac{T_C}{2L/c} \tag{11.7}$$

다음과 같이 정의되는 무차원 초기 조건 매개변수 α로 밸브 상류측 관로를 표현할 수 있으며 여기서 H_0는 초기 정상유동조건에서 밸브에 작용하는 수두로서 정수두에서 관로손실수두를 감한 것이다.

$$\alpha = \frac{gH_0}{cv_0} \tag{11.8}$$

그림 11.30을 제외하고 모든 선도는 밸브 스핀들이 선형적으로 이동하는 것에 기초하며 따라서 2단 폐쇄에는 적용할 수 없다. 선도사용절차는 다음과 같으며 4.4절에서 설명하였다.

1. 문제의 밸브형식에 적합한 선도를 선택한다.
2. 식 11.7과 11.8로부터 매개변수 t_C와 α를 평가한다.
3. x축 즉, t_C로부터 수직으로 올려 관련된 α곡선을 보간한다.
4. 옆으로 읽어 ΔH_m 또는 Δp_m을 구한다.
5. 식 11.6으로부터 H_{max} 또는 p_{max}를 구한다.

대부분 밸브는 그림 11.23과 같이 밸브개도와 스핀들 위치 사이 비선형 관계를 보여준다. 결과적으로 밸브를 통과하는 유량변화와 압력변화도 매우 비선형이다. 예를 들어 대부분의 원형 게이트밸브는 85% 폐쇄될 때 유량은 15~20% 감소된다.

Wood and Jones (1972) 선도인 그림 11.24~11.30을 이용하여 단일관로 하류측 말단부에 있는 밸브폐쇄시 밸브 상류측에서의 최대압력을 추정할 수 있다.

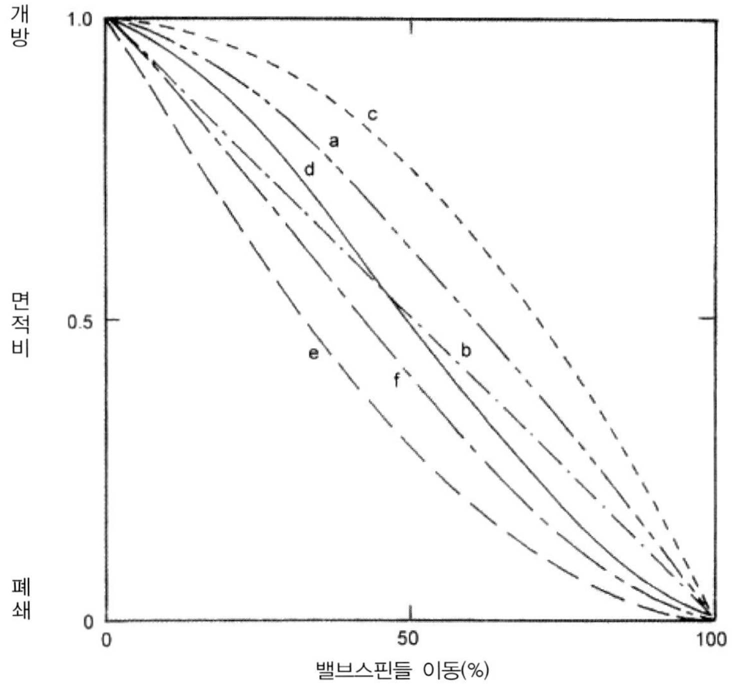

그림 11.23 밸브형식에 대한 개도에 따른 면적변화비

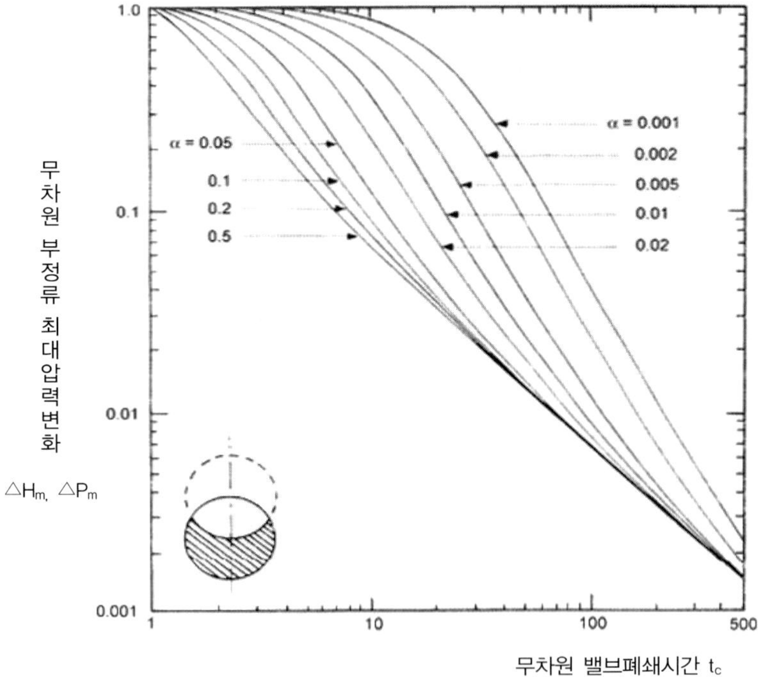

그림 11.24 관로 하류측 말단부 원형 게이트밸브 폐쇄시 최대압력변화(스핀들 선형 이동)

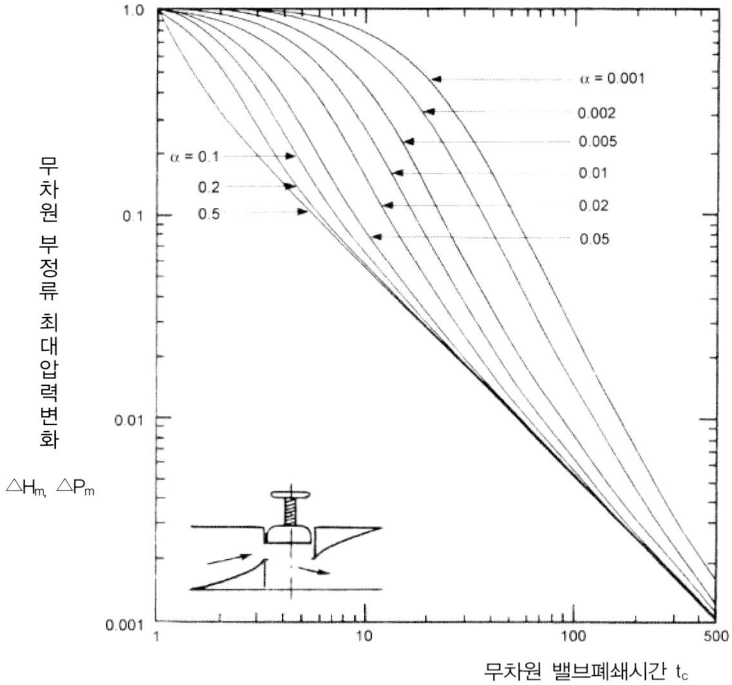

그림 11.25 관로 하류측 말단부 글로브밸브 폐쇄시 최대압력변화(스핀들 선형 이동)

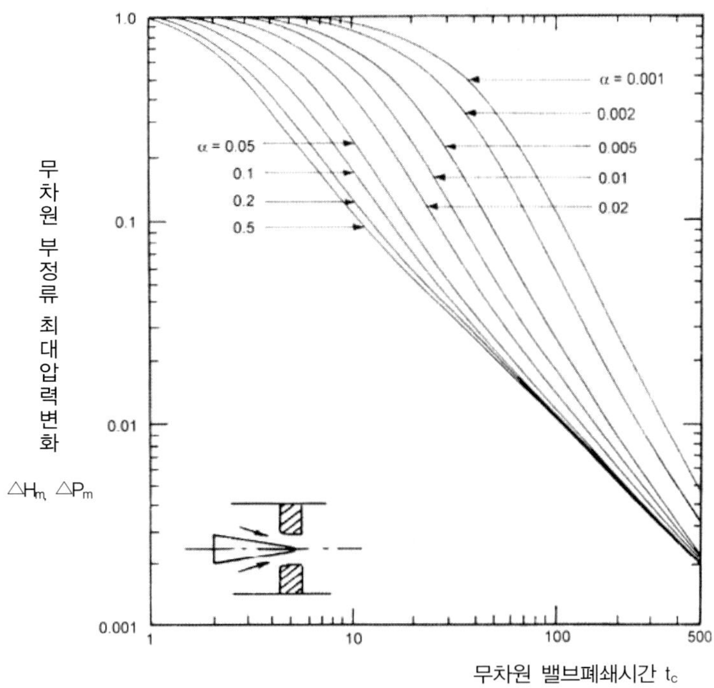

그림 11.26 관로 하류측 말단부 니들밸브 폐쇄시 최대압력변화(스핀들 선형 이동)

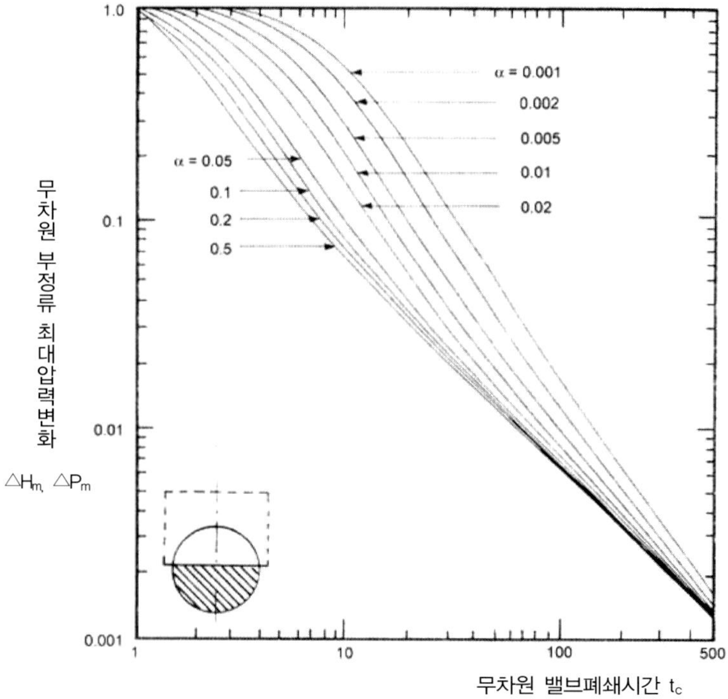

그림 11.27 관로 하류측 말단부 사각 게이트밸브 폐쇄시 최대압력변화(스핀들 선형 이동)

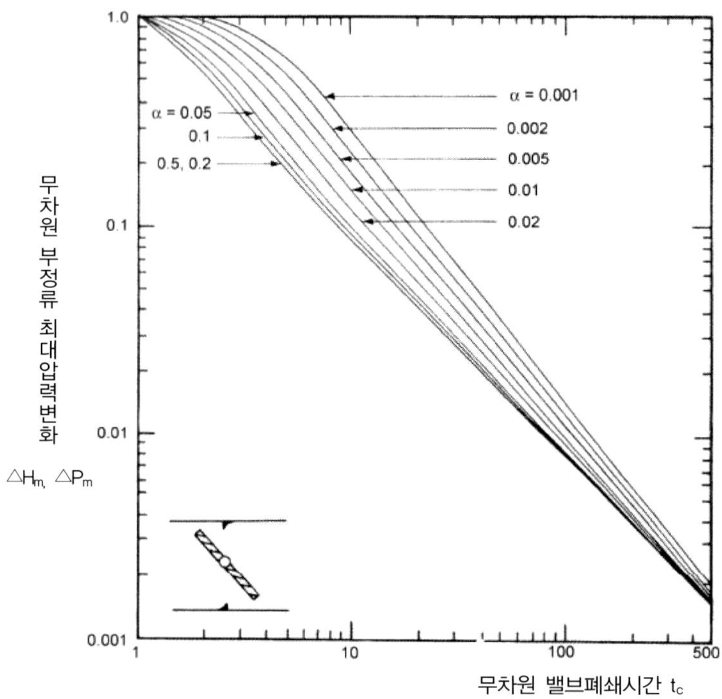

그림 11.28 관로 하류측 말단부 버터플라이밸브 폐쇄시 최대압력변화(스핀들 선형 이동)

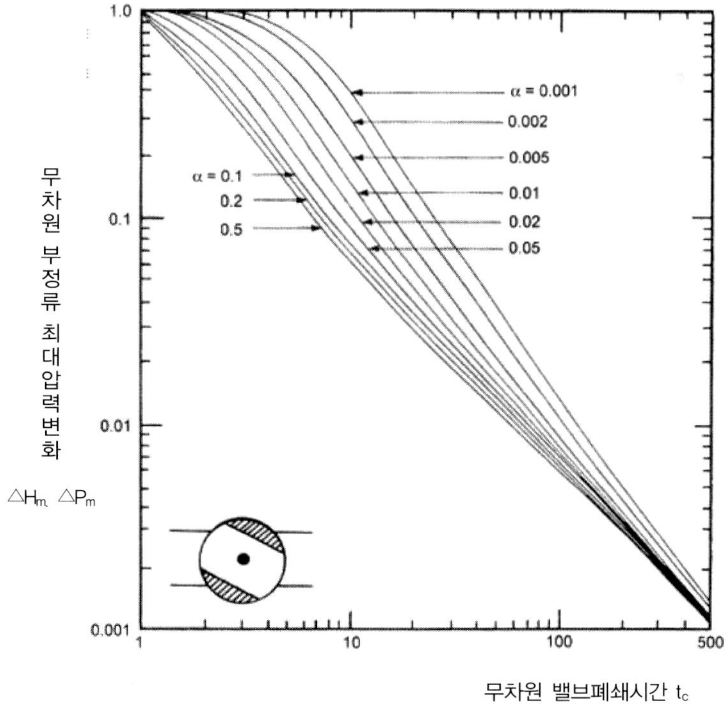

그림 11.29 관로 하류측 말단부 볼밸브 폐쇄시 최대압력변화(스핀들 선형 이동)

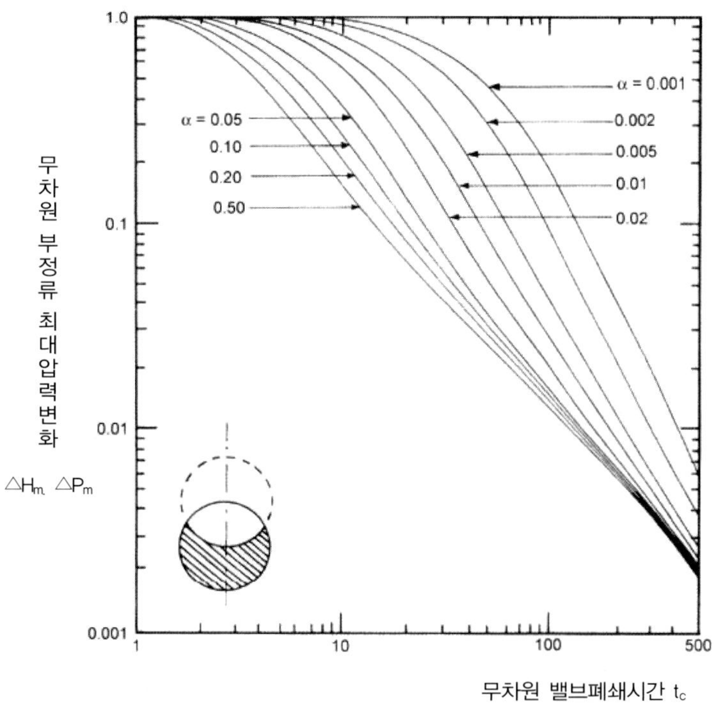

그림 11.30 관로 하류측 말단부 원형 게이트밸브 폐쇄시 최대압력변화(스핀들 가속 이동)

예제 11.2 밸브선도를 이용한 부정류해석

그림 8.2의 직경 0.5m, 길이 5000m, $f=0.02$인 관로에서 수위차 30m의 중력 유동관로에서 10초와 20초 동안 하류측 원형 게이트밸브의 스핀들 선형이동으로 폐쇄시 밸브에서 최대수두를 구하라. 단 파속 $c=1000m/s$이다.

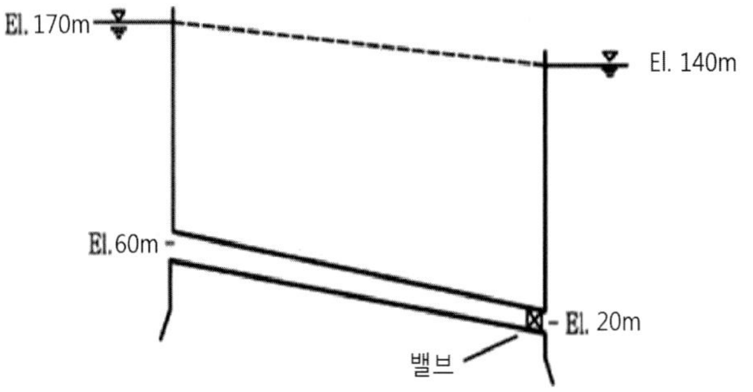

그림 1 중력 이송 단순 관로

➡ 풀이

문제에서 주어진 자료를 이용하여 정상유동시 유속 v_0를 구한다.

$$v_0 = \sqrt{\frac{2gH_0D}{fL}} = \sqrt{\frac{2\times 9.81\times 30\times 0.5}{0.02\times 5000}} = 1.715m/s$$

상기 유속은 상류측과 하류측 저수지수위 차이 30m가 작용할 때 형성되는 유속이므로 이때 밸브에 작용하는 수두 $H_0=0m$가 되어 식 11.8의 $\alpha=0$이 되어 선도를 사용할 수 없다. 따라서 $v_0=1.71m/s$로 설정하면 $H_0=0.2m$가 된다.

$$H_0 = 30 - 0.02\frac{5000}{0.5}\frac{1.71^2}{2\times 9.8} = 0.2m$$

$T_C=10s$일 때 식 11.7로부터 t_C를 구한다.

$$t_C = \frac{10\times 1000}{2\times 5000} = 1.0$$

식 11.8로부터 α를 구한다.

$$\alpha = \frac{9.81\times 0.2}{1000\times 1.71} = 0.001$$

그림 11.24로부터 $t_C=1.0$, $\alpha=0.001$ 수치에서 $\triangle H_m=1.0$를 구할 수 있고, $t_C\le 1.0$이면 급폐쇄이므로 이 그림으로부터 α 수치와 관계없이 $\triangle H_m=1.0$이 되는 것을 알 수 있으며 식 11.6으로부터 밸브에서의 수두상승 H_{max}를 구할 수 있다.

$$H_{max} = \triangle H_m\frac{cv_0}{g} = 1.0\frac{1000\times 1.71}{9.81} = 174.3m$$

밸브에서 수두를 상기 수두상승에 관로 내 마찰손실수두 30m를 더해 피에조미터수두 H로 표현하면 다음과 같고 이를 그림 8.24의 $H = 339m$와 비교하면 약간 차이가 발생한다.

$$H = 170 + 174.3 = 344.3m$$

상기와 동일한 방법으로 $T_C = 20s$일 때 $t_C = 2.0$이 되고, $t_C = 2.0$와 $\alpha = 0.001$을 이용하여 그림 11.24로부터 $H_{max} = 1.0$를 구하고, 앞의 결과와 동일하게 $H = 344.3m$가 된다. 그림 8.24에서 $T_C = 20s$일 때 유속이 선형적으로 변화할 때 $H = 230m$가 되지만 실제 밸브 폐쇄시 유속은 비선형으로 변화하여 $T_C = 20s$에서도 급폐쇄 결과가 나타나 $H = 344.3m$가 되는 것을 알 수 있다.

11.2.2 특성법을 이용한 부정류 해석

예제 11.2와 같이 관로 하류측 말단부에 설치된 밸브 폐쇄시 특성법을 이용한 부정류 해석 방법에 대해 기술한다. 예제 11.2 그림에서 관로 상류측 말단부는 저수지이므로 저수지 수위 H_{res}는 항상 일정한 것으로 가정하므로 부정류 해석 모든 시간에서 $H_{P,1} = H_{res}$으로 대체하고 식 6.10을 사용하여 이 경계 절점에서 유속 $Q_{P,1}$을 구한다. 하류측 밸브 경계에서는 밸브 스핀들이 시간에 선형적으로 변화하므로 시간에 따른 밸브 개도율을 쉽게 계산할 수 있으며 이 개도율에 따른 손실계수를 보간하여 구하면 이 경계 절점에서 유속을 다음 식으로 구할 수 있다. 이 식은 밸브와 관로의 손실수두를 포함한다.

$$V_{P,i} = \sqrt{\frac{2gH_0}{K_v + f\dfrac{L}{D}}} \tag{11.9}$$

밸브 경계와 관련된 호환식은 식 6.3의 C^+이므로 상기 식의 $Q_{P,i}(= A\,V_{P,i})$를 식 6.3에 대입하여 다음과 같이 수두 $H_{P,i}$를 구하면 된다.

$$H_{P,i} = C_{P,i} - BQ_{P,i}$$

예제 11.3 특성법을 이용한 부정류 해석

예제 11.2의 관로시스템에서 밸브 손실계수가 다음 표와 같은 밸브 스핀들을 선형 이동으로 폐쇄시 특성법을 이용하여 부정류를 해석하고 1초 동안 폐쇄시 나타나는 라인패킹현상과 압력파 소멸현상을 설명하라.

1) 10초 동안 폐쇄시
2) 1초 동안 폐쇄시

표 1. 버터플라이 밸브 개도

t(s)	개도(%)	K_v	$V_{P,i}(m/s)$
0	100	0.17	1.7139
1	90	0.30	1.7134
2	80	0.64	1.7119
3	70	1.80	1.7070
4	60	4.20	1.6969
5	50	10.90	1.6697
6	40	29	1.6024
7	30	101	1.3977
8	20	724	0.7977
9	10	13549	0.2068
10	0	5.E+08	0.0000

➡ 풀이 1 밸브 10초 폐쇄

정상유동 해석

식 11.9로부터 정상유동시 관로 내 유속을 구한다.

$$V_{P,i} = \sqrt{\frac{2 \times 9.8 \times 30}{0.17 + 0.02\dfrac{5000}{0.5}}} = 1.7139 m/s$$

관로를 5개 분절로 나누면 각 분절길이는 $\triangle x = 1000m$가 되고, 각 분절에서 발생하는 수두손실은 다음과 같다.

$$h_L = 0.02\frac{5000}{0.5}\frac{1.7139^2}{2 \times 9.8} = 5.99m$$

분절이 5개 이므로 절점은 이 보다 하나 큰 6개가 되며 상류측으로부터 번호를 매긴다. 따라서 각 절점에서 피에조미터수두는 상류측 저수지 수위로부터 각 분절에서 발생하는 손실수두를 감한 것이 되고

$$H_1 = H_{res} = 170m$$

각 절점에서 순수 수두 $HEAD_i$는 피에조미터수두 H_i에서 각 절점의 배관고도 $PIPE_i$를 감한 것이 된다.

$$HEAD_1 = H_1 - PIPE_1 = 170 - 60 = 110m$$

또한 단일 관로이기 때문에 모든 절점에서 유속은 동일하다.

$$Q_i = A V_{P,i} = 0.19625 \times 1.7139 = 0.3364 m^3/s$$

상기 절차로 계산한 결과는 표 1과 같다.

표 2. 정상유동해석 결과

절점	$X_i(m)$	$Q_i(m^3/s)$	$H_i(m)$	$PIPE_i(m)$	$HEAD_i(m)$
1	0	0.3364	170.00	60	110.00
2	1000	0.3364	164.01	52	112.01
3	2000	0.3364	158.01	44	114.01
4	3000	0.3364	152.02	36	116.02
5	4000	0.3364	146.02	28	118.02
6	5000	0.3364	140.03	20	120.03

부정류 해석

$t=1.0s$

부정류를 해석하기 위해서는 먼저 다음과 같이 특성식을 만족시키는 시간 증분 $\triangle t$를 결정하여야 한다.

$$\triangle t=\frac{\triangle x}{c}=\frac{1000}{1000}=1.0s$$

식 6.8로부터

$$B=\frac{1000}{9.8\times 0.19625}=519.95, \qquad R=\frac{0.02\times 1000}{2\times 9.8\times 0.5\times 0.19625^2}=52.99$$

식 6.6과 6.7로부터 각 절점에서 C_P와 C_M를 구하며, 이 식에서 H_{i-1}, Q_{i-1}, H_{i+1}, Q_{i+1}는 한 시간 이전 단계에서 수두와 유량으로서 첫 번째 부정류 시간에서는 정상유동시 자료를 이용하여야 한다. 예를 들어 절점 2에서 H_{i-1}, Q_{i-1}, H_{i+1}, Q_{i+1}는 표 2의 H_1, Q_1, H_3, Q_3를 의미한다. 따라서 다음과 같이 절점 2에서 C_P와 C_M를 구하며 나머지 절점도 동일하게 계산한다.

$$C_P=H_1+BQ_1-RQ_1|Q_1|=170+519.95\times 0.3364-52.99\times 0.3364|0.3364|=338.89$$

$$C_M=H_3-BQ_2+RQ_3|Q_3|=158.01-519.95\times 0.3364+52.99\times 0.3364|0.3364|=-10.88$$

절점 1은 저수지 경계이므로 수두는 $H_{P,1}=H_{res}=170m$로 항상 상수가 되고, 이 절점에서 유량은 식 6.10으로부터

$$Q_{P,1}=\frac{H_{P,1}-C_M}{B}=\frac{170-(-10.88)}{519.95}=0.3364m^3/s$$

절점 6은 밸브 경계이고, 다행히 표 2에서 밸브 손실계수는 $\triangle t=1.0s$ 간격으로 주어지므로 식 11.9를 이용하여 각 개도에서 구한 유량은 표 1의 네 번째 칸과 같고, 식 6.11로부터 밸브에서 수두를 구할 수 있다.

$$Q_{P,6}=AV_{P,6}=0.19625\times 0.7134=0.3362m^3/s$$

$$H_{P,6}=C_P-BQ_{P,6}=314.9147-519.95\times 0.3362=140.08m$$

식 6.5로부터 내부절점인 절점 $2 \sim 5$ 에서 수두와 유량을 구할 수 있으며 여기에서는 절점 2에서 수두와 유량을 구하고, 동일한 방법으로 나머지 절점에서 수두와 유량을 구할 수 있다.

$$Q_{P,2} = \frac{C_P - C_M}{2B} = \frac{338.8943 - (-10.8841)}{2 \times 519.95} = 0.3364 m^3/s$$

$$H_{P,2} = \frac{338.8943 + (-10.8841)}{2} = 164.01 m$$

상기 절차와 유사하게 나머지 내부절점에서 수두와 유량을 구하여 $t = 1.0s$ 에서 부정류 해석 결과를 표로 작성하면 다음과 같다.

표 3. $t = 1.0s$ 에서 부정류 해석 결과

절점	$X_i(m)$	$Q_i(m^3/s)$	$H_i(m)$	$PIPE_i(m)$	C_P	C_M
1	0	0.3364	170.00	110.00		-4.88924
2	1000	0.3364	164.01	112.01	338.8943	-10.8841
3	2000	0.3364	158.01	114.01	332.8994	-16.879
4	3000	0.3364	152.02	116.02	326.9045	-22.874
5	4000	0.3364	146.02	118.02	320.9096	-28.8689
6	5000	0.3362	140.08	120.08	314.9147	

그림 1과 2는 상기와 유사한 절차로 100초 동안 부정류 해석한 결과 밸브에서 피에조미터수두 H_6 그리고 저수지와 밸브에서 유속 V_1과 V_6를 보여준다. 그림 1로부터 밸브에서 수두변화는 밸브가 거의 폐쇄되는 시점인 9초부터 상승하여 10초에서 최대가 되는 것을 알 수 있으며 이는 밸브 개도와 유효유량의 상당한 비선형인 관계를 보여준다.

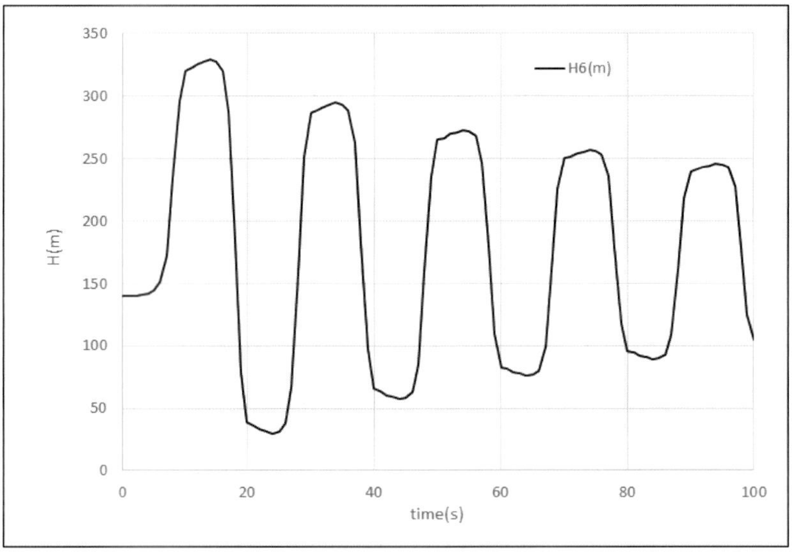

그림 1 밸브에서 피에조미터수두 H_6(밸브 10초 폐쇄시)

그림 2로부터 밸브가 완전히 폐쇄되는 시간 $t=10s$ 부터 밸브에서 유속 $V_6=0$이 되는 반면 저수지에서는 $t=14s$ 부터 역류가 시작되는 것을 알 수 있다. 밸브에서 실질적인 업서지는 밸브 폐쇄 시간 $t=9s$부터 발생하여 5초 후 저수지에 도달하여 저수지 절점 직전에서 압력이 저수지 수위보다 높아지면서 $t=14s$에서 관로로부터 저수지로 역류가 발생한다. 본 예제에서 관로 길이 5㎞인 조건에서 밸브 폐쇄시 최종 개도 약 10%에서 유속이 변화하기 시작하지만 전술한 밸브유효유량계수 및 식 11.9에서 관로 길이가 길어지면 밸브 손실계수보다는 관로마찰에 의해 유속이 결정되므로 5% 이내에서 유속이 변화하기 시작한다. 이 경우 밸브폐쇄시간을 관로주기의 20배로 하여도 실제 유속은 1 관로주기에 걸쳐 변화하므로 급폐쇄가 된다. 따라서 밸브폐쇄시간은 최소한 관로주기의 40~50배로 하여야 반사파 완화효과를 얻을 수 있다.

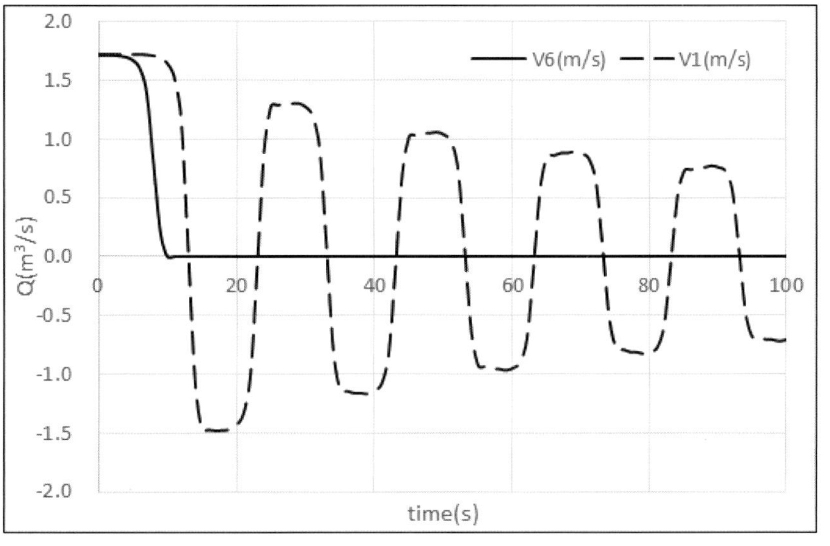

그림 2 저수지와 밸브에서 유속 V_1과 V_6(밸브 10초 폐쇄시)

➡ 풀이 1 밸브 1초 폐쇄

상기와 동일한 방법으로 해석한 결과는 그림 3 및 4와 같다. 그림 3에서 밸브를 1초 동안 폐쇄하는 경우 초기 밸브에서 수두 $H_6=140m$에서 $H_6=315m$로 상승한 후 라인패킹현상으로 관로주기 $T=2L/c=2\times5000/1000=10s$ 동안 손실수두만큼 추가로 상승하여 $H_6=339m$로 증가하는 것을 알 수 있다.

즉, 식 1.1로부터 자이코프스키수두상승은 다음과 같고, 이 수치에 관로 마찰손실수두 30m, 밸브 고도 140m를 더하면 밸브에서 피에조미터 수두 $H_6=344.3m$가 되며 이는 상기 수두와 거의 일치한다.

$$\triangle H=1.7139\frac{1000}{9.8}=175m$$

밸브 폐쇄 후 관로 내에서 발생하는 손실수두는 다음과 같다.

$$h_L = f\frac{L}{D}\frac{v^2}{2g} = 0.02\frac{5000}{0.5}\frac{1.7139^2}{(2\times 9.8)} = 29.9m$$

따라서 밸브에서 최대수두는 상기 수치를 더한 $H_6 = 315 + 29.9 = 344.9m$ 가 되어야 하지만 파정면 약화로 밸브 폐쇄 후 관로 내 평균 유속이 $v = 1.53m/s$ 로 약간 감소하여 손실수두는 다음과 같고, 최종적으로 밸브에서 최대수두는 $H_6 = 339m$ 로 나타난다.

$$h_L = f\frac{L}{D}\frac{v^2}{2g} = 0.02\frac{5000}{0.5}\frac{1.53^2}{(2\times 9.8)} = 24m$$

그림 4로부터 밸브에서 유속 V_6는 밸브 폐쇄 1초 후부터 0이 되고, 저수지 절점에서 유속 V_1은 압력파가 저수지에 도달한 이후인 $t=6s$ 부터 유동방향이 역전되어 관로로부터 저수지로 유출되기 시작하는 것을 알 수 있다.

8.1절에서 기술한 것과 같이 특성식의 마찰손실수두로 인해 시간이 경과하면서 관로 내 유속이 점차적으로 감소하여 최종적으로 $V_6 = 0$이 되고, 이러한 압력파 소멸현상으로 인해 밸브에서 수두는 상류측 저수지 수위인 $H_6 = 170m$ 로 안정화되는 것을 알 수 있다.

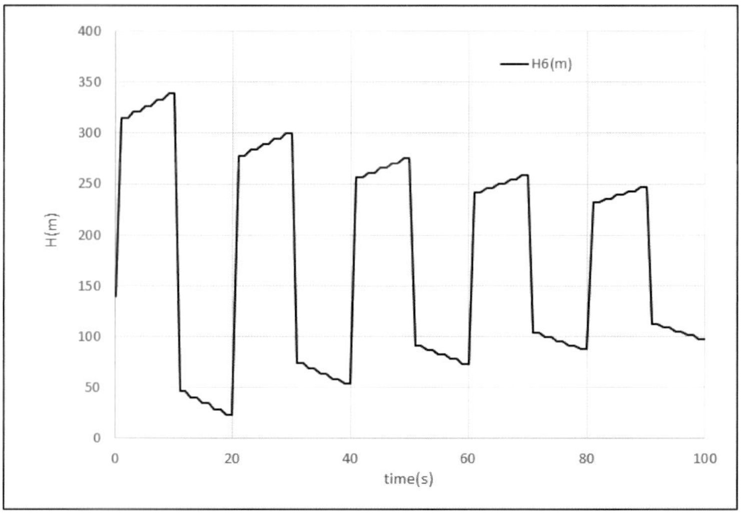

그림 3 밸브에서 피에조미터수두 H_6(밸브 1초 폐쇄시)

그림 4로부터 밸브가 완전히 폐쇄되는 시간 $t=1s$ 부터 밸브에서 유속 $V_6=0$이 되는 반면 저수지에서는 $t=6s$ 부터 역류가 시작되는 것을 알 수 있다. 밸브에서 실질적인 업서지는 밸브 폐쇄시간 $t=1s$부터 발생하여 5초 후 저수지에 도달하여 저수지 절점 직전에서 압력이 저수지 수위보다 높아지면서 $t=6s$ 에서 관로로부터 저수지로 역류가 발생한다.

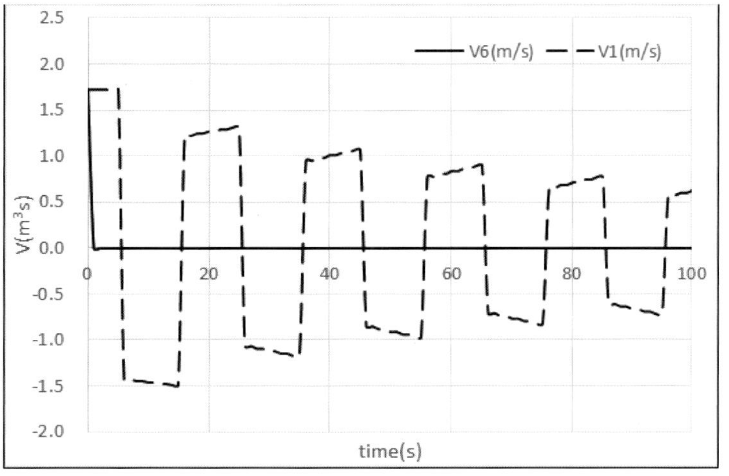

그림 4 저수지와 밸브에서 유속 V_1과 V_6(밸브 10초 폐쇄시)

11.3 공기배출밸브와 진공파괴밸브

최근 기술발달로 공기유입밸브, 공기배출밸브, 진공파괴밸브는 다양한 형식으로 제공된다. 공기밸브는 시스템에 가장 적합한 밸브를 선정할 때 체크밸브 다음으로 많은 혼돈과 불확도가 존재하는 구성요소이다. 이 혼돈은 밸브가 다소 다른 두 기능을 수행하기 때문에 발생하고, 밸브를 잘못 선정하면 해결 보다 더 많은 문제가 발생하므로 이들을 식별할 수 있는 능력이 중요하다.

관로시스템 내 공기밸브와 진공밸브의 설치 목적은 관로통기와 부정류제어이며 통기 요구사항은 다음 3개 이다.

- 시스템 충수시 신속한 공기유출
- 시스템 배수시 신속한 공기유입
- 정상적인 운영 동안 유체로부터 방출되거나 또는 낮은 압력지점으로 유입되는 공기 및 가스의 완만한 유출

정상적인 관로 운영조건에서도 실제로 공기가 존재하면 공기는 유동을 정지시키고, 시스템 주변을 이동하고, 곡관부와 접합부 등에서 수용할 수 없는 충격부하를 발생시키기 때문에 효율적인 관로운영을 보장하기 위해 통기 목적으로 공기밸브가 설치된다.

부정류의 제어 및 억제를 위해 진공파괴밸브와 공기배출밸브를 이용하는 경우 통상

적으로 다음 사항이 요구된다.

- 대기압 이하 압력을 제한하기 위해 시스템 내 적정한 지점에서 공기가 신속하게 유입된다.
- 공기 공동의 후속적인 거동은 수용할 수 없는 조건을 초래하지 않는다.
- 공기 및 방출된 가스는 매우 완만하게 배기되어 이동하는 수주로 인해 다시 가압될 때 공기유입으로 형성된 공동은 완충 역할을 한다.

11.3.1 관로 통기(ventilation)

통기는 엄격하게 말해 부정류제어와는 무관하다. 그러나 빈번하게 부정류를 제어하는 공기밸브가 설치되므로 반드시 시스템 내 이들의 존재를 인지하고 이들 거동을 이해하여야 한다. 일부 시스템에서는 부정류로 인한 위험을 어느 정도 완화시킬 수 있기 때문에 이에 대해 간략하게 기술한다.

관로 시운전 동안 시스템으로부터 가능한 신속하게 공기와 증기를 제거하여야 하며, 유사하게 유지관리준비 단계에서는 시스템을 배수시킬 필요가 있고, 신속한 서비스로 복귀하기 위해서 신속하게 배수를 완료할 필요가 있다. 더욱이 정상적인 운영동안 공기 또는 증기 포켓의 존재는 시스템의 경제적인 운영에 역효과를 가지므로 통상적으로 환영받지 못한다.

관로의 신속한 통기 즉, 충수 및 배수를 위해 사용하는 공기밸브는 통상적으로 단일 대형 오리피스를 가지며 플로트(float)로 운영된다. 대형 오리피스는 직경이 80~100mm이고 관로 규격과 필요한 유량에 따라 때로는 이보다 크다. 유입과 유출 모두에 동일한 오리피스가 사용되고, 통상적으로 일부 설계에서 플로트는 레버 미케니즘을 통해 디스크 또는 플러그를 폐쇄시키지만 시트(seat)와 접촉하여 밸브를 폐쇄시킨다.

만일 공기밸브가 폐쇄되면서 유속이 급격히 감소하면 플로트가 시트와 충돌하면서 자이코프스키식에 따라 수용할 수 없는 상당한 압력상승의 위험이 있다는 사실에 유의하여야 한다. 이는 오직 하나의 공기배출밸브가 설치된 관로 또는 관로의 정점에 설치된 여러 밸브 중 마지막 공기밸브가 폐쇄될 때 발생한다[Blum (1994) and Marcos (1988). 일부 제작사는 이를 극복하기 위해 기본설계를 변경시킨 공기밸브를 제공한다. 대표적인 것은 액체가 밸브 몸체의 하부에 유입되면서 유속을 감소시키는 배기구 논리턴체크밸브 또는 서지체크밸브가 장착된 공기밸브이다.

한번 플로트가 시트에 폐쇄되면 밸브는 폐쇄된 상태를 유지하기 때문에 밸브 내 액체 수위가 저하하여도 이에 걸친 압력차이가 발생한다. 유출되는 공기는 플로트를 굴리거나 폐쇄시키는 경향이 있어 플로트가 시트에 영원히 고착되는 것을 방지하기 위해 소위

Kinetic and Aerokinetic 공기밸브가 개발되었다.

압력을 받아 폐쇄된 공기밸브가 수위가 저하된 후에도 폐쇄된 상태를 유지하면 공기 또는 증기가 용액으로부터 방출되거나 또는 시스템 내부로 유입되기 때문에 관로의 정상적인 운영에 잠재적인 문제가 발생한다. 관로의 효율적이고 안전한 운영을 유지하기 위해 이와 같은 공기, 가스, 증기를 제거할 필요가 있다. 이에 필요한 공기밸브형식은 완만한 또는 간헐적으로 공기를 배출하는 밸브이다. 일부 설계에서는 플로트가 암(arm)에 부착되고 밸브 플러그는 fulcrum에 부착되며, 다른 설계에서는 오리피스를 포함하는 플로트를 사용한다. 오리피스 규격은 용도에 따라 다르지만 통상적인 범위는 1.5~12.5mm이다.

압력을 받을 때 공기를 완만하게 배출시키기 위한 공기밸브는 급속한 통기를 위해 설치된 밸브와 동일한 지점에 위치하는 것이 바람직하다. 유입시 대형 오리피스와 배출시 소형 오리피스를 갖는 공기밸브를 하나로 조합하여 이를 달성할 수 있다. 이와 같은 밸브를 이중-오리피스 또는 조합 공기밸브라 부른다. 이들은 설계된 기능에 따라 공기배출 동안 대형 오리피스는 개방 또는 폐쇄될 수 있도록 선택될 수 있다. 만일 개방된 상태 또는 폐쇄된 상태를 유지하려면 aerokinetic 밸브 또는 kinetic 설계를 사용하여야 한다.

본 절에서 핵심 사항은 관로 통기 목적의 공기밸브는 통기 역할을 하지만 부정류에 대해 충분한 보호를 제공하지 못할 수 있다. 특히 일부 대형 오리피스 배출 밸브는 적합하지 않을 수 있고, 만일 올바르게 위치하지 않으면 실제로 명백한 위험이 될 수 있다.

발생하는 것으로 알려진 문제 중 일부는 마모의 결과로서 플로트가 변형되어 압력을 받을 때 시스템으로부터 누수되고, 정지될 때 관로 내 유체의 오염으로 이어진다. 다른 예로서 플로트가 재밍되거나 또는 높은 압력으로 시트로 강제된 결과로 완전히 동작하지 않을 수 있다.

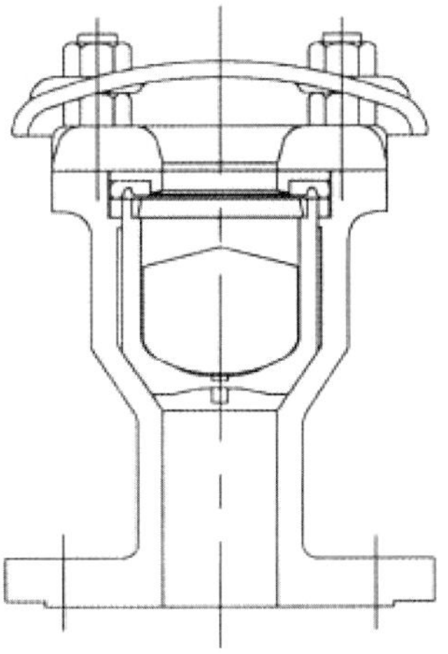

그림 11.31 급속한 관로 통기를 위한 전형적인 대형 오리피스 공기밸브

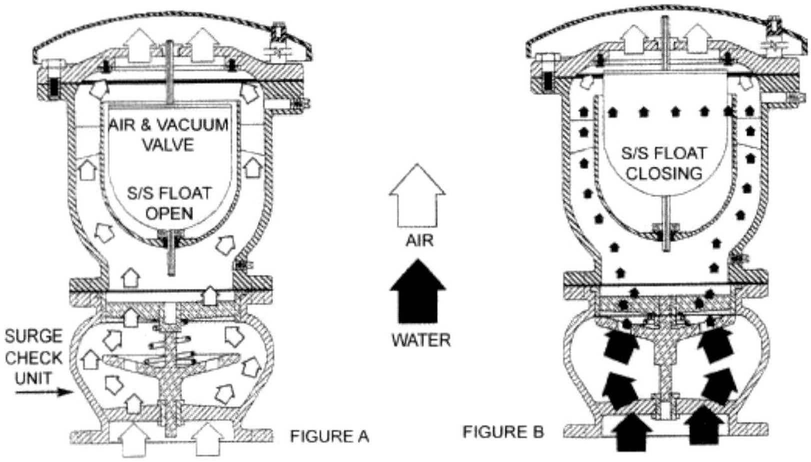

그림 11.32 관로가 완전 충수되면서 과도한 부정류 압력을 제한하기 위해 사용되는 체크밸브가 취부된 대형 오리피스 밸브

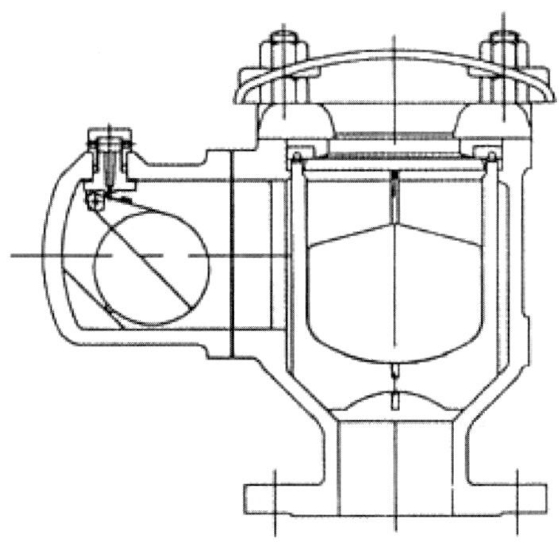

그림 11.33 전형적인 이중 오리피스 또는 조합 공기밸브

※ 대형 오리피스를 통해 급속히 통기되고, 정상적인 운영시 공기는 왼쪽의 작은 유니트를 통해 정기적으로 배기된다.

11.3.2 서지제어를 위한 공기밸브

여러 사고사례가 문헌에 보고되면서 많은 설계자는 서지제어를 위한 공기유입을 매우 조심한다[Arregui et al. (2003), AWWA (2001), Balutto (1998), Balutto and Muller (1995 and 1996), Bournaski et al. (2003), Burrows and Qiu (1996), Kruisbrink et al. (2004) and Thorley and Main (1986)]. 이와 같은 사고사례는 공기유입 자체, 공기밸브의 오작동 그리고 감속되는 수주의 운동에너지가 변형에너지로 전환될 때 공기 또는 증기공동이 작

지만 유한한 크기로 감소되면서 자이코프스키수두변화를 상당히 초과하는 압력상승으로 인해 관로의 파열 또는 구성요소의 고장에 기인한다.

이 사례들은 잘못된 밸브형식의 사용의 결과 또는 시스템 내 부적절한 진공파괴밸브와 공기배출밸브의 사용이 근본적인 원인이 될 수 있다. 이에 대한 예는 공기 공동이 한번 형성되면 제어되지 않는 방식으로 이동하는 관로의 프로파일, 그리고 오염될 수 있는 액체, 또는 공기-증기 혼합물의 폭발성, 가연성 또는 독성인 시스템을 포함한다. 이와 같은 경우 부정류 위험평가와 관련된 설계기준은 부정류유동조건을 포함하여 관로에 따른 모든 지점에서 시스템 압력은 반드시 항상 대기압 보다 2~3m 높게 또는 유체의 증기압 중 높은 압력을 유지하는 것이다.

그럼에도 불구하고 공기밸브가 과도한 부정류 압력의 제어와 억제에 기여하는 상황이 발생한다. 이와 같은 상황은 통상적으로 시스템에서 또는 시스템의 일부에서 정상적인 정수두가 낮을 때(예를 들어 5m 이하) 그리고 (-)일 때가 되며 이 예는 다음을 포함한다.

- 거의 수평인 주관로 또는 펌핑 수두는 주로 마찰을 극복하기 위한 주관로
- 펌프트립 또는 정전 후 배수되는 경향이 있는 관로
- 기복이 있지만 공기가 유입되면 유입 지점 인근에 유지되는 관로
- 심정 및 시추공 펌핑 시스템의 수직관로
- 라군으로의 유출관로 및 슬러리 관로

상기 예의 공통적인 특징은 공동 인근 수주에 대한 구동력은 심정과 시추공 시스템의 기동을 제외하고 낮다는 것이다.

공기밸브의 목적은 공기를 자유롭게 유입하고 시스템 내 특정 지점에서 공기를 유지하는 것이므로 분리된 수주가 서로를 향해 이동하면서 공기가 유출되는 비율을 제어할 필요가 있다. 따라서 공기가 장치를 통해 자유롭게 유입되지만, 유입되어 폐쇄된 공기는 제약된 통로를 통해 더욱 완만하게 유출되는 밸브 또는 밸브 조합이 필요하다.

현재는 이러한 목적을 달성하기 위해 여러 설계를 사용할 수 있다. 한 예는 그림 11.34와 같이 대형 오리피스 상부에 배기구 논리턴체크밸브가 장착된 이중-오리피스 밸브이다. 플로트는 밸브 몸체 하부에 있어 하수 시스템에도 적합하다.

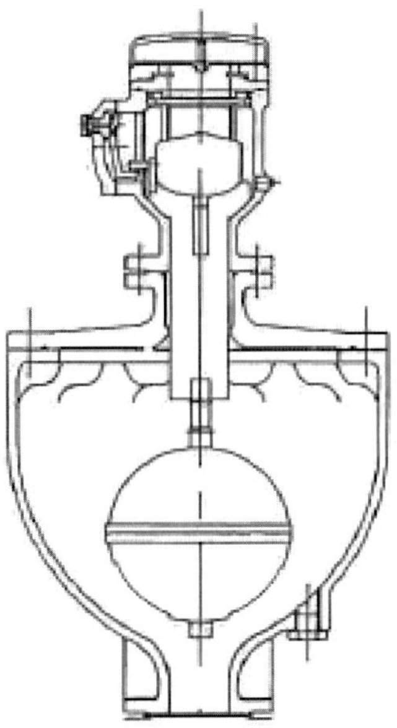

그림 11.34 상단부에 배기구 논리턴 체크밸브가 취부된 이중 오리피스 공기밸브

※작은 오리피스는 구형 플로트의 하부 왼쪽에 위치한다.

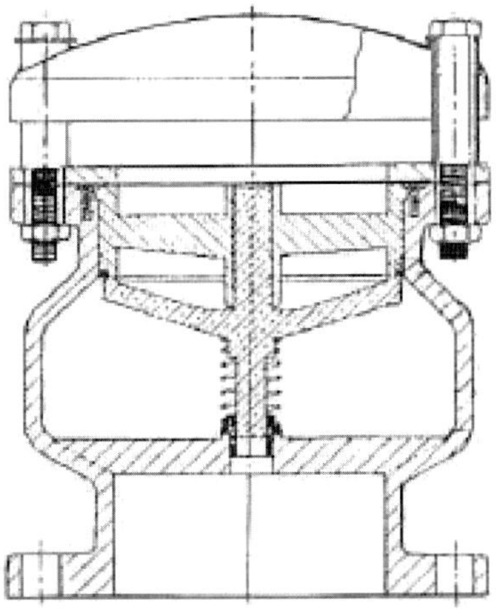

그림 11.35 스프링-충전 디스크에 기초한 진공파괴밸브

※ 완만하게 공기를 배출하기 위해 작은 오리피스 공기밸브가 이 유니트에 추가된다. 통상적으로 측면에 볼트로 체결된다.

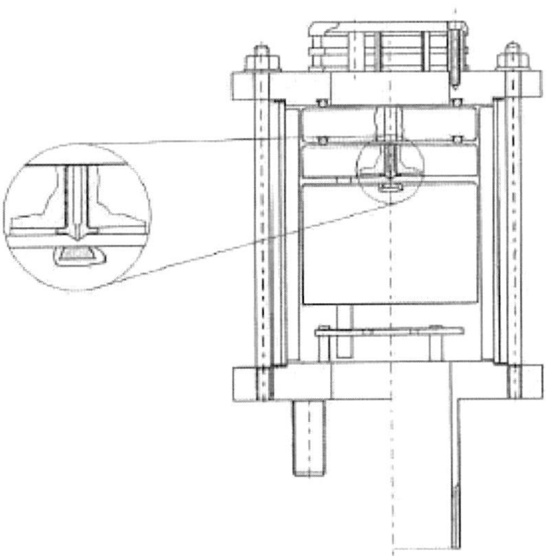

그림 11.36 3중 오리피스 설계

※ 3개 플로트를 사용하여 공기는 급속하게 유입되지만 더욱 완만하게 배출된다. 이 3중 오리피스설계는 정상적인 관로운영 동안 누적된 공기를 완만하게 배출한다.

또 다른 예는 이중-오리피스 즉, 진공완화밸브와 공기배출밸브의 조합으로서 이 밸브에서는 공기유입을 허락하는 이동부는 플로트 대신 디스크가 될 수 있다. 압력이 디스크의 한쪽에서 안정화되면 가벼운 스프링 또는 평형추의 동작으로 폐쇄된다. 밸브의 자연적인 위치는 양쪽에 대기압이 작용할 때 폐쇄되는 반면 부분압력과 유체가 디스크 양쪽에서 동일하면 정상적인 공기유입밸브는 개방된 위치가 된다. 관련된 공기배출밸브는 플로트로 제어되며 매우 완만하게 공기를 배출하도록 고안된다.

3개 실린더형 플로트를 사용하는 3-플로트 오리피스 설계는 그림 11.36과 같으며 이는 상대적으로 최신 버전이다. 운영원리는 급속한 공기유입이 필요할 때 3개 플로트가 모두 저하되고, 공기는 플로트와 밸브 몸체 사이 환상(annular)의 공간을 통해 유입된다.

재충수 동안 공기유출시 공기는 사전 결정된 유량에서 그리고 내부압력이 상승하면서 상단부 플로트가 폐쇄될 때까지 동일한 통로를 따라 반대 방향으로 이동한다. 이 시점부터 공기는 반드시 상단부 플로트의 중심부에 있는 작은 직경의 오리피스를 통해 통과한다. 밸브 몸체로 유입된 유체는 하부 두 플로트가 만날 때 까지 들어 올리고 마지막 공기가 유출되면서 최상부 플로트를 밀봉한다.

또한 3 플로트 중 중간 플로트는 이를 관통하는 작은 홀(hole)을 갖는다. 정상적인 관로 운영압력에서 용액으로부터 방출된 공기와 가스는 상부 홀보다 작은 이 홀을 통해 유출된다. 공기와 가스가 밸브 몸체 안에서 축적되면서 바닥 실린더는 더 이상 플로트하지 않고 상부에 있는 플로트 내 작은 오리피스를 밀봉하지 않고 떨어진다. 밸브 몸체 내부압력은 대기압 이상이 되므로 상부 두 플로트에 걸친 압력차는 이들을 폐쇄된 위치로 고정한다. 작은 체적의 공기가 유출되면 하부 플로트는 중간 플로트를 밀어 올려 원래 위치로 되돌아가며 밸브는 다시 밀봉된다.

낮은 압력에서 급속한 공기유입에 대한 또 다른 변종은 수력으로 제어되는 공기밸브이다. 기본적으로 이는 부분압력이 대기압 이하로 떨어지면서 공기를 급속하게 유입하기 위해 개방되는 대형 오리피스 공기밸브이다. 그러나 수주가 서로 함께 되돌아오면서 물 다음으로 공기가 시스템으로부터 상대적으로 자유롭게 유출되도록 허락된다. 과도한 압력으로부터 시스템을 보호하기 위해 중량물의 플런저는 설계된 비율로 저하하면서 배수 또는 집수정으로 흐르는 물의 유동은 이제 자동적으로 완만하게 정지된다.

11.3.3 공기밸브의 선정과 위치

공기밸브의 위치에 대한 기본적인 판단기준은 다음과 같다.

- 관로 내 압력이 대기압 이하로 되는 경향이 있는 위치에 반드시 공기유입밸브를 설치하여야 한다.
- 공기가 자연스럽게 수집되는 경향이 있는 지점에 공기배출밸브를 설치하여야 한다. 공기와 가스를 신속하게 또는 완만하게 배출할지 결정할 때 상당히 조심하여야하고 적합한 밸브를 설치하여야 한다.

통상적인 선정위치는 관로 내 정점부와 형상이 상당히 변화하는 곳이 된다. 때로는 이 판단기준은 통상적인 수평 기준선이 아닌 수력구배선의 관점으로 표현된다.

균등한 구배로 완만하게 저하 또는 상승하는 긴 관로 특히, 압력이 관로에 따라 저하될 때는 규칙적인 간격으로 공기밸브를 설치하는 것이 좋다.

특정 위치에 대한 초기 공기밸브선정은 주로 기능 특히, 부정류와 관련된 기능에 의해 결정된다. 공기밸브가 시스템의 나머지 필수적인 부분과 상호작용하는 방법을 반드시 고려하여야 한다. 급속한 통기의 필요성과 부정류 억제 및 제어의 필요성의 상충을 조정할 필요가 있는 상황이 있을 수 있다.

보다 구체적인 의견은 그림 11.37과 같은 전형적인 공기밸브위치와 관련된다. 이 상승 주관로종단도는 초기 정상유동 수력구배선과 함께 전체 펌프트립 후 처음 수 초 동안 수력구배선의 변화를 보여준다. 여기에서는 서지제어를 위한 공기유입이 고려된 것으로 가정한다.

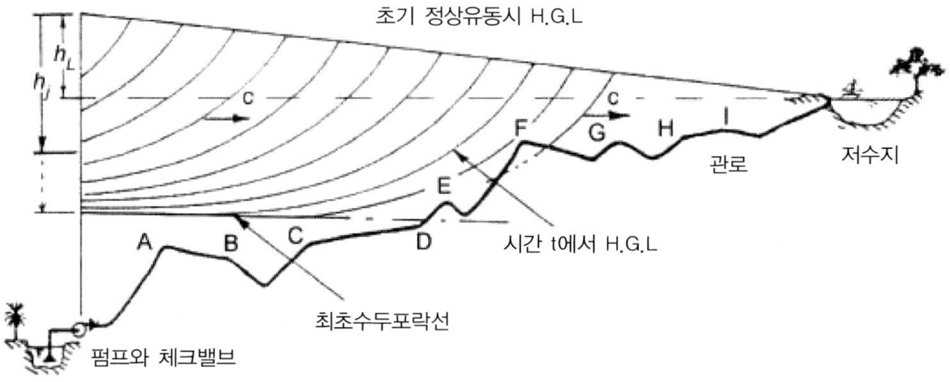

그림 11.37 적정 공기밸브위치를 보여주는 상승 주관로
※ 최소수두포락선 전개와 함께 펌프트립 후 처음 수초 동안 저하하는 구력구배선을 보여준다.

초기 관로 충수, 정상적인 운영, 검사와 유지관리를 위한 배수와 관련하여 관로의 통기를 위한 공기밸브는 A부터 I까지 많은 지점에서 권장된다. 그러나 공기밸브는 반드시 동일하여야 하고 서지제어에 공헌할 수 있는가? 다음과 같이 개별 위치를 고려한다.

A. 여기에서는 펌프트립 후 압력은 대기압 이상으로 유지되므로 통기만이 요구된다. 통기 요구사항은 배수시 급속한 공기유입 및 충수시 급속한 공기배출이다. 그러나 물의 유동은 반드시 완만하여야 한다. 2중 또는 3중-오리피스 밸브를 고려한다.

B. 정상적인 운영압력은 항상 대기압 이상이므로 통기만이 요구된다. 만일 A와 B가 적정하게 인접하면(예를 들어 거리가 100m 이하) B에 작은 오리피스 배출밸브를 설치하면 배수시 A 지점에서 급속한 공기유입은 허용된다. 그렇지 않으면 통기 요구사항은 A와 유사하다.

C. 통기가 유일한 요구사항이고, 주로 배수 동안 급속한 공기유입 그리고 압력이 저하되면서 액체로부터 방출되는 용존가스의 배출이 요구된다. 이 점은 오직 관로의 (+) 구배의 감소이기 때문에 만일 B-C-D-E 거리가 길지 않고 D 또는 E에 적합한 공기밸브가 제공되면 C 지점에 대형 오리피스 공기밸브는 필수적이지 않을 수 있다.

D. 공기밸브제작사는 용액으로부터 더 많은 용존가스가 방출되는 위험이 있는 C와 D 사이에서는 통상적으로 약 500m 간격으로 작은-오리피스 공기배출밸브설치를 권장한다. 필요한 수량은 용액으로부터 방출되는 공기량 그리고 불량한 펌프 흡수정 조건에서 동반된 공기 및 다른 가스 양에 의해 결정된다. 후자는 관로 상류측 말단부 인근 보다 작은 오리피스 공기배출밸브 설치 빈도가 크게 되는 경향을 설명한다.

E. 이 지점은 명백한 정점이면서 통기를 위한 요구조건은 다음과 같다. 배수시 급속한 공기유입, 정상적인 운영 동안 완만한 공기배출, 충수시 상당히 신속한 공기배출이

다. 그러나 부정류 대응조치를 취하지 않으면 그림 11.37과 같이 압력은 대기압 이하로 떨어진다. 그림 11.37에서 정상유동시 압력수두자료는 주어지지 않지만 5m 보다 큰 것으로 보이기 때문에 이는 공기밸브를 향해 되돌아오는 수주를 구동하는 정수두는 너무 큰 것으로 간주될 수 있는 위치이다. 상대적으로 높은 수주의 운동에너지는 공기 공동이 최종적으로 추출되면서 수용할 수 없는 높은 압력수두로 전환될 수 있다. 이러한 관로 프로파일에서 통상적으로 고려되는 전략은 펌프 토출측에 에어챔버 그리고 F 지점에 공급탱크(일방향 서지탱크)를 포함시켜 E에서 부분압력은 배수시 매우 약간 대기압이하가 되는 것이 허락될 때를 제외하고 항상 대기압 이상으로 유지하는 것이다. 만일 이러한 의구심에도 불구하고 공기배출과 함께 진공파괴를 아직도 수용할 수 있는 것으로 간주되면 반드시 제어된 방법으로 공기를 배출하여야 한다.

F. 이 지점에서 통기 요구조건은 E 위치의 것과 유사하다. 그러나 전술한 것과 같이 제어되지 않은 펌프트립 후 강한 진공조건이 형성되는 경향이 있으면 그림 11.37의 프로파일을 갖는 시스템 내 서지제어를 위해 빈번하게 펌프 토출측에 에어챔버가 선호된다. 또한 F 지점의 하류측 서지제어전략은 물론 이 지점에서 대기압 이하 조건을 방지하기 위해 그리고 펌프측에 필요한 에어챔버규격 축소를 돕기 위해 공급탱크를 F에 설치할 수 있다. 그럼에도 불구하고 F 지점에 진공완화 및 후속적인 제어된 공기배출에 신뢰를 두어야 할 경우 급속한 유입 후 완만한 공기배출이 요구된다. 3-오리피스 밸브 또는 배기구 논리턴체크밸브가 장착된 2-오리피스 밸브로 이 요구조건을 만족시킬 수 있다. 반드시 대형 오리피스를 통한 공기배출을 제약하여 압력변동을 억제하기에 충분히 길게 공기를 포획된 상태로 유지하여야 한다.

G,H,I 펌프 한 대 트립 후 F 지점에서 충분히 제어된다고 가정하면 이 부분에서 부정류 영향은 크게 중요하지 않을 수 있다. 통기로 사용되는 것과 같이 여기서 3중 또는 2중 공기밸브가 공통적으로 선정될 수 있다. 후자를 선택할 경우 이 밸브는 공기를 신속하게 유입하고 완만하게 배출시켜야 한다. 마지막 공기가 배출되면서 플로트가 시트와 충돌하는 것을 방지하기 위해 공기는 유입구에 체크밸브가 취부된 신속한 공기배출밸브 또는 배기구 논리턴체크밸브를 통과하여야 한다.

상기 내용은 공기유입밸브와 공기배출밸브 선택, 서지 제어와 억제에서 이들의 잠재적인 역할과 관련하여 개별 위치에 집중하였지만 다음 중요한 사실들도 반드시 강조되어야 한다.

• 두 시스템은 동일하지 않기 때문에 각 시스템의 장점에 따라 각 시스템을 고려하여야

한다.

- 반드시 전체 시스템에 대한 부정류 제어/억제전략을 고안하여야 한다.
- 부정류제어를 위한 공기밸브가 명시되지 않아도 공기밸브가 문제를 악화시키지 않는 것을 보장하기 위해 시스템 내 계획된 그리고 계획되지 않은 유동변화의 위험평가시 반드시 시스템 내 통기를 위한 공기밸브의 존재를 인지하여야 한다.

모든 공기밸브의 위치는 반드시 관로 상부가 되어야 한다. 공기밸브의 안전 그리고 환경 및 배관 내 유체의 오염을 반드시 고려하여야 한다. 일부 경우 배관이 지상에 부설되면 공기밸브는 외부에 노출된 상태가 될 수 있다. 이런 경우를 제외하고 공기밸브는 반드시 주관로가 통과하는 챔버 내에 설치되어야 한다. 그림 11.38은 한 예로서 챔버 자체의 충분한 통기의 필요성을 보여준다.

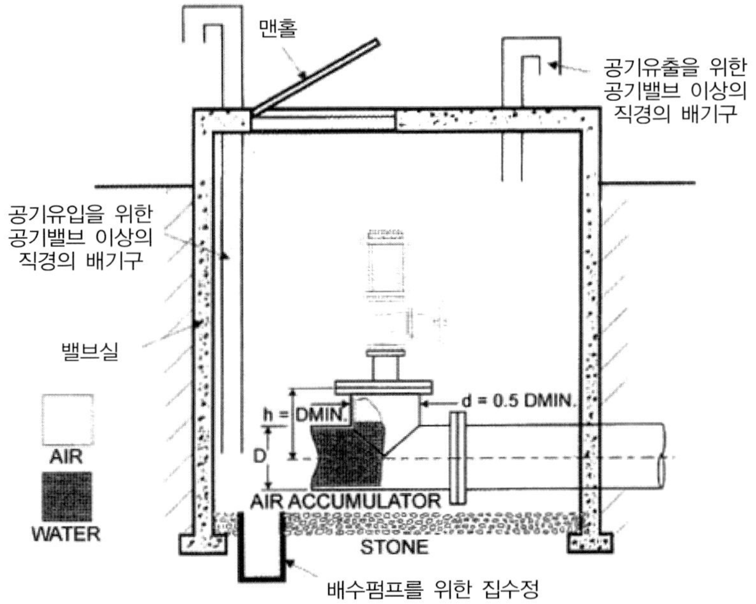

그림 11.38 승인되지 않은 조작과 오염을 방지하기 위해 챔버 내 설치된 공기밸브

많은 기술자는 배관의 상부 대신 정상 운영 동안 용액으로부터 방출되는 공기의 포획점으로 작용하는 티 접합부 상부에 공기밸브를 설치하는 것을 선호한다. 부정류제어를 위해 공기밸브를 사용할 때는 이상적으로 시스템으로 공기가 일단 유입되면 공기 공동의 크기가 감소된 상태로 유지되고 배기가 필요한 위치에 공기밸브를 설치하여야 한다.

11.3.4 연료 및 석유화학 관로에서 공기밸브

물을 제외한 가연성, 폭발성 또는 독성 액체를 수송하는 관로에는 특별한 관심이 필요하다. 모든 관로에서와 같이 초기 시운전 및 배수 운영에 적합한 밸브형식 선정시 급수 시스템 설계시 사용되는 표준 밸브를 사용하면 안 되며 다음 사항을 고려하여야 한다.

- 다양한 내부 요소에 대한 재질은 반드시 시스템 내 액체와 호환되어야 한다.
- 플로트와 같은 이동부의 재검토가 필요할 수 있다. 예를 들어 탄화수소분야에서 플로트는 반드시 부양력이 커서 시트에 대항하여 적당한 밀봉을 보장하여야 한다.
- 화재, 폭발, 환경오염, 종업원에 대한 위험을 방지하기 위해 반드시 공기, 가스 및 증기 배출을 제어하여야 한다.
- 수송되는 액체의 오염 우려 또는 폭발 위험으로 인해 통상적으로 공기유입은 허용되지 않는다[Main (1985), Thorley and Main (1986)].

요약하면 공기의 유입과 유출을 위한 공기밸브는 통상적으로 많은 관로시스템에 포함되며 부정류제어에 유용한 역할을 할 수 있다. 일부 시스템에서 공기유입은 허용되지 않고 반드시 다른 형식으로 서지를 제어하여야 한다. 이러한 시스템에서 공기밸브의 선정은 통기 요구조건에 의해서만 결정되지만 공기밸브가 보호하는 관로의 프로파일과 관련하여 급속한 폐쇄로 인해 수용할 수 없는 부정류가 개시되지 않는 것을 보장하기 위해 조심스럽게 선정되어야 한다.

11.3.5 하수와 산업 폐수(effluents)에서 공기밸브

석탄화력발전소의 애시(ash) 그리고 하수와 화학 플랜트의 미세한 슬러리를 포함한 다양한 산업폐수를 수송하는 관로는 빈번하게 낮거나 또는 (-) 압력수두로 펌핑된다. 통기를 위한 공기밸브의 요구조건은 기본적으로 전통적인 상수도 관로와 동일하고, 마찰을 극복하기 위해 펌프 인근에서 운영압력은 상당히 높지만 시스템의 정수두는 낮기 때문에 펌프트립 후 진공완화는 서지제어를 위한 매력적인 선택사항이 된다.

그러나 액체 내 고형물의 존재로 인해 밸브의 설계 및 설치시 이동부, 밸브시트와 작은 유동통로는 액체와 접촉되지 않아 고형물의 축적 또는 부식 생성물에 의한 영향을 받지 않아야 한다. 구조물의 재질은 반드시 수송하는 재료의 화학성분과 호환되어야 하고, 연료 관로에서의 밸브와 같이 시스템 내 액체의 밀도가 물과 상당히 다를 때는 플로트의 중량을 재고할 필요가 있다.

이 유체에 대한 진공완화밸브와 공기배출밸브는 빈번하게 밸브 몸체의 매우 낮은 부분에 장착된 미케니즘을 작동하는 플로트를 갖는 특징이 있다. 그림 11.34는 하수 관로에서 사용하기 적합한 밸브의 예이다. 그림 11.36과 같은 밸브형식에서는 하부 프로트가 상당히 길게 설계되어 부정류유동조건에서도 액체 수위는 이 특별한 플로트의 바닥으로부터 약 75% 이상을 절대 상승하지 않는다.

11.3.6 심정펌프에서 공기밸브

9.2절에서 기술한 것과 같이 심정 및 시추공 펌프의 기동은 수직배관 내 공기가 압축되어 유출되면서 부정류를 발생시킬 수 있다. 이상적인 시나리오는 주관로 내 공기는 급속하고 완벽하게 배출되고 유동은 완만하게 개시되는 것이다. 동시에 공기는 주관로 내부로 강제되지 않고, 공기밸브는 슬램되지 않아 높은 부정류 압력을 발생시키지 않아야 한다. 이는 밸브의 통기 요구조건과 부정류제어의 요구조건을 조정하여야 하는 문제이다.

한 실용적인 해결책은 기동시 공기를 급속하게 유출시켜 수직배관을 프라이밍하는 것이다. 이때 초기에 물은 그림 11.39와 같이 압력조정밸브를 통해 우물로 다시 배수로 전환된다. 이 압력조정밸브를 제어된 방법으로 폐쇄시켜 시스템을 서서히 가압하여 유동을 개시할 수 있다.

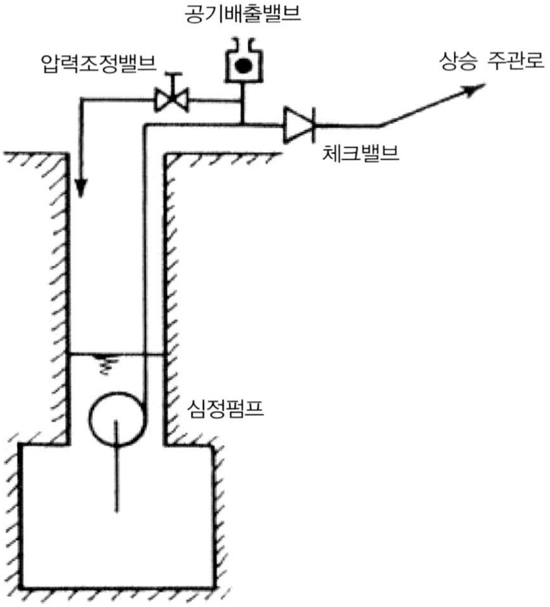

그림 11.39 심정펌프 샤프트의 체크밸브 직상류측 수직배관 상단부에 설치된 공기밸브

※ 심정펌프의 수직배관 체크밸브 직상류에 공기밸브가 설치된다. 수직배관 내 공기가 배기되고, 시스템이 가압되면서 PRV가 폐쇄된다.

11.3.7 공기밸브 규격결정

공기밸브의 규격결정은 다소 경험적이고, 부정류제어와 관련하여 특히 그렇다. 정상유동시 밸브를 통한 압력차와 공기량의 이론적 관계는 상당히 단순 명료하다. 문제는 관련된 식을 해결하기 위한 충분한 정보 취득시 어려움이 발생하고 통상적으로 반복이 요구된다는 것이다. 비정상 유동의 경우 과업은 더욱 복잡하고, Arregui et. al. (2003), Bournaski et al. (2003) and Kruisbrink et al. (2007)은 이를 해결하기 위해 시도하였다.

공기배출을 위한 작은 오리피스 밸브는 대부분 교축유동모드에 운영되고, 유출 공기량은 다음 식으로 주어지며, 유출계수 C_S는 밸브의 형상과 규격 그리고 사용하는 단위에 따라 크게 변화한다.

$$Q = 0.686\, C_S d^2 p_1 \tag{11.10}$$

여기서 Q : 건조 공기량($m^3/min,\ ft^3/min,\ m^3/s$)
d : 오리피스 직경(mm, m, ft , in)
p_1 : 밸브 유입구에서 절대압력($\left(Nm/s,\ lb_f/in^2,\ bar\right)$)
C_S : 밸브 유출계수

대형-오리피스 공기유입밸브와 진공완화밸브는 반드시 시스템 내부로 공기유입시 저항이 최소가 되어야 하고 이에 상응하는 공기량과 압력저하의 관계는 다음과 같으며 여기서 $\triangle p$는 밸브를 통한 압력저하(bar)이다.

$$Q = C_S \sqrt{\triangle p \times p_1} \tag{11.11}$$

다른 기호는 앞에서 정의하였고, 유출계수 C_S는 각 규격과 형식에 대해 실험으로 구하여야 한다. 예를 들어 대형 오리피스 밸브에 대한 일부 대표적인 유출계수는 표 11.5와 같다. 이를 서지제어 및 식 11.10에 사용된 소형-오리피스 밸브의 대표적인 $C_S = 0.0115$(m 단위, Glendfield 밸브회사가 제공한 표 11.5와 유사한)와 비교하면 상당히 크다.

표 11.5 대형-오리피스 공기유입밸브에 대한 대표적인 일부 유출계수

※ 공칭 규격은 관로 규격이다.

공칭 규격(㎜)	400	600	900
유량계수 C_S단위	$27 \sim 37$	$53 \sim 74$	$97 \sim 135$

상기에 주어진 식과 유출계수는 공기밸브의 다양한 역할에 대한 선정 배경에 대한 이론적 원리를 보여준다. 압력저하-공기량 관계를 표현하는 대안적 방법은 그림 11.40a 및 11.40b의 선도형태이다.

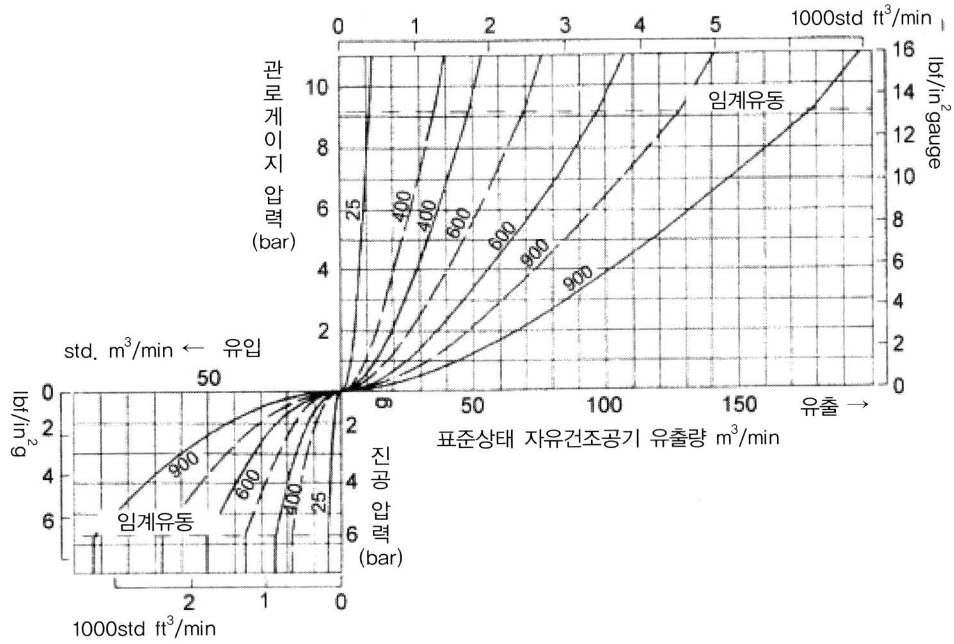

그림 11.40a 대형 오리피스 공기밸브의 공기유량선도

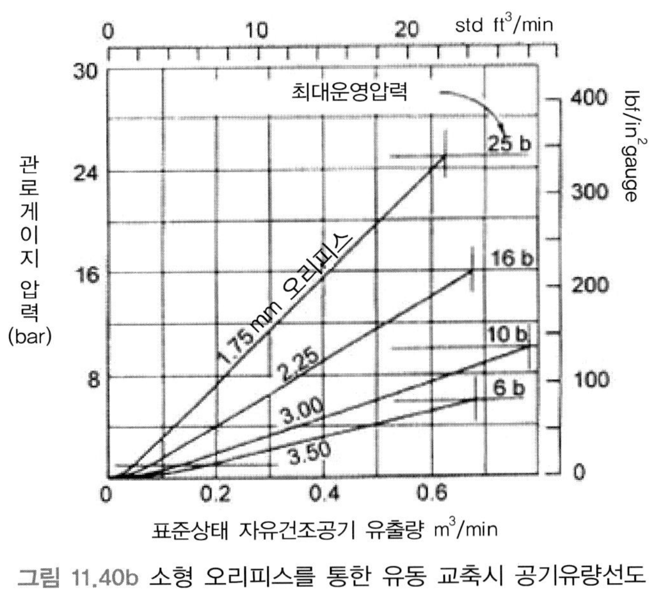

그림 11.40b 소형 오리피스를 통한 유동 교축시 공기유량선도

밸브제작사는 인터넷을 통해 그들 제품에 대한 자료를 제공한다. 일부 웹사이트 www.apcovalve.com, www.ventomat.com등은 확대되는 잠재적인 고객이 전산 소프트웨어를 사용하여 제작사가 사용을 권장하는 밸브를 식별할 수 있도록 해준다. 소프트웨어는 web으로부터 직접 다운로드 받거나 또는 제작사가 CD로 제공한다.

그림 11.37에서 F 지점과 같이 관로에서 대기압 이하 압력을 제한하기 위해 필요한 공기유입밸브의 규격과 수량을 결정하기 위해 상기 절차 중 어느 것이 채택되든 관계없이 관로 내 허용최소압력 그리고 필요한 공기량을 알 필요가 있다. 통상적으로 허용최소압력은 설계시방서에 명시되고, 필요 공기량은 수주가 분리된 후 이동하는 비율에 의해 결정된다.

가장 극단적인 사례는 통상적으로 상류측 수주는 갑자기 정지하는 반면 하류측 수주는 초기에는 정상유동속도를 지속하는 것으로 가정하는 것이다. 이러한 가정은 관로 내부와 외부 사이 허용된 압력차이 및 공동 내부로의 공기량을 산출하고, 밸브제작사가 제공하는 표 11.5의 유출계수 및 그림 11.40a와 유사한 선도와 같은 다양한 전산 프로그램을 참조하여 밸브 규격 선정이 가능하도록 한다.

유출 오리피스 규격을 추정하는 것도 동등하게 어렵다. 압력변동을 제한하고 감쇄하기에 충분히 길게 시스템 내 공기를 유지할 필요가 있지만 가능하면 시스템을 재기동하기 전에 공기량을 배출할 필요가 있다.

또한 그림 11.40b가 암시하는 것과 같이 시스템운영압력도 고려할 필요가 있다. 직감적으로 운영압력에서 용해되지 않은 가스와 공기의 정상적인 배기를 위해 적합한 규격을 선정하고, 최종적으로 전산모델에 모든 대형 및 소형-오리피스 공기밸브를 포함시켜 부정류 해석을 하고 이들에 대한 적합성을 확인하여야 한다.

예제 11.4 공기유입밸브 규격 결정

그림 1.15 관로시스템에서 펌프 트립시 관로 내 낮은 압력을 방지하기 위해 정점 A에 설치할 공기유입밸브 규격을 결정하라. 단, 그림 11.40a 선도를 사용한다.

➡ 풀이

식 4.1로부터 중력유동시 수주의 최종 유속 v_E를 구한다.

$$v_E = \sqrt{\frac{0.5 \times 9.8 \times 17}{2 \times 0.009 \times 6500}} = 0.84 m/s$$

공기유입밸브 직경 $D = 0.5m$이고, 관로 내 압력은 완전 진공이고 외부는 대기압인 경우 차압은 $1kg_f/cm^2$이므로 그림 11.40a 선도로부터 유입공기량 $Q_{air} = 15 ft^3/min$을 구할 수 있으며 이를 관로 내 풍속으로 환산하면 다음과 같으며 수주의 유속 v_E보다 풍속 v_{air}가 크므로 공기유입밸브 규격을 더욱 축소할 수 있다.

$$v_{air} = \frac{Q_{air}}{A} = \frac{4 \times \frac{15}{60}}{3.14 \times 0.5^2} = 1.27 m/s$$

11.3.8 유지관리

공기배출밸브와 진공파괴밸브는 시스템의 안전하고 경제적인 운영을 결정하는 자동장치이다. 이들 동작의 실패는 시스템에 재앙이 될 수 있고, 불량하게 체결되거나 부식된 밀봉부를 통한 공기유입 및 유출은 환경과 제품의 오염으로 이어질 수 있다.

정기적인 시험을 포함한 규칙적인 검사와 유지관리가 필요하다. 유입부에 차단 밸브를 설치하여 시스템의 정상적인 운영을 방해하지 않고 검사와 유지관리를 수행하여야 한다.

11.4 압력완화밸브와 안전밸브

펌프트립 후 압력변동을 제한하는 공기유입밸브 및 진공파괴밸브와 대조적으로 압력완화밸브는 폐쇄되는 밸브의 상류측 압력상승을 제어하는데 도움이 된다. 대표적인 용도는 석유화학, 유조선의 수송 관로, 발전소 보일러의 고압 및 고온 급수관로를 포함한다.

많은 경우 환경오염방지 및 경제적 이유로 반드시 유출된 유체를 저장하거나 재처리하여야 한다. 이는 밸브제작사가 제시하는 밸브 하나만을 통과하는 유량과 비교할 때 관로의 추가 마찰손실로 인해 완화밸브로부터 유출관로를 통한 전체유량은 감소한다.

안전밸브는 완전히 개방 또는 폐쇄되는 단순한 스프링-부하 또는 중량물 안전밸브로부터 파일롯 밸브를 작동시키는 원격 센서에 의해 제어되는 상당히 복잡한 설계에 이른다. 후자는 주관로의 운영조건에 따라 설정점이 자동으로 변화한다.

단순한 스프링-부하 안전밸브는 상대적으로 저렴하고 신뢰성 있는 장치이다. 이는 빈번하게 상류측 압력이 정상적인 관로 압력보다 10~20% 이상이 되면 개방되도록 설정된다. 서지억제시 이러한 밸브형식의 단점은 밸브폐쇄시 새로운 부정류의 생성과 밸브 채터링(chatter)이다.

개방보다 낮은 압력에서 폐쇄되도록 명시하여 밸브 채터링을 방지할 수 있다. 폐쇄를 제어하여 안전밸브의 급속한 폐쇄로 인해 발생하는 새로운 부정류의 개시를 방지할 수 있으며 이는 때로는 오리피스, 제어밸브 또는 유사한 제약을 통해 유압 유량 또는 작동 유체의 유량을 구속하여 이를 달성할 수 있다. 그림 11.41과 11.42는 상수도와 공정 산업에서 사용되는 압력완화밸브를 보여준다. 이들은 압력상승 제한에 필요한 유량만 통과하기에 충분한 개방을 포함하여 보호하고자 하는 시스템의 요구조건에 따라 조정될 수 있다.

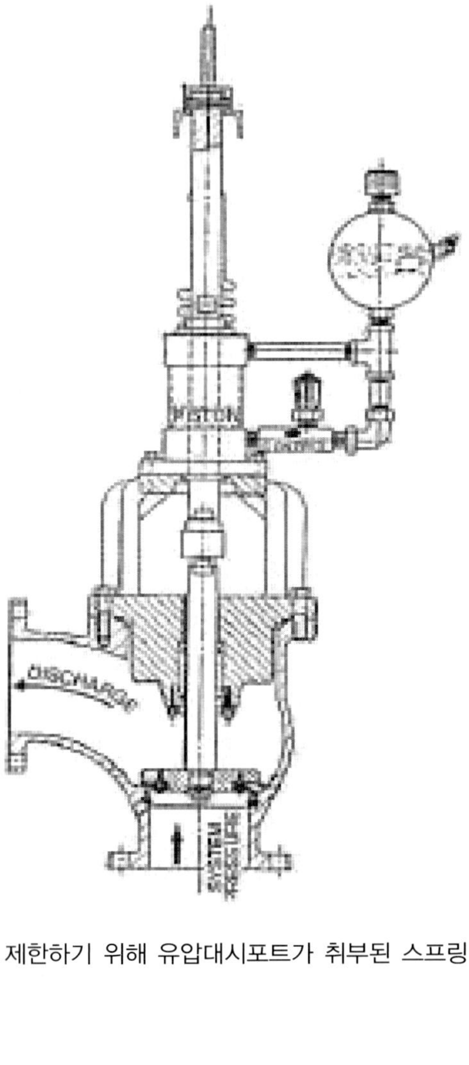

그림 11.41 폐쇄율을 제한하기 위해 유압대시포트가 취부된 스프링 충전 압력완화밸브

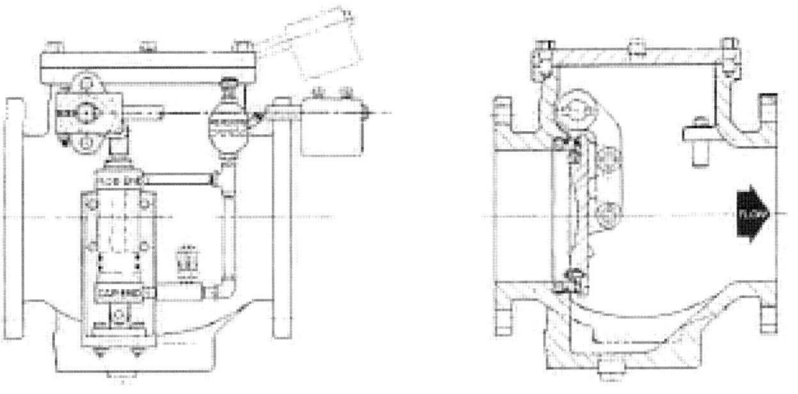

그림 11.42 스윙체크밸브원리에 기초한 중량물 압력완화밸브

※ 유압 대시포트는 폐쇄를 제한한다.

시스템으로부터 충분한 유출을 허락하여 압력상승을 제한하기 위해 압력완화밸브는 빈번하게 그룹으로 설치된다. 이들 개별 운영압력은 헌팅되지 않도록 설정하는 것이 중요하며 그렇지 않으면 서로 상호작용할 수 있다.

밸브에 더욱 세련된 기능을 추가하면 이동부의 관성과 비용이 증가한다. 이동부 관성은 시스템 내 상승압력에 대한 반응을 느리게 할 수 있다. 이것이 문제가 되는지 여부는 부정류를 유발하는 장치의 특성과 플랜트 설계에 포함된 안전율에 따라 결정된다.

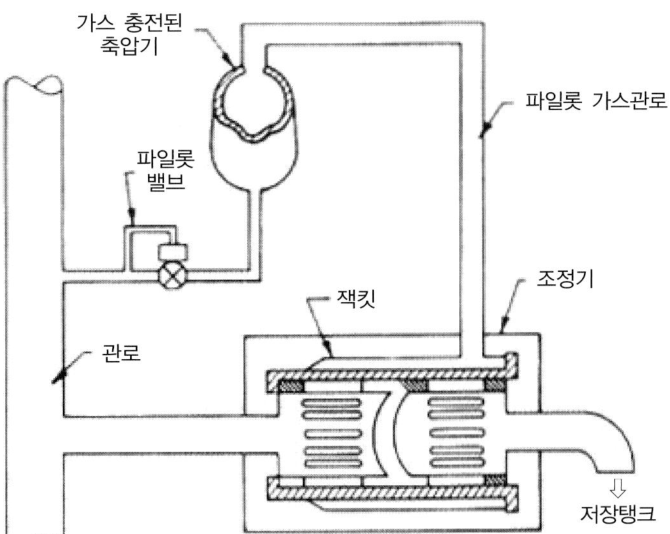

그림 11.43 주관로 내 조건이 반응에 영향을 미치는 경우 부정류 압력완화시스템

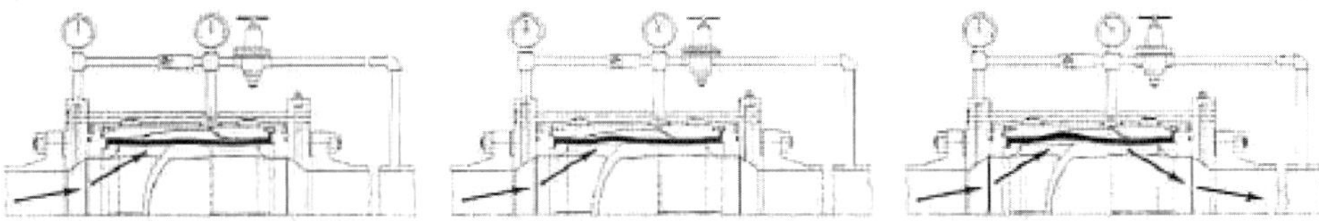

그림 11.44 완화밸브 내 상승하는 유체 압력은 밸브를 폐쇄된 상태로 유지하는 설정압력에 대항하여 플렉시블 멤브레인을 배관으로부터 멀어지게 한다.

그림 11.43은 주관로 내 변화하는 조건에 따라 설정압력이 수정되는 부정류 완화시스템을 보여준다. 주된 이동부는 배관 주변 플레시블 밀봉부이다(그림 11.44 참조). 밀봉부는 상당히 가볍고 압력이 설정압력에 도달하면 신속하게 반응할 수 있다. 만일 설정압력이 변화하면 전체 완화시스템의 반응시간은 상당히 완만해질 수 있다.

서지예상밸브는 하류측 밸브의 폐쇄에 의해 부정류가 개시되는 지점 인근의 센서에 의해 파일롯밸브가 작동하면 압력파가 완화밸브에 도달하기 전에 완화시스템이 동작할 수 있다. 이때 발생된 다운서지는 관로 내 앞서 진행하는 업서지를 향해 전파되고 그만큼 빨리 압력상승이 완화된다.

이러한 형식의 완화시스템은 오일 및 석유화학 산업에서 매우 잘 알려져 있고, 전체 운영 및 제어시스템의 일부가 될 수 있다. 관로 내 유체는 경제적 또는 환경적 배경으로 시스템 외부로의 유출이 금지된다. 따라서 외부로 유출되는 액체를 저장하고 부정류가 안정화된 후 회수하기 위해 완벽하게 준비되어야 한다.

11.4.1 규격결정시 고려사항

과도한 부정류 압력을 완화시키기 위해 항상 관로 유량 전체를 유출시킬 필요는 없다. 유출은 반드시 충분하여야 하지만 관로 내 압력을 배관의 압력등급 이내로 유지하면 충분하다.

관로 말단부에 설치된 유출밸브가 급속하게 폐쇄되면 압력은 자이코프스키수두 $h_j = cv_0/g$에 의해 증가한다. 그러나 펌프 또는 상류측 저수지가 계속해서 더 많은 유체를 시스템 내부로 강제하면서 관로 내 마찰수두가 누적되는 8.7절의 라인 패킹(line packing)으로 인해 추가적인 압력상승이 발생한다. 이는 근해 오일 관로와 같이 긴 관로에서 매우 클 수 있고 자이코프스키수두의 수배가 될 수 있다. 보호되지 않은 관로의 하류측 말단부에서 순수한 영향은 그림 11.45와 같다.

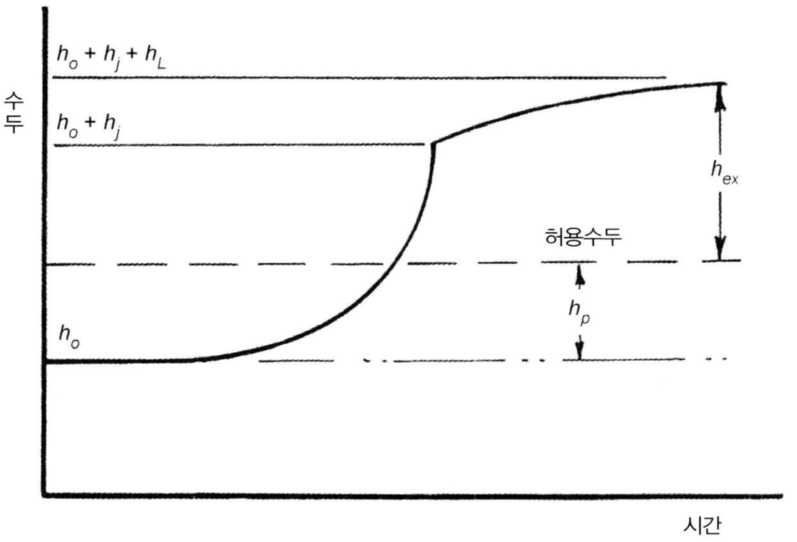

그림 11.45 밸브폐쇄 후 관로 하류측 말단부에서 압력은 h_j만큼 상승하고, 마찰수두도 상단부에 pack된다.

그림 11.45와 같이 압력은 허용된 압력수두를 h_{ex} 만큼 초과한다. 허용압력 이하로 유지하기 위해 유동은 주관로 내에서 지속되어야 하지만 일부 유량은 압력완화시스템을 통해 유출되어야 한다. 이때 질문은 얼마나 유출시켜야 하나?

단순한 완화시스템의 경우 다음과 같이 최초 근사치를 얻을 수 있다. 마찰손실수두상승은 거의 동일하게 유지된다고 보수적으로 가정한다. 폐쇄에 직접적으로 기인한 밸브에서 허용할 수 있는 수두상승은 $\triangle H = h_P - h_L$이고, 여기서 h_P는 전체 허용된 압력상승이다. 따라서 허용되는 자이코프스키수두상승은 식 1.1로부터 다음과 같이 되고, 여기서 v_r은 완화시스템이 동작할 때 주 관로 내 유속이다.

$$\triangle H = \frac{c}{g}(v_r - v_0) \tag{11.12}$$

따라서 유출시켜야 할 체적유량 Q_r은 다음과 같으며 여기서 A는 주관로의 단면적이다.

$$Q_r = A \times v_r \tag{11.13}$$

이 유출유량을 중심으로 완화시스템을 설계하고, 압력을 제한하기에 충분하게 개방되는 압력완화밸브를 사용하면 약간의 여유가 생긴다. 필요한 규격 및 수량 결정시 단순하게 밸브 자체만이 아니라 전체 완화시스템을 고려하는 것이 중요하다. 그림 11.46

과 같이 관로 마찰손실이 크면 유동이 제한되어 완화밸브의 하류측 관로에서 상당한 배압이 형성될 수 있다.

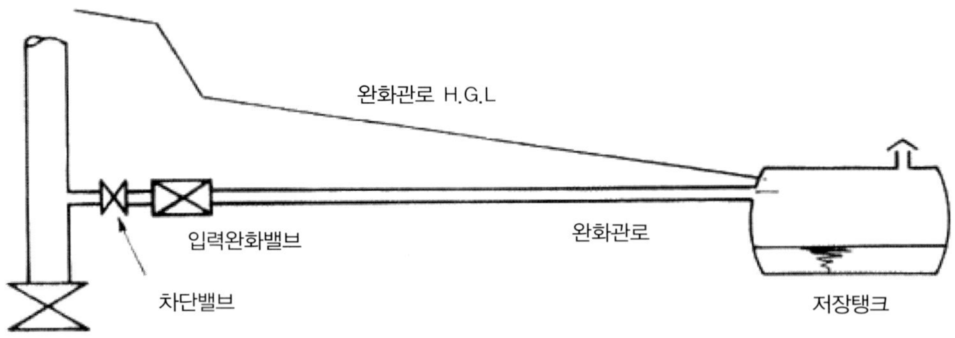

그림 11.46 완화밸브의 하류측에서 상당한 배압이 발생할 수 있다

완화관로가 초기에는 비어 있고 길이가 30～40m 이하면 동적영향은 중요하지 않다. 그림 11.46의 완화시스템에 정상유동시 에너지식을 적용하면 다음 식을 얻을 수 있다.

$$-h_{in}+(z_2-z_1)+h_{LP}+h_{LM}+h_{RV}=0 \tag{11.14}$$

여기서 h_{in} : 주관로 내 압력수두

z_2-z_1 : 완화관로의 출구 고도 - 유입 고도

h_{LP} : 완화관로 내 손실수두

h_{LM} : 곡관부, 차단밸브 등의 미소손실

h_{RV} : 완화밸브에서의 손실수두

식 11.14의 첫 번째 항 h_{in}은 주관로 내 허락된 압력수두이고, 두 번째 항 z_2-z_1은 플랜트의 기하학과 관련된다. 완화관로 내 마찰손실수두는 식 8.46의 마찰손실수두식으로 계산할 수 있고, 완화 유출량 Q_r을 송수하기 위한 배관 직경을 결정할 필요가 있다. 배관 곡관부, 피팅 및 차단밸브 규격은 배관 직경에 의해 결정되므로 미소손실을 계산할 수 있다.

이제 마지막 남은 미지수는 완화밸브에서의 손실수두이다. 밸브 하나는 충분하지만 종종 필요한 유량을 제공하기 위해 둘 이상의 밸브를 병렬로 사용하되 허용 수두저하를 초과하면 안된다.

다음 식을 해결하기 위해서는 제작사가 제공하는 성능자료에 의지할 필요가 있다.

$$Q_r = k \times A_V \times \sqrt{2gh_{RV}} \tag{11.15}$$

여기서 k : 무차원 유출계수

A_V : 밸브의 공칭 단면적

무차원 유출계수는 $k = 0.6 \sim 0.8$ 범위로 예상할 수 있다. 대표적인 단순한 스프링-부하밸브형식에 대한 시험 프로그램[Kruisbrink (1990)]은 완전 개방된 위치에서 $k = 0.729$ 인 것을 보여주었다. 웹으로부터 특정 밸브형식에 대해 유사한 자료를 구할 수 있다.

압력을 완화시키기 위한 유출량을 저장하기 위해 필요한 저장용량은 펌프가 정지될 때 공급압력이 시스템 허용압력으로 저하되는데 소요되는 시간에 따라 결정되며 이 시간이 짧을수록 저장용량은 작아진다.

만일 2개 이상 완화밸브가 설치되면 헌팅을 방지하기 위해 약간 다른 압력에서 개방되도록 설정되어야 한다. 이상적으로 차단밸브를 설치하면 플랜트를 정지시키지 않고 정기적인 조사, 유지관리 및 시험을 위해 완화관로를 분리할 수 있다.

전술한 내용은 압력완화시스템의 설계를 위한 합리적이고 보수적인 추정을 위한 것으로 이들의 적합 여부는 전산모델링으로 확인하여야 한다.

더욱 복잡한 센서로 제어하는 완화시스템의 경우 서지보호전략 설계시 상당한 개선의 여지가 있다. 예를 들어 긴 오일 관로에서 필요한 저장탱크의 체적은 완화시스템이 정지할 때까지 완화 유량 Q_r 을 저장하여야 하기 때문에 상당히 크다. 저장용량은 특히, 연안 터미널에서 상당히 고가가 되지만 완화시스템설계 개선에 소요되는 비용은 저장시스템의 비용절감으로 회수된다.

11.4.2 파열디스크

파열디스크(bursting disc)는 큰 유량을 매우 신속하게 유출시키는 장점을 갖는 또 다른 형태의 압력완화장치로서 럽처디스크(rupture disc)로도 알려져 있다. 이 장치는 압력완화밸브에 비해 더욱 신속하게 반응하여 신속하게 유출시킨다. 그러나 이 장치를 병렬로 설치하지 않거나 또는 이들을 분리하기 위한 장치가 없으면 파열 후 디스크를 대체할 때까지 시스템 재기동이 지연된다. 따라서 파열디스크의 사용은 과도한 압력이 매우 빈번하게 발생하지 않는 시스템에서만 매력적일 수 있다.

디스크는 금속 또는 흑연으로 제작될 수 있다. 금속 디스크는 비금속 디스크보다 더욱 빈번하게 피로현상을 보인다. 디스크 재질은 시스템 내 수송하는 제품 및 디스크가 사용되는 환경과 호환되는 것이 중요하다. 예를 들어 해양 및 연안 환경에서 탄화수소 재질의 디스크는 단순하게 호환되는 것만으로는 충분하지 않고 반드시 해수비산과 염분축적의 영향을 견딜 수 있어야 한다.

경제적 및 환경적 이유로 빈번하게 저장탱크로의 유출이 필요하고, 파열디스크와 저장탱크 용량 결정시 반드시 관련된 관로 내 마찰손실을 고려하여야 한다. 일부 시스템에서 저장탱크 또는 블로우다운 탱크가 채워지면서 유동에 대한 저항을 증가시키기 위해 압력을 받는 상태에서 불활성 가스로 채워질 수 있다.

만일 유출되는 액체가 휘발성이고 가연성이면 저장탱크가 채워지면서 탱크 내 압력과 온도가 상승하면서 자기발화(autoignition) 위험이 발생할 수 있기 때문에 불활성 가스를 사용할 필요가 있다. 파열디스크로 보호되는 가스 관로 내 압력이 저하되면 관로 내 온도도 상당히 저하할 수 있고 인근 구성요소의 재질과 관로의 물리적 특성이 상당히 변화할 수 있다.

만일 저장탱크설치 공간이 제한되면 반드시 유량제어를 위한 미케니즘을 고려하여야 한다. 보호하고자 하는 시스템 내 압력이 안전 수준으로 저하되어 유지되면서 폐쇄되는 압력완화밸브와 달리 파열디스크는 한번 파열되면 자체적으로 차단될 수 없다. 완화관로 내 풀보어(full-bore) 밸브를 설치하거나 또는 완화관로 내 오리피스 구속물과 조합된 저장탱크 내 가스의 배압을 사용하여 시스템의 유출량을 제어한다.

한번 시스템이 안정화되면 반드시 저장탱크를 비우고 파열디스크를 교체하여야 한다. 이는 관로 내 유체 특성에 따라 다른 위험을 발생시킬 수 있다. 압력완화밸브 및 파열디스크가 사용되는 많은 시스템에 적합한 위험평가와 관련된 지침, 특화된 실행령, 규정 및 기준이 적용된다는 사실을 명심하여야 한다[AICE (1998), Inst. Pet. (2001) and Parry (1991)].

11.5 체크밸브의 동적성능

체크밸브는 시스템 내 변화하는 유동조건에 대해 신속하게 반응하는 것이 가능하여야 하며 특히, 유량이 0으로 감소하면 신속하게 폐쇄되어야 한다. 유속변화비율은 시스템마다 다르기 때문에 체크밸브 선정시 적용하고자 하는 시스템에 적합한 것이 중요하다.

체크밸브가 반응하는 속도를 동적성능특성으로 표현할 수 있으며 대표적인 4개 체크밸브형식의 동적성능특성은 그림 11.47과 같다.

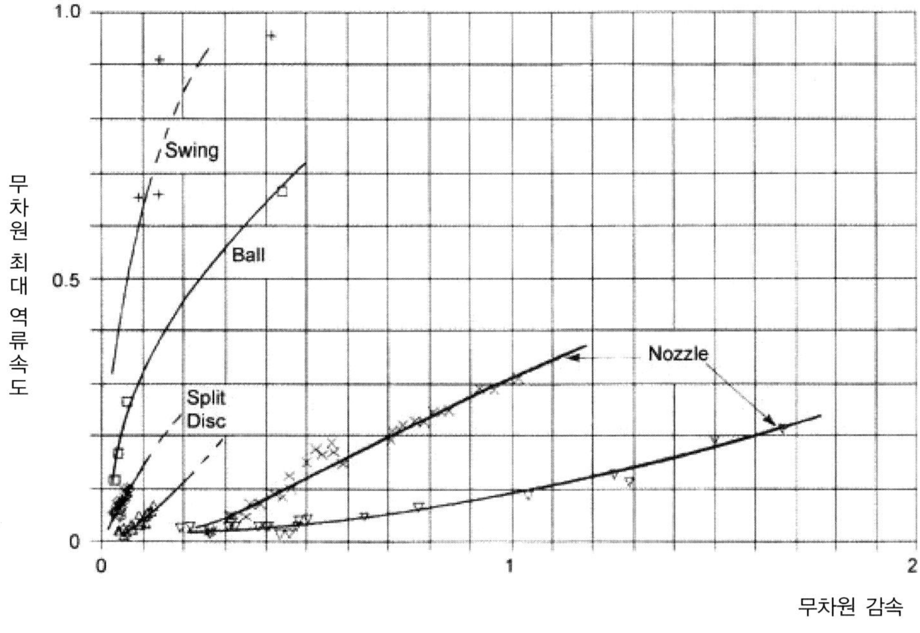

그림 11.47 규격과 형식이 다른 비감쇄 체크밸브의 동적성능비교

이 선도는 그림 2.3을 무차원 형태로 나타낸 것으로 일부 자료가 추가되었다. 이 선도는 상대적인 느린 볼 형식과 스윙형식 체크밸브의 반응을 보여준다. 또한 두 스플릿 디스크 밸브의 강한 스프링은 밸브의 동적 반응을 개선시킬 수 있는 것을 보여준다(두 곡선 중 하부 곡선). 노즐밸브가 최상의 성능을 보여준다. 두 노즐밸브 곡선은 각각 다른 노즐밸브형식에 대한 것이고, 각 곡선에서 하나 이상의 스프링 강도가 나타나며 이 밸브에서 스프링 강도는 덜 중요한 것으로 나타난다.

체크밸브 슬램으로 인한 위험이 가장 큰 배관시스템은 트립되는 펌프의 하류측에 다른 펌프가 병렬로 계속 운영되거나 에어챔버 내 저장된 에너지와 같이 높은 에너지원이 유지되는 시스템이다.

위험이 최소가 되는 체크밸브는 변화하는 유동조건에 가장 신속하게 반응하는 체크밸브이다. 최상의 반응은 그림 11.47의 동적성능특성의 x축에 가장 인접한 곡선이다.

Thorley (1989)가 펌프의 상사법칙과 유사하게 비감쇄 체크밸브에 대한 무차원 법칙을 개발하여 무차원 특성 버전을 사용할 수 있다. 이는 한 밸브규격에 대한 실험으로 결정된 동적성능특성을 기하학적 상사를 유지하는 동일한 시리즈의 다른 밸브에 확대

적용할 수 있다는 것을 의미한다.

개발된 8개 무차원 특성 중 주된 두 특성은 다음과 같이 밸브를 통과하는 최대역류속도비와 밸브 직하류 수주의 평균감속비이다.

$$최대역류속도비 = \frac{v_R}{v_0} \tag{11.16}$$

$$평균감속비 = \frac{dv}{dt}\frac{D}{v_0^2} \tag{11.17}$$

여기서 dv/dt : 밸브 직하류 수주의 평균감속

D : 밸브 공칭 직경

v_R : 폐쇄시 밸브를 통과하는 액체의 최대역류속도

v_0 : 밸브 완전 개방시 정상유동 유속

양호한 반응을 갖는 체크밸브의 물리적 특성은 다음과 같다.

- 이동부의 질량은 작다.
- 완전 개방위치부터 폐쇄위치까지 이동부의 이동거리가 짧다.
- 폐쇄를 개시하고 돕는 스프링은 이로울 수 있다.

만일 관로시스템에서 체크밸브슬램 위험이 있으면 체크밸브공급자가 그림 11.48 또는 11.49와 같은 동적성능특성을 제공하도록 독려하여야 한다. 그림 11.50은 권장되는 스프링 체크밸브의 시험 인증서양식을 보여준다.

그림 11.49를 사용하기 위한 절차는 다음과 같다. 먼저 이상적인 체크밸브는 펌프 유출 유동에 영향을 미치지 않고 유속이 0에 도달하는 순간 폐쇄되는 것이다. 그러나 실제로는 체크밸브 내 이동부는 폐쇄에 영향을 주는 방향으로 이동하기 때문에 통상적으로 약간의 역류 속도가 존재한다. 체크밸브가 최종적으로 폐쇄되면서 역류 속도가 갑자기 정지될 때 그림 2.2와 같이 단차 압력변화가 존재하지만 수용할 수 있는 범위 안에 들어오도록 보장되어야 한다.

체크밸브 폐쇄시 수용할 수 없는 조건을 발생시키지 않고 허용압력을 만족시킬 수 있는 밸브형식을 선정하기 위해 자이코프스키식 1.1로부터 허용수준에 상응하는 최대역류 속도 v_R를 계산하고, 식 11.16의 무차원 형태로 변환한다. 전산해석결과로부터 펌프 하류측 수주의 평균 감속을 구하고 이를 식 11.17의 무차원 형태로 변환한다.

그림 11.51과 것과 같이 동적성능특성그래프에 이 두 수치에 대한 선들을 작도한다.

체크밸브 슬램 문제의 위험을 최소화하는 측면에서 수직선이 횡단하는 $T4$와 $T5$ 특성을 갖는 밸브를 선택할 수 있다.

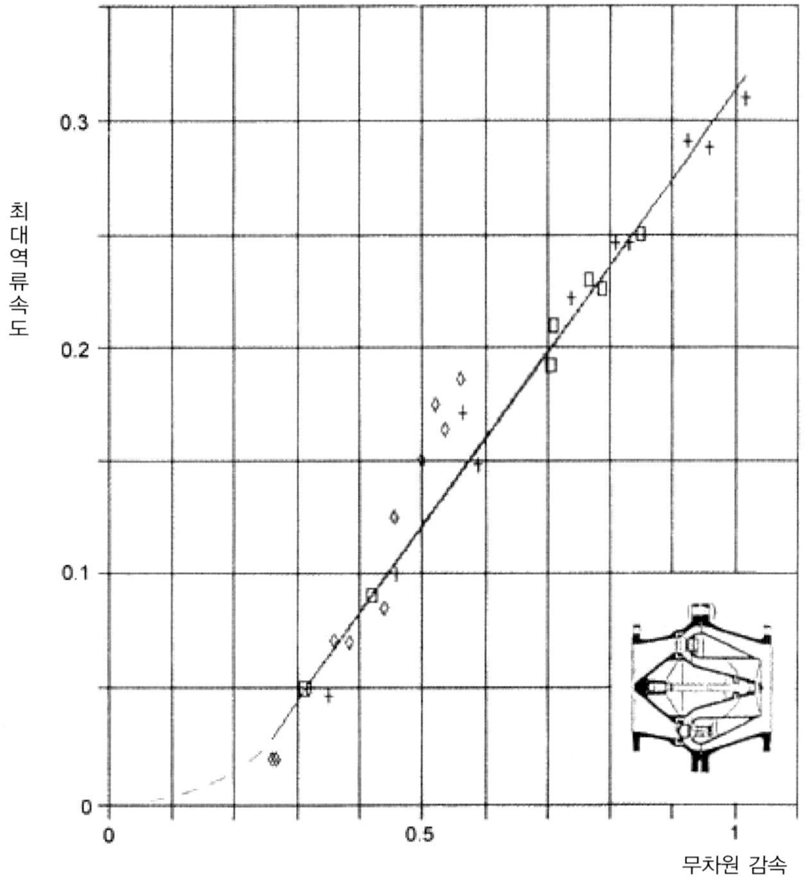

그림 11.48 스프링강도가 다른 800mm 노즐형 체크밸브의 무차원 동적성능특성

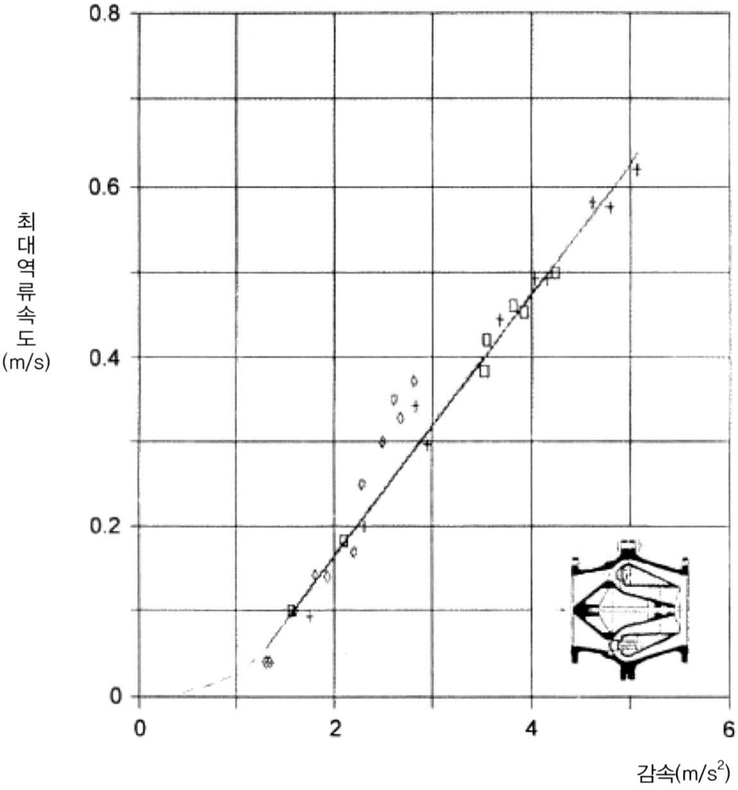

그림 11.49 차원이 있는 그림 11.48

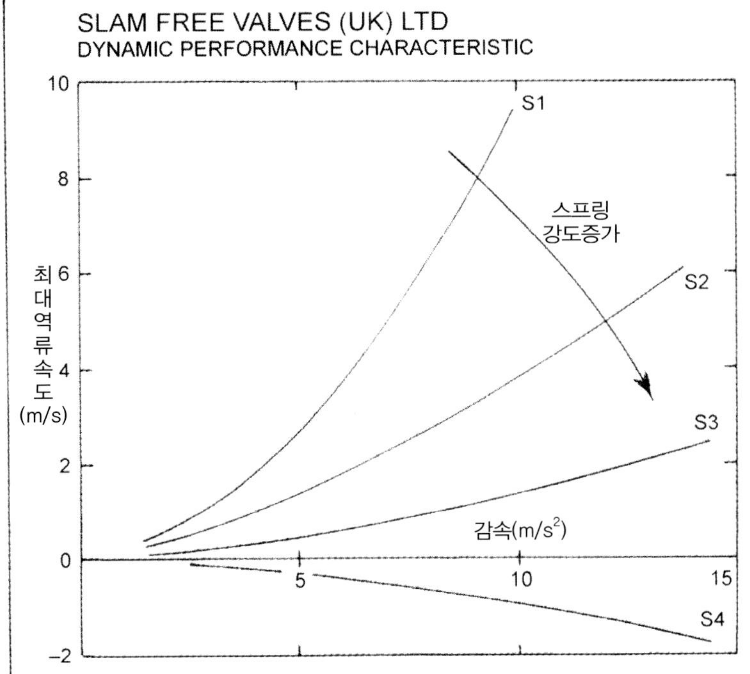

Valve Type	Model No.	Serial No.
Nominal Dia.	Rated Press.	
Test Press.	Initial Flow	Spring Strength
Axis Horiz/Vert.		Ctr. Wt.
Date of Test	Tested by	

그림 11.50 권장된 동적성능특성표현(비감쇄 체크밸브)

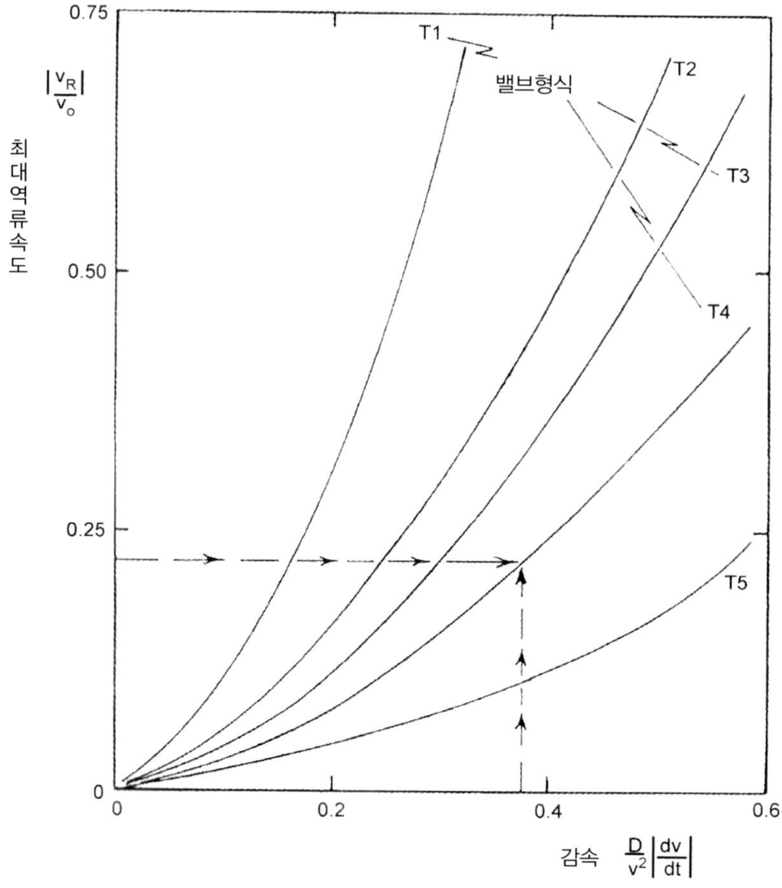

그림 11.51 적합한 체크밸브형식을 식별하기 위해 펌프트립 후 허용된 최대역류유속 V_R과 밸브가 완전 개방되었을 때 정상적인 전방 유속 V_0를 결정하고, 정전 후 수주의 감속을 결정한다. 통상적으로 수직선을 횡단하는 밸브가 적합하다.

통상적으로 체크밸브의 동적반응이 개선되면 비용은 증가하므로 저렴하고 목적에 부합된 판단기준을 만족시키는 $T4$를 선택할 수 있다.

예제 11.5 체크밸브 선정

예제 10.6과 같이 펌프장 정전 2.5초 후 역류가 발생하며 체크밸브 폐쇄 후 과도한 수두상승을 방지하기 위해 최대역류속도를 $v_r = 0.5m/s$으로 제한하기 위해 그림 11.51을 이용하여 적정한 체크밸브를 선정하라.

➡ 풀이

예제 10.6에서 주어진 정상 운전시 펌프 유량 $Q_0 = 0.5455m^3/s$를 유속 v_0으로 변환한다.

$$v_0 = \frac{4Q_0}{3.14 \times 0.5^2} = 2.8m/s$$

11.16으로부터 다음과 같이 최대역류속도비를 구한다.

$$\frac{v_R}{v_0} = \frac{0.5}{2.8} = 0.1786$$

식 11.17로부터 다음과 같이 평균감속비를 구한다.

$$\frac{dv}{dt}\frac{D}{v_0^2} = \frac{2.8}{2.5}\frac{0.5}{2.8^2} = 0.072$$

상기 수치와 그림 11.51로부터 $T_1 \sim T_5$ 모든 체크밸브형식을 선정할 수 있다. 즉, 이 관로 시스템에서는 관로주기가 짧아 반사파 완화효과로 인해 체크밸브가 다소 늦게 동작하여도 과도한 압력상승이 발생하지 않는다는 것을 암시한다.

지금까지 비감쇄 체크밸브에 대해 기술하였으나 체크밸브슬램을 최소화하는 상황에 적합한 감쇄 체크밸브와 'antipressure surge'또는 APS 체크밸브는 폐쇄시 수용할 수 없는 압력상승의 발생을 방지할 수 있다.

감쇄 체크밸브가 밸브 슬램을 방지하는 원리는 유압 또는 공압 댐퍼(그림 11.52 참조)와 같은 미케니즘이 밸브 내 포함되어 이동부가 시트에 접근하면서 최종단계에서 폐쇄비율이 완만하게 된다. 통상적으로 이 밸브들은 자유롭게 개방될 수 있고 폐쇄 초기 단계는 구속받지 않는다. 그러나 실제로 모든 밸브는 매우 비선형 폐쇄 특성을 갖는다는 사실에 유의하고, 최종 폐쇄단계에서의 시간을 관로주기의 수배로 연장하여 매우 완만하게 폐쇄하면 관로의 하류측 말단부 또는 하류측 다수의 접합부로부터의 이로운 반사파는 최종 폐쇄시 압력상승을 완화시킨다.

반면 APS 밸브는 통상적인 방법으로 폐쇄되지만 시트를 향한 밸브 디스크의 이동을 개시하는 스프링에 의해 어느 정도 영향을 받는다. 그러나 최종 폐쇄 이후 밸브 디스크 내 작은 압력완화밸브가 개방되어 하류측 후속적인 압력상승과 상류측 공동화 경향을 처리한다(그림 11.53 참조).

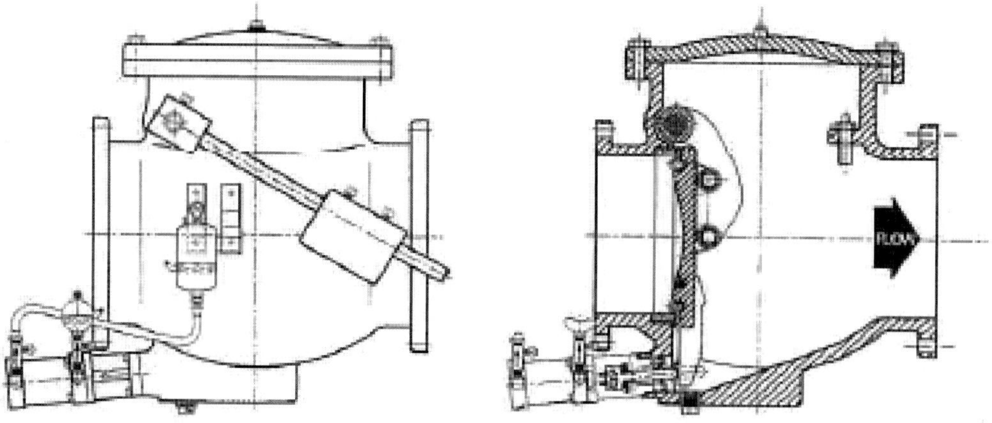

그림 11.52 대표적인 감쇄 체크밸브

※ 댐퍼는 급속한 개방을 허락하지만 밸브 디스크가 시트에 접근하면서 폐쇄율은 상당히 감소된다.

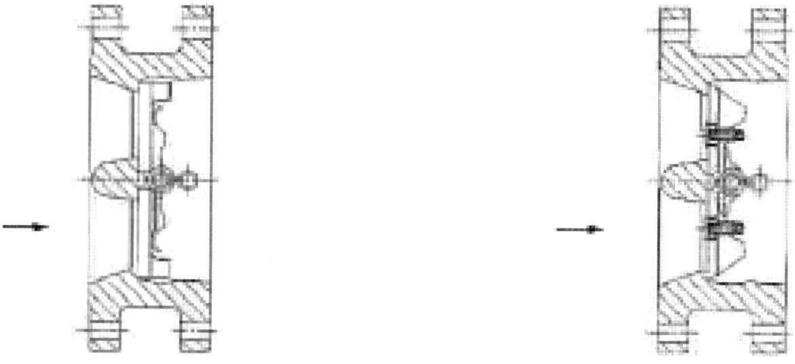

그림 11.53 32인치 스플릿 디스크 체크밸브

※ 좌측은 전통적인 체크밸브이고 우측은 밸브 디스크 내 압력완화밸브가 내장된다. 폐쇄 후 완화밸브가 개방되어 밸브를 통해 작은 역류를 허용하여 하류측에서 압력상승은 완화된다.

찾아보기

숫자

2차원 및 3차원 유동 129

영문

convex downwards 23
FSI(Fluid Structure Interaction) 94, 136
Graze and Horlacher 212
Linton 277
Stephenson 27

가

간접보호전략(Diversionary Tactics) 29
감쇠(attenuation) 159
강성주거동 15
강성주이론 196
강제기능(forcing function) 17
게이트밸브 288
경량 앵커블록 사례 116
고유유량계수 306
공기 및 가스 포획 13
공기배출밸브 29, 36
공기밸브 328
공기밸브 규격결정 338
공기밸브의 선정과 위치 332
공명(Resonance) 17
관 사수부(Dead-End) 187
관로 통기(ventilation) 326
관로주기(Pipeline Period) 11
관성모멘트 증대 27
교축되지 않은 에어챔버 212
교축된(바이패스) 에어챔버 228
근해 석유 터미널 관로 81
급개방특성 309
급속 이벤트(Rapid Event) 11

나

냉각수 시스템 108
노즐-형식 밸브 26

다

다상 및 다요소 유체 177
다상 및 다요소 유동 129
다운서지(down-surge) 6
단계 정면 파(step fronted wave) 9
동적 여자(dynamic excitation) 89
등비특성 309

라

라인 패킹(line packing) 194
라인 패킹과 파정면 약화 191
로딩밸브(loading valve) 82
루프 관망 97
리딩에지(leading edge) 59, 60, 159
리플(ripple) 89

마

마찰 영향 11
매니폴트(mainfold) 31
멤브레인 28
물이 아닌 액체 177

바

바이패스 배관 40, 85
바이패스 밸브 24
반사파 완화효과 190
반사파(reflected pressure wave) 10, 45
버터플라이밸브의 손실계수 289
변형파(strain waves) 14
보호전략의 선정 42
복잡한 경계조건
(대형 열교환기, 수력발전소) 129
부정류 1
부정류 원인 2
부정류 위험평가요약보고서 144
부정류 이벤트 자료 141
부정류주기 6
분산(dispersion) 159
블래더탱크(bladder tank) 32
블로우다운 탱크(blowdown tank) 39, 94
비상정지밸브 ESDV
(Emergency Shut Down Valve) 91
비원형 덕트 177

사

상승 압력파 6
서지 샤프트(Surge Shaft) 16, 33
선형특성 309
소성변형 튜브 179
속도장(velocity field) 198
손실계수 285
수주분리 12
수차영역 252
스윙체크밸브(clapper valve) 26
스플리트 디스크(split disc) 26
슬래밍 24
슬램현상 25
심정펌프 기동 235

아

안전밸브 341
압력완화밸브(Pressure relief valve) 39, 341
압력파 거동 4
압력파 반사와 전파 184
압력파 소멸과 갇힘(Locked) 현상 189
압력파(pressure wave) 4
억제전략 53
업서지(up-surge) 6
에어챔버 30
에어챔버용량 결정 절차 231
에어쿠션(air cushion) 14
에어쿠션서지챔버 ACSC
(Air Cushion Surge Chamber) 30, 32
역류발생시간 282
열 및 질량 전달 효과가 상당할 때 129
왜곡(distortion) 159
워터박스(water box) 109
원형 단면 배관 172
위험평가 48
위험평가절차 52
유량계수 306
유량제어밸브 285
유량특성 308
유체-구조물 상호작용 FSI
(Fluid-Structure Interaction) 14, 159
유효유량계수 309
음속 4
이상화 52
이상화와 가정
(Idealizations and Assumptions) 135, 142
일방향 서지탱크(공급탱크) 35
임계설계(critical design) 12, 66

자

자기공명(self-exacted resonance) 2
자기여기진동(self-excited oscillation) 17
자동진동(Auto-oscillation) 17
자이코프스키수두 61
자이코프스키식 5, 8
전동기 관성 277
전조파(precursor waves) 14
정상파(standing wave) 29
제동영역 252
중력공급 주관로 78
증기공동 12
직접보호전략 22
진공파괴밸브 29, 36
질량진동 15
집수정(sump) 76

차

체크밸브 슬램 방지 24
체크밸브의 동적성능 348
최대수두와 최소수두 포락선 12
최대수두포락선 65
최대허용수두선 65
축압기(accumulator) 28, 33

타

탄성효과 16
터널 175
통기(ventilation) 76
트레일링에지(trailing edge) 60, 159
특성법 개요 130

파

파속 4
파속 계산식 165
파열디스크(Busting Disc) 39, 347
파정면 약화(wavefront attenuation) 194
파정면(wavefront) 194
펌프 관성 273
펌프경계처리 278
펌프영역 251
펌프완전특성곡선 257
펌프장 정전시 수리적 과도현상 250
펌프특성곡선 253
플라스틱, uPVC,
GRP(Glass-Reinforced Plastic) 배관 176
플렉시블 호스 181
플로트 밥(float bob) 29
피라미드효과(pyramidal effect) 195

하

하강 압력파 6
해저 재충전시스템(Recharge System) 104
형식수(Shape Number) 260
희박 제어(rarefaction control) 195

저자 **박한영**

- 공학박사/기술사/겸임교수/저자/부산시, 대전시, 경주시 기술심의위원
- Texas Tech University at Lubbok 기계공학석사(1993년)
- University of Wisconsin at Madison 방문연구원(2003년)
- KYPIPE 프로그램 교육자격인증서 취득(Dr. D.J. Wood, University of Kentucky)
- 현재 한국수자원공사 기술계획처 기술위원

저술활동(총 24권)

- **상하수도설비관련 8권**: 『펌프핸드북』 2002년, 『밸브핸드북』 2005년, 『펌프장설계』 2007년, 『정수설비핸드북』 2009년, 『배관핸드북』 2010년, 『밸브 · 작동기 A to Z』 2013년, 『최신펌프핸드북』 2018년, 『밸브포켓북』 2020년
- **유체역학관련 2권**: 『전산유체 따라잡기』 2010년, 『유체기계에서의 공동화현상』 2015년
- **최적화 및 수요예측관련 2권**: 『최적화 이론 및 실제』 2011년, 『물수요예측』 2011년
- **수충격해석관련 7권**: 『그림으로 푸는 수충격해석』 2004년, 『전산기로 푸는 수충격해석 입문』 2005년, 『전산기로 푸는 수충격해석 완성』 2005년, 『Pipe2008을 이용한 관망해석 · 설계』 2008년, 『Pipe2010을 이용한 관망해석 · 설계』 2010년, 『엑셀로 푸는 부정류해석』 2018년, 『부정류일반』 2020년
- **관망해석 및 운영관련 5권**: 『상하수도 관망해석·설계』 2007년, 『배 · 급수시스템 핸드북』 2011년, 『배 · 급수시스템 최적 설계 · 운영』 2013년, 『물손실제어』 2014년, 『엑셀로 푸는 관망해석 · 설계』 2017년

관망 부정류 일반

2020년 8월 24일 1판 인쇄
2020년 9월 7일 1판 발행

지은이 • 박한영
발행자 • 이영애
발행처 • 공감북스
주 소 • 02011 서울시 중랑구 중랑천로 256
전 화 • 02-971-9683
팩 스 • 02-972-9683
등 록 • 제 25100-2015-18호
등록일 • 2015년 7월 15일
e-mail • sympathybook@naver.com

ISBN 979-11-86898-56-7 (93550)
정 가 35,000원